V&R unipress

Kultur- und Sozialgeschichte Osteuropas /
Cultural and Social History of Eastern Europe

Band 12

Herausgegeben von

Dittmar Dahlmann, Anke Hilbrenner, Claudia Kraft,

Julia Obertreis, Stefan Rohdewald und Frithjof Benjamin Schenk

Bianca Hoenig / Hannah Wadle (Hg.)

Eden für jeden?

Touristische Sehnsuchtsorte in Mittel- und Osteuropa von 1945 bis zur Gegenwart

Mit 46 Abbildungen

V&R unipress

MIX
Papier aus verantwortungsvollen Quellen
FSC® C083411

Bibliografische Information der Deutschen Nationalbibliothek
Die Deutsche Nationalbibliothek verzeichnet diese Publikation in der Deutschen Nationalbibliografie; detaillierte bibliografische Daten sind im Internet über http://dnb.d-nb.de abrufbar.

Gedruckt mit freundlicher Unterstützung der Freiwilligen Akademischen Gesellschaft Basel und des Osteuropa-Forums Basel.

Umschlagabbildung: „Drei Morgen in Masuren", © Hannah Wadle
Druck und Bindung: CPI books GmbH, Birkstraße 10, D-25917 Leck
Printed in the EU.

Vandenhoeck & Ruprecht Verlage | www.vandenhoeck-ruprecht-verlage.com

ISSN 2365-8061
ISBN 978-3-8471-0984-6

Inhalt

III. Tourismusbegegnungen zwischen Ost und West

IV. (Post-)sozialistisches Erbe als touristische Destination und kulturelle Ressource

V. Anhang

Dank

Dieser Band beruht auf den Ergebnissen eines Workshops, den wir vom 19. bis 21. Oktober 2012 an der Universität Basel veranstaltet haben. Bei der Durchführung wurden wir großzügig von verschiedenen Institutionen unterstützt: organisatorisch vom Departement Geschichte, finanziell vom Fonds zur Nachwuchsförderung der Universität Basel, der Basel Graduate School of History, dem Osteuropa Forum Basel und dem Centre for East European Language Based Area Studies der Universität Manchester. Allen diesen Institutionen danken wir herzlich für ihre Unterstützung.

Weiterhin gebührt unser großer Dank der Freiwilligen Akademischen Gesellschaft Basel und dem Osteuropa Forum Basel, ohne die das Erscheinen dieses Bandes nicht möglich gewesen wäre. Den Herausgeber*innen der Reihe „Kultur- und Sozialgeschichte Osteuropas" danken wir für die Aufnahme in die Reihe und für zwei anonyme Gutachten mit hilfreichen Anmerkungen für die Überarbeitung des Manuskripts. Heiko Haumann und David Feest haben die Veröffentlichung des Bandes maßgeblich unterstützt, indem sie wohlwollende Gutachten verfassten.

Während der Arbeit an diesem Band haben wir große Unterstützung von Kolleg*innen, Freund*innen und von unseren Familien erfahren. Bianca Hoenig dankt insbesondere Lenka Fehrenbach, Julia Herzberg, Jana Osterkamp, Anja Rathmann-Lutz, Christiane Sibille sowie Benjamin Schenk und dem ganzen Team des Basler Lehrstuhls für Osteuropäische Geschichte für Rat und Kritik. Für den inspirierenden, freundschaftlichen Gedankenaustausch über das Buchsujet, der in der Literaturliste unvermerkt bleibt, dankt Hannah Wadle an dieser Stelle ihren Gesprächspartner*innen, insbesondere Roksana Butrym, Bettina Bouresh, Christa David-Wadle, Clare Donegan, Sofía Natalia Gonzaléz Ayala, Ian Hague, Maria Jandrei, Krystyna Jarosz, Łukasz Kaczmarek, Julia Steinle, Lina-Louise Tegtmeyer und Mark Trantler. Für Rat zur Umsetzung des Vorhabens geht ihr Dank an David Picard, Sharon Macdonald und Madeleine Reeves.

Ein besonderer Dank gebührt den Autor*innen dieses Bandes, die uns über Jahre die Treue hielten, bis das Buch nun erscheinen konnte.

Ein Hinweis auf die Verwendung von Ortsnamen: Sie werden meistens in der heute gültigen Form verwendet. Ausnahmen sind u. a. Warschau, Krakau, Moskau, St. Petersburg und Prag. Sie stehen in der deutschen Form, entweder weil die Namen fest im Deutschen eingeführt sind oder weil es, wenn es um touristische Sehnsuchtsorte geht, eine Bedeutung hat, ob man sich nach Breslau oder nach Wrocław sehnt.

Hannah Wadle und Bianca Hoenig,
im Januar 2019

Bianca Hoenig / Hannah Wadle

Einleitung: Touristische Sehnsuchtsorte in Mittel- und Osteuropa

Von der am Ufer des reißenden Flusses Šlyk gelegenen dynamischen und überbevölkerten Hauptstadt Lutenblag über die pittoresken Gipfel der Postenwalj-Berge zur ursprünglich gebliebenen östlichen Steppe mit ihrer bunten Folklore und den verbreiteten Raubüberfällen – herzlich willkommen in Molwanîen! Dieses einzigartige, küstenfreie Land mag zwar eines der kleinsten Europas sein, doch es hat dem furchtlosen Touristen einiges zu bieten: von Partisanenkämpfen über Umweltverschmutzung hin zu rituellen Massenbesäufnissen. Großartige Landschaften, prachtvolle Architektur, jahrhundertealte Hochkultur wird die Besucherin dort zwar vergeblich suchen – dafür aber beim Eintauchen ins molwanîsche Universum garantiert alle Stereotype finden, die es über Osteuropa gibt. Das sind viele, und die meisten davon nicht besonders schmeichelhaft.

Zu Beginn der 2000er Jahre kam ein Reiseführer in die Buchläden, der seiner Leserschaft eine unvergessliche Reise ins Land des schadhaften Lächelns versprach.[1] Mit Molwanîen wurde dem *armchair traveller* ein fiktives, aber doch klar erkennbares Osteuropa in bestem Touristenlatein als ironische Dystopie einer Urlaubsdestination präsentiert. Das Buch wurde ein durchschlagender Erfolg. Später folgten weitere Bände über ähnlich unattraktive Destinationen, etwa eine mittelamerikanische Bananenrepublik oder ein zweifelhaftes ostasiatisches Badeparadies.

Nicht zufällig erkor das erste Buch aber ausgerechnet Osteuropa zum touristischen Anti-Ort. Wenn auch in konsequent überdrehter und dadurch als Satire kenntlicher Form, reproduziert Molwanîen einen zugespitzten „westlichen" Blick auf den östlichen Teil des Kontinents. Es ist nur eines von zahlreichen popkulturellen Formaten, das in den letzten Jahren die ehemals sowjetische Einflusssphäre aufs Korn genommen hat (man denke nur an „Borats" Kasachstan-Parodie) und damit viel ältere Stereotype über das östliche Europa wei-

1 Cilauro, Santo / Gleisner, Tom / Sitch, Rob: Molwanîen. Land des schadhaften Lächelns. 2. Auflage. München 2007 (australisches Original 2003).

terschreibt.[2] Dieser Blick steht in der Tradition eines Denkens, mit dem die westliche Welt die Wahrnehmung anderer Weltregionen als fremd und minderwertig prägt. Edward Said hat dafür den Begriff des Orientalismus geprägt, den Maria Todorova dann für Südosteuropa fruchtbar gemacht hat.[3] Auch Molwanîen stellt solch eine „imaginäre Geographie" (Said) dar.

Indem sie im touristischen Medium schlechthin, dem Reiseführer, daherkommt, verweist sie auf die Kraft des modernen Tourismus, Bilder ferner und naher Orte, des Eigenen und Fremden hervorzubringen. Das Buch persifliert das Genre des Reiseführers bis in die Details – Sehenswürdigkeiten und Reisewege, Hotelinformationen in verschiedenen Preisklassen, Insider-Tipps – und spielt damit geschickt mit den Erwartungen des Lesers, seiner Suche nach dem Echten, Authentischen, Exotischen oder Traditionellen. Nur wird mit bekannten Zutaten etwas Untypisches entworfen. Molwanîen, das irgendwo mitten in Osteuropa liegt, aber auf keiner handelsüblichen Karte zu finden ist,[4] ist das negative Gegenstück zum Idealbild vom „globalen Strand" (Orvar Löfgren):[5] ein Anti-Sehnsuchtsort.

Nun lässt sich diese Darstellung als auf die Spitze getriebener Ausdruck einer defizitären Wirklichkeit akzeptieren. Denn auch wenn die Besucherzahlen seit dem Fall des Eisernen Vorhangs deutlich gestiegen sein mögen, scheint dieser Teil des europäischen Kontinents sowohl in der touristischen imaginären Geo-

2 Molwanîen im weiteren Kontext „westlicher" popkultureller Darstellungen Osteuropas: Saunders, Robert A.: Branding Interrupted: The Impact of Alternative Narrators on Nation Branding in the former Second World, in: Nadia Kaneva (Hg.): *Branding Post-Communist Nations: Marketizing National Identities in the „New" Europe.* New York 2012, S. 49–78, hier 66–70; die Konstruktion „Osteuropas" als das Andere „Westeuropas" bei Wolff, Larry: Inventing Eastern Europe. The Map of the Civilization on the Mind of the Enlightenment. Stanford 1994.

3 Said, Edward: Orientalismus. Frankfurt/Main 2009 [engl. Originalausgabe: 1978]; Todorova, Maria: Die Erfindung des Balkans. Europas bequemes Vorurteil. Darmstadt 1999 [engl. Originalausgabe: 1997]; zur Rezeption von Todorovas Ansatz im deutschsprachigem Raum vgl. Thum, Gregor (Hg.): Traumland Osten. Deutsche Bilder vom östlichen Europa im 20. Jahrhundert. Göttingen 2006; Gebhard, Gunther u. a. (Hg.): Das Prinzip „Osten". Geschichte und Gegenwart eines symbolischen Raumes. Bielefeld 2010. Kritiker von Maria Todorovas Argumenten, die auf die Notwendigkeit der differenzierten Erforschung Südosteuropas hinweisen, sind u. a. Holm Sundhaussen (vgl. z. B. Europa balcanica: Der Balkan als historischer Raum Europas, in: *Geschichte und Gesellschaft* 25. Jg. 1999/4, S. 626–653) und Jürgen Osterhammel (vgl. Europa und sein Balkan: Ein Essay über die Macht der Vorstellung, in: Hinrichs, Uwe (Hg.): *Handbuch der Eurolinguistik.* Wiesbaden 2010 (Slavistische Studienbücher 20), S. 91–109).

4 Vgl. dazu auch Loew, Peter Oliver: Molwanîen ist überall. Die imaginären Welten Ostmitteleuropas, das reisende Individuum und der unaufhörliche Schwall der Erzählungen, in: Jaworski, Rudolf u. a. (Hg.): *Der genormte Blick aufs Fremde. Reiseführer in und über Ostmitteleuropa.* Wiesbaden 2011, S. 13–20.

5 Löfgren, Orvar: On Holiday. A History of Vacationing. Berkeley 1999, Kapitel „The Global Beach".

graphie[6] als auch auf dem globalisierten Markt der Tourismusindustrie hinter anderen Weltregionen weit abgeschlagen. Was aber, wenn wir die Perspektive, die der Führer ins molwanîsche Universum gnadenlos ironisiert, ernstnehmen? Wenn wir also nicht beim Klischee, der Fiktion einer touristischen Dystopie verweilen, sondern auf das östliche Europa als reale, touristisch geprägte Region blicken, in der gereist wird und die Wünsche und Träume weckt. Wie lassen sich diese Wünsche aufspüren, beschreiben, entflechten und besser verstehen? Welche – imaginären und geographischen – Karten dieser Geschichtsregion ergeben sich, wenn auf ihr Orte touristischer Sehnsucht eingezeichnet werden? Dieser Band begibt sich auf die Suche nach touristischen Sehnsuchtsorten in Mittel- und Osteuropa seit 1945. Ohne Anspruch auf Vollständigkeit zu erheben, möchte der Band mit interdisziplinären Methoden ein Panorama solcher Orte erarbeiten und damit Anstoß geben, weitere mögliche Sehnsuchtsorte zu lokalisieren.

Der Blick auf touristische Sehnsuchtsorte erlaubt es, unterschiedliche und in der bisherigen Erforschung des Tourismus im östlichen Europa eher getrennt studierte Reisephänomene miteinander in Beziehung zu setzen. Der Traum vom Westen vieler Bürger*innen sozialistischer Staaten ist ebenso Bestandteil wie die „Heimwehreisen" der deutschen Vertriebenen, Westeuropäer*innen, die sich für das Erbe das Sozialismus interessieren, genauso wie die postsozialistische Nostalgie nach einer bereits weit entfernt scheinenden Vergangenheit. Dadurch wird deutlich, dass sich verschiedene Reisearten nicht eindeutig voneinander separieren lassen. Reisemotive changieren häufig und vermischen sich, während sich der Bezug zum Sehnsuchtsort auf und nach der Fahrt stark verändern kann.

Im Zentrum unseres Interesses steht die für den Tourismus grundlegende Beziehung zwischen vorgestellten und realen Orten, zwischen „tourism imaginaries"[7] und dem erfahrenen Raum. Wir glauben, dass der Blick auf Sehnsuchtsorte dieses Wechselverhältnis in seinen vielen Facetten erfassen kann: tradierte kollektive Idealbilder und individuelle Wünsche, Gefühle und Affekte, Landschaften und touristische Infrastrukturen, mediale und künstlerische Repräsentationen begehrter Orte, politische und wirtschaftliche Einflüsse, die Tourismus ermöglichen oder beschränken. Diese Perspektive erlaubt erstens, den persönlichen Motivationen und beteiligten Faktoren auf die Spur zu kommen, die einen bestimmten Ort zum Reiseziel machen. Zweitens wird es möglich, das Wechselspiel von imaginären Orten und realen Destinationen in seiner

6 In Bezug auf Tourismus verwendet den Begriff *Hennig*, Christoph: Reiselust. Touristen, Tourismus und Urlaubskultur. Frankfurt/Main 1999.

7 Salazar, Noel / Graburn, Nelson: Tourism Imaginaries. Anthropological Approaches. New York 2014; Salazar, Noel: Envisioning Eden. Mobilising Imaginaries in Tourism and Beyond. New Directions in Anthropology. New York, Oxford 2010; Selwyn, Tom: The Tourist Image. Myths and Myth Making in Tourism. Chichester 1996.

Dynamik zu fassen. Sehnsüchte können sich auf der Reise verändern, während die jeweiligen Vorstellungen beeinflussen, wie Reiseziele gewählt und wahrgenommen werden.

Obwohl im Alltagsgespräch über den nächsten Urlaub wie auch in der Tourismuswerbung völlig selbstverständlich von Sehnsucht und Sehnsuchtsorten die Rede ist, sind sie in der Tourismusforschung bisher noch nicht als Analysebegriffe genutzt worden. Wir möchten mit dieser Einleitung einen Vorschlag machen, wie sich systematisch über sie nachdenken lässt. Im Folgenden gehen wir zunächst auf die Charakteristika der touristischen Entwicklung im östlichen Europa ein und fragen nach daraus entstehenden Sehnsuchtspotenzialen. Im folgenden Abschnitt diskutieren wir die zentralen Begriffe und theoretischen Grundannahmen, die unserem Verständnis von touristischen Sehnsuchtsorten zugrunde liegen. Schließlich geben wir einen Überblick über die Beiträge des Bandes. Die hier versammelten Studien loten das Potenzial aus, das die Suche nach touristischen Sehnsuchtsorten besitzt.

Tourismus und Politik im östlichen Europa

Beim Gedanken an das östliche Europa mag landläufig die erste Assoziation nicht gerade eine glückliche Urlaubsreise sein. Schließlich war die jüngere Geschichte dieser Großregion, unter der im Folgenden das Gebiet der sozialistischen Länder Europas sowie der Sowjetunion verstanden wird, wesentlich geprägt von Kriegen und Diktaturen, Genozid und Zwangsmigration, Mangel und Chaos (so ein Blick wird übrigens auch dem Molwanîen-Fan geboten). Gegenwärtig stehen autoritäre Entwicklungen in der Politik, der Krieg in der Ostukraine und Xenophobie angesichts der sogenannten Flüchtlingskrise im Fokus der Öffentlichkeit. Gerade deswegen lohnt es sich aber, hier nach touristischen Sehnsüchten Ausschau zu halten. Zum einen weil die Untersuchung von Tourismus und der dazugehörigen Praktiken und Affekte, ebenso wie z. B. Konsum oder Freizeitverhalten, ein anderes als das landläufig verbreitete Bild dieser Gesellschaften zu zeigen vermag, wo die Alltagsnormalität und Handlungsmacht gewöhnlicher Leute im Vordergrund stehen.[8] Zum anderen verweisen sie auf Vergangenes oder Unerreichbares und damit direkt zurück auf die politischen

8 Dieses Potenzial lässt sich etwa an der gut eingeführten Erforschung von Alltag und Konsum im Sozialismus ersehen, z. B. bei Crowley, David / Reid, Susan E. (Hg.): Pleasures in Socialism. Leisure and Luxury in the Eastern Bloc. Evanston/Ill. 2010; Giustino, Cathleen M. u. a. (Hg.): Socialist Escapes. Breaking Away from Ideology and Everyday Routine in Eastern Europe, 1945–1989. New York, Oxford 2013; zum Tourismus vgl. Gorsuch, Anne E. / Koenker, Diane P. (Hg.): Turizm. The Russian and East European Tourist under Capitalism and Socialism. Ithaca, N. Y. 2006.

und sozioökonomischen Verwerfungen. Tourismus und politische Entwicklungen sind stets eng miteinander verbunden. Touristische Sehnsüchte erzählen zunächst von Wünschen, Hoffnungen und Vergnügen, aber dann auch von deren Schatten: individuellen und kollektiven Alpträumen, Enttäuschungen, Leiden. Deshalb bietet sich das östliche Europa geradezu an, um touristische Sehnsüchte zu erforschen und nach ihrer räumlichen Dimension zu fragen – und das sowohl im Sinne geographisch bestimmbarer Orte als auch imaginärer Landschaften.

Gerade die strukturellen Charakteristika der osteuropäischen Geschichte und Gegenwart haben einen reichen Bestand verschiedener, sich zuweilen gegenseitig verstärkender oder miteinander konkurrierender Sehnsüchte geschaffen. Über Jahrhunderte kennzeichnete eine große sprachliche, religiöse, ethnische und soziale Vielfalt diese Region, bis in den Ersten Weltkrieg hinein politisch organisiert in multinationalen Reichen. Aus der Vielzahl sich überlappender kollektiver Identitätsangebote resultierten häufig konfligierende Ansprüche auf den öffentlichen Raum und die Deutungshoheit über Vergangenheit, Gegenwart und Zukunft. Deutlich haben das zahlreiche Studien zu ost(mittel)europäischen Städten herausgearbeitet.[9] Im 20. Jahrhundert erlebte das östliche Europa mehrfach gewaltsame und tiefgreifende Umwälzungen. Wiederholte Staatsgründungen und sich mehrfach verschiebende Grenzverläufe, zwei Weltkriege mit Millionen Opfern, der fast vollständigen Auslöschung der jüdischen Bevölkerung und weiträumigen Zwangsmigrationen, verschiedene aufeinanderfolgende Diktaturerfahrungen, der Ost-West-Konflikt und als vorerst letzte epochale Zäsur der Zusammenbruch der sowjetischen Einflusssphäre und der Eintritt in die postsozialistische Transformation, begleitet vom erneuten Aufflammen des Nationalismus: Diese Erfahrungen des fortgesetzten Verlusts – von Menschenleben, Territorien, Identität, politischer und wirtschaftlicher Sicherheit, des eigenen Zuhauses – nährten multiple Sehnsüchte, die sich auch im Tourismus auswirkten.

Im 19. Jahrhundert entwickelte sich im östlichen Europa eine vielfältige Geographie touristischer Destinationen, die verschiedene Zielgruppen mit unterschiedlichen Versprechen anlockten, wohingegen andere zuweilen explizit ausgeschlossen waren. Zum Beispiel versprachen traditionelle oder neu etablierte Kur- und Badeorte wie das westböhmische Bäderdreieck oder die k. u. k. Riviera an der Adria einem internationalen Publikum aus der Oberschicht Heilung in mondäner Atmosphäre. Die russische oder österreich-ungarische

9 Z.B. King, Jeremy: Budweisers into Czechs and Germans. A Local History of Bohemian Politics, 1848–1948. Princeton 2002; Koeltzsch, Ines: Geteilte Kulturen. Eine Geschichte der tschechisch-deutsch-jüdischen Beziehungen in Prag, 1918–1938. München 2012 (Veröffentlichungen des Collegium Carolinum, 124); Ackermann, Felix: Palimpsest Grodno. Nationalisierung, Nivellierung und Sowjetisierung einer mitteleuropäischen Stadt. Wiesbaden 2010 (Quellen und Studien, Deutsches Historisches Institut Warschau, 23).

Elite fuhr auch gern nach Baden-Baden oder in die Schweiz.[10] Weniger sozial als national exklusiv waren Orte an der „Sprachgrenze“ in multiethnischen Regionen, die stramme Nationalisten als touristische Destinationen wählten, um den territorialen Anspruch der eigenen Nationalität zu markieren.[11] Wie in anderen Gegenden des Kontinents war Tourismus seit dem 19. Jahrhundert auch im multiethnischen östlichen Europa stark von politischen, häufig nationalistischen Zielsetzungen beeinflusst.[12] Nach dem Ersten Weltkrieg gaben die neuentstandenen Nationalstaaten den ideologischen und institutionellen Rahmen für die touristische Entwicklung vor,[13] während Nostalgie nach den zusammengebrochenen Imperien oder die Orientierungspunkte von Minderheiten alternative Sehnsuchtsgeographien schufen.[14]

In der Sowjetunion ab den 1920er Jahren wurde das Erholungswesen ebenso wie im faschistischen Italien und dem nationalsozialistischen Deutschland zu einem wichtigen Feld staatlicher Regulierung und Indoktrination. Tourismus als staatliche Sozialmaßnahme ermöglichte wesentlich breiteren sozialen Schichten als zuvor eine Urlaubsreise, allerdings unter Ausschluss von „Klassenfeinden“. Sowohl die Reiseziele als auch Organisation und Durchführung folgten politi-

10 Large, David Clay: The Grand Spas of Central Europe: A History of Intrigue, Politics, Art, and Healing. New York, London 2015; Jordan, Peter: Tourism and EU Enlargement. A Central European Perspective, in: Hall, Derek R. u. a. (Hg.): *Tourism in the New Europe: The Challenges and Opportunities of EU Enlargement.* Wallingford, Cambridge 2006, S. 65–80, hier 66. Vgl. außerdem: Ders.: Die Stellung Abbazias unter den Kurorten der Österreichisch-Ungarischen Monarchie. In: Ders. / Peršić, Milena (Hg.): *Österreich und der Tourismus von Opatija (Abbazia) vor dem Ersten Weltkrieg und zur Mitte der 1990er Jahre.* Frankfurt/Main 1998, S. 169–194.

11 Judson, Pieter M.: Guardians of the Nation. Activists on the Language Frontiers of Imperial Austria. Cambridge, Mass. 2006, Kapitel 5.

12 Stachel, Peter / Thomsen, Martina (Hg.): Zwischen Exotik und Vertrautem. Zum Tourismus in der Habsburgermonarchie und ihren Nachfolgestaaten. Bielefeld 2014 (Histoire, 35); Dabrowski, Patrice M.: Constructing a Polish Landscape. The Example of the Carpathian Frontier. In: *Austrian History Yearbook* 39. Jg. 2008, S. 45–65; Ely, Christopher: The Origins of Russian Scenery: Volga River Tourism and Russian Landscape Aesthetics, in: *Slavic Review* 62. Jg. 2003/4, S. 666–682; Koshar, Rudy: ‚What ought to be seen‘. Tourists’ Guidebooks and National Identity in Modern Germany and Europe, in: *Journal of Contemporary History* 33. Jg. 1998/1, S. 323–339.

13 Ein solcher touristisch institutionalisierter nationaler Gedenkort wurde der tschechoslowakische Grenzort Zborov: Wingfield, Nancy: The Battle of Zborov and the Politics of Commemoration in Czechoslovakia, in: *East European Politics and Societies* 17. Jg. 2003/4, S. 654–681.

14 Triendl-Zadoff, Mirjam: Nächstes Jahr in Marienbad. Gegenwelten jüdischer Kulturen der Moderne. Wiesbaden 2007; einige Beiträge in: Stachel / Thomsen: Zwischen Exotik, 2014. Der Reisebericht des polnischen Journalisten Melchior Wańkowicz von einer Kanufahrt durch Masuren 1935 ist ein weiteres Beispiel für alternative, subversive Sehnsuchtsgeographien: Er beschreibt die (touristische) Schönheit der (an Deutschland gefallenen) Region und berichtet zugleich von der Diskriminierung der polnischen durch die deutschen Bewohner: Wańkowicz, Melchior: Na tropach Smętka [Auf den Spuren des Smetek]. Warszawa 1959.

schen Vorgaben.[15] Dieses sowjetische Modell wurde nach dem Zweiten Weltkrieg auf Ostmittel- und Südosteuropa übertragen.[16]

An diesem Punkt setzt der vorliegende Band ein. Die Fokussierung auf die Zeit seit 1945 ist nicht nur pragmatischen Gründen geschuldet. Diese Zeitspanne bietet sich auch inhaltlich an, denn in diesen rund 70 Jahren entwickelte der Tourismus weltweit eine zuvor ungekannte Wachstumsdynamik, die ihn zu dem heutigen globalen Massenphänomen machte.[17] Auch im östlichen Europa etablierte sich in dieser Periode der Massentourismus. Das heißt, die Urlaubsreise wurde zusehends für die Menschen aller Schichten zum selbstverständlichen Bestandteil des Lebens. Damit geraten zwei politische und sozioökonomische Systeme in den Blick. Der Titel „Eden für jeden?“ verweist auf das komplizierte Verhältnis zwischen touristischem Sehnen und gesellschaftlichen Realitäten im Sozialismus wie im Postsozialismus. Dieses Spannungsfeld wird im Folgenden genauer betrachtet.

Insbesondere seit der Teilung Europas durch den „Eisernen Vorhang“ nach dem Zweiten Weltkrieg waren große Teile des Kontinents nicht mehr zugänglich. Wegen massiver Grenz- und Bevölkerungsverschiebungen im und nach dem Krieg mussten neue Orte angeeignet, andere jedoch zurückgelassen werden, die jahrzehntelang unerreichbar blieben. Das am besten erforschte Beispiel unter vielen für einen „Verlusttourismus“ sind die „Heimwehreisen“ der deutschen Vertriebenen an ihre Herkunftsorte. Sie waren für die meisten erst ab der Entspannungspolitik in den 1970er Jahren möglich. Wie vergleichbare Arten des Heimwehtourismus, etwa der Wunsch innerhalb der polnischen Bevölkerung, die an die Sowjetunion verlorenen ehemals ostpolnischen Gebiete zu besuchen,[18]

15 Koenker, Diane P.: Club Red. Vacation, Travel and the Soviet Dream. Ithaca, London 2013.

16 Vgl. z.B. Beiträge in Giustino u.a.: Socialist Escapes, 2013; Sowiński, Paweł: Wakacje w Polsce Ludowej [Ferien in Volkspolen] (1945–1989). Warszawa 2005; die spezifische jugoslawische Entwicklung diskutiert bei Grandits, Hannes / Taylor, Karin (Hg.): Yugoslavia's Sunny Side: A History of Tourism in Socialism (1950s–1980s). Budapest 2010.

17 Wann das Zeitalter des „Massentourismus“ begann, ist eine Frage nach der Wahrnehmung von Relationen und wird in der Tourismusforschung unterschiedlich beantwortet. Im Verlauf des modernen Tourismus verbreitete sich diese Praxis immer weiter von oben nach unten durch die sozialen Schichten hindurch. Urlaubsreisen in großen Gruppen kamen bereits Mitte des 19. Jahrhunderts auf. Insofern brachte die Nachkriegszeit keinen Bruch, sondern einen weiteren Schritt in der sozialen und geographischen Verbreitung des Tourismus. Allerdings brach eine so starke und bis heute andauernde Konjunktur an, dass er sich mit Rüdiger Hachtmann als „Dammbruch“ bezeichnen lässt. Hachtmann, Rüdiger: Tourismus-Geschichte. Göttingen 2007, S. 9–14, 140 (Zitat); Pagenstecher, Cord: Enzensbergers Tourismusessay von 1958 – ein Forschungsprogramm für 1998?, in: *Tourismus Journal* 2. Jg. 1998, S. 533–552, Manuskriptfassung S. 1–19, hier 12; Zuelow, Eric G. E.: A History of Modern Tourism. London, New York 2016, Kapitel 9 und 10.

18 Owsianowska, Sabina: Tourist Narratives About the Dissonant Heritage of the Borderlands. The Case of South-Eastern Poland, in: *Journal of Tourism and Cultural Change* 15. Jg. 2017/2, S. 167–184; zum umstrittenen postkolonialen Erbe der Kresy auch: Ładykowski, Paweł:

erschienen sie lange Zeit politisch suspekt.[19] In affirmativer Weise diente der Tourismus hingegen der Konsolidierung des staatlichen Territoriums und des sozialistischen Systems, indem die Bürger*innen auf Reisen ihr Heimatland und die Errungenschaften des Sozialismus kennenlernen sollten.[20] Die jeweils unterschiedlich motivierten Sehnsüchte nach Unzugänglichem oder Vergangenem, aber auch nach neu Imaginiertem oder gar Utopischem wurden auch im Tourismus eine bestimmende Größe bei der Raumvorstellung und -erfahrung.

Die individuellen Bewegungsradien waren stark eingeschränkt und die Weltsicht so umfassend wie nie zuvor ideologisch geprägt. Das zu errichtende Paradies auf Erden sollte den Urlaub für alle Werktätigen beinhalten, was aber die Bürger*innen nicht davon abhielt, individuelle Träume zu hegen und ihre Erfüllung auf ganz eigenen Wegen zu suchen. Die offizielle Vision des Touristen fußte auf dem Paradox, dass es sich einerseits um ein unabhängiges und breit gebildetes Individuum handeln sollte, das sich aber andererseits komplett den von der Partei vorgegebenen kollektiven Strukturen unterordnen sollte.[21] Neue Urlaubsdestinationen entstanden, deren Konzepte, Architekturen und Nutzungen von den offiziellen Zielsetzungen der sozialistischen Regime geformt waren. Das reichte von offen ideologischen Sehenswürdigkeiten wie z. B. dem Leninmuseum in der polnischen Tatra[22] bis zu neugestalteten Freizeitlandschaften.[23] Das staatlich organisierte Tourismuswesen sollte als Instrument der Freund-

Poland and Its Eastern Neighours. A Postcolonial Case Study, in: *Baltic Journal of European Studies* 5. Jg. 2015/1, S. 109–132.

19 Siehe die Beiträge von Ralf Meindl und Frauke Wetzel. Weiter dazu z. B. Demshuk, Andrew: „Heimaturlauber“: Westdeutsche Reiseerlebnisse im polnischen Schlesien vor 1970, in: *Zeitschrift für Ostmitteleuropa-Forschung* 60. Jg. 2011/1, S. 79–99; Fendl, Elisabeth: Reisen in die verlorene Vergangenheit – Überlegungen zum „Heimwehtourismus“, in: *Jahrbuch für deutsche und osteuropäische Volkskunde* 41. Jg. 1998, S. 85–100; Marschall, Sabine: ‚Homesick tourism‘: Memory, Identity and (Be)longing, in: *Current Issues in Tourism Studies* 18. Jg. 2015/9, S. 876–892; Peleikis, Anja: Reisen in die Vergangenheit: Deutsche Heimattouristen auf der Kurischen Nehrung, in: *Voyage: Jahrbuch für Reise- & Tourismusforschung* 8. Jg. 2009, S. 85–97; Stennert, Doris: „Reisen zum Wiedersehen und Neuerleben“. Aspekte des „Heimwehtourismus“ dargestellt am Beispiel der Grafschaft Glatzer, in: Dröge, Kurt (Hg.): *Alltagskulturen zwischen Erinnerung und Geschichte. Beiträge zur Volkskunde der Deutschen im und aus dem östlichen Europa.* München 1995, S. 83–93.

20 Gorsuch, Anne E: „There’s No Place Like Home“. Soviet Tourism in Late Stalinism, in: *Slavic Review* 62. Jg. 2003/4, S. 760–785; Sowiński, Paweł: Gestaltung des historischen Gedächtnisses und Formung eines offiziellen Volkspolen-Bildes mittels organisierter Urlaubsreisen 1945–1989, in: Ruchniewicz, Krzysztof/Troebst, Stefan (Hg.): *Diktaturbewältigung und nationale Selbstvergewisserung. Geschichtskulturen in Polen und Spanien im Vergleich.* Wrocław 2004, S. 163–171.

21 Diane Koenker bezieht diesen von Alexei Yurchak als „Leforts Paradox“ bezeichneten Widerspruch, der dem sowjetischen Gesellschaftsbild inhärent war, auf den Tourismus: Koenker, Club Red, 2013, S. 8.

22 Siehe den Beitrag von Bianca Hoenig.

23 Siehe den Beitrag von Axel Zutz.

schaft zwischen den sozialistischen „Brudervölkern“ dienen. Diesem politischen Traum von weltanschaulicher Geschlossenheit des sozialistischen Lagers stand die Sehnsucht vieler Bürger*innen nach einem unerreichbaren „imaginären Westen“ entgegen.[24] Anstatt zur Verbrüderung nutzten die Tourist*innen die Auslandsreise zudem lieber zur Befriedigung ihrer materiellen Wünsche.[25] Auch wenn sich umgekehrt das touristische Interesse am Ostblock im Westen in engen Grenzen hielt, war die Fahrt hinter den „Eisernen Vorhang“ für einige westliche Besucher*innen durchaus eine attraktive Reise in eine fremde Welt.[26]

Mit dem Fall des Sozialismus haben sich zahlreiche Ziele der Sehnsucht verschoben oder sind verschwunden, während neue Orte Aufmerksamkeit auf sich ziehen und alte Sehnsüchte wieder zum Vorschein kommen. So hat sich die Anziehungskraft des „imaginären Westens“ mit der weitgehenden Aufhebung der politischen Reisebeschränkungen deutlich abgeschwächt. Aber auch erneute Konflikte und Grenzänderungen, neue Staatenbildungen und die postsozialistische Transformation wirken sich auf den Tourismus aus.[27] Das zeigt sich etwa beim Streifzug durch jugoslawische Hotelruinen an der kroatischen Küste[28] oder im literarischen Diskurs über eine aktuell wieder militärisch und symbolisch um-

24 Siehe die Beiträge von Benedikt Tondera und Tobias Wunschik. Weiter dazu z. B. Yurchak, Alexei: Everything was Forever, Until It Was No More. The Last Soviet Generation. Princeton 2006, Kapitel 5: „Imaginary West: The Elsewhere of Late Socialism“, v.a. S. 158f.; Gorsuch, Anne E.: All This Is Your World. Soviet Tourism at Home and Abroad after Stalin. Oxford 2011.

25 Siehe die Beiträge von Bianca Hoenig, Benedikt Tondera und Frauke Wetzel. Weiter Kochanowski, Jerzy: „Wir sind zu arm, um den Urlaub im eigenen Land zu verbringen“. Massentourismus und illegaler Handel in den 1950er und 1960er Jahren in Polen. In: Borodziej, Włodzimierz u.a. (Hg.): *Schleichwege. Inoffizielle Begegnungen sozialistischer Staatsbürger zwischen 1956 und 1989.* Köln u.a. 2010, S. 135–151; Gorsuch, Anne E: Time Travelers. Soviet Tourists to Eastern Europe. In: Dies. / Koenker, Diane P. (Hg.): *Turizm. The Russian and East European Tourist under Capitalism and Socialism.* Ithaca, N. Y. 2006, S. 205–226.

26 Siehe den Beitrag von Sune Bechmann Pedersen.

27 Tourismusanthropologische Beiträge zu diesen Themen versammelt die von Magdalena Banaszkiewicz, Nelson Graburn und Sabina Owsianowska herausgegebene Sonderausgabe „Tourism in (Post)socialist Eastern Europe“ des *Journal of Tourism and Cultural Change* 15. Jg. 2017/2; vgl. außerdem: Hill, Susan E.: Alternative Tourism in Budapest. Class, Culture, and Identity in a Postsocialist City. London 2017; Ghodsee, Kristen: The Red Riviera. Gender, Tourism, and Postsocialism on the Black Sea. Durham, London 2005; Horolets, Anna: Konformizm, bunt, nostalgia: turystyka niszowa z Polski do krajów byłego ZSRR [Konformismus, Konspiration, Nostalgie: Nischentourismus aus Polen in die Länder der ehemaligen UdSSR]. Warszawa 2013.

28 Siehe den Beitrag von Michael Zinganel. Weiter Beyer, Elke u. a. (Hg.): Holidays After the Fall. Seaside Architecture and Urbanism in Bulgaria and Croatia. Berlin 2013; Vais, Dana: Comparing Perspectives. Writing about Communist Architecture and Urbanism at the Seaside, in: *International Journal for History, Culture and Modernity* 4. Jg. 2016/1, S. 13–28; Holleran, Max: On the Beach. The Changing Meaning of the Bulgarian Coast After 1989, in: *City & Society* 27. Jg. 2015/3, S. 232–249.

kämpfte Region mit langer touristischer Tradition: die Krim.[29] Während die jüngste, sozialistische Vergangenheit bereits selbst zur Sehenswürdigkeit geworden ist,[30] erfahren Schichten der Kriegs- und Vorkriegsvergangenheit auch im Tourismus eine Neubewertung. Deutlich wird das etwa an der Wiederentdeckung und Vermarktung der mit dem Holocaust zerstörten jüdischen Kultur des östlichen Europa.[31] Die Neubestimmung der Position dieser Geschichtsregion auf den europäischen *mental maps* ist allerdings noch lange nicht abgeschlossen. Tourismus kann deshalb auch eine Form der Selbstversicherung sein, die Sehnsucht nach Orientierung in sich rapide wandelnden Verhältnissen ausdrückt.[32]

Unter den Bedingungen des ungebremsten Kapitalismus ist darüber hinaus die Privatwirtschaft zu einem entscheidenden Faktor in der Tourismusindustrie geworden. Von der staatlich garantierten Sozialmaßnahme hat sich die Urlaubsreise zum Statussymbol der wachsenden Mittelklasse gewandelt. Hatte es im Sozialismus den ebenso paternalistischen wie unerfüllbaren staatlichen Anspruch gegeben, ein „Eden für jeden" zu schaffen, ist dieser Ehrgeiz in der postsozialistischen Gegenwart dem individualistischen Streben nach einem guten Leben gewichen. Nun da der Einzelne selbst für sein Paradies zuständig ist, bleiben diejenigen auf der Strecke, die sich in der Marktwirtschaft nicht genügend behaupten können.

„Eden für jeden?" – aus mehreren Gründen ist der Buchtitel mit einem Fragezeichen versehen. Das Spannungsverhältnis zwischen dem Glücksversprechen, für das der Tourismus in modernen Gesellschaften steht, und den vielfachen politischen, wirtschaftlichen und gesellschaftlichen Verwerfungen in der Untersuchungsregion zieht sich durch die Beiträge des Bandes.

Touristische Sehnsucht und Sehnsuchtsorte untersuchen

Nach touristischen Sehnsuchtsorten zu fragen, ermöglicht einen gezielten Blick auf die Motivationen für eine Reise und erhellt die Umstände, die zur Wahl einer bestimmten Destination beitragen. Im Folgenden erläutern wir unser Ver-

29 Siehe den Beitrag von Tatjana Hofmann.

30 Siehe die Beiträge von Sabine Stach und Michael Zinganel. Auch relevant dazu ist: Banaszkiewicz, Magdalena: A Dissonant Heritage Site Revisited – the Case of Nowa Huta in Krakow, in: *Journal of Tourism and Cultural Change* 15. Jg. 2017/2, S. 185–197.

31 Siehe den Beitrag von Erica Lehrer und Soliman Lawrence. Weitere z. B. Bechtel, Delphine / Jurgenson, Luba (Hg.): Le tourisme mémoriel en Europe centrale et orientale. Paris 2013; Feldman, Jackie: Above the Death Pits, Beneath the Flag: Jewish Youth Voyages to Poland and Performances of Israeli National Identity. New York, Oxford 2008; Lehrer, Erica: Jewish Poland Re-visited: Heritage Tourism in Unquiet Places. Bloomington 2008.

32 Siehe die Beiträge von Agata Bachórz und Hannah Wadle sowie die nachfolgende Diskussion zum Begriff der Nostalgie.

ständnis der begrifflichen Komponenten – Tourismus, Sehnsucht und Raum/Ort – und bestimmen das Verhältnis zu einigen nahen bzw. überlappenden Begriffen: Nostalgie, Heterotopie und Erinnerungsort. Anschließend fassen wir die Eigenschaften des gewonnenen Begriffs kurz zusammen und formulieren sich daraus ergebende Leitfragen.

Tourismus, der temporäre Ortswechsel als Zeitvertreib zum eigenen Vergnügen,[33] im Unterschied etwa zu Handel, Pilgern, Krieg und Eroberung, Migration und Flucht, ist ein genuines Phänomen der Moderne. Zwar besitzt er lange Vorläufer und ließ sich nie trennscharf von anderen Arten der Mobilität abgrenzen. Doch als selbstständiges Phänomen, das immer größere Bereiche des Planeten erfasst und immer weitere Teile der Bevölkerung (zunächst Europas, dann weltweit) in der einen oder anderen Rolle betrifft, ist der sich im 18. Jahrhundert herausbildende Tourismus eine ziemlich junge Erscheinung.[34] Dem bis heute einflussreichen Werk des Soziologen Dean MacCannell zufolge lässt sich die/der Tourist*in, der auf seiner Suche nach vergangener oder exotischer Authentizität seine eigene Kultur nur immer weiter verbreitet, sogar als emblematische Verkörperung des modernen Menschen verstehen.[35] Die kulturwissenschaftliche Betrachtung von Tourismus hat erst vor wenigen Jahrzehnten eingesetzt.[36] Sie widmet sich einem Phänomen, das Grenzen verschiedenster Art überschreitet – geographische, kulturelle, soziale, emotionale, des Alltags. Stets kommt dabei die Frage nach dem Eigenen und dem Fremden ebenso wie nach dem Authentischen und dem Inszenierten auf. Kulturkontakt und -transfer lassen sich ebenso untersuchen wie politische Faktoren (Grenzregime, Nationalstaatsbildung, Ideologie) oder wirtschaftliche Implikationen dieses bedeutenden Sektors.

---

33 Koshar, Rudy: German Travel Cultures. Oxford, New York 2000, S. 8.

34 Zu den hauptsächlichen Voraussetzungen des Tourismus zählen die Entstehung säkularisierter Freizeit, die sich herausbildende bürgerliche Gesellschaft und der schnelle technische Wandel, von der Eisenbahn bis zum Vergnügungspark. Hachtmann: Tourismus-Geschichte, 2007, Einleitung.

35 MacCannell, Dean: The Tourist. A New Theory of the Leisure Class. Berkeley u.a. 1999 [1976].

36 Für einen Überblick zur Entwicklung der Tourismusgeschichte und allgemeiner der kulturwissenschaftlichen Tourismusforschung im deutschsprachigen Raum vgl. Spode, Hasso: Zur Geschichte der Tourismusgeschichte, in: *Voyage. Jahrbuch für Reise- & Tourismusforschung* 8. Jg. 2009, S. 9–22. Rüdiger Hachtmann bezeichnete die Tourismusgeschichte noch 2011 als „Mauerblümchen mit Zukunft“: Hachtmann, Rüdiger: Tourismusgeschichte – ein Mauerblümchen mit Zukunft! Ein Forschungsüberblick, in: *H-Soz-Kult*, 06.10.2011, verfügbar unter: <www.hsozkult.de/literaturereview/id/forschungsberichte-1119> [26.02.2018]. Einen Überblick über die englischsprachige Forschungslandschaft der Tourismusanthropologie geben: Leite, Naomi / Graburn, Nelson: Anthropological Interventions in Tourism Studies, in: Jamal, Tazim / Robinson, Mike (Hg.): *Tourism Studies*. London 2009, S. 35–64.

Sehnsucht ist die touristische Emotion schlechthin, dient doch touristisches Reisen gerade der Verwirklichung eigener Wünsche, Träume und Ziele. Beide, Sehnsucht und Tourismus, sind wesentlich durch die Romantik geprägt, durch deren Streben nach einem idealisierten Zustand der Vollkommenheit in der Ferne oder der Vergangenheit.[37] Und ebenso wie die Sehnsucht die letztliche Unerreichbarkeit des Verlangten in sich trägt, wird auch dem Touristen immer wieder die Fehlgerichtetheit, ja Vergeblichkeit seines Tuns unterstellt. Während die Tourismusschelte so alt wie der Tourismus selbst ist und die immer weitergehende Expansion des massenhaften Reisens anprangert,[38] weisen verschiedene Theoretiker*innen auf die Paradoxien der massenhaften Befriedigung individueller Wünsche hin, die den Tourismus kennzeichnen. In seiner noch heute anregenden „Theorie des Tourismus" von 1958 deutet etwa Hans Magnus Enzensberger die Urlaubsreise als zum Scheitern verurteilte Flucht des Menschen vor der modernen Gesellschaft mit deren eigenen Mitteln:

> „Längst hatte sich inzwischen der Sieg des Tourismus als Pyrrhussieg erwiesen, längst war das Fernweh nach der Freiheit von der Gesellschaft, vor der es floh, in ihre Zucht genommen worden. Die Befreiung von der industriellen Welt hat sich selber als Industrie etabliert, die Reise aus der Warenwelt ist ihrerseits zur Ware geworden."[39]

Doch ebenso wie die einzelne Touristin auch innerhalb eines industrialisierten Tourismussektors ihre Reise individuell wahrnimmt und ihrem Tun eigenen Sinn verleiht, hält die Sehnsucht produktives Potential bereit. Wie die in diesem Band versammelten Beiträge facettenreich zeigen, ist das Sehnen keineswegs leere Schwärmerei, sondern setzt vielfach Menschen in Bewegung, zum Teil widrigen Umständen zum Trotz. Sehnsucht ist eine Art, sich die Welt anzueignen, indem Szenarien denkbar werden, und sich in der Zeit zurechtzufinden. Unsere Sehnsüchte schreiben die Vergangenheit neu, kolorieren die Gegenwart und planen die Zukunft. Sehnsüchte können kollektiv sein und damit Menschen verbinden oder voneinander trennen. Und sie können auch besitzergreifend wirken, indem sie einen bestimmten Ort emotional besetzen und anderen das Recht darauf absprechen. Nicht zuletzt kann Sehnsucht gesellschaftskritisch

---

37 Zur Verankerung des Tourismus im romantischen Denken vgl. Spode, Hasso: Homogenisierung und Differenzierung. Zur Ambivalenz touristischer Chronotopie-Konstruktion, in: Schnepel, Burkhard u. a (Hg.): *Kultur all inclusive. Identität, Tradition und Kulturerbe im Zeitalter des Massentourismus.* Bielefeld 2013, S. 93–115, hier 100, passim.

38 Beispiele der Touristenschelte etwa bei: Enzensberger, Hans Magnus: Eine Theorie des Tourismus, in: Ders.: *Einzelheiten. Bewußtseins-Industrie.* Frankfurt/Main 1969 [1958], S. 179–205, hier 182–185; Hachtmann, Tourismus-Geschichte, 2007, S. 12f.

39 Enzensberger, Theorie, 1969, S. 195f; zu Rezeption und Potential von Enzensbergers Essay: Pagenstecher: Enzensbergers, 1998; MacCannell, The Tourist, 1999; Urry, John: The Tourist Gaze. Leisure and Travel in Contemporary Societies. London 1998.

sein, wenn sie alternative Denk-, Gefühls- und Handlungsräume zu den herrschenden Verhältnissen eröffnet.

Seit der Jahrtausendwende hat das wissenschaftliche Interesse an der Bedeutung von Gefühlen für gesellschaftliche Prozesse deutlich zugenommen, darunter auch in der Osteuropaforschung[40] und der Tourismusforschung.[41] „Tourism is one of those fields of social practice in which the relation between the physical motion of the body and the emotions subjectively experienced by a person becomes most obvious“, bemerkt der Anthropologe David Picard.[42] Deshalb sei Tourismus ein besonders geeigneter Gegenstand, um das Wechselspiel zu untersuchen, das sich zwischen der individuellen Erfahrung der Welt mit allen Sinnen und kollektiven Deutungsangeboten in Form von Sprache, Bildern und Gefühlen ergibt. Das eigene körperliche und emotionale Erleben gesellschaftlich-normativ verankerter Destinationen oder Sehenswürdigkeiten sei ein Prozess, der persönliche Reflexionsprozesse auslösen und damit gängige Moralvorstellungen destabilisieren könne.[43] Das gilt auch für Sehnsuchtsorte: Sie können als eine Art emotionaler Reibungsfläche verstanden werden, die für Menschen dort entstehen, wo ihre Sehnsüchte auf die ein oder andere Weise Resonanz erfahren.

Sehnsucht ist ein schillernder Begriff, zweideutig und bittersüß. Er beschreibt einen Zustand emotionaler Angespanntheit, ein starkes Verlangen, das bisweilen sogar Pein auslösen kann. Im mittelhochdeutschen Gebrauch aufgefasst als „Krankheit des schmerzlichen Verlangens“,[44] verlor das Wort allmählich seine pathologische Bedeutung. Es setzte sich ein Verständnis durch, das die Sehnsucht auf den Seelenzustand des Einzelnen bezog. Damit erscheint sie in der Definition des Deutschen Wörterbuchs der Brüder Grimm als „ein hoher grad eines heftigen und oft schmerzlichen verlangens nach etwas, besonders wenn man keine hoffnung hat das verlangte zu erlangen, oder wenn die erlangung ungewisz, noch entfernt ist“.[45] Die Sehnsucht kann sich klar auf ein klar bestimmtes Objekt richten, kann aber auch ungerichtet, undefiniert bleiben.[46]

40 Hier ist u. a. die weiter unten ausgeführte Nostalgiedebatte zu nennen.

41 Vgl. z. B. Spode, Hasso u. a. (Hg.): Gebuchte Gefühle. Tourismus zwischen Verortung und Entgrenzung. *Voyage. Jahrbuch für Reise- & Tourismusforschung* 7. Jg. 2005; oder zum Begriff der „Erwartung“ im Tourismus vgl. Skinner, Jonathan / Theodossopoulos, Dimitrios (Hg.): Great Expectations: Imagination and Anticipation in Tourism. New York, London 2011.

42 Picard, David: Awe and Inner Journeys, in: Ders. / Robinson, Mike (Hg.): *Emotion in Motion. Tourism, Affect, and Transformation.* Farnham 2012, S. 1–21, hier 2.

43 Ebd., S. 3.

44 Lemma „Sehnsucht“, in: Grimm, Jacob / Grimm, Wilhelm (Hg.): *Deutsches Wörterbuch.* 33 Bde, Bd. 16. Leipzig 1854–1971, Sp. 157f., hier 157.

45 Ebd.

46 Ebd.; Corbineau-Hoffmann, A.: Lemma „Sehnsucht“, in: Ritter, Joachim u. a. (Hg.): *Historisches Wörterbuch der Philosophie.* 13 Bde, Bd. 9. Basel 1971–2007, S. 165–168, hier 165;

Mit diesem Beiklang des stets Unvollendeten und damit auch Unerfüllbaren wurde die Sehnsucht zur Leitkategorie der Romantik. Ihre Protagonisten setzten das fortwährende Streben nach einem Unbestimmbaren gegen das Primat der Vernunft in der Aufklärung und erhoben es zum grundlegenden Antriebsprinzip des Menschen, der nach Vollkommenheit suche. Ebenso wurde Sehnsucht als bestimmendes Prinzip der Kunst angesehen, die das Gefühl ansprechen und das Drängen nach dem Vollkommenen ausdrücken soll.[47] Mit ihrem Streben in die Ferne – in die unberührte Natur, die exotische Fremde, die Vergangenheit – wurde die romantische Kunst oder die Übernahme romantischer Motive zum erstrangigen Sehnsuchtsproduzenten und etablierte viele Reiseziele im kulturellen Gedächtnis. Beispiele umfassen Puškins Krim-Dichtungen, die Tatjana Hofmann in ihrem Beitrag diskutiert, Caspar David Friedrichs Gemälde des Riesengebirges[48] oder Goethes Mignon-Lied, das die Italien-Sehnsucht der Deutschen bis heute prägt.[49]

Aus psychologischer Sicht liegt Sehnsucht nahe am Verlangen, der Begierde, dem Streben. Sie kann als Strategie, einen Mangel zu überwinden, betrachtet werden, als Selbstzweck existieren oder als manipulatives Konstrukt erschaffen werden, um das Fehlen von etwas zu suggerieren.[50] Diese drei Funktionen werden im touristischen Kontext sehr deutlich: Touristische Sehnsucht kann Alltagsmüde mobilisieren und ihnen Abwechslung vom Alltagstrott und Erholung bescheren; sie kann sich aber auch als Gefühlskultur verselbstständigen, indem sie aus der Erkenntnis heraus, dass manche Sehnsüchte unerfüllbar sind, an bestimmen Reisedestinationen und in touristischen Sehnsuchtsgemeinschaften explizit zelebriert wird.[51] Drittens wird touristische Sehnsucht als wertvolle Ware

Lemma „sehnen", in: Grimm, Jacob / Grimm, Wilhelm (Hg.): *Deutsches Wörterbuch*. 33 Bde, Bd. 16. Leipzig 1854–1971, Sp. 151–154, hier 151.

47 Corbineau-Hoffmann, Lemma „Sehnsucht"; Straub, Jürgen: Sehnsucht – begriffsgeschichtliche Annotationen, psychologische Sondierungen, in: Bosshard, Marco / Thomas u. a. (Hg.): *Sehnsuchtsstädte. Auf der Suche nach lebenswerten urbanen Räumen*. Bielefeld 2013, S. 15–27, hier 20–23.

48 Hartwich, Mateusz J.: Das schlesische Riesengebirge. Die Polonisierung einer Landschaft nach 1945. Wien u.a. 2012, S. 23.

49 „Als das hohe Lied der Italiensehnsucht hat die Ballade ganze Generationen verzaubert", Seidlin, Oskar: Zur Mignon Ballade, in: *Monatshefte* 41. Jg. 1949/5, S. 225–238, hier: 225; Becker, Peter von: Goethes „Italienische Reise". Auch ich in Arkadien!, in: *Der Tagesspiegel* vom 23.06.2016, verfügbar unter: <https://www.tagesspiegel.de/kultur/goethes-italienische-reise-auch-ich-in-arkadien/13368472.html> [08.03.2018].

50 Bjerre, Henrik Jøker: Desire/Drive, in: Butler, Rex: *The Žižek Dictionary*. London, New York 2014, S. 66–70.

51 Zum Beispiel die Sehnsucht der Rückkehr in die Vergangenheit, der Einheit mit der Natur oder der endgültigen Flucht aus dem Alltag, vgl. Enzensberger, Theorie, 1969. Die Mediävistin Barbara Rosenwein spricht von „emotional communities". Vgl. Frevert, Ute: Was haben Gefühle in der Geschichte zu suchen?, in: *Geschichte und Gesellschaft* 35. Jg. 2009/2, S. 183–208, hier 197f.

gehandelt, die es zu bewirtschaften gilt, um auf dem globalen Tourismusmarkt mithalten zu können oder sich wie im Fall vieler Länder und Regionen des östlichen Europa neu auf ihm zu positionieren.

Wie alle Gefühle hat Sehnsucht ihre Geschichte, und zwar im abstrakten gesellschaftlichen Sinn ebenso wie in individueller Hinsicht. Für Slavoj Žižek ist *desire*, der neben *longing* der Sehnsucht wohl am nächsten liegende englischsprachige Begriff, nicht angeboren, sondern erlernt.[52] Daraus folgt, dass Sehnsüchte gesellschaftlich konstruiert sind und ideologischen Einflüssen unterliegen, dass es für bestimmte soziale Gruppen oder verschiedene Generationen spezifische Sehnsüchte geben kann.[53]

Als Germanismus lässt sich Sehnsucht nicht adäquat in andere Sprachen übersetzen. Es gibt jedoch zahlreiche ähnliche Begriffe aus verschiedenen Kulturen, die ebenfalls ein starkes und umfassendes Verlangen nach einem – konkreten oder unkonkreten – Unerreichbaren, Verlorenen, Begehrten bezeichnen, das zwischen Verzehren und Erfüllung schwankt. Dazu zählen die portugiesische *saudade*,[54] der rumänische *dor*[55] oder japanisch *akogare*.[56] Also ist der Begriff Sehnsucht zwar schwierig zu übersetzen, doch die damit beschriebene Gefühlslage ist bei weitem nicht dem deutschen Kontext vorbehalten. Wir wählen ihn als analytische Perspektive, weil er sich mit seinem Bedeutungsspektrum hervorragend dazu anbietet, um sich an die vielfältige und wandelbare Vorstellungswelt des Tourismus anzunähern. Gerade sein liminaler Charakter zwischen unbändiger Vorfreude und nagendem Verlangen macht ihn dafür zu einer geeigneten Kategorie.

Gleichzeitig ist Sehnsucht weiter gefasst als Nostalgie. Dieser Begriff, der in der kulturwissenschaftlichen Forschung inzwischen fest etabliert ist, überschneidet sich deutlich mit Sehnsucht. Auch er bezeichnete bei seiner Entstehung im 17. Jahrhundert einen krankhaften Zustand, nämlich die Sehnsucht nach einem verlorenen Zuhause. Im Lauf der Zeit wurde Nostalgie als Gemütsbeschreibung depathologisiert und steht inzwischen für einen weitverbreiteten

---

52 Bjerre, Desire/Drive, 2014, S. 66.

53 Zu Emotionen als soziale Praxis und Konstruktion sowie zu gruppenspezifischen Gefühlen vgl. einführend Verheyen, Nina: Geschichte der Gefühle, Version 1.0, in: *Docupedia-Zeitgeschichte*, 18.06.2010, verfügbar unter: <http://docupedia.de/zg/verheyen_gefuehle_v1_de_2010> [05.01.2018].

54 Faubion, James D.: An Anthropology of Ethics. New York 2011, S. 136. Eine vergleichende Arbeit über Sehnsucht und Saudade stammt von Araujo Madureira, Delfina de: Sehnsucht e Saudade. Para uma historia comprada do pathos [Sehnsucht und Saudade: Für eine vergleichende Geschichte der Gefühle]. Doktorarbeit, Minho 2008, verfügbar unter: <https://repositorium.sdum.uminho.pt/bitstream/1822/9874/1/Tese.pdf> [15.02.2018].

55 Mihalache, Andrea: Saul Steinberg's stories of dor, in: Emmons, Paul u. a. (Hg.): *Cofabulations: Storytelling in Architecture*. London, New York 2017, S. 80–86.

56 Kelsky, Karen: Women on the Verge: Japanese Women, Western Dreams. Durham, London 2001, S. 26, 142.

Seelenzustand des modernen Menschen, nämlich den Traum von einem vergangenen, besseren Zustand, gepaart mit einer gewissen Unzufriedenheit mit der Gegenwart.[57]

Seit Svetlana Boyms richtungsweisendem Werk „The Future of Nostalgia", in dem sich die Literaturwissenschaftlerin mit nostalgischen Diskursen im postsowjetischen Russland, den USA und deren migrantischen Zwischenwelten beschäftigt, spielen das östliche Europa, die Sehnsucht nach der sozialistischen Vergangenheit und nach Heimkehr in durch Migration und Systemwechsel verlorene Welten eine zentrale Rolle im wissenschaftlichen Nostalgiediskurs.[58] Olivia Angé und David Berliner behaupten sogar: „as much as the Holocaust has become a paradigm for research in memory studies [...], works on nostalgia are paradigmatically ‚Eastern European'."[59] Wissenschaftliche Beiträge über das postsozialistische östliche Europa haben so über die Jahre verschiedene Nostalgien, von Ostalgie[60] bis zu Yugo-Nostalgia[61] benannt und ihre jeweiligen gesellschaftlichen Funktionen untersucht.[62] Auch Tourismus als Sphäre, in der postsozialistische Nostalgiewelten gesucht sowie von verschiedenen Akteuren reproduziert werden, wurde immer wieder aufgegriffen.

Während Nostalgie zunehmend an Fallstudien in anderen Teilen der Welt erprobt wird,[63] gehen wir einen anderen Weg, indem wir sie in den breiteren Kontext der im touristischen Bereich zirkulierenden Sehnsüchte im östlichen Europa stellen. Denn Nostalgie wird auch in diesem Band in mehreren Beiträgen aufgegriffen, umfasst aber bei weitem nicht das ganze hier untersuchte Spek-

57 Vromen, Suzanne: The Ambiguity of Nostalgia, in: *YIVO Annual* 21. Jg. 1993, S. 69–86, hier 70f.; Boym, Svetlana: The Future of Nostalgia. New York 2001, S. xviv.

58 Ein Sammelband, der diesen Diskurs gut repräsentiert, ist: Todorova, Maria / Gille, Zsusza (Hg.): Post-Communist Nostalgia. New York, London 2010.

59 Angé, Olivia / Berliner, David: Introduction. Anthropology of Nostalgia – Anthropology as Nostalgia, in: Dies. (Hg.): *Anthropology and Nostalgia*. New York, London 2015, S. 1–15, hier 1f.

60 Vgl. hierzu z. B. Bach, Jonathan: What Remains. Everday Encounters with the Socialist Past in Germany. New York 2017; Berdahl, Daphne: „‚(N)Ostalgie' for the Present: Memory, Longing, and East German Things", in: *Ethnos* 64. Jg. 1999/2, S. 192–211; Boyer, Dominic: Ostalgie and the Politics of the Future in Eastern Germany, in: *Public Culture* 18. Jg. 2006/2, S. 361–381; Neller, Katja: DDR-Nostalgie. Dimensionen der Orientierungen der Ostdeutschen gegenüber der ehemaligen DDR, ihre Ursachen und politischen Konnotationen. Wiesbaden 2006.

61 Vg. z. B. Lutan, Breda / Pusnik, Maruska (Hg.): Remembering Utopia: The Culture of Everyday Life in Socialist Yugoslavia. Washington 2010; Palmberger, Monika: Nostalgia Matters: Nostalgia for Yugoslavia as Potential Vision for a Better Future, in: *Sociologija* 50. Jg. 2008/4, S. 355–370, hier 358.

62 Nostalgien als Praktiken des Vergegenwärtigens der Vergangenheit besprechen auch Reinprecht, Christoph: Nostalgie und Amnesie. Bewertungen von Vergangenheit in der Tschechischen Republik und in Ungarn. Wien 1996; Macdonald, Sharon: Memorylands. Heritage and Identity in Europe Today. London 2013.

63 Angé / Berliner, Introduction, 2015, S. 1f.

trum. Zwar hat bereits Boym betont, dass Nostalgie nicht immer die Vergangenheit betreffe, da sie nicht nur retrospektiv, sondern auch prospektiv sei.[64] Doch vermag Sehnsucht einen weiteren Horizont touristischer Motivationen zu erschließen. Denn Sehnen lässt es sich, das zeigen die folgenden Aufsätze, nach dem Eigenen, Vergangenen oder Verlorenen. Aber auch nach dem Gegenstück, nach Neuem, Unbekanntem, Andersartigem. Oder aber nach dem Exotischen, Authentischen, nach dem Erlebnis oder der persönlichen Erfüllung. Nostalgie ist dabei ein möglicher Aspekt touristischer Sehnsuchtserfahrungen. Wir verstehen sie daher als benachbarten Begriff mit anderem Schwerpunkt. Während Nostalgie auf den Umgang mit Verlustängsten und -erfahrungen als Symptomen der Postmoderne abzielt, steht bei (touristischer) Sehnsucht die Wechselwirkung zwischen den imaginierten Welten von Wünschen und Träumen und den realen gesellschaftlichen und räumlichen Bedingungen im Vordergrund.

Ein weiteres fest etabliertes kulturwissenschaftliches Konzept, das sich dem gesellschaftlichen Umgang mit der Vergangenheit widmet, klingt bereits in der Bezeichnung „Sehnsuchtsort" an. In den 1980er Jahren hat der französische Historiker Pierre Nora das Konzept der Erinnerungsorte (lieux de mémoire) in den historiographischen Diskurs eingeführt. Sein Ansatz, Kristallisationspunkte nationaler Identität in ihrer Entstehung und Wandelbarkeit zu untersuchen, hat eine regelrechte Konjunktur solcher Inventare für Nationen, Regionen, bilaterale oder transnationale Erinnerungsorte ausgelöst. Zugleich wurde Nora aber auch dafür kritisiert, mit seinem Ansatz affirmativ zur nationalen Selbstversicherung beizutragen. Noras Begriff bezieht sich nicht nur auf geographisch festlegbare Orte, sondern ist im übertragenen Sinne von „Topos" zu verstehen. Ebenso können zum Beispiel Ereignisse, Personen, Kunstwerke oder Phänomene der Alltagskultur für bestimmte Gruppen zu Erinnerungsorten werden, also zu „Haken" für die kollektive Erinnerung und Identität.[65]

Die Sehnsuchtsorte, wie wir sie in diesem Band verstehen, sind nicht als eine Art zukunftsgewandter Zwillingsbegriff zu den Erinnerungsorten gedacht. Sie

64 Boym, Future, 2001, S. xvi. Sie unterscheidet deshalb zwischen zwei Formen der Nostalgie, der restaurativen und der prospektiven. Bei der restaurativen Nostalgie liegt der Fokus auf *nostos* (Heim): sie ist rückwärtsgewandt und beschreibt konservative Tendenzen, sich eine exklusive, verlorene Heimstatt zurückwünschen. Ein Beispiel dafür wäre das nationalistische Sehnen (S. 41–48). Reflexive Nostalgie beschreibt Praktiken des Sehnens, in denen *algia* (das Sehnen selbst) im Vordergrund steht. Sie stellt eine Form des kreativen Denkens dar, die nicht nur zahlreiche Künstler zu innovativen Werken inspiriert hat, sondern jenen Menschen ein lebensnotwendiges Werkzeug war, die keine Möglichkeit des Heimkommens mehr hatten (S. 49–55).

65 Nora, Pierre (Hg.): Les lieux de mémoire. 7 Bde. Paris 1984–1994. Zu Noras Konzept, der Rezeption und Kritik: Siebeck, Cornelia: Erinnerungsorte, Lieux de Mémoire, Version: 1.0, in: *Docupedia-Zeitgeschichte*, 02.03.2017, verfügbar unter: <http://docupedia.de/zg/Siebeck_erinnerungsorte_v1_de_2017> [15.02.2018].

weisen Überschneidungen, aber vor allem einige Differenzen zu Noras prägendem Begriff auf, der inzwischen sogar im Alltagswortschatz heimisch ist. Zunächst geht es auch uns um Kristallisationspunkte menschlicher Imaginationen. Wenn an Erinnerungsorten das Selbstverständnis einer (meist national gedachten) Gruppenidentität untersuchbar wird, verdichten sich in Sehnsuchtsorten individuelle und kollektive Wünsche und Träume. So eröffnen sie Möglichkeitsräume für alternative Entwürfe des eigenen Selbst und der gesellschaftlichen Verhältnisse, die tiefe Einblicke in aktuelle Befindlichkeiten geben.[66] Anders als die eher affirmativ gedachten Erinnerungsorte (die freilich durch nachfolgende Arbeiten eine kritische Schärfung erfahren haben[67]) können sie damit auch subversiv sein. Sie können der Hinterfragung des Bestehenden dienen und Machtstrukturen sichtbar machen – etwa wenn untypische, abseitige oder sogar verbotene Ziele als Sehnsuchtsorte erkoren werden.

Zudem streben wir kein Inventar an, das Vollständigkeit oder Repräsentativität für eine als homogen aufgefasste Gruppe beansprucht oder ein objektiv festzustellendes Bild des östlichen Europa wiedergibt. Stattdessen wird die Frage nach Sehnsuchtsorten gerade durch deren ephemeren, wandelbaren und aus der individuellen Gedanken- und Gefühlswelt gespeisten Charakter interessant. Sehnsüchte einzelner oder aber Sehnsuchtsgemeinschaften sollen auf ihre Grenzen und Bruchlinien befragt werden, sich überlagernde, uneindeutige Wünsche zur Sprache kommen.

Des Weiteren folgen wir Noras Begriff nicht in seiner weiten Spannbreite. „Sehnsuchtsort" ist in unserem Zusammenhang nicht einfach synonym für einen starken Wunsch, zum Beispiel für das Herbeisehnen des Wochenendes nach einer schweren Arbeitswoche oder für die Gier nach einem großen Eisbecher. Die Beiträge des Bandes befassen sich tatsächlich mit Orten im räumlichen Sinn. Das heißt allerdings nicht, dass es bloß um physisch existente, geographisch festlegbare Punkte geht. Vielmehr stellt unser Begriff des touristischen Sehnsuchtsortes das ständige Wechselspiel zwischen imaginären und materiellen Räumen in den Vordergrund, das ja gerade im Tourismus sehr deutlich zutage tritt. Wir gehen von einem relationalen Verständnis von Raum aus. Danach konstituiert sich Raum aus Interaktionen und Mobilitäten zwischen

66 Mit dieser Beobachtung schließen wir an ein Argument an, das in der Tourismusforschung verbreitet ist, z. B. Löfgren, Orvar: „The holiday weeks became a time of incredible creativity, of fixing, making, and pottering about", in: *Learning to be a tourist. Ethnologia Scandinavica* 24. Jg. 1994, S. 102–125, hier 122. Svetlana Boym betont auch den zukunftsgewandten, kreativen Charakter von Nostalgie: Boym, Future, 2001, S. xiii.

67 Górny, Maciej u. a.: Reinterpretationen und ein neues Forschungskonzept, in: Dies.: Deutsch-polnische Erinnerungsorte. Polsko-niemieckie miejsca pamięci. Reader für Autorinnen und Autoren der Aufsätze über deutsch-polnische Erinnerungsorte. Berlin Oktober 2009, S. 23.

Menschen, anderen Lebewesen, Dingen und Vorstellungen. Daher ist Raum dynamisch und wird immer wieder im sozialen Handeln aktualisiert. Raum konkretisiert sich an Orten. Orte sind benennbar, lassen sich im subjektiven Erleben aneignen, strukturieren Handlungen, ermöglichen Erfahrungen.[68] In dieser Konkretheit interessieren uns auch die Sehnsuchtsorte: In ihnen kristallisiert sich oftmals diffuses Verlangen und wird damit untersuchbar.

Sehnsuchtsorte sind allerdings keine Allerweltsorte, denn sie lassen sich als Heterotopien beschreiben. Unter diesem Begriff fasst Michel Foucault „tatsächlich realisierte Utopien“. Es sind Orte, die im Gegensatz zu Utopien materiell existieren, aber ebenso wie diese als Gegenentwürfe zu alltäglichen Orten wirken. Heterotopien funktionieren wie Spiegel, indem sie der Wirklichkeit angehören, die sie aber zugleich reflektieren und ins Gegenteil verkehren. Solche Orte sind zugleich mythisch und real, illusorisch und erfahrbar. Sie verfügen über eine eigene Zeitordnung und sind in gewisser Weise vom Normalraum abgegrenzt. Als eine Art Kompensations- oder Ausweichsphäre können sie herrschende soziale Normen außer Kraft setzen, aber auch zur Stabilisierung der Wirklichkeit beitragen.[69]

In der Tourismusforschung ist dieser Begriff auf große Resonanz gestoßen. Die touristische Reise als bewusster Bruch mit dem Alltag, für die geographische Distanz überwunden und Geld bezahlt werden muss, die eine andere Zeitordnung besitzt und eigene soziale Regeln entwickelt, für die mit Hotel oder Freizeitpark eigene Orte existieren, die Gefühle enthemmt und anderer Leute Leben zur Sehenswürdigkeit macht[70] – es ließen sich noch weitere Merkmale anführen, die Tourismus als Heterotopie des modernen Lebens kennzeichnen.[71] Nehmen

68 Vgl. Massey, Doreen: For Space. London 2005; Löw, Martina: Raumsoziologie. Frankfurt/Main 2001. Ein Überblick über die hier relevanten Raumdebatten bei: Löw, Martina: Space Oddity. Raumtheorie nach dem Spatial Turn, in: *sozialraum.de* 2015/1, verfügbar unter: <http://www.sozialraum.de/space-oddity-raumtheorie-nach-dem-spatial-turn.php> [05.03.2017]. Aktuelle raumtheoretische Überlegungen zu Ostmitteleuropa bei Hirschhausen, Béatrice von u.a.: Phantomgrenzen: Räume und Akteure in der Zeit neu denken. Göttingen 2015.

69 Foucault, Michel: Des espaces autres, in: *Empan* 54. Jg. 2004 [1967]/2, S 12–19. In dt. Übersetzung: Foucault, Michel: Von anderen Räumen. In: Dünne, Jörg / Günzel, Stephan (Hg.): *Raumtheorie. Grundlagentexte aus Philosophie und Kulturwissenschaften.* Frankfurt/Main 2011, S. 317–327, zitiert von S. 320.

70 Die transformative Kraft des Tourismus, aus der Alltagswirklichkeit ein Museum zu machen, bei Kirshenblatt-Gimblett, Barbara: Destination Culture. Tourism, Museums, and Heritage. Berkeley, London 1998, S. 167.

71 Auf Foucaults Konzept Bezug nehmen z.B.: Noack, Christian: „Andere Räume“. Sowjetische Kurorte als Heterotopien. Das Beispiel Sotschi, in: Schlögel, Karl (Hg.): *Mastering Russian Spaces. Raum und Raumbewältigung als Probleme der russischen Geschichte.* München 2011, S. 187–198; Spode, Homogenisierung, 2013; vgl. auch Spodes älteren Begriff einer „Zeit-Reise mit Rückfahrschein“: Spode, Hasso: „Reif für die Insel“. Prolegomena zu einer historischen Anthropologie des Tourismus, in: Cantauw, Christiane (Hg.): *Arbeit, Freizeit, Reisen. Die feinen Unterschiede im Alltag. 3. Arbeitstagung der DGV-Kommission Touris-*

wir touristische Sehnsuchtsorte als Heterotopien ernst, geben sie uns Einblick in die Wünsche von Menschen in ihrem Alltagsleben. Für die heterotopische Qualität von Sehnsuchtsorten ist besonders Foucaults Hinweis relevant, dass nicht nur der uns umgebende „äußere Raum“, sondern auch der innere „Raum unserer unmittelbaren Wahrnehmung, unserer Träumereien und unserer Leidenschaften“ an der Gestaltung der Realität mitwirkt.[72] Damit ist die Beziehung angesprochen zwischen einem (möglichen oder tatsächlich angesteuerten) Reiseziel und der Ansammlung an Bildern, Klängen, Gerüchen, Emotionen und Erinnerungen, mit denen es verbunden wird und die es zum Objekt des Sehnens machen. Diese Assoziationen können auf abstraktere Sehnsüchte - etwa nach Heimkehr, Geborgenheit, nach der Fremde, nach Freiheit, Flucht, Selbstbestimmung oder neuen Erfahrungsräumen - verweisen. Gleichzeitig sind sie abhängig von historisch spezifischen Sehnsuchtskonstellationen, im Fall des östlichen Europa nach 1945 maßgeblich vom verriegelten Westen, der verlorenen Vorkriegsheimat, sozialistischen Gesellschaftsutopien, der verbleibenden „Mauer im Kopf“ oder auch der postsozialistischen Amnesie.

Systematisierung und Leitfragen

Unser Verständnis touristischer Sehnsuchtsorte, das wir hier skizziert haben, führt uns zu einer Frageperspektive, die in den Beiträgen des Bandes erprobt wird und sich hoffentlich darüber hinaus als produktiv erweisen kann. Wir erheben nicht den Anspruch, ein umfassendes Konzept, eine neue Theorie vorzulegen. Es geht uns um einen Blickwinkel, aus dem produktiv Fragen gestellt werden können und sich neue Zusammenhänge ergeben. Touristische Sehnsuchtsorte, wie wir sie verstehen, sind relational, flexibel und umfassend. Relational weil damit Beziehungen verschiedenster Art in den Blick kommen, flexibel weil sie Wandel und Vielstimmigkeit von Sehnsüchten zu fassen vermögen, umfassend weil auch Emotionen und Orte thematisiert werden, die nicht mit den klassischen Bildern des Massentourismus übereinstimmen. Diese Spannbreite, die ganz unterschiedliche Spielarten von Tourismus miteinander in Bezug zu

---

musforschung vom 23. bis zum 25. März 1994. Münster 1995 (Beiträge zur Volkskultur in Nordwestdeutschland, 88), S. 105–123, hier 112; Verschaeve, Mathilde / Wadle, Hannah: Tourism and Postsocialist Heterotopias: Eastern Europe as an Imagined Rural Past, in: Picard, David / Di Giovine, Michael: *Tourism and the Power of Otherness. Seduction of Difference.* Bristol u. a. 2014, S. 74–91, hier 89; Breitwieser, Lukas: Die Geschichte des Tourismus in Namibia. Basel, Frankfurt/Main 2016; Stone, Philip R.: Dark Tourism, Heterotopias and Post-Apocalyptic Places: The Case of Chernobyl, in: White, Leanne / Frew, Elspeth (Hg.): *Dark Tourism and Place. Imagining and Interpreting Dark Places.* London 2013, S. 79–94; die google-Suche „heterotopia tourism“ ergibt ca. 30.000 Treffer.

72 Foucault, Von anderen Räumen, 2011, S. 319.

setzen vermag, sehen wir als Stärke. Dass das auf Kosten der Trennschärfe von möglichen Nicht-Sehnsuchtsorten geht, nehmen wir dabei gern in Kauf. Das ist aber sicherlich ein zentraler Punkt für eine weitere Beschäftigung mit touristischen Sehnsuchtsorten, der ihre analytische Aussagekraft zusätzlich steigern kann. Es gibt auch inhaltliche Bereiche, die im vorliegenden Band unterbelichtet sind. Dazu zählt die Frage nach der Genderkomponente touristischer Sehnsucht, im engeren Sinn die Themen Liebe und Sex als Sehnsuchtsgeneratoren. Aber auch die Heritage-Forschung oder das Augenmerk auf die Rolle der sozialen Schicht können produktiv mit touristischen Sehnsuchtsorten in Beziehung gesetzt werden. Im Folgenden fassen wir die Leitfragen und Untersuchungsbereiche zusammen, die sich aus unserer Beschäftigung mit touristischen Sehnsuchtsorten ergeben.

Zentral ist die Frage, wie sich für einzelne ebenso wie für Gruppen im Rahmen von Tourismus Sehnsuchtsbeziehungen mit konkreten soziogeographischen Räumen gestalten. Es geht also darum, das Verhältnis zwischen subjektiven Sehnsüchten und den Räumen, in denen Menschen diese, bewusst oder unterbewusst und ganz oder teilweise, zu befriedigen suchen, zu beschreiben und dekonstruieren.[73] Dabei ergeben sich unter anderem die folgenden Fragestellungen:

Wie und aus welchen Motiven werden diese Sehnsuchtsbeziehungen kultiviert, erlebt, inszeniert, (um)geschrieben oder auch beendet? Welche mentalen und körperlichen Bewegungen, welche Routen und welche subjektiven Verwurzelungen und Fixpunkte sind Teile des Beziehungskomplexes „touristische Sehnsuchtsorte"?[74] Wie sehen die Orte aus, die aus diesen Beziehungen hervorgehen – für diejenigen, die ihren Sehnsüchten nachgehen, aber auch für die, die den Raum mit den Sehnsüchtigen teilen? Gleichzeitig lässt sich auch die Frage aufwerfen, wer die individuelle Beziehung zwischen Sehnsüchten und bestimmten Orten mit Sehnsuchtsverwirklichungsversprechungen mitprägt: In welchem gesellschaftlichen, politischen, wirtschaftlichen Rahmen entstehen sie und wer ist an der Produktion von Sehnsüchten sowie von Orten, die diese zu befriedigen versprechen, beteiligt? Wer befördert diese oder verhindert sie gegebenenfalls auch und mit welchen Intentionen geschieht das?

73 Nach Moritz Csákys Vorschlag für Erinnerungsorte. Csáky, Moritz: Die Mehrdeutigkeit von Gedächtnis und Erinnerung. Ein kritischer Beitrag zur historischen Gedächtnisforschung, in: *Digitales Handbuch zur Geschichte und Kultur Russlands und Osteuropas.* Graz 2004, zugänglich unter: <https://www.vifaost.de/texte-materialien/digitale-reihen-und-sammlungen/handbuch/handb-mehrdeutigk/> [16.02.2018], S. 11f.

74 Mit dieser Aufmerksamkeit für verschiedene, miteinander verbundene Arten von Bewegung beziehen wir eine Anregung der Anthropologin Anna Tsing zur Erforschung globaler Beziehungswelten ein. Tsing, Anna: The Global Situation, in: *Cultural Anthropology* 15. Jg. 2000/3, S. 327–360, hier 351.

Die Wechselbeziehungen zwischen Menschen und ihren virtuellen und materiellen Sehnsüchten, die sich in touristischen Sehnsuchtsorten konkretisieren, können wir als Prozesse untersuchen. Wir können zum einen danach fragen, wie sie sich über längere Zeitabschnitte hinweg und durch räumliche Mobilität verändern und wie Akteure sie in verschiedenen Stadien erleben – von den Momenten des Sehnens über die oft zeitbegrenzte Konkretisierung bis hin zur Loslösung. Zum anderen sind zeitspezifische Sehnsüchte anzusprechen, und zwar individuell in verschiedenen Lebensabschnitten der Betroffenen und allgemein in historischen Zeitabschnitten. Daran lässt sich die transformative Fähigkeit von Sehnsuchtsorten für Reisende untersuchen, ebenso wie der Bedeutungswandel von Sehnsuchtsorten in der Geschichte bzw. in Einzelbiographien und nicht zuletzt auch die Rolle von Sehnsüchten und touristischen Mobilitäten bei der langfristigen Mitgestaltung geographischer Orte.

Zugleich können wir touristische Sehnsuchtsorte als polyvalente und mehrzeitige Beziehungsgeflechte begreifen und uns mit der Begegnung zwischen verschiedenen Sehnsuchtsnarrativen und -gemeinschaften sowie mit subjektiven oder historischen Mehrdeutigkeiten im Raum auseinandersetzen.[75] Dazu gehört der ambivalente Charakter, der ihnen als Heterotopien eignet. Sie können die bestehende Herrschaftsordnung bestätigen und verfestigen, können aber genauso als Alternativangebote zu vorhandenen gesellschaftlichen Visionen wirken. Dieses subversive Potential wird besonders sichtbar, wenn die Herrschaftsverhältnisse statisch und ideologisch geprägt oder touristisches Reisen mit Tabus behaftet ist, wie es im östlichen Europa nach 1945 der Fall gewesen ist. Nicht nur für den Sozialismus, sondern auch für die darauffolgende „Transformation" verdient dieser Aspekt touristischer Sehnsuchtsorte besondere Aufmerksamkeit.

Es geht nicht darum zu bewerten, ob die Konkretisierung durch eine Urlaubsreise den Tourist*innen die Erfüllung ihrer Sehnsüchte ermöglicht. Diese Frage muss im jeweiligen Kontext und aus der Perspektive der Akteur*innen beantwortet werden, soweit die vorhandenen Quellen das zulassen. Mit der Beschreibung komplexer Sehnsuchtserfahrungen kann der Ansatz über die Tourismusforschung hinaus einen Beitrag zu der aktuellen wissenschaftlichen Beschäftigung mit imaginären Horizonten in gegenwärtigen Gesellschaften leisten.[76] Laut dem bulgarischen Kulturwissenschaftler Alexander Kiossev be-

75 Diese Unterscheidung von der Mehrdeutigkeit des Raumes schlägt Moritz Csáky im Kontext mehrdeutiger Gedächtnisorte vor: Er unterscheidet zwischen der Vielfalt subjektiver Lesarten eines historisch gewachsenen Raumnarrativs und der Mehrdeutigkeit durch verschiedene historisch gewachsene Raumnarrative. Vgl.: Csáky, Mehrdeutigkeit, 2004, S. 16.

76 Vgl. dazu Crapanzano, Vincent: Imaginative Horizons. An Essay in Literary-Philosophical Anthropology. Chicago 2004; Salazar, Envisioning, 2010; Salazar, Noel: Tourism Imaginaries. A Conceptual Approach, in: *Annals of Tourism Research* 39. Jg. 2011/2, S. 863–882.

finden wir uns in einer globalen Krise der Imagination, indem wir die Fähigkeit verlieren, uns alternative Zukunftsvisionen vorzustellen. Das sei nicht zuletzt dem „Ende des großen Experiments" des Kommunismus zuzuschreiben, mit dem die ideologische Opposition zum allgegenwärtigen Kapitalismus wegfiel. Dadurch herrsche zunehmend das Gefühl, in einer ewigen, alternativlosen Gegenwart zu leben.[77] Gerade an der Geschichte der Gesellschaften im Sozialismus und der Realität der Transformation lasse sich jedoch der Wert imaginärer Horizonte erkennen, da die Menschen ihrem Leben und der Gesellschaftsordnung mehrfach neuen Sinn verleihen mussten.[78] Imaginäre (Zukunfts-)Horizonte könne man trainieren wie einen Muskel, argumentiert Kiossev. Die Beiträge dieses Bandes zeigen in aller Vielfalt und Deutlichkeit die kulturelle und emotionale (Muskel-)Leistung der Gesellschaften im östlichen Europa, imaginäre Horizonte in der Gestalt touristischer Sehnsuchtsorte zu kultivieren (beziehungsweise zu „trainieren").

Die Beiträge dieses Bandes

Der Band versammelt dreizehn Beiträge, die sich quer durch das östliche Europa auf die Suche nach touristischen Sehnsuchtsorten begeben. Sie adressieren Motive und Praktiken der Tourist*innen, künstlerische Vorbilder und mediale Darstellungsarten potentieller touristischer Sehnsüchte, Momente der Grenzüberschreitung, die Schaffung, Etablierung und Umwertung touristischer Destinationen, Architektur und Infrastruktur, Strategien staatlicher oder privater Tourismusanbieter und den Eigensinn der Klient*innen. Gemeinsam ist ihnen der Blick auf ein Phänomen, das individuelle und kollektive Wünsche innerhalb der zeitgenössischen gesellschaftlichen Realitäten greifbar werden lässt. Der Band gliedert sich in vier Abschnitte, die zentrale Motive der touristischen Sehnsucht aufgreifen.

Diese Debatte wird u.a. in aktuellen Forschungsarbeiten über konkrete oder alternative Utopien und Zukunftsentwürfe aufgenommen: Blanes, Ruy / Flynn, Alex / Maskens, Maïté / Tinius, Jonas: Micro-utopias. Anthropological Perspectives on Art, Relationality, and Creativity, in: *Special Issue „Micro-utopias: anthropological perspectives on art, relationality, and creativity" Cadernas di Arte e Antropologia* 5. Jg. 2016/1, S. 5–20; Wright, Erik O.: Envisioning Real Utopias. London 2009; Carlsson, Chris / Manning, Francesca: Nowtopia: Strategic Exodus?, in: *Antipode* 42. Jg. 2010/2, S. 924–953; Cooper, Davina: Everyday Utopias. The Conceptual Life of Promising Spaces. Durham, London 2014.

77 Kiossev, Alexander: Alternative Utopias and the Crisis of Imagination. Vortrag an der Universität Oxford 2013, verfügbar als Podcast unter: <https://podcasts.ox.ac.uk/alternative-utopias-and-crisis-imagination-20-june-2013> [27.01.2018].

78 Ähnlich argumentiert Alexei Yurchak in Bezug auf den Einfluss von Künstlern im Spätsozialismus. Yurchak, Alexei: Necro-Utopia. The Politics of Indistinction and the Aesthetics of the Non-Soviet, in: *Current Anthropology* 49. Jg. 2008/2, S. 199–223.

Konkurrierende Raumnarrative und „heimatliche" Selbstverortung

Konkurrierende Raumnarrative prägen Mittel- und Osteuropa maßgeblich. Sie stammen aus unterschiedlichen Zeitschichten, sind Erbe der Imperien und Nationalbewegungen des 19. und der Staatenbildungen, der Kriege und Grenzverschiebungen des 20. Jahrhunderts. Durch sie sind vielstimmige Sehnsuchtsorte entstanden, an denen sich persönliche Verbundenheiten und kollektive Identitäten reiben. Unterschiedliche Besitzansprüche treten in Konkurrenz zueinander.[79] Das verdeutlicht Tatjana Hofmann an der Bearbeitung der Krim in der postsowjetischen russisch- und ukrainischsprachigen Literatur, die die Krim zwischen Sehnsuchtsort und Dystopie darstellt. Wenn umstrittene Orte zu touristischen Destinationen werden, stehen sie oft im Spannungsfeld von Verlust und Attraktion, von Trauma und Traumerfüllung. Was vor Ort gesucht und was gefunden wird, unterscheidet sich deutlich zwischen einzelnen Personengruppen, wie Frauke Wetzel argumentiert, und es kann sich individuell stark wandeln, wie Ralf Meindl herausarbeitet. Heimat und Fremde stehen sich dabei nicht als sauber getrennte Sphären gegenüber, sondern gerade die Ambivalenz emotionaler Bindungen an Orte als fremd und heimatlich zugleich macht deren Anziehungskraft aus. Das illustriert die künstlerische Arbeit von Soliman Lawrence, eingeleitet von Erica Lehrer, eindrücklich. Die Beiträge befassen sich mit den Entstehungsprozessen sich überlagernder Sehnsuchtsorte, mit der Politik des Erzählens von Orten und mit dem Aufeinandertreffen verschiedener Ortsnarrative und Konstrukte von Heimat. Angesprochen werden eine Vielzahl von Medien und darstellerischen Strategien: literarische Diskurse, Reiseführer und -berichte, Briefe, Fotografie und andere mehr.

Frauke Wetzel widmet sich einer Stadt, die als untypische touristische Destination gelten kann: Sie verfolgt den Wiederaufbau und die Wiederbesiedlung der nordböhmischen Industriestadt Ústí nad Labem nach 1945 anhand von Reiseführern und -berichten. Diese stammen von lokalen tschechoslowakischen Autoren, Autoren aus der DDR und ehemaligen deutschen Einwohnern der Stadt, die nun in der Bundesrepublik wohnten. Durch die kontrastierende Analyse dieser Quellen zeigen sich die ganz unterschiedlichen Bewertungen der Stadt zwischen „verlorener Heimat" und noch unbekannter neuer Heimat. Eine weitere Dimension von Ústí als vielschichtigem Sehnsuchtsort erkennt Wetzel in

79 Solche umstrittenen und vielfach angeeigneten Orte haben zahlreiche Studien angeregt. Zu nennen als Beispiel für eine touristische Region etwa Mai, Ulrich (Hg.): Masuren: Trauma, Sehnsucht, leichtes Leben. Zur Gefühlswelt einer Landschaft. Münster 2005; einflussreich sind die Arbeiten von Moritz Csáky zu ostmitteleuropäischen Städten: Das Gedächtnis der Städte. Kulturelle Verflechtungen – Wien und die urbanen Milieus in Zentraleuropa. Wien 2010.

den Reisepraktiken von Tagestouristen aus der damaligen DDR, für die die Erfüllung von Konsumwünschen ausschlaggebend war.

Ralf Meindls Beitrag beschäftigt sich mit der Konfrontation deutscher Vertriebener mit ihren „verlorenen" Herkunftsorten. Bevor diese „Heimattouristen" aus Westdeutschland ab den 1970er Jahren nach Ostmitteleuropa reisen durften, hatte sich bereits eine bestimmte Vorstellung von der „alten Heimat" im Gruppengedächtnis verfestigt. Meindl zeichnet die institutionellen Strukturen und die mediale Produktion nach, die ein festes Set an Bildern von den ehemals deutsch besiedelten Regionen hervorbrachten. Anhand der Briefe einer Reisenden, die ihre Erlebnisse in Schlesien schilderte, zeigt er die Begegnung mit dem zum stereotypen Sehnsuchtsort geronnenen Schauplatz der eigenen Jugend. Während die Abweichung zwischen Erinnerung und Realität zunächst einen Schock auslöste, regte sie auch das Nachdenken über Eigenes und Fremdes an. Schließlich konnten solche Heimwehreisen sogar die Akzeptanz des Auseinandertretens von Idealbild und Wirklichkeit der ehemaligen „Heimat" bewirken.

Tatjana Hofmann befasst sich mit der Aneignung eines Raumes durch Sprache und Erzählstrategien. Im Mittelpunkt ihres Beitrags steht die Darstellung der Halbinsel Krim in der russisch- und ukrainischsprachigen postsowjetischen Prosa, die sie in eine reiche literarische Tradition von Krim-Texten einordnet. Sie widmet sich damit einer Region, deren landschaftliche Reize und vielfältiges kulturelles Erbe seit langem literarisch beschworen werden. Damit stellt die Krim ein ausgeprägtes Beispiel für einen romantischen Sehnsuchtsort dar, der auch viele Reisende anzog und sich zur beliebten touristischen Destination entwickelte. Hofmann erörtert, inwiefern es sich auch bei den postsowjetischen Texten um eine „Sehnsuchtsmaschinerie" handelt, die an die romantischen Darstellungen der Halbinsel anknüpft. Dabei arbeitet sie die politische Relevanz solcher Geopoetiken und ihrer literaturwissenschaftlichen Kanonisierungen heraus. Diese riskieren, russische imperiale Sehnsüchte zu reproduzieren, wenn sie sich nicht bewusst mit der Pluralität (Krimtexte) und Mehrsprachigkeit (Russisch, Ukrainisch, Krimtatarisch) der literarischen Krim auseinandersetzen.

Soliman Lawrences fotografischer Beitrag nähert sich der ambivalenten jüdischen Kulturlandschaft im heutigen Polen visuell. Seine Fotografien werden durch die Anthropologin Erica Lehrer eingeleitet, die die polnisch-jüdischen Beziehungen als engagierte Forscherin und Künstlerin seit Jahren verfolgt und aktiv mitgestaltet. Die Fotografien zeigen den schwer zu erfassenden Zwischenzustand einer jungen und zugleich sehr alten Kulturlandschaft: Sie fangen die Spannung zwischen touristischer Inszenierung, kulturellem Alltag und religiöser Innigkeit ein und zeigen die Gleichzeitigkeit von Praktiken und Architekturen des Bewahrens und jenen des Vernachlässigens jüdischer Kultur in

Polen. Seine Bilder bilden eine Brücke zwischen der traumatischen Sehnsucht nach der durch den Holocaust zerstörten jüdischen Kultur und der Sehnsucht nach einem neuen jüdischen Leben in Polen.

Auf der Suche nach Eden im Sozialismus

Jede Ideologie schafft eigene Sehnsuchtsorte, in denen sich die jeweilige Vision eines guten Lebens verwirklichen soll. In der auf den industriellen Fortschritt aufgebauten sozialistischen Ordnung waren solche Orte häufig mit Industrialisierung und Urbanisierung verbunden. Aber auch die Natur wurde in das Aufbauwerk der zu schaffenden Gesellschaft einbezogen. Durch ihre planmäßige Gestaltung und Nutzung sollte sie den Werktätigen Erholung und Kräftigung ermöglichen. Der rationale Umgang mit Ressourcen und die sozialpolitische Forderung, der breiten Bevölkerung Urlaubsmöglichkeiten zugänglich zu machen, war der erklärte politische Anspruch. Die Beiträge von Axel Zutz und Bianca Hoenig diskutieren diese Ambitionen und ihre Umsetzung aus verschiedenen Blickwinkeln. Dabei spielt in beiden Fällen der Blick auf Kontinuitäten und Neubewertungen im Naturumgang im Vergleich zur ersten Hälfte des 20. Jahrhunderts eine wichtige Rolle.

Zutz beschreibt, wie eine „natürliche“ Landschaft neu geschaffen wurde. Anhand der grundlegenden Umgestaltung eines Lausitzer Braunkohletagebaus in die Freizeitoase des Senftenberger Seengebiets, die „Königsgärten des Sozialismus“, erzählt er von der Entwicklung des modernen Heimatschutzes und dessen Hauptakteuren. Sein Beitrag illustriert die Mechanismen einer Umweltnutzung, die mit dem Bergbau beginnt und mit dem Badestrand endet. Diese Idee folgt einer landschaftsgestalterischen Tradition, in der der Mensch sich die Erde zu eigen macht, ihre Ressourcen nutzt und letztendlich zum gottähnlichen Paradiesgärtner wird. Im Senftenberger Seengebiet wurde damit eine Utopie der Moderne wahr. Auch das Thema Heimat spielte eine Rolle, denn es galt, Heimat als Gemeingut des Volkes den Mechanismen kapitalistischer Ausbeutung zu entziehen.

Anknüpfungspunkte und Wandel in einer traditionellen touristischen Destination thematisiert Bianca Hoenig. Sie beschäftigt sich mit der touristischen Transformation der Gebirgslandschaft Tatra im Zeichen der Arbeitererholung. Dieser Wandlungsprozess nach dem Krieg, der die Erholungslandschaft einer breiteren Bevölkerung und dem Massentourimus öffnete, brachte neue lokale Urlaubskulturen und Infrastrukturen hervor, deren Spuren bis in die Gegenwart sichtbar sind. Sie argumentiert, dass touristische Sehnsucht in der offiziellen Lesart dem instrumentellen Charakter des Tourismus untergeordnet war, dass aber die Tatra für die Tourist*innen selbst aus ganz verschiedenen Gründen zum Sehnsuchtsort werden konnte.

Tourismusbegegnungen zwischen Ost und West

Ein Sehnsuchtsmotor ersten Ranges war die Abschottung der politischen Blöcke durch den „Eisernen Vorhang". Die Beiträge von Benedikt Tondera, Tobias Wunschik und Sune Bechmann Pedersen beschäftigen sich mit touristischen Begegnungen zwischen Ost und West während des Kalten Krieges. Solche Reisen waren von den Tourist*innen oft lange herbeigesehnt worden. Genauso wie sie Wünsche erfüllten, ließen sie aber oft neue Träume entstehen, säten Zweifel an staatlichen Narrativen und generierten Hoffnung auf ein besseres Leben in der Zukunft. Wegen der vorherigen beinahe absoluten Abschottung und der starken kollektiven Vorstellungen vom Anderen hatte der Kulturkontakt besonders deutliche Auswirkungen: Er brachte Selbst- und Fremdbilder ins Wanken und warf Gewissheiten über den Haufen. Er eröffnete den Beteiligten eine Grauzone, eine raumzeitliche Liminalität, in der Gefühle und Meinungen zum Ausdruck gebracht werden konnten, die außerhalb dieses Rahmens keine Berechtigung hatten. Gleichzeitig unterlagen auch diese Begegnungsräume staatlichen Ordnungsinstanzen, die immer versuchten, die Teilnehmenden in ihre Schranken zu weisen. Nicht zuletzt hatten solche Aufeinandertreffen eine wirtschaftliche Seite, indem Sehnsüchte nach materiellem Wohlstand und Hoffnung auf Devisengewinne geweckt wurden.

Benedikt Tondera folgt sowjetischen Reisegruppen der Chruščev- und Brežnev-Zeit ins sozialistische und kapitalistische Ausland. Von offizieller Seite als sichtbarer Beweis der sowjetischen Modernisierungsleistung angesehen, brachte der Auslandstourismus die reisenden Sowjetbürger*innen in Kontakt mit zuvor unerreichbaren Welten. Dabei wurden sie mit oftmals unvorhergesehenen Situationen konfrontiert, die den Glauben an die Überlegenheit des eigenen Landes und an die Freundschaft mit den ostmitteleuropäischen „Bruderstaaten" ins Wanken geraten ließen. Dieser Kulturkontakt stieß bei den Reisenden einen Reflexionsprozess über ihr Selbstbild und über das Verhältnis zu ihren Reisezielen an und brachte ihre „Sehnsuchtslandschaft" zuweilen gründlich durcheinander.

Ein anderer „Zwischenraum", der Begegnungen zwischen Ost und West möglich machte, waren die internationalen Motorradrennen auf dem Sachsenring in der DDR. Tobias Wunschik ergründet die Begeisterung der Motorsport-Fans für die Fahrer und ihre Motorräder, die für sie die Freiheit und technische Überlegenheit des Westens verkörperten. Er zeichnet auch nach, welche Konfliktlinien mit den Sicherheitsorganen sich aus dieser Leidenschaft ergaben. Die emotionale Grenzüberschreitung der Fans führte sogar zur offenen Konfrontation mit Polizei und Staatssicherheit. Wie Tondera zeigt auch Wunschik damit, welch enge Grenzen Begegnungsorten zwischen Ost und West gesetzt waren. Zugleich wird aber die rebellische Seite solcher Sehnsüchte deutlich, die von staatlicher Seite als Bedrohung wahrgenommen wurden.

Mit Reisewegen in die umgekehrte Richtung, von West nach Ost, beschäftigt sich Sune Bechmann Pedersen. Er thematisiert die Begegnung skandinavischer Touristen mit dem Reiseziel Osteuropa zu Zeiten des Kalten Krieges. Dazu verfolgt er sowohl die Bemühungen sozialistischer Reiseagenturen, skandinavische Touristen anzuwerben, als auch die Narrative von Reiseliteratur und touristischer Werbung, mit denen neue Sehnsuchtsorte im „Ostblock" angepriesen wurden. Zwar stieß eine Ferienreise nach Osteuropa eher auf verhaltenes Interesse, doch etablierte sich die Region langsam als Destination auf der mentalen Karte der skandinavischen Europareisenden. Und doch bleibt die Frage offen, welche Sehnsucht in der Ost-West-Begegnung größer war: die der osteuropäischen Reiseanbieter nach den in Devisen zahlenden Gästen oder die der Touristen nach einer geographisch nahen und doch exotischen Destination.

(Post-)sozialistisches Erbe als touristische Destination und kulturelle Ressource

Die Beiträge im vierten Teil befassen sich mit der touristischen Gegenwart im östlichen Europa. Die Autor*innen zeigen, wie sozialistische und postsozialistische Vergangenheiten zu touristischen Destinationen und kulturellen Ressourcen werden können. Die materiellen Überbleibsel und lebendigen Erinnerungen an nicht allzu ferne, aber umso exotischer wirkende Zeiten bieten vielerorts neue Entdeckungs- und Erlebnisfelder, die touristische Infrastrukturen und Aktivitäten im urbanen Raum, in klassischen Feriendestinationen oder auch in touristisch eher unbeachteten Regionen Osteuropas verändern und in neue Zusammenhänge stellen. Gleichzeitig ermöglicht die Bezugnahme auf nähere Vergangenheiten eine Distanzierung von Prozessen der Gegenwart und deren kulturellen Leitlinien. Die erlebnisbetonte, sinnesorientierte Begegnung mit nahen Vergangenheiten im Rahmen des Tourismus eröffnet die Gelegenheit für alternative postsozialistische Entwicklungsdiskurse und fördert zudem eine selbstständige Einschätzung dieser Vergangenheit und Beschäftigung mit ihr. Anhand der Frage nach postsozialistischen Sehnsuchtsorten erhellen die Beiträge die Attraktivität (post-)sozialistischer Vergangenheiten in verschiedenen touristischen Kontexten, ohne diese jedoch als „(N)Ostalgie" zu pauschalisieren.

Vielmehr geht es den Autor*innen darum, den Reiz der vergangenen Zeit und deren Orte für die Akteur*innen der Gegenwart herauszuarbeiten.

Michael Zinganel berichtet von einer Art Tourismus zweiten Grades an die kroatische Adriaküste, einer Besichtigungstour, die er als Reiseleiter geplant und begleitet hat. Mit einer Gruppe Kunstinteressierter besuchte er die verwitternden Ferienarchitekturen aus der Zeit von Titos Jugoslawien. Anstatt kulturkritisch als „Ruin Porn", die Faszination für Verfall und Entstellung, betrachtet Zinganel die Lust am Besichtigen und Erkunden der Hotelruinen als Hinweis auf die wachsende kulturelle Wertschätzung der künstlerisch-architektonischen Leistungen der sozialistischen Spätmoderne. Darüber hinaus stehen die Hotelbauten für einen Begegnungsort im Kalten Krieg. Durch die spezifische Stellung Jugoslawiens zwischen den Blöcken steht die Architektur für allgemeine zeitgenössische Trends, während das Tourismuswesen Zusammentreffen und Kooperationen mit dem „Westen" ermöglichte.

Sabine Stachs Fallstudie handelt vom urbanen Mitteleuropa, von Prag, Warschau, Krakau und Bratislava, wo lokale Tourismusunternehmer ihre Kunden durch „Communism Tours" mit der vergangenen kurios-schauerlichen Welt des Alltags im Sozialismus bekanntmachen. Stach liest die Touren, die sie ethnographisch begleitet, als Form von „Zeitreisen". Sie arbeitet mit dem Begriff der „Zeitkapsel", um die Besonderheit bestimmter Besichtigungsorte aus der sozialistischen Vergangenheit als anachronistische Stationen in den geführten Touren zu unterstreichen. So argumentiert die Autorin, dass für die Teilnehmer während der beliebten Communism Tours das immediate Zeitregime der Gegenwart durch das Geduldsregime des Sozialismus in Frage gestellt und für die Dauer der Tour sogar außer Kraft gesetzt wird. Stach spricht von einer Erfahrung der Entschleunigung, die in den Besucher*innen eine gewisse Sehnsucht erfüllen kann.

Auch Agata Bachórz beschäftigt sich mit Gegendiskursen zu Transformationsprozessen. Sie untersucht Motive und Erfahrungen von polnischen Russlandreisenden. Im Lichte der schwierigen polnisch-russischen Beziehungen kann Russland nicht gerade als klassischer polnischer Sehnsuchtsort gelten. Die Autorin geht deshalb der Frage nach, welche Personen sich dennoch dorthin aufmachen und welche Sprache sie für ihre Reiseerfahrungen finden. In den Interviews mit den Tourist*innen, die meist in russischen Peripherien und weniger in urbanen Besichtigungsdestinationen unterwegs sind, findet Bachórz das Gefühl einer kulturellen und emotionalen Verwandtschaft mit der russischen Lebensart, die oft mit der Distanzierung vom europäischen Westen einhergeht. Gleichzeitig begegnet ihr eine Faszination für die Andersartigkeit und zeitliche Entrücktheit Russlands, wogegen Polen als modernes europäisches Land gelten könne. Insofern wird Russland, wie Bachórz schlussfolgert, für die befragten polnischen Reisenden zum erfahrungsbasierten narrativen Gegenpol eines rein westorientierten Transformationsdiskurses.

Hannah Wadles Beitrag führt das Thema der Transformationskritik fort. Sie untersucht die Sehnsucht nach der ehemaligen Segeltaverne „Zęza" (Bilge) im masurischen Hafendorf Sztynort, die Seglern aus ganz Polen ein Begriff ist. Wadle zeigt, dass Gespräche über die Taverne und die Erinnerung an ihren früheren Standort eine Möglichkeit sind, Kritik an der Transformation touristischer Infrastrukturen in Masuren zu äußern. Damit dient sie lokalen Akteur*innen als kulturelle und wirtschaftliche Ressource. In ihrer Fallstudie begleitet sie eine Unternehmerin lokaler Herkunft, die sich traut, im Geiste der alten Seglertaverne das Monopol der örtlichen Unternehmensgruppe herauszufordern. Trotz fortwährender wirtschaftlicher Diskriminierung baut sie ihre eigene Gaststätte auf, um an das frühere touristische Profil des Ortes anzuknüpfen. Ihr Lokal wird zum Erfolg und etabliert sich als neuer Sehnsuchtsort für Einheimische und Besucher*innen.

I. Konkurrierende Raumnarrative und „heimatliche“ Selbstverortung

Frauke Wetzel

Sehnsuchtsort Ústí nad Labem. Untersuchung von Reiseführern und Reiseberichten aus der Tschechoslowakei, der DDR und der BRD von 1945 bis 1990

„Die Stadt hat, genau wie der berüchtigte tschechische Wein, der ausgiebig an den Reben reifen muss, eine raue, eigenartige Schönheit, auch wenn sie anfangs herb erscheint."[1]

Mit diesem Vergleich warb ein tschechoslowakischer Reiseführer von 1983 für Ústí nad Labem (Aussig an der Elbe). Ústí war alles andere als ein klassisches Reiseziel: Stark industriell geprägt, im Krieg von Bomben versehrt, vom fast vollständigen Austausch der Bevölkerung in und nach dem Krieg betroffen. Trotzdem hatten die örtlichen Behörden die Stadt bereits kurz nach dem Krieg als touristisches Ziel auserkoren. Schon 1946 bereitete sich der Nationalausschuss des in der deutsch-tschechoslowakischen Grenzregion gelegenen Ústí auf eine Urlaubssaison mit ausländischen Besuchern vor. Direkt nach dem Krieg wollte jedoch kaum jemand Urlaub in der Stadt machen. Auch waren Freizeit und finanzielle Möglichkeiten aller potentiellen Besucher sehr gering.[2]

Ústí kann also als denkbar ungeeignete touristische Destination gelten. Und dennoch wuchs mit der Zeit die Zahl der Besucher. Die Stadt wurde für ganz verschiedene Gruppen zum Ort der Imagination und zum Reiseziel. Wie wandelte sich das Reiseverhalten und wer reiste nach Ústí nad Labem? Welche touristischen Repräsentationen brachte die offizielle Darstellung hervor? Wie reagierten diejenigen, die in ihre ehemalige Wohnstätte zurückreisten, auf Ústí? Was suchten die Besucher, welches Bild machten sie sich von der Stadt und wie fanden sie sie vor? Antworten auf diese Fragen finden sich in Reiseführern, Reiseberichten und Bildbänden aus der Tschechoslowakei, der DDR und der BRD, die nach Ústí nad Labem einluden beziehungsweise ein bestimmtes Bild der Stadt beschworen. Sie zeigen die Stadt als vielschichtigen und oft widersprüchlichen Sehnsuchtsort – für Besucher und für Einheimische.

1 Provazník, Vladimír: Ústí město nad Labem [Ústí Stadt an der Elbe]. Ústí nad Labem 1983, S. 16.

2 Okresní národní výbor Ústí nad Labem: Cizinecký ruch – chování obyvatelstva vůči cizincům [Fremdenverkehr – das Verhalten der Bürger gegenüber den Ausländern], A[rchiv] M[ěsta] Ústí nad Labem, ONV, KT 62, Inv. Nr. 211. Ústí nad Labem 09.08.1946.

Heimatfindung der neuen Einwohner

Bereits 1947 erschienen die ersten Reiseführer von Ústí und Umgebung.[3] Anstatt für Besucher waren sie allerdings eher für die neuen Einwohner der Stadt verfasst. Sie sollten der Heimatfindung dienen, denn immerhin rund zwei Drittel der Einwohner waren erst nach 1945 in die Stadt gekommen. Die deutsche Besatzung, der Zweite Weltkrieg und die unmittelbare Nachkriegszeit hatten sich stark auf die vormalige Bevölkerung ausgewirkt. Nach der Zerschlagung der Tschechoslowakei 1938 fiel ein Teil der lokalen Minderheiten der rassistischen Verfolgung durch die nationalsozialistische Besatzungsmacht zum Opfer. Als sich unter den deutschsprachigen Einwohnern am Ende des Krieges Widerstand gegen die zurückgekehrte tschechoslowakische Regierung regte, kam es hier im Juli 1945 zur größten Racheaktion an den Deutschsprachigen in den böhmischen Ländern. Sie ist als „Massaker von Aussig" zum festen Bestandteil der Gruppenidentität der sudetendeutschen Vertriebenen geworden. Nach Ende des Krieges erlebte die Stadt einen fast vollständigen Bevölkerungsaustausch. Rund 80 Prozent der überwiegend deutschsprachigen Einwohner mussten die Stadt verlassen.[4] Wie auch in anderen Städten und Dörfern, die bis dahin einen großen deutschsprachigen Bevölkerungsanteil besessen hatten, kamen die neuen Bewohner aus anderen Regionen der Tschechoslowakei und aus der Emigration nach Ústí.

In dieser Zeit des Umbruchs und Neuanfangs dienten Bildbände, Prospekte und Bücher zur Anwerbung von Siedlern, die das Gebiet wieder „tschechisieren" und den Bevölkerungsverlust auch wirtschaftlich ausgleichen sollten.[5] Gewöhnlich bringen Reiseführer dem Leser eine fremde Kultur, einen Ort, eine Landschaft näher und geben praktische Tipps für den Aufenthalt vor Ort. Hier stellte sich die Situation aber anders dar: Das „Fremde" war für die tschechoslowakische Gesellschaft nach 1945 das „Grenzland" [pohraničí], das vor 1945

---

3 Diese Untersuchung arbeitet mit einem weiten Begriff von Reiseführer bzw. Reiseliteratur, da der Begriff „Reiseführer" nicht ausreichend definiert und abgegrenzt ist. Siehe: Steinecke, Albrecht: Die Urlaubswelt im Buch. Eine Übersicht über den Reiseführer-Markt, in: Thomas-Morus-Akademie Bensberg (Hg.): *Wegweiser in die Fremde. Reiseführer, Reiseratgeber, Reisezeitschriften.* Bergisch Gladbach 1990 (Bensberger Protokolle, 57), S. 43.

4 Näheres zu diesen Prozessen in Ústí nad Labem unter anderem bei: Radvanovský, Zdeněk: Konec česko-německého soužití [Das Ende des deutsch-tschechischen Zusammenlebens]. Ústí nad Labem 1997.

5 Z. B. mit Werbebroschüren, die zur Ansiedlung ins Grenzgebiet bzw. auch direkt nach Ústí locken sollten: Okresní Národní Výbor, Zemědělský odbor: Pojdte do nových domovů Ústecka, náborová brožura zemědělského odboru ONV pro doosídlení okresu Ústí nad Labem [Komm in die neue Heimat Ústí, Propagandabroschüre des Landwirtschaftsausschusses des Kreisnationalausschusses zur Besiedlung des Bezirkes Ústí]. Sbírka soudobé dokumentace IV 1945–1989, ONV Ústí nad Labem, KT 113, Inv. Nr. 2349. Ústí nad Labem 1960.

mehrheitlich deutsch besiedelt gewesen war. Die ersten Reiseführer über Ústí nad Labem zeichneten zwar ein sehr positives Bild dieser Region, doch anstatt den „fremden“ kulturellen Grenzraum zu ergründen und den Lesern schmackhaft zu machen, setzten sich die Narrative der ersten Reiseführer aus der Nachkriegszeit bewusst von der als deutsch verstandenen Vorkriegsgeschichte der Stadt ab.[6] Stattdessen dominierten das „zurückeroberte“ Grenzland und die Aufbaueuphorie.[7]

Ein wichtiger Autor war in diesem Zusammenhang František Pinc – der „Autor der ersten Büchlein über Ústí“, wie es ein Nachruf formulierte.[8] Er war so etwas wie der Stadtschreiber des neuen, tschechischen Ústí. Der im Oktober 1945 in die Stadt gekommene Pinc suchte nach Geschichtsschreibung über seine neue Heimat. Da diese – zumindest auf Tschechisch – nicht existierte, nahm er sich dieser Aufgabe eben selbst an. Dabei übersetzte er meistens einfach die deutschen Unterlagen des zwangsausgesiedelten Archivars Franz Josef Umlauft, der seine Materialien und Texte zur Stadtgeschichte in Ústí zurückgelassen hatte.[9] Umlauft selbst schrieb seine Version der Stadtgeschichte noch einmal in Bayreuth. Sie wurde 1960 in West-Deutschland vom Hilfsverein Aussig e. V. herausgegeben.[10] Pinc' erste, tschechische Publikation zur Stadtgeschichte richtete sich an Lehrer und sollte den Pädagogen die „Liebe zur neuen Heimat“ vermitteln, „damit sie die heimatkundlichen und weiteren Aufgaben erfüllen können und die Annäherung der neuen Generation an das neue Zuhause [domov] beschleunigen können.“[11]

Das war auch eine geschichtspolitische Angelegenheit, wie der Schulinspektor Antonín Patejdl im Vorwort des Bandes deutlich machte: „Die große Mehrheit der Neusiedler musste den Bezirk erst neu kennenlernen, heimisch werden [zdomácnět] und das Bewusstsein gewinnen, dass das Land schon seit Urzeiten unseres war.“[12] Die neuen Bewohner sollten in seinen Augen nicht nur heimisch werden, sondern vor allem die offizielle Legitimation der tschechischen Besiedlungspolitik im Grenzgebiet übernehmen:

6 U. a. Dušek: Ústí, 1947; Pinc, František / Kolář, Antonín: Vlastivědně výlety z Ústí nad Labem [Heimatkundliche Ausflüge von Ústí nad Labem]. Ústí nad Labem 1957.

7 Dušek, Ladislav: Ústí nad Labem: středisko průmyslu, tepna dopravy a brána do ráje přírodních krás [Ústí nad Labem: Zentrum der Industrie, des Verkehrs und Tor ins Paradies der Naturschönheiten]. Ústí nad Labem 1947; Pinc / Kolář: Vlastivědně, 1947.

8 Krejčová, Helena: František Pinc – autor prvních knížek o Ústí [František Pinc – der Autor der ersten Büchlein über Ústí], in: *Sever* vom 15.04.1980.

9 Umlauft, Franz Josef: Nachlass von Umlauft ans Archiv der Stadt Ústí nad Labem.

10 Ders.: Geschichte der deutschen Stadt Aussig. Eine zusammenfassende Darstellung von der Stadtgründung bis zur Vertreibung der Deutschen. Bayreuth 1960.

11 Krejčová: Pinc, 1980.

12 Pinc, František: Ústí nad Labem – od pravěkého sídliště k metropoli českého severu [Ústí nad Labem – von der urzeitlichen Siedlung zur Metropole des tschechischen Nordens]. Ústí nad Labem 1947, S. 5.

„Die Neusiedler müssen den Bezirk noch kennenlernen, sie müssen sich mit ihm wie mit den Vorfahren verbinden, zu ihm in Liebe entflammen und ihn ins Herz schließen und verteidigen gegen alle und niemals an irgendjemanden abtreten. Dann erst wird erstmals die Besiedlung des Bezirkes Ústí nad Labem durch die wahren Eigentümer vollendet sein, sie wird andauern, hat sie in der Vergangenheit doch viele Opfer verlangt."[13]

Es ging hier, genau wie bei den meisten Publikationen der 1950er Jahre, um eine Verdeutlichung der tschechischen Geschichte der Region, die über Jahrhunderte zurückverfolgt werden sollte. Damit sollte der Anspruch der Tschechen auf dieses Gebiet legitimiert und die „Fremdheit" der Deutschen im Grenzland belegt werden. Gleichzeitig sollte durch die emotionale Bindung an das Gebiet die Bereitschaft für den Verteidigungsfall erhöht werden. Pinc selbst war Mitglied im Verband der antifaschistischen Kämpfer und in der Kommission zur Tschechisierung der Ortsnamen von Ústí nad Labem. Er wirkte aktiv an der tschechischen Geschichtsschreibung von Ústí nach 1945 und damit an der Erfindung einer tschechischen Tradition der Stadt mit. Einerseits sollten die Bücher die historische Legitimierung der tschechoslowakischen Herrschaft über das ehemals multiethnisch besiedelte Grenzland unterstützen, andererseits hatten sie den Auftrag, die emotionale Bindung an die fremde Stadt aufzubauen.

Die Reiseliteratur der Region und Stadt Ústí nad Labem diente eher der Selbstvergewisserung als der Darstellung für potentielle Besucher.[14] Dafür sprach auch, dass die meisten Bücher in der Region Ústí selbst herausgegeben wurden. Hier hatten sie auch die größte Verbreitung. Verlage und Reihentitel hießen „Meine Heimat", „Unsere Heimat" und „Nordböhmen kennenlernen". Den neuen Bewohnern sollte die nun tschechische Geschichte erklärt und der Ort nähergebracht werden. Die ersten Reiseführer waren demnach nicht wie üblich „Wegweiser in die Fremde"[15] für Touristen – sondern Wegweiser in die neue und unbekannte Heimat für die Zugezogenen.

Alle Autoren der tschechoslowakischen Reiseführer waren Neubürger und schrieben deutlich als solche für andere Hinzugezogene, die sich mit Ústí bekanntmachen wollten.[16] Innerhalb des engen politisch vorgegebenen Rahmens

13 Ebd.

14 Auch in anderen Kontexten haben Tourismusforscher argumentiert, dass touristische Narrative, Formate oder Institutionen mancherorts mehr der lokalen Identitätsbildung als der tatsächlichen Entwicklung einer nennenswerten Tourismuswirtschaft dienen. Eine prominente Vertreterin dieses Arguments ist die französische Kulturanthropologin Saskia Cousin: L'identité au miroir du tourisme. Usages et enjeux des politiques de tourisme culturel. Paris 2003.

15 Thomas-Morus-Akademie Bensberg (Hg.): Wegweiser in die Fremde. Reiseführer, Reiseratgeber, Reisezeitschriften. Bergisch Gladbach 1990 (Bensberger Protokolle, 57).

16 Siehe hierzu z. B.: Hájková, Ludmila u. a.: Ústí nad Labem. Vychází k 65. výročí založení KSČ [Ústí nad Labem. Herausgegeben zum 65. Jubiläum der Gründung der Kommunistischen

kreierten die neuen Bürger sich ihre Heimat aus dem, was sie vorfanden – und schrieben dabei eine neue Geschichte der Stadt. Das Zurückblicken in die Geschichte war demnach für die neuen Einwohner wichtig, um sich in der Stadt zu verwurzeln und Kontinuität in ihrem eigenen Dasein zu schaffen.

Zahlreiche neue Einwohner von Ústí waren jedoch enttäuscht über die Zustände in der Stadt, die nicht den Verheißungen der Propaganda entsprachen. Wie bei einem Touristen, der auf der Reise seine zuvor genährten Vorstellungen nicht bestätigt findet, hatten auch die Neusiedler bereits Bilder im Kopf und verfügten über gewisse Erwartungen. Viele verließen die Stadt in den ersten Jahren nach der Ankunft wieder. Dabei liegt es nicht nur am Verfasser der Reiseliteratur, sondern auch am Leser, am Reisenden selbst, ob er sich über kulturelle Vorprägungen hinwegsetzt und die „Bereitschaft mitbringt, sich auf das Fremde einzulassen".[17] Denn es gab auch viele Neubürger, die von den guten Arbeitsbedingungen und den sozialen Aufstiegsmöglichkeiten, die ihnen Ústí bot, profitierten und sich zum Bleiben entschlossen.

Industrie – Natur – Landschaft: Bezugspunkt für neue und alte Bewohner

Ústí selbst war schon seit dem 19. Jahrhundert voller Fabrikschlote und verschwindet bis heute manches Mal unter einer gelben Chlorwolke. Im Sozialismus festigte sich der Ruf von Ústí als „schwarzer Stadt". Ab den 1950er Jahren wurden die Kinder aus Ústí und ganz Nordböhmen regelmäßig in Luftkurorte geschickt. In so genannten Schulen in der Natur sollten sie sich von dem erholen, was sie tagtäglich in ihren Wohnorten einatmeten. Im Kontrast zu den ungesunden Zuständen in der Stadt stand die Landschaft rund um Ústí.[18] Schon immer hatte es die Bewohner in die nähere Umgebung gezogen, hinaus in die Natur, die schönen Berge des Böhmischen Mittelgebirges. Dies verband die alten und neuen Bewohner von Ústí und ihre heimatkundlichen Publikationen.[19] Neben

Partei der Tschechoslowakei]. 1. Aufl. Unter Mitarbeit von Václav Houzvicka. Ústí nad Labem 1986, S. 5.

17 Scherle, Nicolai: Nichts Fremdes ist mir fremd. Reiseführer im Kontext von Raum und der systemimmanenten Dialektik des Verständnisses von Eigenem und Fremdem, in: Jaworski, Rudolf u. a. (Hg.): *Der genormte Blick aufs Fremde. Reiseführer in und über Ostmitteleuropa.* Wiesbaden 2011 (Veröffentlichungen der Academia Baltica, 1), S. 59.

18 Knapík, Jiří / Franc, Martin: Škola v přírodě [Schule in der Natur], in: Dies.: *Průvodce kulturním děním a životním stylem v českých zemích [Handbuch zum kulturellen Geschehen und Lebensstil in den böhmischen Ländern] 1948–1967*, Praha 2011, S. 921.

19 Sedlmayerová, Anna / Peterka, Miroslav: České středohoří [Das böhmische Mittelgebirge]. 1. Aufl. Praha 1965 (Naše vlast); Záhora, Luděk: Severní Čechy. Průvodce ČSSR pro motoristy [Nordböhmen. ČSSR-Reiseführer für Kraftfahrer]. 1. Aufl. Praha 1966 (Průvodce ČSSR

Umweltfaktoren hatte auch die politische Entwicklung einen Einfluss darauf. Besonders in der so genannten Normalisierung nach der Niederschlagung des Prager Frühlings 1968 zogen sich zahlreiche Tschechoslowaken in den Familienkreis und ins Private zurück. Die Freizeit- und Chatabewegung der 1970er und 1980er Jahre war eine der Grauzonen, in denen offizielle und inoffizielle Kultur überlappten. Knapp ein Viertel der Einwohner von Ústí (24,8 Prozent) verbrachte 1971 die Freizeit in der so genannten chata, dem Wochenendhäuschen.[20] Es war auch eine Flucht aus den Plattenbauten und ein „Zeichen des Willens nach Selbstrealisierung in der Privatsphäre".[21]

Doch nicht nur die Umweltbedingungen minderten die Attraktivität der Stadt für Besucher. Das Stadtbild litt außerdem über Jahrzehnte unter den Folgen der Bombardierung in den letzten Kriegstagen. Rund ein Drittel der Innenstadt und damit auch eine Vielzahl von Sehenswürdigkeiten war im April 1945 zerstört worden. Es blieb nicht viel übrig, was Touristen hätte locken können. Die ersten klassischen Reiseführer, die nicht auf die Selbstversicherung der Einwohner, sondern tatsächlich auf Auswärtige zielten, entstanden daher erst in den 1960er Jahren. Die meisten stammen aus dem „Reisejahrzehnt" der 1970er Jahre, als Visafreiheit, Ostpolitik und die Fünftagewoche zu einem grenzüberschreitenden Boom des Reisens von West nach Ost beitrugen. Zu diesem Zeitpunkt erfolgten in Ústí immer noch Aufräumarbeiten beziehungsweise Umgestaltungen des Stadtbildes. Die Autoren der Reiseliteratur zielten darauf ab, die Neubauten und ihre moderne Architektur in den Vordergrund zu rücken. Das alte Stadtbild verschwand hingegen nach und nach ebenso vollständig aus der Darstellung wie die ehemaligen deutschsprachigen Bewohner. Gleichzeitig sollte die reizvolle Landschaft in der Umgebung zu einem Besuch animieren.

Die stärkste Konnotation besaß Ústí aber nach wie vor als Industriestadt. Auch die Reiseführer bemühten sich, diesen Charakterzug der Stadt hervorzuheben. Die Bedeutung der Industrie und die Modernität der Stadt waren zentraler Bestandteil des neuen touristischen Narrativs.[22] Deutlich wird das am

pro motoristy, 4), S. 4; Zahálka, Jaroslav / Suchevič, Sáva: Severočeský suvenýr [Nordböhmisches Souvenir] 1945–1965. Ústí nad Labem 1965; Zora, Petr / Marek, František: Severočeským krajem [Nordböhmischer Kreis]. Praha 1977 (Má vlast – Edice obrazových publikací, Řada C – 8. svazek), S. 17; Komise cestovního ruchu: Na cestách severočeským krajem [Auf Reisen im Bezirk Nordböhmen]. Praha 1988.

20 Provazník, Vladimír / Eminger, Vladimír: Územní prognóza širšího území trojměstí [Raumprognose für das weitere Dreiländereck]. Ústí nad Labem 1971, S. 74.

21 Kalinová, Lenka: Mythos und Realität des „Arbeiterstaates" in der Tschechoslowakei, in: Hübner, Peter u. a. (Hg.): *Arbeiter im Staatssozialismus. Ideologischer Anspruch und soziale Wirklichkeit.* Köln 2005, S. 105.

22 U. a.: Provazník: Ústí, 1983, S. 16; Einhornová, Milada / Einhorn, Erich: Severní Čechy [Nordböhmen]. Ústí nad Labem 1985, S. 215. Týc, Antonín: Turistické cíle Severočeského kraje [Touristische Ziele des Nordböhmischen Kreises]. Ústí nad Labem 1965.

Beispiel eines großen Bildbandes, den der Fotograf Jaroslav Schaufler und der Bibliotheksleiter František Hejl 1961 in der Reihe „Nordböhmen kennenlernen" veröffentlichten. In seinem Vorwort beschrieb Hejl das alte Ústí als kleinbürgerlich und geschmacklos – wobei unklar blieb, ob er das vor 1938 oder vor 1945 meinte.[23] Die städtische Bibliothek, die Hejl von 1945 bis 1962 leitete, war in einem solchen „alten" Gebäude, der so genannten Petschek-Villa, untergebracht.[24] Bis in die Gegenwart befindet sich der Sitz der Bibliothek in diesem Haus. Es zählt in der postsozialistischen Lesart wieder zu den wenigen architektonischen Höhepunkten der Stadt. Neben den direkt angrenzenden Gebäuden in der heutigen Churchill-Straße blieben alle Villen erhalten. Sie wurden jedoch ebenfalls als Partei- und Verwaltungsgebäude und nicht mehr als Privathäuser genutzt.

Ähnlich wie die beiden Autoren des Bildbands charakterisierte der Regionalhistoriker Václav Houžvička in einem anlässlich des 65. Gründungstags der Kommunistischen Partei herausgegebenen Reiseführer die Stadt mit den Schlagworten „Chemiestadt, Metropole Nordböhmens". Die Natur mit ihren Bodenschätzen habe die Entwicklung der Industrie an diesem Standort befördert.[25] 1986 konnten die Autoren des Jubiläumsbandes auch nicht mehr leugnen, dass Ústí „nicht immer Naturschönheit" gewesen sei. Stattdessen erschien Ústí als „lebender Organismus" mit einem „schwierigen fließenden Strom der Veränderungen". Die neue Architektur, „beschwingte Bauten aus Glas und Beton", hätten die „nicht mehr angemessenen Bauten" der Vergangenheit ersetzt.[26] Die Vergangenheit sei aus der Stadt schon fast verschwunden, während die Veränderungen der Stadt nützlich und wichtig für „das neue Gesicht der modernen Stadt" seien.[27] Die Gegenwart setzte sich auch an dieser Stelle positiv gegen die Vergangenheit ab.

Im Erscheinungsjahr des Bandes veränderte sich das Stadtbild von Ústí erheblich. In der damaligen Fučík-Straße, der Hauptstraße von Ústí, wurden zahlreiche Altbauten gesprengt, um Geschäften, Hotels und Wohnblocks Platz zu machen. Dagegen erhob sich starke Kritik von Seiten der Einwohner. Die Schrift sollte den Widerstand erweichen, indem sie die Chancen der Erneuerung propagierte:

---

23 Schaufler, Jaroslav (Foto)/Hejl, František (Text): Ústí nad Labem ve fotografii [Ústí nad Labem in der Fotografie]. Liberec 1961, S. 10.

24 Zur Geschichte des Hauses und seiner Einwohner und Funktion siehe: Brožek, Aleš: Osudy domů a obyvatel Churchillovy ulice v Ústí nad Labem [Das Schicksal der Häuser und Bewohner der Churchillstraße in Ústí nad Labem]. Ústí nad Labem 2008.

25 Hájková u. a., Ústí, 1986, S. 4.

26 Ebd.

27 Ebd., S. 7.

„Wir verabschieden uns nicht gerne von Orten, die wir gut kannten und in denen wir angenehme Zeiten verbracht haben und mit denen wir darüber hinaus schöne Erinnerungen verbinden. [...]. Es entstehen neue Netze von Erlebnissen, Erinnerungen und Eindrücken, mit denen sich die neue Stadt mit ihren Einwohnern verbindet."[28]

Eine Reihe von Aufnahmen von Plattenbauten unterstrich den Eindruck einer komplett neu geschaffenen und modernisierten Stadt, die der breiten Bevölkerung einen nach den damaligen Standards hohen Wohnkomfort biete.[29]

Die bildliche Gegenüberstellung von modernen Bauten mit den wenigen Denkmälern ließ sich in fast allen tschechischen Bildbänden über die Stadt finden. Die wahren neuen Sehenswürdigkeiten waren aber die Industrie und die „Aufbauleistung", wie die zeitgenössischen Texte die Veränderungen der Nachkriegszeit triumphierend bezeichneten. Die Autoren führten sogar stolz aus, dass es an diesem Ort keine „Spuren der Vergangenheit" mehr gebe. „Über die Vergangenheit stolpert man bei jedem Schritt. Es gibt Städte, wo dieses geflügelte Wort zählt. Ústí gehört jedoch nicht dazu".[30] Dem Besucher, der historische Bauten und Denkmäler suchte, empfahlen die Autoren die Umgebung: „Die Stadt und die Menschen in ihr sind von der Gegenwart angesprochen, sie nehmen einfach die Vergangenheit nicht wahr. Und wollen wir die Vergangenheit dennoch finden, dann suchen wir sie doch in der näheren Umgebung von Ústí." Die postulierte Geschichtslosigkeit von Ústí versuchten die Autoren der Reiseführer durch den Hinweis auf die historischen Stätten in der näheren Umgebung auszugleichen. Die landschaftliche und kulturelle Umgebung der Stadt bildete so in vielem einen Kontrapunkt zu Ústís industrieller, ahistorischer, sozialistischer Moderne.

Die Sehenswürdigkeiten, auf die der Besucher besonders hingewiesen wurde, betrafen das tschechische Erbe beziehungsweise dessen Dominanz im Grenzgebiet gegenüber den national als deutsch verstandenen Denkmälern. Als Zeugen des tschechischen Erbes dienten das Denkmal der hussitischen Schlacht Na Běhání,[31] das Přemysliden-Denkmal in Stadice,[32] Denkmäler kommunistischer

28 Ebd.

29 Ebd., S. 62.

30 Ebd., S. 36.

31 1426 fand auf dem Schlachtfeld auf der Bihana [Na Běhání] bei Ústí nad Labem ein blutiger Kampf zwischen sächsisch-katholischen und böhmisch-hussitischen Truppen statt. Die Hussiten siegten und erlangten in der Nacht zum 17. Juni 1426 die Herrschaft über die Stadt Ústí, die sie daraufhin fast vollständig niederbrannten und die danach fast drei Jahre unbewohnbar blieb. Die tschechischsprachige Minderheit im Gebiet Ústí nad Labem ließ 1926 ein Denkmal anlässlich der 500-Jahr-Feier der Schlacht errichten. Bis zu 10.000 Menschen nahmen an der Einweihung teil. Das Monument wurde als „nationales Befreiungsdenkmal" und als Denkmal für die „Grenzlandbewohner" verstanden. Die Nationalsozialisten zerstörten es am Sonnenwendetag, dem 21. Juni 1941. Schon vor der Besetzung des Grenzlandes 1938 waren Teile des Denkmals nach Prag gebracht worden, um sie vor dem Zugriff der

Führer und Befreiungsdenkmäler. Kirchliche Denkmäler wurden ebenfalls erwähnt. In Ústí wurden hingegen viele Kirchen umgenutzt, das heißt, sie hatten keine sakrale Funktion mehr, sondern wurden als Ausstellungs- und Konzertsäle betrieben. Viele Kirchen waren dem Besucher in den 1980er Jahren gar nicht mehr zugänglich. Die „Denkmäler" in Ústí nad Labem waren die Neubauten, das „moderne Stadtbild" selbst wurde als Sehenswürdigkeit hervorgehoben.

Das Bild der „Heimat" bei den ehemaligen Bewohnern

Der deutliche Bruch mit der Vergangenheit sollte den Neuanfang in Ústí ermöglichen – mit neuen Einwohnern in einer neuen politischen Ordnung. Die ehemaligen Bewohner hingegen bewahrten in ihrer Erinnerung andere Bilder, die sie mit an ihre neuen Wohnorte nahmen. Es waren oft romantisierende Bilderwelten der Stadt aus der Vorkriegszeit, mit denen sie sich emotional verbunden fühlten. Diese wurden für die Betroffenen zum „mentalen Gepäck",[33] das mit den ehemaligen Aussigern hin- und herreiste und die Essenz ihres Sehnsuchtsortes bildete. Die ehemaligen Bewohner reisten einerseits in Gedanken, andererseits aber auch physisch ihrem Bild der Stadt hinterher – beide Bewegungen sind „Gedankenspaziergänge" auf der Suche nach dem Gedankenbild des alten Aussig. Die in der BRD und der DDR lebenden Aussiger[34] reisten bereits ab den 1950er Jahren zurück, um ihre dort verbliebenen Verwandten zu besuchen. Dabei begegneten sie aber auch den neuen Einwohnern von Ústí und kamen mit ihnen in Kontakt. Ihre Eindrücke auf diesen Reisen teilten sie in ihrer Heimatzeitung, dem Aussiger Boten,[35] mit bis zu 5.000 Lesern. Diese Berichte

---

deutschen Besatzer zu schützen. Am 21. Juni 1953 wurde das neue Denkmal in der Nähe von Ústí nad Labem eingeweiht.

32 Stadice hatte auch gesamtstaatliche ideologische Bedeutung und wurde deswegen als eine der ersten Sehenswürdigkeiten von Ústí wiederbelebt. Der Sage nach ist Stadice der Ort, von dem der mythische Stammvater des Přemysliden-Geschlechts, der ersten als böhmisch verstandenen Dynastie, stammte. Das Denkmal in Stadice zeigte den Pflug des Bauern und späteren Herrschers Přemysl.

33 Gyr, Ueli (1992): Kultur für Touristen und Touristenkultur. Plädoyer für qualitative Analysen in der Reiseforschung. In: Kramer, Dieter / Lutz, Ronald (Hg.): *Reisen und Alltag. Beiträge zur kulturwissenschaftlichen Tourismusforschung.* Frankfurt/Main 1992 (Kulturanthropologie-Notizen, 39), S. 19–38, hier 25.

34 Wenn ich von den ehemaligen Einwohnern von Ústí nad Labem schreibe, verwende ich die von ihnen gewählte Selbstbezeichnung „Aussiger".

35 Der *Aussiger Bote* wurde nach dem ersten Treffen der Aussiger im September und November 1948 gegründet. Die erste achtseitige Ausgabe wurde an alle Adressen geschickt, die man auf dem Treffen gesammelt hatte, insgesamt an 12.000, was einem Fünftel der ausgesiedelten Aussiger entspricht. Danach hatte er eine Auflage von 5.000. Er war der „Heimatbrief der Ausgewiesenen aus dem Stadt- und Landkreis Aussig und Mitteilungsblatt des Hilfsvereins Aussig e. V., Sitz in München". Er enthielt Berichte aus der alten und neuen Heimat, To-

dienten denjenigen, die nicht zurückfahren konnten oder wollten, als Gegenwartsdokumente, Rückschau und Abgleich mit der Erinnerung, die sie an ihren ehemaligen Wohnort hatten.[36]

Die gruppenspezifische Sprache, transportiert im Aussiger Boten, suggerierte, dass das Reisen in die Tschechoslowakei verboten sei.[37] Die Praxis der Zwangsausgesiedelten beweist aber das Gegenteil: Sie reisten viel und mehrfach in ihre „alte Heimat" und begegneten ihren ehemaligen Nachbarn und den Neusiedlern fern der Rhetorik des Kalten Krieges. Es war der schlichte und menschliche Wunsch, das eigene Elternhaus oder die Stadt zu sehen, die man bislang nur aus Erzählungen der Großeltern und Eltern kannte. So wünschte sich der achtzehnjährige Heinz, der selbst zwar in Aussig geboren war, aber ohne eigene Erinnerung an die Stadt dorthin fuhr, das Elternhaus zu sehen: „Ich möchte zu gern wissen, wie es heute dort aussieht, ob in unserer kleinen Stadt noch immer das gleiche geschäftige Treiben herrscht, von dem immer erzählt wird. Ich möchte wissen, was aus unserem Haus geworden ist, was für Leute darin wohnen und noch vieles andere mehr."[38] Eine neue Generation ohne eigenes Erleben in Aussig begann, nach Ústí zu reisen, um die eigenen vermeintlichen Wurzeln zu suchen oder auch dem Bild der Eltern und Großeltern hinterherzufahren.[39]

Auf dem Höhepunkt des Reiseaufkommens in den 1970er Jahren nahmen die

---

desanzeigen (bis 1974 insgesamt 90.004), Geburtstagswünsche (bis 1974 insgesamt 16.354), Suchanzeigen (bis 1982 über 8.000), beratende Hinweise zu sozialen Fragen (u. a. Lastenausgleich), aber auch politische Polemik. Ab 1950 wurde verboten, den Aussiger Boten (wie auch alle anderen Heimatblätter) in die DDR zu senden, wodurch sich die Leserschaft verringerte. 2012 lag die Auflage des Aussiger Boten bei 2.000, die Leserschaft bei 1.800 Aussigern weltweit.

36 Aber auch innerhalb der Gruppe der Zwangsausgesiedelten und selbst innerhalb der Verbände gab es pluralistische Erzählungen. Die Autoren dieser Heimatreiseberichte waren Betroffene, die zurückfuhren und häufig unter schwierigen Bedingungen Fotos und andere Eindrücke an die in Deutschland Verbliebenen weiterleiteten. Hier fanden sich auch polemische Abschriften von Äußerungen der Sudetendeutschen Landsmannschaft. Betrachtet man aber die Rückblenden („Wie wir damals Fasching feierten" oder „Gesellschaftliches Leben" und „Bäche, Täler und Schluchten um Aussig" oder auch die Erinnerungen an ehemalige Arbeitsstätten wie die „Chemische" oder die Schicht-Werke, ebenso „Alt-Aussiger Erinnerungen") oder die Berichte von verbliebenen Aussigern, dann zeigt sich häufig ein differenzierteres Bild jenseits von politischer Polemik. Die Berichte und Fotos aus der „Heimat, wie sie heute ist" geben als Zeitdokumente Aufschluss über die Stimmung der Besucher und das Erscheinungsbild der Stadt. Im Gegensatz dazu dienten die von Aussigern verfassten Bücher häufig der Dokumentation des „Verfalls" und damit klaren politischen Forderungen nach der „Rückgabe der Heimat", die die neuen Einwohner nicht genügend pflegten, so die Deutung der Bücher.

37 U. a.: Redaktion: Der Besucher-Strom in die Tschechei, in: *Aussiger Bote* vom 16. Januar 1964, S. 3f.

38 Jugendseite: Unsere Jugendseite, in: *Aussiger Bote* vom November 1964, S. 13ff.

39 U. a.: Netuschil, Peter J.: Was man uns schreibt, in: *Aussiger Bote* vom Januar 1966.

Reiseberichte im Aussiger Boten allerdings massiv ab, was auf den ersten Blick verwundern mag. Die Rubrik „Berichte aus der Heimat“ fiel gar komplett weg. Es ist anzunehmen, dass das hohe Reiseaufkommen es nun nicht mehr nötig machte, Informationen über diesen Kanal an die Nichtreisenden weiterzugeben. Ostpolitik, Wirtschaftsaufschwung und Generationenwechsel taten ein Übriges, dass die Gegenwart am neuen Wohnort die „alte Heimat“ für die ehemaligen Aussiger und ihre Nachkommen immer stärker überblendete.

Es gab aber auch immer wieder Berichte im Aussiger Boten, die vor der Rückfahrt warnten, weil das Bild der Erinnerung nicht mehr existiere: „Denn, wer die Heimat unseres Sudetenlandes in alter, lieber Erinnerung behalten will, tut besser, nicht hinüber zu fahren! Die alte Heimat zeigt ein Bild, das die Vorstellung von früher vollends zerstört und den schlechtesten Eindruck hinterläßt.“[40] Dieses Phänomen war bei vielen Zwangsausgesiedelten zu beobachten. Bei den Aussigern war dieser Effekt jedoch noch massiver als bei denjenigen aus anderen tschechoslowakischen Herkunftsregionen, denn „ihre“ Stadt war noch in den letzten Kriegstagen zerstört worden. Wegen der starken Industrialisierung ab dem 19. Jahrhundert hatte sie ohnehin nie als klassisch schöner Touristenmagnet gegolten. Somit wurde Aussig schnell zum idealisierten Erinnerungsort.

Die ersten, die aus der Gruppe der Zwangsausgesiedelten in die Tschechoslowakei reisten, besuchten ihre dort zurückgebliebenen Verwandten.[41] Diejenigen, die nicht einreisen durften, nutzten die Fahrt in die DDR, um wenigstens an der Grenze einen Blick auf Böhmen zu erhaschen:

> „Wie groß ist jedesmal die Freude, wenn der Keilberg, der Jeschken, die Tafelfichte, der Kleis oder einer der anderen vielen Heimatberge zu unseren Landleuten herübergrüßt! Und welch wehmütige Stimmung beschleicht viele, die da zwischen den einsamen

---

40 Anonym: Stehen wir an einem Wendepunkt? in: *Aussiger Bote* vom Januar 1966 und September 1956, S. 29. Andrew Demshuk erkennt unter den Zwangsausgesiedelten zwei Bilder von Heimat: “Heimat of memory“ und „Heimat transformed“. „Heimat of memory“ existiere nur in den Gedanken der Zwangsausgesiedelten. Die transformierte Heimat meint das Gegenteil, den realen Ort, der keine Vertrautheit und Sicherheit mehr ausstrahlt. Demshuk, Andrew: The Lost German East. Forced Migration and the Politics of Memory, 1945–1970. Cambridge 2012, S. 13–25.

41 Jutta Faehndrich und Doris Stennert gehen davon aus, dass die ersten Reisen in die „alte Heimat“ organisierte Busreisen waren. Erst die zweiten oder dritten Reisen seien individuell erfolgt, mit Begegnungen mit den Bewohnern verbunden und hätten zur Revidierung bisheriger Sichtweisen geführt. Dies trifft im Fall von Ústí nicht zu. Faehndrich, Jutta: Eine endliche Geschichte. Die Heimatbücher der deutschen Vertriebenen. Köln 2010. Stennert, Doris: „Reisen zum Wiedersehen und Neuerleben“. Aspekte des „Heimwehtourismus“ dargestellt am Beispiel der Grafschaft Glatzer, in: Dröge, Kurt (Hg.): *Alltagskulturen zwischen Erinnerung und Geschichte. Beiträge zur Volkskunde der Deutschen im und aus dem östlichen Europa.* München 1995 (Schriften des Bundesinstituts für ostdeutsche Kultur und Geschichte, 6), S. 83–93.

> Bergen hinter der streng bewachten Grenze ihr geliebtes Heimatdorf oder ihre alte Vaterstadt liegen sehen, so nah und doch unerreichbar!“[42]

Die Erinnerung an die umgebende Landschaft und mehr noch der vordergründig touristische Blick über die Grenze waren für die Aussiger ein wichtiger Anstoß, um sich an die Zeit zu erinnern, in der sie noch in der Stadt wohnten.

Einen der ersten literarisch festgehaltenen „Gedankenspaziergänge“ unternahm der frühere Stadtarchivar und -chronist Franz Josef Umlauft, an dessen Werken sich auch bereits das erste tschechische Buch über Ústí von Pinc orientiert hatte. Da Umlauft die meisten seiner Aufzeichnungen bei der Zwangsaussiedlung am 8. April 1946 in Ústí zurücklassen musste, entwarf er aus dem Gedächtnis ein „Bild der Heimatstadt Aussig und ihrer Umgebung“. Dies widmete er vor allem der Jugend, die sonst vergessen würde, wie es in der Heimat war. Er tat es darüber hinaus auch aus dem revanchistischen Beweggrund heraus, „den Anspruch auf unser Vätererbe vor dem Richterstuhle der Weltgerechtigkeit dauernd aufrecht zu erhalten“.[43] Mit Worten zeichnete Umlauft ein Bild seiner Stadt, indem er im Kopf alle Straßen und Plätze durchwanderte. Er beschrieb auch die Zerstörung der Stadt. An eine Funktion als Reiseführer vor Ort war 1950 noch nicht zu denken, aber die genaue Beschreibung der Orte anhand von Spaziergängen und die Karten ähneln stark der Struktur von Reiseliteratur. Umlauft selbst hielt sein Buch für einen ersten Anstoß für die Aussiger und ihre Nachfahren, die Erinnerung an ihre Stadt aufrechtzuerhalten, und verfasste weitere einschlägige Schriften. 1960 erschien aus seiner Feder das umfassendste Buch über die Geschichte von Aussig.[44] Diese beiden Werke, zusammen mit Umlaufts ungezählten Vorträgen und Beiträgen im Aussiger Boten, machten ihn zu einem der prägenden Akteure unter denjenigen, die das Bild vom alten Aussig aufrechterhielten. An ihm orientierten sich sowohl deutsche als auch, wie gezeigt, tschechische Autoren.

Der einzige deutsche Reisebericht, der tatsächliche Bilder vom „heutigen Nordböhmen“, also in der Nachkriegszeit zeigte, war Max Riedls gleichnamiger Fotoband mit dem Untertitel „Ein Tatsachenbericht in Wort und Bild“. Er konstruierte nicht den Sehnsuchtsort Aussig, sondern zeigte in seinem Buch das neue Ústí. Riedl war Anfang der 1950er Jahre zehn Tage von München aus durch das Grenzland zwischen Kadaň (Kaaden) und Broumov (Braunau) gefahren. Er fotografierte 40 Filme, die er unentdeckt in die Bundesrepublik zurückbrachte.[45]

42 Krause, Erhard: Wanderungen entlang der Heimat, in: *Aussiger Bote* vom 6. Oktober 1954, S. 11.

43 Umlauft, Franz Josef: Die Elbestadt Aussig in der Erinnerung ihrer vertriebenen Bewohner. Troisdorf 1950, S. 3f.

44 Umlauft, Franz Josef: Geschichte der deutschen Stadt Aussig. Bayreuth 1960.

45 Riedl, Max J.: Das heutige Nordböhmen. Ein Tatsachenbericht in Wort und Bild. Unter Mitarbeit von Rudolf Lodgman von Auen. München 1958, S. 5.

Das Vorwort von Rudolf Lodgman von Auen, dem damaligen Sprecher der Sudetendeutschen Landsmannschaft, zeigte deutlich, dass hauptsächlich die Zerstörung der „reiche[n] und blühende[n] Industrieprovinz" dokumentiert werden sollte: „Ausgetilgt wird alles, was an die Vergangenheit erinnert. Dieses Land, in dem wahrhaftig die Steine sprachen und von jahrhundertlanger deutscher Arbeit Zeugnis ablegten, soll schweigen, es darf keine Geschichte mehr haben".[46] Für den ungebrochenen Verfechter des Münchner Abkommens Lodgman waren Riedls Fotos mit einem politischen Auftrag verbunden: „Sie weisen in die Zukunft und zeigen uns eine Aufgabe".[47] Obwohl Riedl bereits zahlreiche Orte besucht hatte, bevor er nach Ústí fuhr, zeigte er sich dort vom Grad der Zerstörung besonders schockiert:

> „Aber in Aussig selbst. Hier sieht es, zumindest im Zentrum, erschütternd aus. Das Ausmaß der Veränderungen wurde mir zum erstenmal so richtig deutlich, als ich am anderen Morgen von der Ferdinandshöhe auf die Stadt hinuntersah: das Viertel auf der Oster ist praktisch verschwunden. Neue Bahnüberführungen sind entstanden und eine nächste Generation wird sich nur noch schwer vorstellen können, daß hier einmal Häuser standen. Auch die Gebäude längs der Schützen- und Türmitzer Straße sind großenteils zerstört und selbst die Häuser, die man auf dem Weg zur Ferdinandshöhe passiert, sind unbewohnt und verfallen."[48]

Um den brachialen Wandel zu illustrieren, stellte Riedl alte und neue Aufnahmen der Stadt einander gegenüber. Am meisten erschüttert zeigte sich der ehemalige Aussiger vom Zustand des Areals um den neugeschaffenen Busbahnhof:

> „Den stärksten Schock wird es auf einen alten Aussiger ausüben, wenn er sieht, wie man das Viertel um die Kleine Wallstraße, Nonnen- und Bielagasse umgestaltet hat. Hier ist ein großer freier Platz entstanden. Die Kleine Wallstraße blieb beibehalten, ebenso die Bielagasse, aber die Nonnengasse verschwand. Zwischen Bielagasse und der Kleinen Wallstraße wurde ein moderner Omnibusbahnhof mit einem halben Dutzend ‚Bahnsteigen' und teilweise überdachten Wartegelegenheiten geschaffen."[49]

Was für die ehemaligen Einwohner ein Schock war, empfanden viele neue Einwohner von Ústí als ein Zeichen von Modernität. Den genannten Busbahnhof hatten sie in der so genannten „freiwilligen" Wochenendarbeit mitgeschaffen. Der Journalist Riedl besuchte außerdem die von Roma bewohnten Gegenden, wo er von einem Polizisten zuerst am Fotografieren gehindert wurde, dann aber doch festhalten konnte, wie heruntergekommen die Wohnungen waren. In der Schilderung seiner Eindrücke zeigt sich sein rassistisches Menschenbild: „Einzelne Zigeuner, die blieben, haben freilich noch alle Eigenarten ihrer Rasse

46 Ebd., S. 3f.
47 Ebd.
48 Ebd., S. 15.
49 Ebd.

bewahrt, sich aber soweit an feste Arbeit gewöhnt, daß sie im Begriff sind, hier seßhaft zu werden."[50] Riedl betonte die Zerstörung der Stadt, aber erwähnte mit keinem Wort, dass diese größtenteils auf Bombenangriffe während des von Deutschland angezettelten Krieges zurückzuführen war. Damit vertrat er eine in Kreisen der Heimatvertriebenen weit verbreitete Lesart, die die nationalsozialistische Aggression und den sudetendeutschen Anteil am Krieg ausblendete.

Die meisten dieser Bücher erschienen im Eigenverlag und wurden damit nur von einer kleinen Gruppe rezipiert. Der Hilfsverein Aussig e. V. mit Sitz in München war einer der größten Herausgeber von Heimatbüchern über Ústí. Er verstand sich als die „auf die Pflege heimatlichen Gedankenguts bedachte und auf dem Grundsatz der wirtschaftlichen und sozialen Selbsthilfe aufgebaute Vereinigung der Sudetendeutschen aus dem Stadt- und Landkreis Aussig an der Elbe". In diesem Kreis prägte über vierzig Jahre lang Rudolf Hemmerle das Bild Nordböhmens und des Bezirks Ústí. Der Herausgeber des Mitteilungsblatts des Sudetendeutschen Archivs veröffentlichte ausschließlich heimatbezogene Literatur, vor allem über das „Sudetenland". 1980 erschien sein Bildband „Heimat Nordböhmen". Sein Vorwort war in einer Mischung aus Landschaftsliebe, Heimatverbundenheit und politischer Forderung verfasst.[51] Über das alte Ústí vor 1945 schrieb Hemmerle sehr positiv: „Aussig, durch landschaftliche Schönheit ausgezeichnet, hat seinen Bürgern stets viel geboten."[52] In seiner historischen Betrachtung zur Stadtgeschichte hob der Autor ebenfalls die landschaftlichen Vorzüge der Stadt hervor: „Aussig, im anmutigen Durchbruchstal der Elbe gelegen". Den wirtschaftlichen Aufschwung im 19. Jahrhundert stellte Hemmerle voller Stolz dar: „Bald aber erlangte Aussig, an einem wichtigen Verkehrsweg gelegen, Bedeutung, die noch wuchs, als nach dem Beginn des nordböhmischen Kohlenbergbaues ein mächtiger Aufschwung einsetzte."[53] Die Folgen der Industrialisierung für Stadt, Umland und Menschen blieben bei Hemmerle allerdings ausgeblendet.

Alfred Bohmann[54] legte 1988 seine Stadtgeschichte von Ústí nad Labem neu auf, die er bereits 1953 unter dem Titel „Aussig. Stadt und Land. Eine Sammlung von Bildern aus der Geschichte und der Landschaft der alten Heimat" zum ersten Mal veröffentlicht hatte. Der „Wahl-Aussiger" Bohmann hatte in der Zwischenkriegszeit in Prag den „Wahlruf" der Sudetendeutschen Partei redigiert.

50 Ebd., S. 16.

51 Hemmerle, Rudolf: Heimat Nordböhmen. Regierungsbezirk Aussig. 216 Großfotos. Mannheim 1980 (Heimatlandschaften, 2), S. 5.

52 Ebd., S. 93.

53 Ebd., S. 94.

54 Der 1906 geborene Alfred Bohmann arbeitete als „Experte für bevölkerungswissenschaftliche und siedlungsgeschichtliche Forschung" beim Statistischen Bundesamt und später beim Auswärtigen Amt.

Zur selben Zeit war er außerdem beim „Sudetendeutschen Presse-Brief" politisch tätig gewesen. Von 1948 bis 1955 fungierte er als der erste „Schriftleiter" des Aussiger Boten. In seinem Buch betonte er die deutschen Wurzeln der Stadt und illustrierte diese Lesart mit Bildern vom alten Ústí: „Dieses Buch mit alten Aufnahmen aus der Heimat hat durch die Zerstörung vieler Orte, Denkmäler, Kirchen und ganzer Stadtteile Aussigs an Bedeutung gewonnen, hält es doch die Heimat so im Bilde fest, wie wir sie in Erinnerung haben und auch behalten wollen".[55] Bohmann unterstrich im Vorwort seine Absicht, das „alte Bild" von Ústí, wo er selbst seit 1924 gelebt hatte, in der Erinnerung zu verankern: „Das Buch soll dazu beitragen, die Erinnerung an unsere unvergessene Heimat wachzuhalten und das Gefühl landsmannschaftlicher Zusammengehörigkeit zu vermitteln", um dadurch auch die Verbundenheit mit der politischen Vertretung, der Landsmannschaft, zu stärken.[56]

Für seine Hauptleserschaft, die Zwangsausgesiedelten, schien ihm das auch gelungen zu sein, wie der Volksbote München in seiner Rezension 1954 schrieb: „Seine Lektüre und die Betrachtung der Bilder erfüllt jeden Leser mit Stolz und mit der sicheren Hoffnung, daß das Lebenswerk vieler Generationen nicht dauernd verloren sein kann."[57] Auch bei den Lesern erntete Bohmanns Buch großen Erfolg: „Eine vorbildliche Arbeit. Die Bilder sind ganz besonders gut gewählt, so daß sie einem manche Teile unserer Heimat, welche schon langsam in der Erinnerung zu verblassen anfingen, wieder ganz lebendig vor Augen führen", schrieb die Aussigerin Maria Schicht aus Chur in der Schweiz. Eine gewisse Anna Schulte empfand den Bildband sogar als „ein Denkmal unserer lieben Heimat".[58] Die Leserschaft teilte demnach die aufgerufenen Sehnsuchtsbilder und Erinnerungen und begrüßte die Beschwörung einer fortgesetzten emotionalen Bindung an Aussig.

Reiseführer aus der DDR

Diejenigen Aussiger, die in der DDR gelandet waren, konnten schneller wieder zurückreisen als ihre Landsleute in der Bundesrepublik. Zwar konnten sie keine Heimatberichte veröffentlichen, aber dafür reisten sie viel und oft. In der DDR entstand keine Reiseliteratur von den so genannten Umsiedlern aus der Tsche-

55 Bohmann, Alfred: Aussig. Stadt und Land. Eine Sammlung von Bildern aus der Geschichte und der Landschaft der alten Heimat. München 1988, S. 9.

56 Ebd.

57 N. N.: Wie urteilt die Presse?, in: *Aussiger Bote* vom 6. Januar 1954, S. 24.

58 Ebd., S. 55.

choslowakei.[59] Wenn jemand dennoch über Fahrten in das Grenzgebiet beziehungsweise nach Ústí direkt berichtete, waren das in der Mehrzahl Naturliebhaber und Wanderfreunde ohne explizite Vorgeschichte in der Region. Das Risiko, den eigentlich Ortskundigsten das Wort zu geben und unliebsame Äußerungen über die Zwangsaussiedlung verantworten zu müssen, wollte die Staatsmacht nicht eingehen. Autoren von Reiseliteratur nach Nordböhmen waren im Kulturbund engagiert und durchaus linientreu, weshalb sie die öffentliche Deutung der historischen Ereignisse nicht in Frage stellten.

Der Autor Manfred Blechschmidt beispielsweise stammte aus dem Erzgebirge und war ein Vertreter der DDR-Heimatliteratur.[60] Der 1923 geborene Blechschmidt engagierte sich in der SED und außerhalb für einen neuen sozialistischen Heimatbegriff. Sein 1978 erschienenes Buch „Böhmische Spaziergänge" blieb die einzige unter seinen über 60 Veröffentlichungen, die das Erzgebirge grenzüberschreitend beschrieb. Seine Sympathie für Ústí unterscheidet Blechschmidt von den meisten Autoren:

> „In älteren Reiseführern wird Ústí nad Labem gewöhnlich rasch abgetan als Industriestadt, Elbhafen und Umschlagplatz für die nordböhmische Kohle. Danach werden noch ein paar wichtige Straßen- und Bahnverbindungen aufgezählt, und schon hüpfen die Sätze keck hinüber zur Lobpreisung der nahegelegenen Burgruine Střekov."[61]

Der studierte Förster und Naturliebhaber Blechschmidt begeisterte sich sogar, im Gegensatz zu den Autoren aus der BRD, für die moderne Architektur in Ústí:

> „Zu den neuen Großartigkeiten der Stadt wird auch das Kaufhaus ‚Labe' gezählt, das sich unweit des Flußufers erhebt. Es ist ein mächtiger Hallenbau, der erst vor wenigen Jahren vollendet wurde. Originell sind die Fensterverkleidungen. Sie ähneln dem Blasebalg einer Harmonika. Lediglich die Fahrstuhltürme, wuchtig, rechteckig, unterbrechen die Balgfassade."[62]

Er leugnete nicht, dass Ústí als Industriestadt nicht gerade zu den Schönheiten gehörte, betonte jedoch, wie die tschechoslowakischen Publikationen, die moderne Architektur, umgeben von ansprechender Natur. Ústí sei „seit jeher eine der größten und bedeutsamsten Städte im nordböhmischen Land". Eingebettet

---

59 Zum Thema Zwangsausgesiedelte in der DDR siehe auch: Amos, Heike: Die Vertriebenenpolitik der SED 1949 bis 1990. München 2009.

60 Zur Heimatkunde in der DDR siehe auch: Schaarschmidt, Thomas: Regionalkultur und Diktatur. Sächsische Heimatbewegung und Heimat-Propaganda im Dritten Reich und in der SBZ/DDR. Köln, Weimar, Wien 2004. Oberkrome, Willi: „Durchherrschte Heimat?" Zentralismus und Regionalismus im organisierten Heimatschutz der frühen DDR. Das Beispiel Thüringens, in: Knoch, Habbo (Hg.): *Das Erbe der Provinz. Heimatkultur und Geschichtspolitik nach 1945.* Göttingen 2001, S. 252–274.

61 Blechschmidt, Manfred / Walther, Manfred: Böhmische Spaziergänge. Reisen zwischen Cheb und Ústí nad Labem. Leipzig 1978, S. 145.

62 Ebd., S. 176.

„in das Gewoge von Hügeln und bewaldeten Bergen, lieferte die Stadt elf bis zwölf Prozent der Industrieproduktion der CSSR in diesem Gebiet".[63] Für den aus einem Dorf stammenden Blechschmidt hatte Ústí „einen Anflug von Großstadt".[64]

Blechschmidt konstatierte noch eine weitere Eigenschaft, die die Stadt in der Nachkriegszeit kennzeichnete:

> „Nun mag wohl stimmen, daß Industriestädte wie Ústí nicht zu den landläufigen und auserwählten Touristenattraktionen gehören [...]. Am Ende hat aber jener beflissene Stadtführer recht, der uns sagte: Man schlage in Ústí n. L. nicht nur Waren um, Kohlen, Säuren und Düngemittel, sondern vor allem Touristen!"[65]

Das „Umschlagen von Touristen", wie es Blechschmidt beschrieb, war das Ergebnis der DDR-Außenpolitik, deren Schwerpunkt ab den 1960er Jahren auf dem Tourismus lag.[66] Nach der Einführung der Visafreiheit zwischen der Tschechoslowakei und der DDR am 1. Januar 1972 setzte ein wahrer Reiseboom ein, der jedoch relativ einseitig in Richtung Tschechoslowakei führte.[67] Die Tschechoslowakei war das Reiseziel Nummer eins unter den Staaten Ostmitteleuropas.[68]

Die geografische Nähe brachte tausende Ausflügler und Einkaufstouristen aus der DDR nach Ústí. Einer der Hauptgründe für den Besuch, gerade in der Grenzregion, waren für die DDR-Bürger die Einkaufsmöglichkeiten. Innerhalb eines Jahres kamen allein 25.000 Besucher mit den durch das staatliche tschechoslowakische Reisebüro Čedok[69] organisierten 666 Reisen nach Ústí. Diese Menschen gaben geschätzte vier Millionen Kronen aus. Für die Besucher aus der DDR wurde die Stadt zum Reiseort des ungestörten Konsums. Die Geschäftsinhaber nahmen den Tourismus aus der DDR in den Bezirk Ústí nad Labem sehr

---

63 Ebd.

64 Ebd., S. 149.

65 Ebd.

66 Zimmermann, Volker: Eine sozialistische Freundschaft im Wandel. Die Beziehungen zwischen der SBZ/DDR und der Tschechoslowakei (1945–1969). Essen 2010 (Veröffentlichungen zur Kultur und Geschichte im östlichen Europa, 34).

67 Die ersten Reiseerleichterungen zwischen den Staaten des Warschauer Paktes traten 1955 in Kraft. 1955 schlossen das tschechoslowakische Innenministerium und das Staatssekretariat der DDR ein erstes Abkommen. Eine Zone bis 15 km ins Landesinnere wurde für den kleinen Grenzverkehr geöffnet. Dauerpassierscheine für die Höchstdauer von bis zu sechs Tagen wurden aber nur an Angestellte von Staats- und volkeigenen Betrieben aus der DDR ausgegeben.

68 1970 reisten in Osteuropa insgesamt 22 Millionen Menschen, 1980 schon 83 Millionen und 1988 bereits 90 Millionen Menschen. Habigtová, Miroslava: Vývoj cestovního ruchu v evropských členských státech RVHP [Die Entwicklung des Fremdenverkehrs in den europäischen RGW-Staaten]. Praha 1990, S. 19.

69 Čedok nahm 1955 die Organisation von „Ausländerreisen" in die Tschechoslowakei auf. Vor allem bei der Produktion von Reiseliteratur, Prospekten, Werbung und Informationen war Čedok sehr aktiv.

positiv auf. 1975 verzeichneten sie einen Einkommenszuwachs um zehn Prozent, in Restaurants und Lebensmittelgeschäften sogar um bis zu 100 Prozent.[70]

Die Kehrseite des DDR-Tourismus für die Einheimischen waren die langen Warteschlangen in den Restaurants und in den Geschäften im Zentrum. Auch die Lautstärke der DDR-Touristen und der Ausverkauf einzelner Waren führten immer wieder zu Beschwerden. In einer Umfrage unter Geschäften und Banken sowie Zöllnern, die die Kommunistische Partei 1975 in Ústí nad Labem durchführte, wurde der rasante Anstieg der Besucherzahlen nach Einführung des visafreien Reisens deutlich. Auch die gegenseitige Erfahrung unterschiedlicher Lebensstandards und Einkommensniveaus während touristischer Begegnungen konnte das Verhältnis der Bürger aus den „Bruderstaaten" trüben. Trotz der propagierten Völkerfreundschaft werden selbst in den offiziellen Akten negative Stereotypen deutlich sichtbar.[71] Unter der lokalen Bevölkerung sprach man in Ústí abschätzig von den „Bananenbooten", wenn die Ausflugsboote aus Dresden in der Stadt ankerten.[72] Umgekehrt konnten sich die Bewohner von Ústí aber auch an Einkaufstouren erinnern, wenn sie ihre Reisen in die DDR beschrieben.

Fazit: Ústí nad Labem – ein Sehnsuchtsort?

Zusammenfassend lässt sich sagen, dass Ústí nach 1945 in der Reiseliteratur auf verschiedene Arten neu konstruiert wurde. Erstens nutzten die neuen Einwohner dieses Medium, um heimisch zu werden, zweitens ließen die alten Einwohner damit das verschwundene Aussig in ihrer Erinnerung aufleben und drittens priesen die Autoren von Heimatliteratur in der DDR die „Völkerfreundschaft" zwischen den Bürgern der DDR und der Tschechoslowakei, die beim Einkaufstourismus jedoch unverkennbar an ihre Grenzen kam. Die touristische Literatur und Reiseangebote boten den DDR-Bürgern eine historische Legitimierung für ihre Fahrten ins grenznahe Ausland, die auch den offiziellen Vorgaben der beiden „Bruderstaaten" entsprach. Zugleich entstand dadurch aber auch eine emotionale Bindung zum Ort, den viele neue Einwohner noch lange Zeit nach ihrer Ankunft als fremd empfanden. Auch in den Rückblicken der ehemaligen

70 Okresní národní výbor Ústí nad Labem: Nákupy turistů z NDR – situační zpráva OV KSČ [Einkaufstouristen aus der DDR – Situationsbericht des Kreiskomitees der KSČ]. AM Ústí nad Labem, ONV, KT 1159, Inv. Nr. 4640. Ústí nad Labem 1975.

71 Borodziej, Włodzimierz / Kochanowski, Jerzy / Von Puttkamer, Joachim: Einleitung. „Schleichwege". Fragestellungen und Probleme, in: Dies. (Hg.): *„Schleichwege". Inoffizielle Begegnungen sozialistischer Staatsbürger zwischen 1956 und 1989*. Köln 2010, S. 9–22, hier 18f.

72 Kaiser, Vladimír: Ústecké retro. Album fotografií města a jeho obyvatel z let 1947–1989 [Aussiger Retro. Fotoalbum der Stadt und ihrer Einwohner 1947–1989]. Ústí nad Labem 2011, S. 157.

Einwohner, der Aussiger, verbanden sich politische Positionierungen mit der Erfüllung emotionaler Bedürfnisse: Einerseits beharrten sie in ihren Schriften auf dem „Recht auf Heimat“, andererseits ließen sie in Gedankenspaziergängen eine schmerzlich vermisste Vergangenheit wieder aufleben.

Ústí wurde für verschiedene Gruppen zu einem Sehnsuchtsort und die Reise- und Erinnerungsliteratur zum Medium seiner Beschreibung. Während die neuen Bewohner sich in einen unbekannten Raum vortasteten, von dem sie sich ein besseres Leben versprachen, konservierten die ehemaligen Einwohner das Bild einer vergangenen Stadt und eines abgeschlossenen Lebensabschnitts. Für die zwangsausgesiedelten Bewohner machte den Sehnsuchtsort aus, dass Realität und Vorstellung über diesen Ort auseinandergingen. Der physische Ort wurde aus der Ferne, in den Gedanken zum nostalgischen Ort.[73] Das Aufrechterhalten dieser virtuellen Bindung erschwerte es den Zwangsausgesiedelten, Abschied zu nehmen und am neuen Wohnort anzukommen. Die neuen Einwohner von Ústí nad Labem hingegen suchten in der Stadt den wirtschaftlichen Aufstieg und einen Neubeginn nach dem Krieg. Auch wenn viele dieses Ziel schließlich nur teilweise erreichen konnten, bemühten sie sich doch aktiv selbst darum, in der Stadt heimisch zu werden und die Fremdheit zu überwinden – unter anderem durch das Verfassen von Reiseliteratur.

Ein Fluchtpunkt für die ehemaligen wie für die neuen Bewohner von Ústí war die umgebende Landschaft. Sie bot gewissermaßen „unschuldige“ Orte, an denen sich die Erinnerung kristallisieren oder aber das gegenwärtige Bedürfnis nach Erholung befriedigt werden konnte. Die markanten Landschaftspunkte und Kulturdenkmäler blieben die Attraktionen in der Stadt. Der geschichtslosen Stadt stand die geschichtsträchtige beziehungsweise unveränderte Landschaft gegenüber.

Untersucht man die Texte der zurückreisenden Aussiger, ist „Heimat“ für diese Gruppe ein nahes, vertrautes Konzept, das für ihre Lesart der Stadt eine große Rolle spielt: Ihre verlorene Heimat wurde zum Sehnsuchtsort. Hier wird deutlich, dass es sich bei Sehnsuchtsorten um virtuelle Orte handelt, also um Vorstellungen, Erinnerungen oder Wünsche. Jedoch bleiben auch sie auf ein historisches Fundament angewiesen. Im Fall von Aussig/Ústí verband die Sehnsucht den physisch vorhandenen Stadtraum mit seinen verschiedenen Imaginationen. Die touristischen Medien und Angebote, die Möglichkeit oder Unmöglichkeit eines Besuchs fungierte als Verbindung zwischen der realen und der vorgestellten Stadt. Das zeigt sich sowohl bei der Sehnsucht nach dem verlorenen Aussig der Vorkriegszeit als auch nach dem modernisierten und wohlhabenden Ústí, bei dem Bild von der Stadt an der Elbe als Ort der Vergangenheit oder als Ort der Gegenwart und Zukunft.

73 Zum Begriff Nostalgie siehe: Boym, Svetlana: The Future of Nostalgia. New York 2001.

Ralf Meindl

Heilsamer Schock? Die Konfrontation der deutschen „Heimwehtouristen" mit ihren Sehnsuchtsorten in Ostmitteleuropa

Seit den 1970er Jahren verbreiteten sich die so genannten Heimwehreisen in der westdeutschen Gesellschaft. Viele Deutsche, die am Ende des Zweiten Weltkriegs aus dem östlichen Europa geflohen oder vertrieben worden waren, nutzten die Möglichkeit, ihre Herkunftsorte in Böhmen, Schlesien und anderswo zu besuchen, die sie seit Jahrzehnten nicht gesehen hatten. Zuvor waren solche Reisen an den politischen Verhältnissen gescheitert, obwohl sich die Betroffenen oft jahrelang sehnlich wünschten, ihre „verlorene Heimat" wiederzusehen. In den meisten Fällen gingen die „Heimwehtouristen" davon aus, die Orte ihrer Jugend zu besuchen, so wie sie sie im Gedächtnis behalten hatten. In der Zwischenzeit hatten sich aber die physischen Orte verändert, während sich die ehemaligen deutschen Bewohner ihre Heimat aus ihren Erinnerungen, Traditionen und sozialen Beziehungen imaginierten. Auf einer Heimwehreise kollidierten diese beiden Ortsrealitäten, die imaginierte und die physische. Anstatt der erhofften Heimkehr waren die Touristen mit einer radikal veränderten Umgebung konfrontiert. Daher löste die Begegnung mit ihrem Sehnsuchtsort bei vielen zunächst einmal einen Schock aus.[1] Gerade dieser Abgleich zwischen Vorstellung und Realität konnte aber auch ein Loslassen des idealisierten Heimatbilds bewirken.

Der vorliegende Beitrag beschäftigt sich mit diesen zwei Heimaten, die im Heimwehtourismus aufeinander trafen, und fragt nach ihrer Bedeutung für die Selbstbeschreibung der Reisenden. Er konzentriert sich damit auf die Innensicht des Vertriebenenmilieus und lässt andere Aspekte des Heimwehtourismus außer Acht.[2] Die nostalgische Sehnsucht nach den Stätten der eigenen Kindheit und

---

1 Demshuk, Andrew: „Heimaturlauber". Westdeutsche Reiseerlebnisse im polnischen Schlesien vor 1970, in: *Zeitschrift für Ostmitteleuropa-Forschung* 60. Jg. 2011, S. 79–99, hier 79; Stennert, Doris: „Reisen zum Widersehen und Neuerleben". Aspekte des „Heimwehtourismus" dargestellt am Beispiel der Grafschaft Glatzer, in: Dröge, Kurt (Hg.): *Alltagskulturen zwischen Erinnerung und Geschichte. Beiträge zur Volkskunde der Deutschen im und aus dem östlichen Europa.* München 1995, S. 83–93, hier 88.

2 So wird weder darauf eingegangen, dass neben den ab 1945 Vertriebenen und ihren Ange-

Jugend war in eine umfassende Erinnerungskultur an die „verlorene Heimat" eingebettet, die die Identität der Vertriebenen als Gemeinschaft entscheidend prägte.[3] Ihre Organisationsarten und Ausdrucksformen werden zunächst erläutert. Zwei zentrale Bereiche stehen dabei im Vordergrund: Institutionalisierte Gruppenaktivitäten und die schriftliche Fixierung der „alten Heimat". Anschließend wird gezeigt, dass auch die Durchführung von Heimwehreisen Bestandteil dieser gemeinschaftlichen Aktivitäten war und bestimmten Abläufen folgte. Die Erwartungen, mit denen die Reisenden in ihre Herkunftsregionen im östlichen Europa fuhren, resultierten unzweifelhaft aus den im Vertriebenenmilieu gepflegten Heimatdiskursen. Anhand von Reiseberichten einer Schlesienreisenden aus den 1980er Jahren werden dann die Erfahrungen einer Heimwehtouristin nachgezeichnet. Sowohl der Ablauf ihrer Reise als auch die von ihr geschilderten Erlebnisse und Emotionen können als repräsentativ für diese Art des Tourismus gelten. In ihren Briefen zeigt sich deutlich, wie sich die Beziehung der Reisenden zu ihren langjährigen Heimwehorten durch eine Reise dorthin veränderten konnte. Abschließend wird dieser individuelle Prozess in einen größeren Kontext gestellt.

Die „alte Heimat" als Anknüpfungspunkt für kulturelle Identität und Gemeinschaftsbildung

Nach dem Trauma von Flucht und Vertreibung entstanden imaginierte „Heimwehorte", die sich aus der Erinnerung an die realen, verlassenen Orte und aus der Sehnsucht nach ihnen entwickelten. Um diese virtuellen Orte herum formten sich neue Gemeinschaften: Ab dem Ende der 1940er Jahre gründeten viele der Flüchtlinge, die in Westdeutschland lebten, „landsmannschaftliche" Organisa-

---

hörigen auch andere Deutsche, die aus den betreffenden Regionen stammten, dorthin reisten, beispielsweise deutsche Juden aus Böhmen. Auch die Wahrnehmung des „Heimattourismus" durch die heutige Bevölkerung der „Vertreibungsgebiete", die einen hochinteressanten Forschungsgegenstand darstellt, steht hier nicht im Mittelpunkt. Vgl. Burachovič, Stanislav: Gedanken zum sudetendeutschen Heimwehtourismus aus tschechischer Sicht, in: Fendl, Elisabeth (Hg.): *Zur Ikonographie des Heimwehs. Erinnerungskultur von Heimatvertriebenen. Referate der Tagung des Johannes-Künzig-Instituts für ostdeutsche Volkskunde 4. bis 6. Juli 2001.* Freiburg 2002, S. 223–244, hier 225, 236ff. Ein weiterer Bereich ist die organisatorische Infrastruktur und die Vermarktung des Heimwehtourismus, die eine spezifische, extrem auf die Zielgruppe zugeschnittene Betrachtung der Vergangenheit und damit in gewisser Weise eine eigene Form der Vergangenheit mit sich bringt. Vgl. Groebner, Valentin: Touristischer Geschichtsgebrauch. Über einige Merkmale neuer Vergangenheiten im 20. und 21. Jahrhundert, in: *Historische Zeitschrift* 2013/296; Felsch, Corinna: Reisen in die Vergangenheit? Westdeutsche Fahrten nach Polen 1970–1990. Berlin 2015.

3 Vgl. Burachovič, Gedanken, 2002, S. 227ff.

tionen, in denen sich die Mitglieder nach Herkunftsregionen organisierten.[4] So entstanden in den meisten westdeutschen Kommunen lokale Zweige der Landsmannschaften der Schlesier, Ost- und Westpreußen, Pommern und Sudetendeutschen. Zweck dieser Organisationen war neben – schnell in den Hintergrund tretenden – sozialen Aufgaben die Schaffung gesellig-gesellschaftlicher Strukturen für „Landsleute“ und die Pflege der heimatlichen Kultur und Mundart sowie der Erinnerung an „die Heimat“.[5] In diesen Organisationen führte die zufällige Gemeinsamkeit von regionaler Herkunft und neuem Wohnort Menschen zusammen, die zuvor in der geographisch oft sehr ausgedehnten „alten Heimat“ keinerlei Kontakt untereinander gehabt hatten. Gleichzeitig konnten Vertriebene hier aber auch soziale Bindungen aus der Zeit vor der Vertreibung wieder aufnehmen.[6]

Daneben entstanden Kreis- und Ortsgemeinschaften als Art „Exilvertretung“ der Herkunftsorte und -landkreise. In ihnen fanden sich Menschen zusammen, welche aus dem gleichen Landkreis oder der gleichen Kommune stammten, unabhängig von ihrem aktuellen Wohnort. Diese Gemeinschaften organisierten (und organisieren) für gewöhnlich regelmäßige Treffen, um die Erinnerung an den Heimatort zu pflegen. Meist wird auch ein Heimatbrief oder ein ähnliches Periodikum herausgegeben, in dem sich die Gemeinschaftsmitglieder über Neuigkeiten aus ihrer Gruppe, aber auch aus ihrem ursprünglichen Heimatort informieren können. Dieser Heimatbrief dient darüber hinaus als Publikationsorgan für Erinnerungen, die mit den betreffenden Orten in Zusammenhang stehen. Darunter sind sowohl Geschichten aus dem Ort selbst, aber auch Erlebnisse der ehemaligen Einwohner in „der Fremde“ zu verstehen. Die Erinnerung an die „alte Heimat“ bleibt deshalb vor allem auf der Ebene der Ortschaften und kleinräumigen Landschaften lebendig.[7]

Diese Darstellung der Vertriebenenaktivitäten entspricht weitgehend dem Bild, das die Vertriebenenverbände selbst von ihrer Klientel und Verbandsarbeit zeichnen.[8] Es darf dabei aber nicht übersehen werden, dass keineswegs alle Deutschen, die im Zusammenhang mit dem Ende des Zweiten Weltkriegs pauschal als „Flüchtlinge und Vertriebene“ bezeichnet werden oder die unter die entsprechende Definition des Bundesvertriebenengesetzes von 1953[9] fallen, die

4 Kossert, Andreas: Kalte Heimat. Die Geschichte der deutschen Vertriebenen nach 1945. München 2008, S. 139ff.

5 Vgl. Stennert, Reisen, 1995, S. 86.

6 Vgl. Faehndrich, Jutta: Eine endliche Geschichte. Die Heimatbücher der deutschen Vertriebenen. Köln u. a. 2011, S. 24, 36f.

7 Vgl. ebd., S. 7, 40.

8 Jakubowska, Anna: Der Bund der Vertriebenen in der Bundesrepublik Deutschland und Polen (1957–2004). Selbst- und Fremddarstellung eines Vertriebenenverbandes. Marburg 2012.

9 BGBl. 1, S. 201, 19.05.1953, verfügbar unter: <http://www.gesetze-im-internet.de/bundesrecht/bvfg/gesamt.pdf> [08.07.2014].

beschriebenen Verhaltensmuster zeigten oder in diesen Verbänden organisiert waren und sind.[10] Allerdings sind die nichtorganisierten Flüchtlinge und Vertriebenen in der Öffentlichkeit weniger stark präsent als ihre organisierten „Landsleute“. Viele dieser „Unsichtbaren“ assimilierten sich an ihren neuen Wohnorten, ohne besondere Aktivitäten oder eine eigene Identität als Flüchtling oder Vertriebener aufzubauen, oder sie stellten letztere nicht in den Mittelpunkt ihrer gesellschaftlichen und sozialen Aktivitäten.[11] Ihre Einstellungen sind für den Beobachter deshalb schwieriger zu fassen als diejenigen der organisierten Flüchtlinge und Vertriebenen. Diese haben in der Bundesrepublik eine eigene Vertriebenenkultur etabliert, zu der neben den genannten, seit 1957 unter dem Dach des „Bundes der Vertriebenen“ (BdV) versammelten Organisationen auch eigene Publikationsorgane und Kultureinrichtungen wie Heimatstuben[12] oder die Kulturstiftung der deutschen Vertriebenen[13] gehören. Am Rande dieser Vertriebenenkultur sind Einrichtungen wie die Landesmuseen der einzelnen Vertreibungsgebiete angesiedelt, die zum Teil aus Vertriebeneninitiativen entstanden, aber von Bund, Ländern und/oder Kommunen finanziert werden und daher nicht als Einrichtungen des BdV bezeichnet werden können.[14]

In diesem Umfeld ist eine reichhaltige Erinnerungskultur entstanden, in welcher die „alte Heimat“ den zentralen Erinnerungs- und Sehnsuchtsort bildet.

10 Faehndrich, Eine endliche Geschichte, 2011, S. 20; Hahn, Eva / Hahn, Hans Henning: Die Vertreibung im deutschen Erinnern. Legenden, Mythos, Geschichte. Paderborn 2010, S. 514–567.

11 Vgl. Faehndrich, Eine endliche Geschichte, 2011, S. 37ff.

12 Dokumentation der Heimatsammlungen in Deutschland. Ein Projekt am Seminar für Europäische Ethnologie/Volkskunde der Christian-Albrechts-Universität zu Kiel in Kooperation mit dem Bundesinstitut für Kultur und Geschichte der Deutschen im östlichen Europa, Oldenburg. Verfügbar unter: <http://www.bkge.de/heimatsammlungen/> [15.10.2018]; Eisler, Cornelia: „Ausdruck der Verbundenheit mit dem ganzen deutschen Volke“. Die Heimatmuseen und -sammlungen der Flüchtlinge, Vertriebenen und Aussiedler aus Südosteuropa, in: *Danubiana Carpathica* 53. Jg. 2012, S. 97–125.

13 40 Jahre Erhaltung, Pflege und Weiterentwicklung des Kulturerbes des historischen Deutschen Ostens. Jubiläums-Broschüre der Kulturstiftung der deutschen Vertriebenen aus dem Jahr 2014. Verfügbar unter: <https://kulturportal-west-ost.eu/wp-content/uploads/Broschure-Kulturstiftung.pdf> [15.10.2018].

14 Vgl. Ostpreußisches Landesmuseum, Lüneburg: Impressum. Zugänglich unter: <http://www.ostpreussisches-landesmuseum.de/impressum/> [15.10.2018]; Westpreußisches Landesmuseum, Warendorf: Wir über uns. Zugänglich unter: <http://westpreussisches-landesmuseum.de/de/museum/wir-ueber-uns/> [15.10.2018]; Pommersches Landesmuseum, Greifswald: Ein neues Museum im Ostseeraum – die Stifter. Zugänglich unter: <https://www.pommersches-landesmuseum.de/das-museum/die-stiftung/ein-neues-museum-im-ostseeraum.html> [15.10.2018]; Donauschwäbisches Zentralmuseum, Ulm: Geschichte des Museums. Zugänglich unter: <http://www.dzm-museum.de/2017/01/04/geschichte-des-museums/> [15.10.2018]; Siebenbürgisches Museum, Gundelsheim a. N.: Wir über uns. Zugänglich unter: <https://www.siebenbuergisches-museum.de/siebenbuergisches-museum/wir-ueber-uns.html> [15.10.2018].

Für viele Flüchtlinge und Vertriebene bildete und bildet die landsmannschaftliche Vereinigung die wichtigste soziale Bezugsgruppe. Sie wenden einen großen Teil ihrer Freizeit für Aktivitäten in diesem Rahmen auf, für gesellige Veranstaltungen ebenso wie für Handarbeits- und Trachtengruppen, die Traditionen aus den Herkunftsgebieten lebendig halten. Sie treffen sich für gemeinsame Mundartpflege oder für Chöre, Theater-, Tanz- und Musikgruppen, die selbstredend hauptsächlich Stücke aus der Heimat darbieten oder das, was dafür gehalten wird. Einen wichtigen Bezugspunkt bildet die traditionelle regionale Küche der Herkunftsgebiete, deren Gerichte und Backwaren nicht nur intern genossen, sondern als „exotische" Spezialitäten auch in den „Aufnahmegebieten" während Stadtfesten und ähnlichen Veranstaltungen, bei denen sich Vereine in der Öffentlichkeit präsentieren können, feilgeboten werden. Nicht selten traten und treten die Vertriebenen bei historischen Festumzügen in ihren aktuellen Wohnorten als eigene Gruppe in ihren heimatlichen Trachten auf, um der Stadtbevölkerung die Vielfalt ihres Brauchtums zu demonstrieren.[15]

Diese Konzentration auf die überlieferten Kulturformen der „verlorenen Heimat" kann insbesondere bei landsmannschaftlich engagierten Flüchtlingen und Vertriebenen zu einer gewissen gesellschaftlichen Abschottung gegenüber der aktuellen Wohnumgebung führen – wobei allerdings betont werden muss, dass fast alle Flüchtlinge und Vertriebene spätestens seit den 1960er Jahren als beruflich und wirtschaftlich hochgradig integriert gelten können.[16] Nicht selten gründeten sie aber, um nur ein Beispiel zu nennen, neben den an ihren neuen Wohnorten bereits bestehenden Gesangvereinen „ostdeutsche Heimatchöre" oder eigene Jugendorganisationen, anstatt sich den alteingesessenen Organisationen anzuschließen. Flüchtlinge und Vertriebene, die sich hauptsächlich in derartigen Gruppen engagierten, pflegten oft außerhalb ihres beruflichen Umfeldes nur wenige Kontakte zu „Einheimischen" ihres neuen Wohnortes. Dieser Effekt ist jedoch in einigen Bereichen, beispielsweise bei Sportvereinen, nicht zu beobachten, er beschränkt sich vor allem auf kulturelle Institutionen, in denen in erster Linie heimatliches Kulturgut gepflegt werden sollte und damit eine gewisse kulturelle Abschottung nahe lag.[17]

„Kulturelle Einrichtungen" schließt in diesem Zusammenhang Chöre und

---

15 Vgl. Kossert, Kalte Heimat, 2008, S. 130; Schmidt, Uta C.: „... auf dem Berg, nicht hinter dem Berg zu Hause". Die 700-Jahr-Feier der Stadt Lüdenscheid 1968, in: Saldern, Adelheid von (Hg.): *Inszenierter Stolz. Stadtrepräsentation in drei deutschen Gesellschaften (1935–1975).* Wiesbaden 2005, S. 299–343.

16 Stennert, Reisen, 1995, S. 83.

17 Meindl, Ralf: „Schlesien ist meine Heimat, in Lüdenscheid bin ich zu Hause und ich fühle mich wohl" – Flüchtlinge und Vertriebene in Lüdenscheid, in: Trox, Eckhard (Hg.): *Wir hier! Zuwanderung in Lüdenscheid und im märkischen Kreis – bestimmende Entwicklungen in Geschichte und jüngster Vergangenheit.* Lüdenscheid 2012, S. 93–132.

Orchester ebenso ein wie Handarbeitsgruppen und dergleichen, aber auch gesellige Vereinigungen, in denen ebenfalls die Erinnerung an die „alte Heimat" im Fokus stand und steht. So organisierten und organisieren landsmannschaftliche Ortsgruppen neben traditionellen Festivitäten wie Lichtelabenden im Advent und Veranstaltungen mit Künstlern und Kulturschaffenden, die der jeweiligen Heimatregion besonders verbunden waren oder sind, sehr häufig Vortragsveranstaltungen zu eben diesen Regionen. Anders als die Auftritte mancher – oft aufgrund ihrer Aktivitäten in den 1930er und frühen 1940er Jahren umstrittener – Künstler oder Autoren erfreuten sich Lichtbild- und Filmabende zu Land und Leuten, oft unter dem programmatischen Titel „Wie es damals war", nachweisbar durchgehend hoher Besucherzahlen. Ebenso reges Interesse finden Bücher und Bildbände zu diesem Themenkomplex.[18] Die „alte Heimat", der Erinnerungsort, um den sich die „Vertriebenenkultur" kristallisiert, erregte also Interesse, war Sehnsuchtsort vieler einzelner.

Bei dieser Betrachtung darf nicht außer Acht gelassen werden, dass die Gruppe der Flüchtlinge und Vertriebenen, von denen hier die Rede ist, ursprünglich in einer Gesellschaft sozialisiert worden war, in der raumgreifende Mobilität kein so selbstverständliches Phänomen war wie im globalisierten 21. Jahrhundert. Die sozialen Milieus waren zwar insgesamt durch die industrielle Revolution und ihre Auswirkungen in Bewegung geraten, vor dem Zweiten Weltkrieg zeigten sie sich in vielen Regionen aber auch noch sehr homogen und erwiesen sich gegenüber zahlreichen Veränderungen im sozialen, kulturellen, religiösen und sprachlichen Bereich als sehr stabil. Die Effekte der Auswanderung aus Deutschland und der Binnenwanderung innerhalb des Deutschen Reiches und seiner angrenzenden Regionen waren zwar nicht von der Hand zu weisen, sie blieben jedoch begrenzte Phänomene, die oftmals Elemente einer starken Heimatbindung aufwiesen. Bekannt sind beispielsweise die polnisch-masurischen Zuwanderer ins Ruhrgebiet, bei denen eine Kettenwanderungsbewegung entstand, durch die sich in einzelnen Orten im „Revier" quasi Kolonien aus einzelnen Dörfern Masurens bildeten – Nachbarn blieben auch am neuen Arbeitsort Nachbarn.[19] Die Volksabstimmungen in Ostpreußen und Oberschlesien nach dem Ersten Weltkrieg mobilisierten Zehntausende, in ihre Geburtsorte zurückzukehren, um einen kleinen Beitrag zu deren politischer

18 Faehndrich, Eine endliche Geschichte, 2011; Stennert, Reisen, 1995, S. 85; Lehmann, Albrecht: Im Fremden ungewollt zuhaus. Flüchtlinge und Vertriebene in Westdeutschland 1945–1990. München 1991, S. 144ff.

19 Kift, Dagmar / Osses, Dietmar (Hg.): Polen – Ruhr. Zuwanderung zwischen 1871 und heute. Essen 2007; Peters-Schildgen, Susanne: Die Zuwanderung von Erwerbssuchenden aus dem preußischen Osten im 19. Jahrhundert ins Ruhrgebiet am Beispiel Herne, in: Meiners, Uwe / Reinders-Düselder, Christoph (Hg.): *Fremde in Deutschland – Deutsche in der Fremde. Schlaglichter von der Frühen Neuzeit bis in die Gegenwart.* Cloppenburg 1999, S. 181–192.

Zukunft zu leisten – ihnen kann eine gewisse Heimatverbundenheit nicht abgesprochen werden.[20]

Zusammenfassend lässt sich feststellen, dass die übergroße Mehrheit derjenigen, die am Ende des Zweiten Weltkriegs flüchteten oder vertrieben wurden, bis dahin in ihrem Geburtsort oder in dessen unmittelbarer Nähe gelebt hatte. Selbst die Zahl der Akademiker, die es für ein Studium oder aus beruflichen Gründen in entferntere Regionen verschlagen hatte, war verhältnismäßig gering. Berücksichtigt man zudem die damals weitaus stärker als heute ausgeprägten Regionalkulturen, in welche die späteren „Heimwehtouristen" eingebunden waren, so ist nicht weiter verwunderlich, dass die Heimatbindung stärker war als heute beim globalisierten und urbanisierten Durchschnittsdeutschen. Besonders stark trifft dies auf die ländliche Bevölkerung zu, für welche die „Bindung an die Scholle" oft mehr als ein Schlagwort war, geradezu eine Lebenseinstellung, die aus bisweilen jahrhundertealten Familientraditionen und enger Bindung an die tägliche Arbeit auf und an Feld und Hof erwachsen war.[21]

Diese Menschen hatten ihre Heimat unfreiwillig verlassen müssen – ein Vorgang, auf den sie nicht vorbereitet gewesen waren. Während jedoch selbst bei den heutigen Globalisierungsgewinnern, die es als selbstverständlich betrachten, ihrem Geburtsort aus beruflichen oder anderen Gründen den Rücken zu kehren, oft lebenslang eine Affinität zur Herkunftsregion feststellbar ist, die sich beispielsweise in Besuchen äußert,[22] fiel es den Flüchtlingen und Vertriebenen schwer, dieses Bedürfnis zu bedienen. Neben persönlichen Einschränkungen wie beruflichen Verpflichtungen, der Notwendigkeit, eine neue Existenz aufzubauen, prekären finanziellen Verhältnissen, fortgeschrittenem Alter, mangelnden Sprachkenntnissen und geringer Reiseerfahrung verhinderten es die politischen Verhältnisse, dass die Flüchtlinge und Vertriebenen an die Orte ihrer Vergangenheit zurückkehrten, um sich dort wieder niederzulassen oder auch nur einen Urlaub zu verbringen.[23] Um dennoch ihre Verbundenheit mit ihrer Heimat zu erhalten, mussten sie in den immateriellen Bereich ausweichen. Die Heimat blieb deshalb vor allem geistig präsent, sie wurde zu einem Sehnsuchtsort.[24]

Die dauerhafte Unerreichbarkeit hatte Konsequenzen für die Idee „Heimat", die sich im Laufe der Zeit wandelte. Wie alle Erinnerungen verblasste auch diejenige an die „alte Heimat" mit wachsendem zeitlichem Abstand, außerdem stand sie in Konkurrenz zur Eingewöhnung in den neuen Wohnort. Viele

20 Conrad, Benjamin: Die Fälschung einer Niederlage. Zur Rolle der Heimkehrer in der Oberschlesien-Abstimmung 1921, in: *Inter Finitimos* 9. Jg. 2011, S. 103–118.

21 Vgl. Burachovič, Gedanken, 2002, S. 227.

22 Scholl-Schneider, Sarah: Schwellen überschreiten. Heimatreisen als kulturelle Veränderungsrituale, in: *Voyage. Jahrbuch für Reise- & Tourismusforschung* 10. Jg. 2014, S. 156–170.

23 Vgl. Stennert, Reisen, 1995, S. 84.

24 Vgl. Burachovič, Gedanken, 2002, S. 228f.

Flüchtlinge und Vertriebene entwickelten deshalb einen doppelten Heimatbegriff. Dieser unterschied zwischen „Heimat“ als der Herkunftsregion, der man ewig zugehören werde, und „zu Hause“ als dem aktuellen Wohnort, zu dem man eine gewisse Verbundenheit entwickelt habe. „Zu Hause“ fühle man sich zwar durchaus wohl und geborgen, aber doch in anderer Weise als in „der Heimat“ – der Heimat, welche die betreffenden Personen oft seit Jahrzehnten nicht mehr hatten aufsuchen können und die sich, wie gerade diese Begriffsbildung zeigt, längst zu einem idealisierten Erinnerungs- und Sehnsuchtsort entwickelt hatte. Zum einen war „Heimat“ ein hochgradig abstrakter Erinnerungsort, der in Chiffren wie „Ostpreußen“, „Schlesien“ etc. eine in der Gegenwart längst mehr imaginierte als gelebte Identität konstituierte. Zum anderen wurde die „alte Heimat“ als Wohlfühlraum memoriert, weit weg von allen kleinlichen Sorgen und Nöten des Alltags, ein nostalgischer Ort vergangener Jugendfreuden und verlorenen Glücks.[25] Dabei fiel in der Regel nicht auf, dass schon allein die Zuschreibung „alt“ das Eingeständnis enthielt, dass der Sprecher offenbar bereits eine „neue Heimat“ gefunden hatte.

„Wie es damals war“: Inventarisierung und Archivierung der „alten Heimat“

Die „Heimatsehnsüchtigen“ und ihre Organisationen wandten große Energie auf, um die Erinnerung an ihre Herkunftsorte und -regionen lebendig zu halten. Dazu gehörten zum einen Initiativen, die versuchten, möglichst vollständige Verzeichnisse der Orte der „verlorenen Ostgebiete“ anzulegen und in Karteien deren einstige Bewohner zu erfassen. Die genannten Kreis- und Ortsgemeinschaften bemühten sich, möglichst alle ehemaligen Bewohner der betreffenden Gebiete ausfindig zu machen und zu kontaktieren – damit sollte die aus der „alten Heimat“ überkommene Gemeinschaft erhalten und gestärkt werden. Außerdem wurden alle Informationen über die heimatlichen Regionen, derer man habhaft werden konnte, akribisch zusammengetragen und gesammelt. So wurden beispielsweise Fachbibliotheken angelegt, in denen alle thematisch passenden Publikationen gesammelt wurden, waren doch die meisten Regionalbibliotheken vernichtet worden oder nicht zugänglich.[26]

In diesem Zusammenhang entstand seit dem Ende der 1940er Jahre unsystematisch ein ebenso umfangreicher wie vielfältiger und auf zahlreiche Provenienzen verteilter Quellenbestand zum Leben der Deutschen im östlichen Europa sowie zu Flucht und Vertreibung. Sehr viele Flüchtlinge und Vertriebene

25 Lehmann, Im Fremden, 1991, S. 113.
26 Vgl. Faehndrich, Eine endliche Geschichte, 2011, S. 41 ff.

verspürten angesichts ihrer bewegten Biographie den Drang, ihre Erinnerungen niederzuschreiben. Einen Teil dieser Menschen motivierte vor allem, die eigene Familie zu informieren, sehr viele wandten sich aber auch explizit an ein größeres Publikum. Sie wollten nicht nur verhindern, dass die Ereignisse bei und nach Kriegsende sowie ihr und ihrer Schicksalsgenossen Leid in Vergessenheit gerieten, sie wollten auch an ihre Herkunftsregionen erinnern, an die Landschaften und Städte, die Menschen, das Alltagsleben, die Bräuche und Traditionen.[27] Diese Berichte übereigneten sie oft Institutionen, die auf irgendeine Weise mit der Heimatregion der Autorin oder des Autors verbunden waren. Hinzu kommen Bestände, die gezielt im Rahmen von Zeitzeugenbefragungen oder Forschungsprojekten angelegt wurden und heute in den verschiedensten Archiven zugänglich sind. Die so im gesamten deutschen Sprachraum entstandenen Sammlungen werden seit 2010 von einem Online-Portal des Bundesinstituts für Kultur und Geschichte der Deutschen im östlichen Europa erschlossen.[28] Eine begleitende Edition von etwa 50 Berichten, zu denen auch die hier zitierten gehören, verdeutlicht das Themenspektrum, das diese Berichte eröffnen, sowie die Bandbreite an Quellengattungen, in denen diese Berichte vorliegen.[29] Dabei fällt auf, dass eine Quellengattung, welche für die gruppenspezifische Erinnerungskultur besonders wichtig ist, in diesem Korpus nur sehr selten zu finden ist, nämlich der Reisebericht.[30]

Dies hängt mit der unterschiedlichen Funktion zusammen, welche die Autorinnen und Autoren einerseits ihren „historischen“ Erinnerungsberichten, die aus der – aus ihrer Sicht – „echten“ Existenz des Sehnsuchtsortes berichten, nämlich seiner „deutschen“ Geschichte, und andererseits den Reiseberichten bewusst und unbewusst zuschrieben. Für sie zeigen die Erinnerungsberichte aus der „deutschen“ Zeit des betreffenden Ortes dessen „wahre Geschichte“ und seinen „eigentlichen“ Charakter, während die nach 1945 entstandenen Reiseberichte eher als Momentaufnahmen aus einem unerwünschten und anscheinend exotischen Zwischenstatus gesehen werden. Die Erwartung, dass die temporäre Erscheinungsform des Sehnsuchtsortes als polnischer oder tschechoslowakischer Ort sich eines Tages ändern werde beziehungsweise die Ent-

27 Ebd., S. 24, 41ff.

28 Kalinke, Heinke: Zeitzeugenberichte zur Kultur und Geschichte der Deutschen im östlichen Europa im 20. Jahrhundert. Ein Projekt des BKGE zur Erfassung, Dokumentation und Edition von Zeitzeugen- und Erinnerungsberichten. Projektwebseite: <http://www.bkge.de/43010.html> [15.10.2018].

29 Meindl, Ralf: Kommentierte Edition ausgewählter Zeitzeugenberichte zur Kultur und Geschichte der Deutschen im östlichen Europa. Verfügbar unter: <https://www.bkge.de/download/Meindl_Edition.pdf> [15.10.2018]. Die kommentierte Edition von Zeitzeugenberichten ist hier online verfügbar: <http://www.bkge.de/57606.html> [15.10.2018].

30 Vgl. Burachovič, Gedanken, 2002, S. 242.

täuschung, dass dies nicht realistisch erwartet werden könne, schwingt in vielen Berichten mit.

Allerdings stellten die Erinnerungsberichte und die dazugehörige Erinnerungskultur neben dem bereits angesprochenen Erinnerungsaspekt auch ein zusätzliches Identitätsangebot bereit und bildeten eine Bewältigungsstrategie. Sie halfen zum einen, die persönlichen Traumata aufzuarbeiten, welche durch Flucht- und Vertreibungsgeschehen entstanden waren und die anderweitig nicht aufgearbeitet wurden – es gab in der Nachkriegszeit beispielsweise keine nennenswerte psychologische Hilfe für Flüchtlinge und Vertriebene. Zum anderen half die Vertriebenenkultur, das eigene Selbstbewusstsein gegenüber den Vorbehalten der Aufnahmegesellschaft zu stärken. Die Vertriebenen kamen ungeachtet ihrer vorherigen sozialen Stellung meist völlig verarmt im Westen an und wurden von den Einheimischen oft als „Habenichtse“ und Bittsteller behandelt – auch, weil die Herkunftsregionen der Vertriebenen entweder kaum bekannt waren oder schon vor dem Zweiten Weltkrieg in dem Ruf gestanden hatten, rückständige und reaktionäre Notstandsgebieten zu sein. Positive Schilderungen der „alten Heimat“ aus dem Munde von Vertriebenen stießen in der Regel auf Unwissenheit, Unglauben, Spott, und, insbesondere, wenn es um Entschädigungen ging, auf Neid.[31]

Diesem Phänomen sollte die Kultur- und Erinnerungsarbeit der Vertriebenenorganisationen entgegenwirken. Deshalb sammelten diese Institutionen Materialien, welche die jeweiligen Herkunftsregionen beschrieben, insbesondere Zeitzeugenberichte, aber auch museale Objekte. Die Vertriebenen und ihre Organisationen waren bemüht, ihre Heimatregionen im besten Licht darzustellen. Ausstellungen und Publikationen zu diesem Thema trugen deshalb bis weit in die 1980er Jahre hinein oft Titel wie „Ostpreußen – Leistung und Schicksal“. Den Betrachtern sollte klar gemacht werden, dass diese Regionen für alle Deutschen nützlich gewesen waren – und dass die Bewohner dieser Regionen stellvertretend für die gesamte Nation hatten leiden müssen, wie ja jedermann an den Vertriebenen sehen konnte.[32]

Selbstverständlich war es den Kuratoren und Autoren wichtig, zu zeigen, dass dieses Leid unverschuldet war. Die Bilder der preußischen Ostprovinzen Ost- und Westpreußen, Pommern, Ostbrandenburg und Schlesien sowie des sogenannten Sudetenlandes wurden daher in einer merkwürdig verzerrten Weise dargestellt. Fast immer wurde eine ländliche Idylle mit glücklichen Menschen und intakter Natur präsentiert, in der es keine sozialen oder politischen Ver-

31 Vgl. Kossert, Kalte Heimat, 2008, S. 71 ff., 121 ff.

32 Völkering, Tim: Flucht und Vertreibung im Museum. Zwei aktuelle Ausstellungen und ihre geschichtskulturellen Hintergründe im Vergleich. Berlin u. a. 2008; vgl. Faehndrich, Eine endliche Geschichte, 2011, S. 22.

werfungen gegeben habe und in der Armut zu nichts weiter als einem pittoresken Farbtupfer gerann, der in der Nachbetrachtung zu fröhlicher Naturverbundenheit umdefiniert wurde.[33]

Obwohl mit Königsberg (Kaliningrad) und Breslau (Wrocław) zwei der wichtigsten deutschen Metropolen und darüber hinaus zahlreiche bedeutende Kultur- und Wirtschaftsstädte in den Vertreibungsgebieten lagen, kamen größere Städte in der populären Erzählung nur dann vor, wenn es sich nicht vermeiden ließ, wenn also der Königsberger von zu Hause berichtete. Dieser Effekt ist auch darauf zurückzuführen, dass aus der ländlich-bodenständig-traditionellen Welt über weitaus mehr individuelle Kulturausprägungen berichtet werden konnte als aus den urbanen, mobilitätsgewohnten und dem großstädtischen Leben in Westdeutschland sehr ähnlichen Metropolen Ostdeutschlands und Ostmitteleuropas.[34] Politik fehlte in diesem Weltbild ganz. Grundsätzlich wurde „*der* Osten" als agrarische Landschaft dargestellt, in der die Welt noch in Ordnung war. Das schlägt sich auch in den entsprechenden Medien nieder, nicht zuletzt bei Autoren wie Agnes Miegel oder Ernst Wiechert und in Heimatfilmen wie „Grün ist die Heide" aus dem Jahr 1951.[35]

Diese Verklärung der „verlorenen Heimat" wirkte sich auch auf die Vertriebenen und ihre oben angesprochenen, im privaten oder halböffentlichen Kreis präsentierten Berichte aus. Allerdings galten gerade diese Berichte als objektive Zeugenaussagen über die „alte Heimat" und wurden meist auch in diesem Selbstverständnis verfasst. Es lag den Autoren tatsächlich fern, zu verklären, sie waren der festen Überzeugung, in ihren Berichten die historische Realität unverändert wiederzugeben. Erinnerungen wandeln sich jedoch, das gilt nicht erst seit der Etablierung der Oral History als wissenschaftlich gesichert, und Erinnerungen neigen dazu, Vergangenes zu verklären.[36] Die Vertriebenen waren und sind sich der Gefahr, von ihrer Erinnerung getrogen zu werden, in ihrer überwiegenden Mehrzahl nicht bewusst, gerade sie waren und sind ihr aber in mehrfacher Hinsicht ausgesetzt. Zum einen, weil sie in ihrer „alten Heimat" mit Gewalt aus Verhältnissen gerissen wurden, die in der Rückschau meist als gesichert und von einem gewissen Wohlstand geprägt erinnert wurden. In ihrer neuen Heimat mussten sie sich alle sozialen Räume und Verkehrskreise, die geographischen Verhältnisse und nicht zuletzt ihren eigenen Platz im sozialen Gefüge neu erschließen, den Großteil ihrer sozialen Kontakte neu knüpfen und

33 Burachovič, Gedanken, 2002, S. 227; Lehmann, Im Fremden, 1991, S. 147, 150f.
34 Vgl. Lehmann, Im Fremden, 1991, S. 125.
35 Ast, Michaela S.: Flucht und Vertreibung im bundesdeutschen Spielfilm der 1950er-Jahre, in: Bundeszentrale für politische Bildung (Hg.): *Zeitgeschichte im Film*. Bonn 2012, verfügbar online <http://www.bpb.de/geschichte/zeitgeschichte/deutschlandarchiv/74912/flucht-und-vertreibung?p=all> [15.10.2018].
36 Faehndrich, Eine endliche Geschichte, 2011, S. 14ff.

dabei die Erfahrung des Nicht-Dazugehörens überwinden.[37] Die positive Erinnerung an das Vergangene wurde dadurch verstärkt, dass die Vertriebenen in der ersten Zeit nach ihrer Ankunft im Westen auch dann in wesentlich prekäreren Verhältnissen lebten als vor Flucht und Vertreibung, wenn sie in der Heimat wenig besessen hatten. Zugleich wirkten sowohl der abwertende Blick der Westdeutschen[38] als auch die beschönigenden Beschreibungen der Vertriebenenfunktionäre und Kulturschaffenden auf eine Verklärung des „Verlorenen" hin.

Wie erwähnt, verblasste die Erinnerung zum anderen auch deshalb, weil die meisten Vertriebenen fast 30 Jahre lang nicht an ihre Heimatorte zurückkehren und ihre Erinnerung mit der Realität abgleichen konnten – in größerem Umfang waren Reisen in die „verlorene Heimat" erst ab den 1970er Jahren möglich. Umso stärker klammerten sich die Vertriebenen an das Erinnerte. Zugleich brannten sie darauf, zu erfahren, wie sich ihre „alte Heimat" entwickelt hatte. Den „Eisernen Vorhang" durchdrangen in den 1950er und 1960er Jahren nur spärliche Nachrichten, gerade deshalb erhielten die wenigen Reiseberichte große Aufmerksamkeit.[39] Veranstaltungen, in denen Reiseimpressionen präsentiert wurden, garantierten ausverkaufte Säle, besonders, wenn sie von Lichtbildern begleitet wurden.[40] Bücher, die Reisen in die ehemalige Heimat beschrieben, fanden reißenden Absatz, als „Wiederbegegnungsliteratur" bilden sie ein eigenes Genre.[41]

Die Reiseberichte fungierten auch als Kompensation für das eigene Erleben. Ihnen kam damit generell eine andere Stellung in der Erinnerungskultur zu als den „historischen" Erlebnisberichten. Die Erlebnisberichte wurden als historische Dokumente gesehen, die bedeutende geschichtliche Ereignisse sowie die Erinnerung an eine lebenswerte Region und eine untergegangene Kultur dokumentieren und vor dem Vergessen retten sollten. Deswegen wurden diese Berichte archiviert oder bisweilen sogar als Buch – entweder als Memoiren oder als Heimatbuch – veröffentlicht.[42] Reiseberichte hingegen galten als aktuelle Momentaufnahme, die als wichtige Sachstandsmeldungen und als Belegmaterial für politische Forderungen – man könne die Vertreibungsgebiete zurückfordern, da deren „Verlottern" beweise, dass Polen und Tschechen kein Interesse an ihnen hätten[43] – hoch geschätzt wurden. Sie fanden deshalb durch Vorträge oder abgedruckt in Heimatblättern und anderen Periodika weite Verbreitung. Of-

37 Ebd., S. 35.
38 Stennert, Reisen, 1995, S. 83.
39 Demshuk, Heimaturlauber, 2011, S. 80.
40 Meindl, Schlesien, 2012, S. 115.
41 Lehmann, Im Fremden, 1991, S. 108, 144ff.
42 Faehndrich, Eine endliche Geschichte, 2011, S. 14ff.
43 Lehmann, Im Fremden, 1991, S. 145.

fenbar wurden sie aber nicht als im Sinne der Erlebnisberichte historisch wichtig und damit als archivierungswürdig eingeschätzt, in den Archiven finden sie sich selten. Es war der Erinnerungsort, der bewahrt werden sollte, nicht die Entwicklung am realen Ort, an der man selbst keinen Anteil gehabt hatte. Nicht selten entwickelten sich so zwei Bilder der „alten Heimat" – das der Idylle aus der eigenen und der beschönigend vermittelnden Erinnerung einerseits und das der transformierten, fremden, negativ gezeichneten Region aus den Reiseberichten andererseits. Letzteres wirkte wie ein zweiter Verlust – war der Sehnsuchtsort nicht mehr die memorierte Idylle, so konnte man auch nicht mehr an den Ort zurückkehren, an dem die Sehnsüchte vermeintlich gestillt wurden.[44] Viele Vertriebene hielt gerade diese Furcht, durch die Konfrontation mit der Realität den so idyllisch memorierten Sehnsuchtsort zu verlieren, von einer Reise in die „alte Heimat" ab.[45] Auch die Landsmannschaften, welche den Rückkehrgedanken lange aufrecht erhielten, versuchten deshalb lange, den „Heimwehtourismus" einzudämmen und ihm ihr eigenes, idyllisiertes Heimatbild entgegenzusetzen.[46]

Selbst in die „alte Heimat" reisen

Bei vielen Vertriebenen lösten die Reiseberichte aber gerade den Wunsch aus, die Heimatregionen wiederzusehen.[47] Dies gilt vor allem für diejenigen, die besonders hohe materielle Verluste erlitten hatten, beispielsweise Gutsbesitzer, und deshalb nicht nur auf ein Erinnerungsbild zurückgreifen, sondern ihr einstiges Eigentum wiedersehen und dessen Schicksal erfahren wollten.[48] Mit der Konsolidierung der wirtschaftlichen Situation vieler Vertriebener in der Bundesrepublik während der 1960er Jahre, dem politischen „Tauwetter" Mitte dieses Jahrzehnts und Willy Brandts Ostpolitik ab 1969 eröffnete sich schließlich der großen Masse der Vertriebenen die Möglichkeit, an ihre Sehnsuchtsorte zu reisen. Solche Reisen hatte es vereinzelt auch in den vorangegangenen Jahren gegeben, aber das Reiseaufkommen hatte sich in Grenzen gehalten und war mit großen bürokratischen Schwierigkeiten verbunden gewesen. Nach 1970 wurde das Reisen leichter, deshalb explodierte die Zahl der „Heimwehtouristen" ge-

44 Demshuk, Heimaturlauber, 2011, S. 81; Lehmann, Im Fremden, 1991, S. 114f., 117.
45 Lehmann, Im Fremden, 1991, S. 113, 119.
46 Demshuk, Heimaturlauber, 2011, S. 86; vgl. Faehndrich, Eine endliche Geschichte, 2011, S. 40; Hahn / Hahn, Vertreibung, 2010, S. 514ff.
47 Fendl, Elisabeth: Reisen in die verlorene Vergangenheit. Überlegungen zum „Heimwehtourismus", in: *Jahrbuch für deutsche und osteuropäische Volkskunde* 41. Jg. 1998, S. 85–101, hier 87ff.; Demshuk, Heimaturlauber, 2011, S. 96.
48 Lehmann, Im Fremden, 1991, S. 114.

radezu. 1971 reisten 53.000 Westdeutsche nach Polen, 1979 waren es schon 330.000.[49]

Zwar stellten die Heimwehtouristen eine sozial sehr heterogene Gruppe dar,[50] dennoch lässt sich bei diesen Reisen ein Muster ausmachen: Viele Vertriebene wurden durch Reiseberichte von Bekannten ermutigt, selbst zu reisen. Sie benutzten diese Berichte und vor allem die „Wiederbegegnungsliteratur" als Anleitung für ihre eigenen Fahrten – was zweifellos neben dem erwähnten Muster in der praktischen Reisegestaltung auch eine gewissen Voreingenommenheit in der Betrachtungsweise des Reiseziels schuf.[51] Die erste Fahrt zum Sehnsuchtsort erfolgte meist als Gruppenreise, was angesichts der emotionalen Belastung, der politischen Situation und der fehlenden Sprachkenntnisse nicht verwunderlich ist.[52] Organisiert wurden diese Reisen in der Regel von spezialisierten Anbietern oder einzelnen Vertriebenen, die vor allem innerhalb der Orts- und Kreisheimatgemeinschaften auf Personen aus dem gleichen Ort oder der gleichen Region stießen, welche als Mitreisende gewonnen werden konnten.[53] Diese gaben nicht selten an, dass die Reise in die „alte [...] erste [...] Heimat"[54] ganz andere Gefühle auslöse als eine gewöhnliche Urlaubsreise.

Die erste Fahrt stellte ein hochemotionales Erlebnis dar, das unterschiedliche Reaktionen hervorrief. Sehr positiven Bewertungen des Reiseverlaufs, der Freude über die Rückkehr an einst vertraute Orte und der Begegnungen mit den heutigen Bewohnern der „alten Heimat" standen Hass- und Rachegefühle, Zorn und Trauer über den Zustand der als Idylle memorierten Regionen, ja sogar Entschädigungsforderungen gegenüber.[55] Die Reisenden konnten insbesondere die praktischen Schwierigkeiten beobachten, die das Leben in ihrer „alten Heimat" mit sich brachte – was dem ohnehin nur noch sehr selten vorhandenen Rückkehrwunsch zumindest einen Dämpfer versetzte oder ihn ganz obsolet werden ließ.[56] Ein Teil der Reisenden wurde durch die Konfrontation mit der Realität des Sehnsuchtsortes so enttäuscht oder gar schockiert, dass weitere Reisen nicht in Betracht gezogen wurden. Bisweilen war die emotionale Belastung so hoch, dass es längere Zeit dauerte, die Desillusionierung zu verarbeiten und die mentale Disposition der Vor-Reisezeit wiederherzustellen beziehungsweise sich neu einzurichten – inklusive eines idealisierten Bildes des Sehn-

49 Demshuk, Heimaturlauber, 2011, S. 80f., 85f., 97; vgl. Burachovič, Gedanken, 2002, S. 225; Lehmann, Im Fremden, 1991, S. 112.

50 Vgl. Faehndrich, Eine endliche Geschichte, 2011, S. 37ff.; Stennert, Reisen, 1995, S. 85; Burachovič, Gedanken, 2002, S. 232.

51 Lehmann, Im Fremden, 1991, S. 144, 146, 151.

52 Fendl, Reisen, 1998, S. 89f.

53 Stennert, Reisen, 1995, S. 84f.; Lehmann, Im Fremden, 1991, S. 109.

54 Zitiert nach Stennert, Reisen, 1995, S. 83.

55 Burachovič, Gedanken, 2002, S. 230.

56 Lehmann, Im Fremden, 1991, S. 124.

suchtsorts.[57] Einer weiteren Gruppe reichten eine oder einige wenige Reisen in die „alte Heimat", um mit ihrer Vergangenheit – in oft positiver Weise – abzuschließen. Für nicht wenige Vertriebene jedoch wandelte sich der vormals unerreichbare Sehnsuchtsort zur „Urlaubsheimat"[58], die so oft wie möglich, in vielen Fällen Jahr für Jahr, aufgesucht wurde. Der Sehnsuchtsort wurde damit wieder Teil der Lebensrealität. Er konnte zwar nicht wieder zur „ersten Heimat" werden und wurde nun mit anderen Augen betrachtet als vor der Reise, offenbar bewahrte er aber so viel von seiner Faszination, dass ein großer Teil der verfügbaren Zeit für ihn reserviert wurde.

Im Allgemeinen handelte es sich bei der ersten Fahrt um eine Busreise, auf die in den folgenden Jahren selbstorganisierte Reisen folgten.[59] Besucht wurde der Heimatort und, bei Zielen auf dem Land, die nächstgrößere Stadt, wo sich meist auch das Hotel befand, in dem übernachtet wurde. In der Regel wurde auch ein touristisches Programm angeboten, bei dem die aus deutscher Zeit bekannten Sehenswürdigkeiten und Urlaubsorte pflichtschuldig aufgesucht wurden.[60] Die Repräsentationsorte des neuen, sozialistischen Polen oder der Tschechoslowakei gehörten hingegen nicht zu den bevorzugten Zielen. Für die „Heimwehtouristen" war nicht Erinnerungskultur per se oder gar das Gedenken an die deutschen Verbrechen während des Zweiten Weltkrieges interessant, für sie stand das Erleben ihrer persönlichen Sehnsuchtsorte im Vordergrund.

Für die einzelnen Reisenden war es insbesondere bei der ersten Reise ganz zentral, an den programmfreien Tagen die bedeutenden Orte ihrer persönlichen Biographie aufsuchen zu können. Dazu zählten das Elternhaus, die ehemalige Arbeitsstätte, Wohnhäuser von Verwandten, Freunden und Bekannten, Kirchen, Schulen und öffentliche oder sonstige Gebäude und Orte, die das erinnerte Stadtbild prägten oder die für die betreffende Person persönlich besondere Bedeutung besaßen – beispielsweise der Schulweg oder die Stelle, an der man sich gewöhnlich zu Rendezvous verabredet hatte.[61] Dabei wollten die Reisenden auch Nähe zu längst verstorbenen Verwandten herstellen, weshalb Besuche auf Friedhöfen und an den Gräbern Verwandter und Bekannter in jedem Reiseplan zu finden waren.[62]

Die meisten dieser „Heimwehreisenden" manifestierten ihre ungebrochene Verbundenheit mit der „alten Heimat", indem sie aus ihrem Heimatort etwas

57 Ebd., S. 118f.
58 Ebd., S. 121.
59 Fendl, Reisen, 1998, S. 89f.; Stennert, Reisen, 1995, S. 91.
60 Vgl. Stennert, Reisen, 1995, S. 85, 87.
61 Ebd., S. 87ff.; Burachovič, Gedanken, 2002, S. 231; Lehmann, Im Fremden, 1991, S. 110, 124ff.
62 Burachovič, Gedanken, 2002, S. 227.

Erde nach Hause mitnahmen.[63] Es entstanden aber auch neue Verbundenheiten – sehr viele „Heimwehtouristen" knüpften durch zufällige Begegnungen Kontakte mit der neuen Bevölkerung, die viele Vorurteile abbauten und die sie längere Zeit nach ihrer Rückkehr nach Westdeutschland noch aufrechterhielten.[64] Die allermeisten „Heimwehtouristen" reagierten aber geschockt auf die Begegnung mit ihrem Sehnsuchtsort.[65] Das lag nicht nur daran, dass die Lebensverhältnisse im „real existierenden Sozialismus" weitaus trister und kärglicher waren, als es die Besucher aus dem Westen erwartet hatten.[66] Für die Reisenden sollte die Fahrt zu ihrem Sehnsuchtsort eine Heimkehr bilden.[67] Sie waren deshalb entsetzt, dass das Bild, welches die besuchten Orte boten, nur wenig mit ihrer über Jahre und Jahrzehnte genährten Vorstellung übereinstimmte. Dafür waren nur zum Teil die Zerstörungen während des Krieges und der nicht immer gelungene Wiederaufbau verantwortlich, sondern auch die idyllisierte Erinnerung.[68]

Eine Reise nach Schlesien

Ein Brief einer Frau aus Breslau belegt diese Enttäuschung eindrucksvoll. Die Frau wurde 1911 geboren, flüchtete 1944/45 und kehrte erstmals 1982 nach Schlesien zurück. Ihre Briefe,[69] in denen sie von ihrer Fahrt berichtet, sind für derartige Reiseberichte repräsentativ. Sie beschreiben fast alle typischen Verhaltensmuster der „Heimwehtouristen" und dokumentieren damit das Aufeinandertreffen des von diesen imaginierten Sehnsuchtsortes mit der Realität. Die ausgewählten Zitate beziehen sich überwiegend auf die zweite Schlesienreise der gebürtigen Breslauerin 1983, als sie eine Gruppenreise mit dem PKW begleitete. Ihre beiden Söhne Wolfgang und Albrecht, der eine 1944 während der Evakuierung geboren, der andere einige Jahre später, chauffierten sie, weshalb die Reisende auch auf eigene Faust Abstecher vom Reiseprogramm der Gruppe machen konnte. Während der Anreise

> „kam ich auf die Idee, Sagan [polnisch Żagań] anzusehen. [...] Doch wie sah es hier in der Stadt schrecklich aus! [...] Einige alte Häuser am Ring stehen noch, dazwischen

---

63 Fendl, Reisen, 1998, S. 94f.; Lehmann, Im Fremden, 1991, S. 123f., 138ff.

64 Lehmann, Im Fremden, 1991, S. 110, 121, 126f.; Fendl, Reisen, 1998, S. 93f.; Demshuk, Heimaturlauber, 2011, S. 91ff.; Stennert, Reisen, 1995, S. 88ff.

65 Demshuk, Heimaturlauber, 2011, S. 79; Stennert, Reisen, 1995, S. 88.

66 Vgl. Lehmann, Im Fremden, 1991, S. 109f.

67 Burachovič, Gedanken, 2002, S. 227.

68 Lehmann, Im Fremden, 1991, S. 109f.

69 „Die Reise nach Schlesien vom 12.5.–17.5.1983; Meine vierte Reise nach Breslau vom 25.05.–30.05.1986", Briefedition digital verfügbar unter: <https://www.bkge.de/Projekte/Zeitzeugenberichte/Ausgewaehlte-Berichte/Die-Reise-nach-Schlesien.php> [01.12.2018].

neue, geschmacklose Häuser! Wo ist die Idylle vom Ring geblieben? Wir gehen die Keplerstraße entlang Richtung Kloster-Gymnasium. Hier gingen unsere ehemaligen Freunde mit ihren bunten Mützen zur Penne, an die Tanzstundenfeste und die erste Liebe der Mädchen vom Lyzeum und der Pennäler dachte ich! Aber in dieser so schrecklich zugerichteten Stadt wäre diese Romantik nicht möglich. [...] Wehmütig dachte ich an all die Besuche von mir in Sagan und die damaligen Schlossbesichtigungen! Unser Rückweg zum Markt [...] führte uns auf die Parallelstraße der Keplerstraße. Schrecklicher Anblick bei diesen vergammelten Geschäften, der wenige und billige Inhalt, davor das Anstellen bei den Lebensmittelgeschäften. Und die fremden Gesichter! Nur weg von hier, auch Albrecht empfand es so, obwohl er ja das alte Sagan nicht kannte. Noch ein Blick über den einstmals so schönen Markt, zu Rentels Haus herüber, in dem ich schöne Jugendzeiten erleben durfte, vorbei ist dies alles. [...] am liebsten würde ich dies Sagan vergessen, elendig ist uns zu Mute. Hässlicheres konnten wir kaum noch sehen."

Die in der besuchten Umgebung Aufgewachsene mokiert sich also über die Hässlichkeit der Stadt, über die schlechten Lebensbedingungen, über die Unvereinbarkeit der Verhältnisse mit der Stimmung ihrer Jugenderinnerungen und darüber, dass in einem Ort ihrer Jugend nun Fremde leben. Gerade diese Fremden empfindet sie als störend. Sie reflektiert nicht, dass sie die Stadt vor fast 40 Jahren zum letzten Mal betreten hatte. Es wäre also schon unter normalen Umständen, ohne Flucht und Vertreibung, unwahrscheinlich gewesen, noch Bekannte zu treffen. Ihre Aussage zeigt aber, wie intensiv sie das Alte memorierte, wie stark sie den Status quo konserviert hatte und für wie selbstverständlich sie – und wie sie auch die meisten anderen „Heimwehtouristen" – es hielt, dass ihre Heimat immer noch ihren Vorstellungen entsprechen müsse – inklusive der Bevölkerung, die aus bekannten Gesichtern bestehen sollte. Sie gibt damit auch einen Hinweis darauf, dass „Heimat" auch eng mit den dort lebenden Menschen verknüpft ist – fehlen die vertrauten Menschen, wird die Heimat zur Fremde.[70]

Ähnlich wie sie beklagten die meisten „Heimwehtouristen", dass die ihnen einst vertrauten Orte ihnen völlig fremd geworden und nicht wiederzuerkennen seien.[71] Stellvertretend für viele andere nostalgische Blicke von „Heimwehtouristen" auf den jeweiligen Herkunftsort war auch für die ehemalige Breslauerin ihre Heimatstadt immer noch das Breslau der Vorvertreibungszeit:

„Dort [in Breslau] spreche [ich] nur von ‚Breslau' und man antwortet mir auch über ‚Breslau'. Aber ich glaube, wenn dort und hier die Erlebnisgeneration nicht mehr ist, wird vieles, was an uns und an die deutsche Zeit erinnert, versinken. Dann ist nur noch ‚Wroclaw' bekannt, leider."

70 Lehmann, Im Fremden, 1991, S. 119.
71 Demshuk, Heimaturlauber, 2011, S. 88ff.; Fendl, Reisen, 1998, S. 92f.; Lehmann, Im Fremden, 1991, S. 114f.

Die Autorin erklärt ihren Brieffreunden, wie dankbar sowohl die polnischen Stadtführer als auch die Mitarbeiter des Nationalmuseums ihre „Hinweise" und „Erklärungen" zum deutschen Breslau angenommen hätten:

> „Ich glaube, es ist gut, dass wir viel von unserer Kultur dort in Schlesien berichten und nahe bringen. So müssten die jetzigen Bewohner doch einsehen, dass Schlesien ein deutsches Land war, eine deutsche Kultur hatte."

Bei Stadtführungen zeigt sich die ältere Dame nur an der deutschen Geschichte der Stadt interessiert. Im Museum wird sie, auch weil sie den Kuratoren deutsche Materialien zur Geschichte Breslaus übergibt, überaus zuvorkommend empfangen, dennoch befürchtet sie wie viele andere Vertriebene auch, die deutsche Geschichte werde in eine polnische uminterpretiert und damit die Erinnerung an die deutsche Vergangenheit vollständig getilgt.[72] In diesem Zusammenhang findet sie es empörend, nicht überall auf die deutsche Sprache zu treffen:

> „[...] vor ein paar Jahren [war im Museum] noch alles deutsch beschriftet, jetzt leider polnisch, man sagt[,] die Besucher-Polen können nicht deutsch lesen!"

Sie selbst hatte das Museum im Vorjahr zum ersten Mal besucht, sie kannte die angeblich erst unlängst entfernten deutschen Beschriftungen also nicht aus eigener Anschauung, gibt aber auch nicht an, worauf sie ihre – unwahrscheinlich klingende – Aussage stützt. Wieder reflektiert sie nicht, dass sie sich in einer neuen Realität bewegt, die von ihr eine Anpassungsleistung verlangt, sondern erwartet eine Anpassungsleistung der Realität an ihren Sehnsuchtsort. Sie verortet – auch dies nicht unüblich[73] – die Verantwortung für die Kommunikation bei den Polen, die ihrer Ansicht nach Deutsch zu können haben:

> „War unsere Autofahrt ein Risiko? Ja, denn es gibt wenige Reparatur-Werkstätten und sprachlich kann man sich nicht verständigen." „[...] man wählt einen deutschsprechenden Taxyfahrer." „Wir hatten vom Reisebüro Orbis eine Reiseleiterin, die gut Deutsch sprach und unliebsame Begegnungen regelte." „Die Verständigung ist oft gut, da gerade in den Museen die Sachbearbeiter deutsch können, manche lernen extra unsere Sprache."

Den Polen gegenüber bewahrt die Frau mit schlesisch-deutscher Herkunft generell einen etwas herablassenden, paternalistischen Blick. So berichtet sie von einem Ausflug in den Heimatort ihres Vaters im Umland Breslaus:

> „[...] ein Blick zum Häuschen meines Großvaters und Geburtshaus meines Vaters [...] dann wurde ich gebeten, hereinzukommen, als die Bäuerin hörte, wer ich sei. Mein Großvater hatte als Polier diese 3 Häuschen gebaut, einfach, aber doch eigenes. Hier war auch alles sauber, einfach gestrichen, der Garten gepflegt, wenn auch für uns alles sehr

72 Stennert, Reisen, 1995, S. 87.
73 Ebd., S. 88.

einfach. Gut, dass die Söhne das einfache Leben kennen lernten. Dann kam das Fotografieren noch mit all den lieben, einfachen Leuten, die sich mühten, deutsch zu sprechen."

„Anschließend gingen wir über den ach so verwilderten Friedhof mit den nun zerstörten Grabkapellen. Noch die Reste zeugen von Kunstsinn und Reichtum. Es stehen Bänke, Leute sitzen da, Kinder spielen, alles inmitten der zerstörten Grabkapellen und der aufgerissenen Gruften! Für uns bedrückend!"

Ihre Wertungen sind bezeichnend, aber in ähnlicher Form in Berichten von „Heimwehreisen" häufig zu finden.[74] Die hervorstechenden Eigenschaften alles Polnischen sind Schlichtheit und Einfachheit, dies gilt für die Wandfarbe ebenso wie für das Gemüt, während bei den Deutschen sogar der zerstörte Friedhof von „Kunstsinn und Reichtum" berichtet – für die die Polen aber keinen Sinn haben, genauso wenig wie für die Würde des Ortes, der zum Kinderspielplatz umfunktioniert wurde. Eine ähnlich herablassende Attitüde wird besonders häufig von Besuchern größerer landwirtschaftlicher Betriebe, die sich im Familienbesitz befanden, beschrieben. Wie einst der Gutsherr die Arbeit eines Verwalters, so inspizierten sie nun das Wirken der heutigen Betreiber.[75]

In diesem Auftreten kommt aber auch ein zweites wichtiges Element der Heimwehreise zum Ausdruck: Die Vertriebenen suchten nach einem Ankerpunkt ihrer Identität, der nicht nur ihnen selbst half, sich in ihrer gegenwärtigen Lebenswelt zu verorten, sondern ihnen auch die Möglichkeit bot, sich selbstbewusst ihrer neuen Umwelt zu präsentieren.[76] Sie wollten ihrer Umgebung, vor allem den nachgeborenen Familienangehörigen, die sich oft wenig für ihre Erzählungen interessierten, beweisen, dass ihre alte Heimat wirklich so beeindruckend war, wie sie es immer beschrieben hatten. Damit strebten sie nicht selten an, ihr Verhältnis zu ihrer Umwelt und sogar zu einzelnen Familienmitgliedern – die ihrerseits oft Probleme mit der häufigen Erinnerung an die Verlusterfahrung hatten – auf eine neue Basis stellen.[77] In den entsprechenden Passagen der bereits mehrfach zitierten Reisebeschreibung steckt deshalb viel Stolz:

„Aber beide Söhne hatten schon erlebt, dass Breslau eine große Stadt ist mit vielen Sehenswürdigkeiten und auch eine alte, gewachsene Stadt sei."

„Und ich kann als alte Breslauerin Albrecht genau den Weg zum Hotel Monopol sagen."

---

74 Demshuk, Heimaturlauber, 2011, S. 91f.; Lehmann, Im Fremden, 1991, S. 109f.; Stennert, Reisen, 1995, S. 87f.

75 Lehmann, Im Fremden, 1991, S. 109f., 121f., 127f., 131ff.

76 Burachovič, Gedanken, 2002, S. 230f.; Lehmann, Im Fremden, 1991, S. 124, 129.

77 Vgl. Fendl, Reisen, 1998, S. 93; Stennert, Reisen, 1995, S. 92; Lehmann, Im Fremden, 1991, S. 116f.; Faehndrich, Eine endliche Geschichte, 2011, S. 22.

„Wolfgang ist ganz begeistert über seine beinahe Geburtsstadt und kommt mal wieder mit seiner Frau, auch Albrecht ist sehr angetan von Land und Leuten. Beide hatten keine Vorstellung von der Größe und den Bauten der Stadt und sind freudig überrascht, auch von dem herrlichen Land."

Von einem Ausflug zur Schneekoppe berichtet sie:

„Es war der gleiche Weg, den wir in früheren Jahren mit dem Rucksack und im Winter mit den Skiern auf- und abgestiegen sind. Vor uns lag der Kamm mit den Mittagssteinen und anhand einer Wanderkarte konnte ich den Söhnen den ganzen Gebirgszug erklären. So großartig und erhaben hatten sich meine Söhne das Riesengebirge nicht gedacht. Müde und mit zittrigen Knien kamen wir am Bus an. Ein herrlicher Tag war diese Fahrt. Als im Bus das Riesengebirgslied erklang, dachte man wehmütig zurück an frühere Tage in diesem Bereich."

Diese Szene erscheint dem Beobachter beinahe kitschig: Die Vertriebenen schwelgen vor Ort in Erinnerungen und singen gemeinsam das Riesengebirgslied. Für die „Heimwehtouristen" stellten solche Momente jedoch zweifellos die Höhepunkte ihrer Reise dar. Die sich hier einstellende emotionale Bewegung gehörte zu den zentralen Motiven, die sie zu ihrer Reise bewogen hatten. Sie lebten ihren Sehnsuchtsort: In dem Moment, in dem sie das Riesengebirgslied anstimmen, sind sie – nur für einen Moment – an ihrem Sehnsuchtsort angekommen, leben in ihrem tradierten Bild der Heimat. Die gemeinsame, vor Jahrzehnten oft ähnlich erlebte Aktion in einer im weitesten Sinne vergleichbaren Situation führt sie zurück in ihre Vergangenheit, und es spielt keine Rolle, dass sie nicht wie einst zu Fuß unterwegs sind, sondern in einem komfortablen Reisebus.

Nicht selten ist zu beobachten, dass die Wahrnehmung der Sehnsuchtsorte durch die Vertriebenen selbst einerseits und durch deren Verwandte andererseits deutlich divergiert. Kinder, Enkel und andere Verwandte, welche die Sehnsuchtsorte nicht aus eigener Anschauung kannten, hatten sich aus den Erzählungen der „Erlebnisgeneration" ein eigenes Bild der „verlorenen Heimat" geschaffen. Dieses wurde im Allgemeinen sehr stark von der beschriebenen Idyllisierung geprägt und deshalb von der Realität oft enttäuscht. Dies verkehrte die Intention der Erzählungen und der Einladungen der Vertriebenen an ihre Verwandten, sie zu begleiten, in ihr Gegenteil – die Enttäuschung konnte dazu führen, dass die Angehörigen jegliches Interesse an der „alten Heimat" ihrer Familie verloren.[78] Das hier zitierte positive Erstaunen der Söhne lässt aber auf einen anderen Effekt schließen – offenbar waren die Erzählungen von der Größe und Pracht Breslaus im familiären Umfeld der Autorin nicht immer geglaubt worden und wurden nun positiv bestätigt. Nicht selten entstand auf diese Weise

78 Lehmann, Im Fremden, 1991, S. 131.

auch bei den Verwandten eine emotionale Bindung zum Sehnsuchtsort der Vertriebenen.

Die Wehmut, die aus den Reiseberichten spricht, lässt auch die Dekonstruktion des Mythos erkennen, die Heimat sei noch in der erinnerten Form vorhanden und müsse nur wieder in Besitz genommen werden. In der ersten oben zitierten Passage äußerte die Reisende, sie möchte Sagan vergessen, sie sagt offen: „vorbei ist dies alles." Noch deutlicher wird sie kurz vor Ende ihres Briefes:

> „... unser Abschiedsgang von Breslau. Ob wir nochmals kommen werden? Meine zwei Besuche hier waren sehr, sehr schön gewesen, aber doch sind wir nur Gäste, das bedrückt mich."

> „So habe ich von dieser, unserer so lieben Stadt und dem Land Schlesien Abschied genommen".

Diese Äußerungen weisen auf die vielleicht bedeutendste Funktion des „Heimwehtourismus" hin: Für viele Vertriebene war die Rückkehr an den Sehnsuchtsort, die Dekonstruktion des Idylle-Mythos eine Möglichkeit, sich endlich, nach drei oder vier Jahrzehnten und meist nach langen persönlichen Verarbeitungsprozessen,[79] mit den Realitäten abzufinden, mit der Vertreibung abzuschließen. Der so idyllisch imaginierte Sehnsuchtsort hatte sie genau davon abgehalten, hatte den Schmerz des Erlebten lebendig, die Wunde des Verlusts offen gehalten. Die Konfrontation mit dem realen Ort hingegen half, die eigene Geschichte, den Verlust endlich zu bewältigen, vor Jahrzehnten Vertriebenen deutlich zu machen, wo sie nun lebten und wo sie nur noch Gäste waren.[80] Damit veränderte sich ihr Blick auf ihren Sehnsuchtsort: Ihnen wurde bewusst, dass es sich bei ihm längst um einen Erinnerungsort handelte, der – anders als beispielsweise „das Land, wo die Zitronen blühn" – in der Realität nicht mehr erreicht werden konnte. Sie waren jetzt bereit, ihren Sehnsuchtsort zu historisieren und als Erinnerungsort zu bewahren.[81] Dies schlägt sich auch darin nieder, dass in den Reiseberichten kaum revisionistische Forderungen zu finden sind – offenbar akzeptieren die „Heimwehtouristen", nun auch aus eigener Erfahrung, die neue politische Zugehörigkeit ihrer ehemaligen Heimat.[82]

79 Lehmann, Im Fremden, 1991, S. 114.
80 Vgl. Burachovič, Gedanken, 2002, S. 226, 229; Lehmann, Im Fremden, 1991, S. 114f., 119, 128f.
81 Vgl. Demshuk, Heimaturlauber, 2011, S. 85, 91, 94.
82 Lehmann, Im Fremden, 1991, S. 109, 128f.

Die langsame Transformation des Sehnsuchtsorts „alte Heimat"

Die Beziehung der Vertriebenen zu ihren Herkunftsorten erfährt durch den „Heimwehtourismus" zweifellos eine Transformation. Die Reise in die „alte Heimat", die Begegnung mit dem Sehnsuchtsort, bildet dabei nur eine Ursache für diesen Perspektivwechsel. Für die meisten Vertriebenen hatte der Sehnsuchtsort „alte Heimat" als Ort der dauerhaften Rückkehr bereits durch die zunehmende Integration in ihr westdeutsches Lebensumfeld an Attraktivität verloren. Diese Entfremdung wurde während des Kalten Krieges durch Nachrichten über die allgemeinen Lebensbedingungen jenseits des „Eisernen Vorhangs" und meist auch durch konkrete Informationen über den jeweiligen Heimatort verstärkt. Damit verlor der Sehnsuchtsort der Vertriebenen seinen besonderen Charakter. Er erscheint nicht mehr als Garten Eden, in den es zurückzukehren gilt, um wieder den - idyllisierten - eigenen Alltag zu leben, um quasi aus dem „falschen" ins „richtige Leben" zurück zu gelangen. Er wandelt sich vom Zukunftsort mit Wurzeln in der Vergangenheit zu einem Ort der Vergangenheit, den es aus nostalgischen Gründen noch einmal aufzusuchen gilt.

Damit verliert der Sehnsuchtsort seine zentrale Position in der Lebensplanung der Vertriebenen, er verliert seine politischen Implikationen, aber er wird auch anschlussfähig für Menschen, die nicht der Erlebnisgeneration angehören. Zahllose Fernsehdokumentationen, Internetforen und Publikationen, vom Bildband bis zum Kochbuch, leben von den Mythen der „alten Heimat". Die „Vertriebenen" der zweiten und dritten Generation wissen meist um ihre familiäre Herkunft, definieren sich aber in den seltensten Fällen in erster Linie als Ostpreußen, Pommern oder Sudetendeutsche. Dennoch widmen viele von ihnen der Heimat ihrer Eltern, Groß- und Urgroßeltern viel Aufmerksamkeit, nicht selten verbringen sie auch den ein oder anderen Urlaub auf den Spuren ihrer Familie.[83] Mittlerweile werden Teile der „Vertreibungsgebiete" touristisch auch für Besucher erschlossen, die keinen persönlichen Bezug zu den Regionen haben, die aber nicht zuletzt durch die medial kommunizierten Erinnerungsorte neugierig gemacht wurden. Ziele wie die Marienburg oder die Masurischen Seen waren schon vor 1945 touristische Highlights. Die Erinnerungskultur der Vertriebenen hat sie im Gedächtnis bewahrt und bildet heute den Nukleus ihrer Wiederentdeckung.

83 Burachovič, Gedanken, 2002, S. 225, 242, 244; Lehmann, Im Fremden, 1991, S. 109.

Tatjana Hofmann

Postsowjetische Krim-Texte: neoromantische Sehnsuchtsmaschinerien?

Die Krim sei ein Fokus von Phantasien und ein Lokus von Eroberungen gewesen, konstatiert der amerikanische Historiker Larry Wolff.[1] In Folge des Russisch-Osmanischen Krieges von 1768 bis 1774 fiel die Krim, wie auch die südliche Ukraine und der Nordkaukasus, an Russland. Mehrfach kam es zu erneuten militärischen Aushandlungen geopolitischer Interessen an diesem strategisch wichtigen Ort im 19. und 20. Jahrhundert und zuletzt mit der Krim-Krise zu Beginn des Jahres 2014 und der Annexion der Halbinsel durch die Russische Föderation.

Neben kriegerischen Auseinandersetzungen haben Reisen und deren Verarbeitung in Texten und Bildern zu einem dichten Symbolreservoir in Bezug auf die Krim beigetragen. In den 1780er Jahren handelte es sich um europäische Gesandte und Abenteuerwillige; später um Reisende, die Erholung, Vitalität und Inspiration suchten – darunter Schriftsteller und Künstler. Der schottische Journalist und Schriftsteller Neal Ascherson bemerkt, dass die Schönheit der Krim seit dem späten 18. Jahrhundert eine Flut von panegyrischen Narrativen ausgelöst habe, die wiederum in zahlreichen Herrschern das Begehren weckten, die Halbinsel zu besitzen.[2] Die komplexe Repräsentations- und Diskursgeschichte der Krim stellen ein ergiebiges Forschungsfeld dar,[3] welches durch die Raumdebatte der letzten Jahre zusätzlich Konjunktur erhalten hat.

---

1 Wolff, Larry: Inventing Eastern Europe: The Map of Civilization on the Mind of the Enlightenment. Stanford 1994, S. 36.

2 Ascherson, Neal: Schwarzes Meer. Aus dem Engl. von H. Jochen Bußmann. Berlin 1996 [1994], S. 46.

3 Vgl. Petzer, Tatjana: „Falten von Land und Meer". Zur geokulturellen Begründung der Krim, in: Andronikashvili, Zaal / Weigel, Sigrid (Hg.): *Grundordnungen. Geographie, Religion und Gesetz.* Berlin 2013, S. 67–88. Der Aufsatz geht auf die Spuren terrestrischer und maritimer Kulturen anhand der Topographien von Sevastopol', Koktebel' und Jalta sowie literarischer Texte ein. Siehe auch den Ausstellungsband: Landschaftsverband Rheinland, LVR-Landesmuseum Bonn (Hg.): Die Krim: goldene Insel im Schwarzen Meer: Griechen, Skythen, Goten. Darmstadt 2013; und die literaturhistorische Studie: Kuncevskaja, Galina: Nepovtorimyj Krym: Krym v sud'be i tvorčestve russkich pisatelej. Simferopol' 2011. Geschichtswissen-

Die Halbinsel sticht durch eine militärstrategisch günstige geografische Lage hervor: Für das Russische Reich bzw. für die Sowjetunion war sie das Tor zum Schwarzen Meer und zugleich ein Schutzschild, denn ihre Häfen sind von der Meeresseite aus schwer einnehmbar. Während der zentrale und nördliche Teil durch Steppengebieten geprägt ist, zeichnen mediterrane Landschaften die bergige Südküste aus. Diese Voraussetzungen haben zur wechselvollen Geschichte der Krim beigetragen. Ihre Vergangenheit ist vom Nebeneinander verschiedener Kulturen und von vielfältigen historischen Einflüssen geprägt,[4] sodass sich keine eindeutige ethnische oder kulturelle Zugehörigkeit der Halbinsel ausmachen lässt. Ein solcher Versuch bleibt Konstruktion.

Stellvertretend für die ereignisreiche Geschichte seien nur einige wenige Stationen und Namen genannt: Die Krim wurde im Jahr 1783 unter Feldmarschall Grigorij A. Potëmkin im Auftrag von Katharina der Großen annektiert und ging vom Osmanischen Reich an das Russische Imperium über. Mitte des 19. Jahrhunderts rückte sie im so genannten Krim-Krieg (1853–1856) auch ins Zentrum des militärischen Interesses Englands, Frankreichs und des Osmanischen Reichs, nicht zuletzt wegen des Marinestützpunktes Sevastopol'. Im 20. Jahrhundert war sie in der Zwischenkriegszeit eine autonome Sowjetrepublik (von 1921–1945), 1954 übergab der Partei- und Staatschef Nikita S. Chruščev, der selbst ukrainischer Herkunft war, die Krim von der Russischen SFSR an die Ukrainische SSR. Dieser – auch völkerrechtlich – umstrittene Akt, an dem sich die Frage der legitimen staatlichen Zugehörigkeit später entzünden wird, und der die Krim zum Zankapfel zwischen den beiden mittlerweile eigenständigen Staaten macht, verstand sich damals als Zeichen der Zusammengehörigkeit beider Großrepubliken.

Nach der Unabhängigkeit der Ukraine im Jahr 1991 konnte ein Referendum über die Unabhängigkeit der Krim zwar verhindert werden, die Halbinsel erhielt jedoch den Status einer Autonomen Republik. Im Zuge der innerukrainischen und außenpolitischen Spannungen seit Anfang 2014 haben russische Streit-

schaftlich ist die Studie von Kerstin S. Jobst maßgebend, vgl. dies.: Die Perle des Imperiums. Der russische Krim-Diskurs im Zarenreich. Konstanz 2007.

4 Zu den (historischen) Bevölkerungsgruppen der Krim gehören Krimmerer, Taurer, Skythen, Griechen, Römer, Goten, Sarmaten, Byzantiner, Hunnen, Chasaren, Karäer, Tataren, Venezianer, Genuesen, Osmanen. Die Konstruktion eines linearen russisch-slawischen Geschichtsbildes blendet aus, dass „die Krim schon immer Durchzugsgebiet vieler Völkerschaften war und sich jedem exklusiven nationalen Besitzanspruch entzieht." Vgl. Jobst, Die Perle, 2007, S. 16f. Zur historischen Aufarbeitung der Krim im Fokus imperialer Interessen ist für den Zweiten Weltkrieg grundlegend: Kunz, Norbert: Die Krim unter deutscher Herrschaft (1941–1944). Eine Germanisierungsutopie und Besatzungsrealität. Darmstadt 2005. Zur Situation in den 1990er Jahren vgl. Sasse, Gwendolyn: The Crimea Question: Identity, Transition, and Conflict. Cambridge, Mass. 2007. Die Ausgabe der L'viver Zeitschrift Ї 61/2010 ist der geopolitischen Debatte über die Krim gewidmet.

kräfte, deren Militärbasis nach wie vor in der Hafenstadt Sevastopol' stationiert war, am 16. März 2014 ein Referendum über die Zugehörigkeit der Krim durchführen lassen. Die Mehrheit der Einwohner hat sich darin für eine Angliederung an die Russische Föderation ausgesprochen, die daraufhin stattgefunden hat. International ist dieser Status nicht allseits anerkannt.

Die Erinnerung an die – als heroisch und tragisch, wechsel- und schicksalhaft dargestellte – Geschichte der Krim etabliert sie als zentralen russischen Erinnerungsort im kollektiven Bewusstsein, auch dank ihrer Stelle im mnemonischen Kanon der russischsprachigen Literatur mit Referenz auf die Krim und dank ihrer Rezeption. Dieses Gefüge aus Texten, die über mehrere Jahrhunderte hinweg entstanden sind, bezieht sich direkt und indirekt aufeinander, schreibt einzelne Motive und Semantiken fort und hält sie auf diese Weise im kollektiven Gedächtnis über Generationen und politische Umbrüche hinweg lebendig.

Allerdings zeigt die Repräsentationsgeschichte der Krim, dass das Konzept eines einsprachig gedachten Raum-Textes die literarische Teilnahme anderer Kulturen an der diskursiven Modellierung eines Raums ausblendet. Dieser Beitrag beleuchtet anhand von Beispielen postsowjetischer russisch- und ukrainischsprachiger Literatur die Rolle der Literatur in diesem Prozess. Eine Prämisse dabei ist, dass Literatur und ihre Rezeption als eine Art *Sehnsuchtsmaschinerie* fungieren können: als Produktionsstätte von Sehnsüchten, Ort ihrer Automatisierung und Möglichkeit ihrer Veränderung. *Sehnsucht* wird hier als eine Idee aus der Romantik verstanden, die ein begehrtes Anderes hervorbringt. Dieses muss, zumindest ein Stück weit, unerreichbar bleiben, um das Begehren aufrechtzuerhalten.

Auch postsowjetische Strategien der (De-)Mythisierung positionieren sich zur romantischen Raumaneignung – zur Auffassung des geografischen Raums zwischen den Polen des Utopischen und Dystopischen, des Anziehend-Exotischen und Bedrohlich-Fremden. Es stellt sich daher die Frage, wie die Krim in der Literatur der letzten beiden Jahrzehnte als das Eigene oder als das Andere verortet wird.

Zu Kennzeichen romantischer Poetiken gehören das Unabgeschlossen-Fragmentarische, Paradoxe, Mystische, Unheimliche, das Interesse für die Vergangenheit und (Selbst-)Ironie. Das Erstreben der ästhetischen Autonomie erleichtert dabei den Einbezug imaginärer Welten, die Außerkraftsetzung der alltäglichen Logik sowie Verschiebungen von Raum- und Zeitebenen.[5] Das Augenmerk auf das Normabweichende, Bizarre und Phantasmagorische der lite-

5 Vgl. Kremer, Detlef: Literaturtheorien der Romantik, in: Nünning, Ansgar (Hg.): *Metzler Lexikon Literatur- und Kulturtheorie. Ansätze – Personen – Grundbegriffe*. 3. Aufl. Stuttgart, Weimar 2004, S. 584–587.

rarischen Modellierung von Räumen schließt die Kritik an der Repräsentationsfähigkeit der Sprache ein.

Für Renate Lachmann bildet das phantastische Schreiben, das sie in der Romantik, aber auch in anderen Epochen ausmacht, das Unbewusste des kulturellen Über-Ichs. Ein solches Schreiben erlaubt sich „semiotische Exzesse, Hypertrophien, Extravaganzen", es greift „Traditionen des Ornamentalen, Arabesken und Grotesken" auf und setzt in der Sujetführung auf Steigerung, Abbrüche, exorbitante Ereignisse und Handlungen. Dazu gehören die Fremdheitserfahrung in der Begegnung mit dem Wunderbaren, dem Rätsel, dem Abenteuer; es versetzt die Figuren in exzentrische psychische Zustände, führt zu Halluzinationen, Ängsten und Liebeswahn.[6]

Das Erschreiben eines Sehnsuchtsortes (und das Mitschreiben an ihm) ist eine romantische Geste, im Falle der Krim eine künstlerische Aneignung semantisch besetzten Raums. Während das Phantasma in Lachmanns Analyse das Andere der Kultur darstellt, erarbeitet der Krim-Text ein Identitätsmodell von der Krim als dem ‚notwendig' Anderen innerhalb des russischen Eigenen, eingefasst ins nationale Narrativ. Insofern kommt es der Rezeption zu, diese beiden Aspekte der Krim-Texte zu berücksichtigen: Die Linie des nationalideologisch gefärbten Hypertextes und auch die phantasmatischen, mehrdeutigen, affektiven Aspekte. Mit beiden verwoben ist z. B. der Exotismus, der sowohl einem orientalisierenden *Othering* als auch einem nationalisierenden *Selfing* zuträglich ist und mit der geopolitischen Verankerung der Krim-Repräsentationen zusammenhängt.

Davon ausgehend betrachtet der Artikel postsowjetische Sehnsuchtsnarrative und skizziert zunächst das Modell des Krim-Textes. Im Anschluss erörtert er die Romantisierung der Krim in einer Auswahl von Texten ukrainisch-[7] und russischsprachiger[8] Autor*innen. Bei der ukrainischsprachigen Auseinandersetzung mit der Halbinsel fällt die Ignoranz des russischen Krim-Textes auf, gleichzeitig auch ein Anknüpfen an sowjetische und ukrainisch-nationale (neo-) romantische Tendenzen. Bei den russischsprachigen Texten, die zahlreicher sind, lässt sich eine Abstufung vornehmen: Aleksandr Iličevskijs Roman *Aj-Petri* (2007) hyperbolisiert die romantische Krim. In Ljudmila Ulickajas 1996 er-

6 Vgl. Lachmann, Renate: Erzählte Phantastik. Zu Phantasiegeschichte und Semantik phantastischer Texte. Frankfurt/Main 2002, S. 10.

7 Zhadan, Serhij: Postsowjetische Paradiese. Die Krimküste, in: Raabe, Katharina / Sznajderman, Monika (Hg.): *Odessa Transfer. Nachrichten vom Schwarzen Meer.* Mit einem Fotoessay von Andrzej Kramarz. Frankfurt/Main 2009, S. 200–219; Žadan, Serhij: Pasport morjaka, in: ders.: *Ėfiopija.* Charkiv 2009, S. 77–102. Ferner: Dubynjans'ka, Jana: Krim. Kolaž [Krim. Eine Collage], in: Belej, Les' (Hg.): *Solomonova Červona Zirka.* Kyïv 2012, S. 89–110.

8 Iličevskij, Aleksandr: Aj-Petri. Moskva 2007; Ulickaja, Ljudmila: Medeja i eë deti [Medea und ihre Kinder]. Moskva 1996; Ulitzkaja, Ljudmila: Medea und ihre Kinder. 7. Aufl. Pößneck 2004; Ivan Ampilogov (alias Jan Smirnov): Vol'er [Die Voliere]. Simferopol' 2011.

schienenem Familienroman findet sich eine ambivalente politische und private Krim, deren Bewohner zwar von historischen Einschnitten hart getroffen werden, die jedoch als ein idyllischer, die Sowjetunion im multikulturellen Mikrokosmos spiegelnder und sie lebensweltlich ergänzender Anziehungspunkt fungiert. Ivan Ampilogov zeichnet letztlich eine Dystopie, die Gesellschafts- und Umweltkritik übt. Alle betrachteten Texte interpretieren den Gemeinplatz von der Krim als einer beliebten touristischen Destination auf je eigene Weise. Der Erholungsaspekt einer Urlaubsreise, der den Narrativen zugrunde liegt, motiviert unterschiedliche, nicht zwingend idyllische, Erlebnissujets.

Der Krim-Text

Der Wissenschaftler und Publizist Aleksandr P. Ljusyj hat den Begriff des *Krim-Textes der russischen Literatur* (*Krymskij tekst russkoj literatury*) geprägt. Seine Konzeption des Krim-Textes ist mit einer nationalen und zugleich imperialen Note im Sinne der russischen Kulturwissenschaft (*kul'turologija*) aufgeladen.[9] Ljusyjs Publikationen belegen materialreich die literarische Aktivität der russischen Kultur auf der Krim und entsprechende poetische Bezüge. Das national-imperiale Moment seiner Schriften kann man darin bestimmen, dass er eine literaturhistorische Genealogie flicht, die von der Aufklärung bis heute reicht und die Frage nach der aktuellen Zugehörigkeit indirekt zu legitimieren scheint. Die Rede vom Krim-Text schafft ihren Gegenstand, indem sie das Modell des Stadt-Textes, das Vladimir Toporov einst (ausschließlich) als *Petersburg-Text der russischen Literatur* (*Peterburgskij tekst russkoj literatury*) für die literarische und künstlerische Gestaltung Petersburgs entwickelt hat,[10] auf Repräsentationen der Krim als Teil einer russisch-imperialen Einheit appliziert.

Toporov hat auf die intertextuelle Referenz einzelner motivischer Verfestigungen hingewiesen. Zu den Konstanten des *Petersburg-Textes* gehören die innere Verfassung der Protagonisten und die antagonistischen Kultur- und Naturbegriffe. Bei letzteren stellte Toporov sowohl positive als auch negative Aufladungen fest, woraus sich für den *Petersburg-Text* eine unüberwindbare semantische Ambivalenz ergebe.

Allerdings kann die axiologisch widersprüchliche Aufladung von geographischen Orten, die zu literarischen Hypertexten stilisiert werden, jeden his-

9 Vgl. Ljusyj, Aleksandr: Nasledie Kryma: geosofija, tekstual'nost', identičnost'. Moskva 2007; ders.: Krymskij tekst v russkoj literature [Der Krimtext in der russischen Literatur]. Sankt-Peterburg 2003.

10 Toporov, Vladimir: Peterburg i ‚Peterburgskij tekst' russkoj literatury (Vvedenie v temu), in: ders.: *Mif. Ritual. Simvol. Obraz. Issledovanija v oblasti mifopoėtičeskogo. Izbrannoe.* Moskva 1995, S. 259–367.

torisch komplexen Raum betreffen und ist kein Alleinstellungsmerkmal in die Kunst und Literatur eingegangener Städte, Regionen oder Staaten. Die Erschreibung eines intertextuellen Bedeutungssystems, das retrospektiv aus nebeneinander gelegten Verweisen auf ein lokalisierbares Toponym entsteht, akkumuliert symbolische Wertigkeit. Das Fortschreiben des nationalen Literaturkanons stiftet eine mitunter exklusive Erinnerungs- und Lesegemeinschaft, während alternative, ambivalente Zugehörigkeiten vernachlässigt werden. Die Erarbeitung eines Hypertextes, der einen geographischen Raum betrifft, bildet demnach eine Form der Identitätsarbeit in Bezug auf die außerliterarische Region, Stadt oder Nation. Das Modell eines ästhetisch und semiotisch distinktiven Raum-Textes stellt damit ein Instrument dar, mit dessen Hilfe sich ein lokales, nationales oder auch übernationales Raum-Profil konstruieren lässt. Im Falle der Krim stellt sich einerseits die Frage, ob die russischsprachige Repräsentation der Halbinsel eine russisch-nationale Tradition fortsetzt. Andererseits ist zu fragen, wie sich die ukrainische Literatur zu einer aus ihrer Sicht quasi noch unbeschriebenen, auch politisch und kulturell ‚anderen' Region verhält.[11]

Dagmar Burkhart versteht den Krim-Text (*Krymskij tekst*) als einen

> „globale[n] Text, der die Imago, den ‚obraz' der komplexen Natur- und Kulturregion ‚Krim' thematisiert und der von einer Reihe Autoren über mehr als zwei Jahrhunderte geschrieben worden ist. Ich nenne nur einige: [...] de Ségur, Joseph II., de Ligne, I. M. Bobrov, Murav'ev-Apostol, Puškin, Mickiewicz, Gogol', Fet, Lev Tolstoj, Belyj, A. K. Tolstoj, Annenskij, Bunin, Vološin, Cvetaeva, Mandel'štam, Sergeev-Censkij, Bulgakov, Kazakova, Aksenov, Popov, Ulickaja, Pelevin."[12]

Außer literarischen Texten umfasse er Textsorten wie Mythen (Artemis-, Iphigenie-Mythos u. a.), Memoiren, Reiseberichte, Tagebuchnotizen, Briefe und auch Filme wie z. B. das 2003 von Aleksej Popogrebskij und Boris Chlebnikov gedrehte Roadmovie *Koktebel'*.[13]

Der Krim-Text setzt sich, wie andere Raum-Diskurse auch, aus mindestens zwei Grundbereichen zusammen: den literarischen Texten, die wie Homers

11 Auch wenn die Ukraine für europäische Maßstäbe ein großes und heterogenes Land ist, fällt die Krim u. a. wegen der dominierenden Verwendung des Russischen, wegen ihres autonomen Status und des krimtatarischen Bevölkerungsanteils besonders auffällig aus dem nationalen Entwurf heraus, wozu sicherlich auch die im offiziellen ukrainischen Diskurs verbreitete Rede über sie als das Andere der ukrainischen Kultur beiträgt.

12 Burkhart, Dagmar: Mandel'štams Krimreisen in poetischer Medialisierung, in: Kissel, Wolfgang S. (Hg.): *Flüchtige Blicke. Relektüren russischer Reisetexte des 20. Jahrhunderts.* Bielefeld 2009, S. 153–168, hier 155. Zur Aktualität des Krim-Textes als einer literaturwissenschaftlich produktiven Kategorie vgl. den Konferenzband von Buhks, Nora / Virolajnen, Marija: Krymskij tekst v russkoj literature. Sankt-Peterburg, 4–6 September 2006. Sankt-Peterburg, verfügbar unter <http://lib.pushkinskijdom.ru/Default.aspx?tabid=8917> [23. 12.2016].

13 Burkhart, Krimreisen, 2009, S. 155.

Odyssee und Adam Mickiewiczs *Krim-Sonette* (*Sonety krymskie*, 1826) in verschiedene Nationalliteraturen reichen, sowie ihrer publizistischen und wissenschaftlichen Kommentierung.[14] Er setzt sich aus einer Reihe verfestigter Motive, Topoi, intertextueller Bezugnahmen und rhetorischer Selbstaffirmationen zusammen – er ist der literarische und literaturwissenschaftliche Teil des Krim-Diskurses und geht über Literatur(wissensschaft) immer wieder hinaus, z. B. richtet er sich auf die Rolle der Halbinsel im Leben bekannter Persönlichkeiten, die sich zeitweise dort aufgehalten haben, sowie auf Biographien herausragender Krimstämmiger. Ebenso wie zu der von Burkhart erwähnten ersten Ebene über Literatur hinaus publizistische und künstlerische Erzeugnisse anderer Medien zu zählen sind, gehören zur zweiten Ebene über den Text hinaus thematisch verwandte Aktionen, Workshops und Tagungen.[15] Zu berücksichtigen ist auch, dass eine Meta-Ebene bereits in der künstlerischen angelegt sein kann.

Ein Beispiel für die Verbindung künstlerischer und wissenschaftlicher Aktionen ist der so genannte *Krim-Klub* (*Krymskij klub*).[16] Dabei handelt es sich um eine Vereinigung von Autoren, Dichtern und Performance-Künstlern, die sich zu Beginn der 1990er Jahre formierte und im September 2016 das sechste Bosporus-Forum veranstaltete.[17] Mit ihren Aktionen, Konferenzen und Publikationen schaffen die Teilnehmer eine Plattform, die das Aneignungsbegehren in künstlerische Verarbeitungen umwandelt. Die Idee, gegen aggressive Inbesitznahmen im politischen Diskurs ästhetisch zu intervenieren, ist unter der Formel der *Geopoetik* bekannt geworden, die zum postsowjetischen Krim-Text einen entscheidenden Beitrag leistet.[18]

Diesen Begriff hat der ukrainische Schriftsteller Jurij Andruchovyč von Igor' Sidorenko, dem Publizisten, Dichter sowie Organisator des Bosporus-Forums und des Krim-Klubs, aufgenommen und auf die eigene Poetik übertragen.[19]

14 Ljusyj stützt sich auf folgende Forscher bei seiner Konzeption des Krim-Texts: I. M. Bogojavlenskaja, G. A. Zjabreva, V. P. Kazarin, N. A. Kobzev, A. Ju. Malenko, V. N. Michajlov, E. I. Nečeporuk und M. A. Novikova.

15 Z. B. Krymskie Puškinskie čtenija, Vološinskie čtenija, Grinovskie čtenija, Čechovskie čtenija, Šmelëvskie čtenija.

16 Vgl. z. B. Sid, Igor' / Gruppe Poluostrov: Osnovnoj vopros geopoėtiki. Doklad [Materialien zur ersten geopoetischen Konferenz]. o. J., verfügbar unter <http://liter.net/geopoetics/penin.html> [23.12.2016].

17 Eine Chronik mit Programmen vergangener Bosporus-Treffen (1993, 1994, 1995, 2011 und 2013) und entsprechenden Publikationen findet sich hier: <http://liter.net/bospor/chronologia.htm#2011> [23.12.2016].

18 Zur Definition der Geopoetik vgl. Frank, Susi K.: Geokulturologie und Geopoetik. Definitions- und Abgrenzungsvorschläge, in: Marszałek, Magdalena / Sasse, Sylvia (Hg.): *Geopoetiken. Geographische Entwürfe in den mittel- und osteuropäischen Literaturen.* Berlin 2010, S. 19–42.

19 Marszałek, Magdalena / Sasse, Sylvia: Antonyčs Geist. Interview mit Jurij Andruchovyč, in:

Allerdings lassen sich an Andruchovyčs kulturologischen Texten auch die Grenzen dieses Konzepts zeigen, denn unter dem Deckmantel der postmodernen Wertefreiheit hat er es zu einer tendenziösen kulturellen Selbststilisierung der Westukraine auf Kosten der Ostukraine umgemünzt.

Die Grundtopoi von Ljusyjs Krim-Text-Analyse korrespondieren mit den Denkmustern, die Kerstin S. Jobst für die affektgeladenen kulturellen Codierungen der Krim herausdestilliert hat: die *schöne*, die *antike*, die *slavische*, die *christliche* Krim und die *Krim als Teil eines metaphorischen Orients.*[20] In Anwendung des Orientalismus-Konzepts auf das Zarenreich arbeitet die Osteuropa-Historikerin die rhetorischen Figuren heraus, mittels welcher die Halbinsel für Russland von einem südlichen Ergänzungsraum zu einem Raum imperialer Phantasien wurde. Ihrer Untersuchung zufolge gehören zu den Grundzügen der Krim-Repräsentationen Imperialismus und Patriotismus, d. h. der jeweils akzentuierte Anspruch, europäisch oder russisch im Sinne von ‚nicht-europäisch' zu sein. Wie von Renate Lachmann in ihren Ausführungen zum Phantasma verdeutlicht, bewegt sich die latente romantisierende Komponente dabei zwischen den Polen von Eros und Thanatos, dem Drang zu l(i)eben bzw. zu sterben, sich auszudehnen bzw. zu herrschen.

Der Kern des Phantasmas verhandelt nicht weniger als die Identität der Nation. Durch die geographische und mentale Inklusion des antiken Erbes stellte Russland seine Europäizität unter Beweis: Die tatarische Krim wurde nach der Eroberung unter Katharina II. zu Tauris. Gleichzeitig rückte sie von der südlichen Peripherie in das Zentrum des russischen Selbstverständnisses als prospektives Beispiel für eine Ideologie, die das byzantinische mit dem griechischen Erbe zu einem europäischen Vorbild vereint.

In dieser Vision dominiert der *locus amoenus* (lat. *lieblicher Ort*). Seinen Ausgangspunkt in der antiken Landschaftsschilderung und -malerei führen sowohl Kerstin S. Jobst als auch Aleksandr P. Ljusyj auf die ersten internationalen Krimreisen in der Aufklärung zurück.[21] Um 1800 war die Krim der Sehnsuchtsort im Sinne eines Reiseziels, aber auch im Sinne eines Schaufensters, mit dessen Hilfe sich Russland dem Westen gegenüber präsentierte und das eine Zeit lang metonymisch für ganz Osteuropa stand. Larry Wolff zufolge prallten hier Ge-

---

novinki (hg. v. Susi K. Frank u. a.): *Nachgefragt. Novinki im Gespräch mit Autor_innen aus Osteuropa*, Norderstedt 2016, S. 16–21, hier 17.

20 Jobst, Die Perle, 2007.

21 Vgl. z. B. Craven, Lady Elizabeth: A Journey through the Crimea to Constantinople. Wien 1880. Zu den Reiseberichten der internationalen Gesandten, die von Katharina II. und Grigorij A. Potëmkin im späten 18. Jahrhundert auf die Krim eingeladen wurden, siehe: Wolff, Inventing, 1994.

gensätze aufeinander wie Barbarismus versus Zivilisation, Asien und Europa, „coarse Scythians and polished Europeans".[22]

Die Alterität der Halbinsel ist zwar einem langen *Othering*-Prozess zu verdanken, der auch andere Grenzregionen des russischen Imperiums betrifft und ebendieses als Mosaik des Vielfältigen in seinem Selbstverständnis bestätigt. Die Imaginationen der Krim unterscheiden sich jedoch von Repräsentationen anderer erworbener Gebiete, indem sie die sublime Schönheit der Halbinsel, den heroischen und antiken *locus*, „ihr orientalisches, aber nur noch unterschwellig (anders als im Kaukasus) mit Gefahr verbundenes Flair" betonen.[23] Nicht zuletzt, so Jobst, steche die Krim-Mythologisierung „durch die vermeintlich präzedenzlose Zahl der Hymnen ihrer Dichter" hervor.[24]

Das für den russischen Krim-Text zentrale Poem *Die Fontäne von Bachtschisaraj* (*Bachčisarajskij fontan*, 1821–1823) des russischen Nationaldichters Alexander S. Puškin exotisiert und erotisiert das hedonistische Setting, das es aufruft. Den Hauptteil nehmen die Eifersucht im Harem und die Depression des Khans ein, der in eine früh verstorbene Haremsfrau verliebt ist. Der Schauplatz Bachčisaraj – seit dem 15. Jahrhundert die Hauptstadt des Krim-Khanats – wird zum romantischen Gegenort zu Petersburg, mystisch-geheimnisvoll durch das vergessene alte Schloss und anziehend durch den Überfluss und Reichtum. Das lyrische Ich, das zum Ende hin auf den Spuren der Haremsgeschichte wandelt, zeigt sich von der Geschichte des Ortes fasziniert, die es mit feiernden Tataren, weiblichen Reizen, Wein, Gold usw. ausschmückt und sich auf diese Weise in Aufregung versetzt:

„Was Macht und Schönheit sollt bekunden,
Ist klägliche Vergangenheit,
Die stolzen Chane sind verschwunden
Mit ihres Harems Herrlichkeit.
Doch war's nicht das, was mich indessen
Erregte – hier, wo rings die Luft
Voll Wasserrauschen, Rosenduft,
Konnt man des Todes bald vergessen.
Statt dessen kam mir in den Sinn
Ein Bild aus weniger fernen Zeiten,
Wie einen Schatten sah ich's gleiten
Auf allen Wegen vor mir hin ..."[25]

22 Diese findet insbes. Louis Philippe Ségur auf der Krim vor, vgl. Wolff, Inventing, 1994, S. 357.

23 Jobst, Die Perle 2007, S. 416.

24 Ebd.

25 Puškin, Aleksandr S.: Bachčisarajskij fontan, in: Akademija nauk SSSR, Institut literatury (Puškinskij dom): *Polnoe sobranie sočinenij v desjati tomach*, Bd. 4. Moskva, Leningrad 1949 [1823], S. 174–193, hier 191: „Где скрылись ханы? Где гарем? / Кругом всё тихо, всё уныло, / Всё изменилось… но не тем / В то время сердце полно было: / Дыханье роз, фонтанов шум /

In dem Poem verkörpert die Landschaft das positive Andere, die eifersüchtige muslimische Georgierin das negative Andere. Letztere rivalisiert mit der schönen polnischen Gefangenen, in die sich der Khan verliebt hat. Islam und Christentum stehen einander als unvereinbar gegenüber, aber auch als notwendige Komponenten der romantischen Aporie. Wie im Orientalismus-Diskurs, der sich ebenso auf den Kaukasus richtet und einen, für künftige Untersuchungen offenen, *Text des Südens* in der russischen Literatur speist, wird die Frau zu einem metonymischen Teil des geographischen Raums, zum Objekt der Besitz- und Beschreibungslust. Gleichzeitig verdeutlicht das Poem ausgerechnet an den Frauenfiguren die Differenz zwischen den von ihnen verkörperten Kulturen.

Das Ende des Poems verdichtet sich zum Krim-Phantasma. Der Ich-Erzähler infiziert sich förmlich mit der zuvor unterbreiteten Geschichte des Begehrens und preist seinen Besuch bei dem „Brunnen der Tränen" begeistert an. Diesen Brunnen hat der Khan der Legende nach für die tote polnische Schönheit errichten lassen, er ist heute noch ein Touristenmagnet für Krimtataren wie für Russen. Das Gebirge im Poem enthalte *geheime* Erinnerungen, der Blick sei *begierig*, die Gegend zauberhaft, lebendig, voller Überfluss, mit einem Wort *schön*. Der (reitende) Reisende sei emotional von der Landschaft angezogen, was der Rhythmus des Gedichts unterstützt und womit der Text durch den Genuss seiner Lektüre seine Leser ‚ansteckt':

„Bald werde ich euch wiedersehen,
Taurische Wellen, und am Hang
Des steinigen Meeresufers stehen
Erinnerungsvoll, das Herz voll Dank.
Zaubrisches Land, so voller Leben!
Wald, Hügel, Tal in bunter Pracht,
Rubinrot, bernsteingelb die Reben,
Zur Augenweide uns gemacht.
Die Pappeln, der Gewässer Kühle,
Sie locken in die Berge weit
Zur wolkenlosen Morgenzeit
Den Reiter zu dem fernsten Ziele,
Solang sein Pferd ihn tragen mag,
Den Uferweg entlangzujagen,
Wo Wogen brandend sich zerschlagen
Am Felsenfuß des Aju-Dag."[26]

Влекли к невольному забвенью, / Невольно предавался ум / Неизъяснимому волненью, / И по дворцу летучей тенью / Мелькала дева предо мной!" Dt.: Puschkin, Alexander S.: Die Fontäne von Bachtschissaraj, in: ders.: *Gesammelte Werke in sechs Bänden*. Aus dem Russ. von Martin Remané. Bd. 2. Berlin, Weimar 1962, S. 159–179, hier 177.

26 Puškin, Bachčisarajskij fontan, 1949, S. 192f.: „Приду на склон приморских гор, / Воспоми-

Das Gedicht endet damit, dass der lyrische Erzähler schwört, wiederkehren zu müssen. Die Krim ersetzt nun als Ort libidinöser Sehnsucht die verstorbene Haremsfrau – und wird zum Inspirationsort von Dichtung, zu der sich das lyrische Ich ebenso ‚verliebt' bekennt („Dichtkunst nur und Frieden / Sei meines Lebens Elixier"[27]). Dem Sprecher bleibe gar keine andere Wahl, als sich von der Lebendigkeit der Landschaft gefangen nehmen zu lassen, sie erneut zu sehen und in die poetische Sprache zu überführen. In seiner mehrfachen Begeisterung für die Meereswellen spiegelt sich die Unbedingtheit der wiederholten Erinnerung, des wiederkehrenden Aufrufens. Dem Leser wird nahegelegt, sich ebenfalls ‚verlocken' zu lassen und die Aneignung qua Lektüre nächster Krim-Texte fortzusetzen.

Handelt es sich nun um eine Allegorie auf imperialen Anspruch oder um ein poetisches Muster der europäischen Romantik? Was Ljusyjs These von der russischen kulturellen Einschreibung der Krim angeht, so enthält seine Argumentation einen inneren Widerspruch, denn der von ihm gewählte Referenzautor für Puškin – der klassizistische Dichter Semën S. Bobrov – hatte sich an der englischen Beschreibungslyrik orientiert.[28]

Europaweit virulente sprachliche und erzählerische Muster legen nahe, dass Intertextualitität kulturenübergreifend besteht. Sie bestimmt einen anderen Baustein in Ljusyjs Krim-Text-Narrativ: Puškins berühmter Versroman *Eugen Onegin* (*Evgenij Onegin*, 1825–32), der die Krim als Sehnsuchtsort im Gegensatz zu Petersburg aufstellt, lehnt sich auch am englischen Vorbild Lord Byron an. Offenbar durchzieht eine rhetorische Romantisierung den Krim-Diskurs, die sich in ihrem Gestus nicht nur auf die russische Romantik beschränkt.

Im Realismus wurde die Krim in Lev Tolstojs *Sevastopoler Erzählungen* (*Sevastopol'skie rasskazy*, 1855–56) als das ‚eigene Andere' stilisiert, allerdings nicht mehr als das Vorzeigejuwel, sondern als Schauplatz einer tragischen militärischen Niederlage. Die autobiographischen, schonungslosen Erzählungen

---

наний тайных полный, – / И вновь таврические волны / Обрадуют мой жадный взор. / Волшебный край! очей отрада! / Все живо там: холмы, леса, / Янтарь и яхонт винограда, / Долин приютная краса, / И струй и тополей прохлада… / Всё чувство путника манит, / Когда, в час утра безмятежный, / В горах, дорогою прибрежной, / Привычный конь его бежит, / И зеленеющая влага / Пред ним и блещет и шумит / Вокруг утесов Аю-дага…"; Puschkin, Die Fontäne von Bachtschissaraj, 1962, S. 178f.

27 Ebd., S. 178.

28 Noch bevor die Krim zu einem Motiv bei Puškin wird, macht Aleksandr Ljusyj in *Nasledie Kryma* (*Das Erbe der Krim*) und seiner ähnlichen Arbeit *Krymskij tekst v russkoj literature* (*Der Krim-Text in der russischen Literatur*) einen Prätext aus, den er zum „Ur-Text" der lyrischen Krimverarbeitungen ernennt: Semën Bobrovs Gedichte wie *Drevnjaja noč Vselennoj* (*Antike Nacht des Weltalls*) und *Tavrida* (*Tauris*).

ent-ästhetisieren die Halbinsel während des Krim-Krieges (1853–56), des ersten medialen Krieges der Weltgeschichte.[29]

Der Symbolismus und die Avantgarde betonen gut ein halbes Jahrhundert später die Andersheit der Halbinsel wieder in einem positiven Sinne. Osip Ė. Mandelštam meinte jene dem Akmeismus – der parallel zum Futurismus entstandenen poetischen Gruppierung in der russischen Moderne, die sich vom Symbolismus abgestoßen hat – inhärente „Sehnsucht nach Weltkultur" („toska po mirovoj kul'ture"), das „eigene Fremde", die Einflüsse anderer Kulturen, die die russische Kultur in sich vereinige, auf der Krim anzutreffen.[30]

Prominentes Beispiel für die Aura eines Inspirationsortes ist die Villa des gastfreundlichen Dichters und Malers Maksimilian A. Vološin in Koktebel'. Einem Schiff nachgebaut, stellt sie historisch wie symbolisch eine besondere Heterotopie der künstlerischen Krim dar. Vološin erklärte das soziale Miteinander zur Basis für Kreativität. Der sowjetische Schriftstellerverband griff dies als Bedingung effektiver Produktion auf, und so wurde die Villa nach der Oktoberrevolution zum Arbeits- und Erholungsort für Autoren, die Tischreihen im Garten ausgestattet mit Schreibmaschinen für literarische Geistesfunken im Akkord.

Einige Werke aus dem Korpus des Krim-Texts spitzen axiologische Schattierungen zu Utopien, Dystopien und Heterotopien polemisch zu.[31] So auch Vasilij P. Aksënovs Roman *Die Insel Krim* (*Ostrov Krym*), der erstmalig 1979 in der US-amerikanischen Emigration erschien.[32] Diese alternative, antisowjetische Geschichte der Krim imaginiert sie als westlich geprägtes Autonomiegebiet, als eine Insel, auf der die geflohenen russischen Adligen ihren Lebensstil weiter pflegen, und die die freiheitliche, wenngleich oberflächliche und sexualisierte Freizeitkultur amerikanischer Prägung angenommen hat. Aksënovs Narrativ geht davon aus, dass die Weißen die Rote Armee besiegt und eine vorrevolutionäre Gesellschaftsordnung auf der Krim etabliert hätten. Am Ende gelingt es der Sowjetunion, die Krim zurückzuerobern – ein Ende, das seit März 2014 an Brisanz gewonnen hat.

Der zentrale Erzählstrang rankt sich um die Liebesaffäre zwischen einer

---

29 Frank, Susanne: (Un)Sichtbarkeit und Darstellbarkeit des Krieges am Anfang des Medienzeitalters. Der Krimkrieg in der russischen Literatur vor dem Hintergrund der Innovationen in der Kriegsberichterstattung in den europäischen Pressemedien, in: Maag, Georg u. a. (Hg.): *Der Krimkrieg als erster europäischer Medienkrieg*. Stuttgart 2010, S. 101–139.

30 Burghart, Krimreisen, S. 157.

31 Z. B. Lavrenev, Boris: Krušenie respubliki Itl'. Moskva / Leningrad 1926; Malyškin, Aleksandr: Padenie Daira. Moskva 1926; Pelevin: Žizn' nasekomych: romany. Moskva 1997; Igor' Sidorenkos Vorwort zu Ivan Ampilogovs Vol'er.

32 Aksënov, Vasilij: Ostrov Krym, in: ders: *Sobranie sočinenij v pjati tomach*. Bd. 4, Moskva 1995, S. 9–367; Axjonow, Wassilij: Die Insel Krim. Aus dem Russ. von Marlene Milack-Verheyden. Frankfurt/Main 1986.

Moskauerin, die zur KGB-Spionin wird, und dem Redakteur eines Krim-Magazins, das die Sehnsucht nach dem vorrevolutionären Russland zelebriert. Der westliche Lifestyle auf der Krim, aus der Sicht der Moskauer Protagonistin das begehrte Andere, zieht sie an, doch bleibt sie ihrem Lebensmittelpunkt in der Hauptstadt und ihrem Auftrag treu.

Die Hauptfiguren tragen mehrere Antagonismen aus: Die westliche versus die sowjetische, aber auch die russisch-vorrevolutionäre versus die sowjetische Kultur; Internationalität versus das Vorherrschen des Russischen; Geschichtspessimismus und zugleich Hoffnung auf eine bessere Zukunft.[33] Aksënovs Roman zeichnet die Ambiguität und Diversität der Krim-Repräsentationen nach der Unabhängigkeit der Ukraine vor.

Nach 1991 gerät das Ideal multikulturellen und sozialen Miteinanders in den Hintergrund, nationale Markierungen kultureller Spuren, die sich auf der Krim begegnen oder in Bezügen auf sie rekonstruierbar sind, treten in Konkurrenz zueinander. Kompilatorische Publikationen, darunter Reiseführer, aus der Ukraine[34] und Russland[35] sammeln entsprechende Verweise in Literatur, Kunst und in Memoiren – und ordnen sie unter bestimmten Vorzeichen an.[36]

---

33 Olga Matich spricht dennoch von der Übereinstimmung von Meinungen als einem Hauptcharakteristikum des Romans: Vasilii Aksenov and the Literature of Convergence: *Ostrov Krym* as Self-Criticism. In: *Slavic Review* 47. Jg. 1988/4, S. 642–651.

34 Eine Einschreibung der Krim in den ukrainischen nationalen Kontext unternimmt z. B. Holoborod'ko, Jaroslav: Pivdennyj areal: konsorcium literaturnoï Tavriï; roman-monohrafija. Kyïv 2007. *Tavrieznavstvo* definiert der Autor als eine interdisziplinäre Regionalwissenschaft, die von Geschichte über Kunst zur Ökonomie der Tavrija reicht (ebd., S. 8). Die Zusammenstellung macht u. a. auf ukrainische Persönlichkeiten aus dem 19. und 20. Jahrhundert aufmerksam, die einen Bezug zur Krim hatten, darunter Dmytro Ovsjanyko-Kulykovskij, Dniprova Chajka, Boris Hrynčenko, Mykola Cernjavskij, Mychajlo Žuk, Boris Lavrent'ev, Sava Božko, Jurij Janovs'kij, Petro Reznikiov, Jevhen Fomin, Konstjantin Kudievs'kij, Ivan Hryhurka; die Tauris sei in Mykola Kulišs Theaterstücken ein wichtiger Schauplatz gewesen. Eine ukrainische Sicht auf die Frühgeschichte der Krim, die ihre Position in der russischen Kultur weitestgehend auslässt, unternehmen die Bände Nr. 33 und 34 der Zeitschrift *Chronika 2000. Ukraïns'kyj kulturolohičnyj al'manach. Krym – kriz' tysjačolit'*. Zahlreiche russischsprachige Publikationen beschwören das mythische Potential der Krim, z. B. die zweibändige Ausgabe von Pečatkina, Galina: Liki tavridy. Kniga vtoraja. Simpferopol' 2006.

35 Vgl. Kuncevskaja, Galina: Blagoslovennaja Tavrida. Krym glazami velikich russkich pisatelej [Gesegnete Tauris. Die Krim aus der Sicht berühmter russischer Schriftsteller]. Simferopol' 2008. Anhand von literarischen Werken, Biographien, Fotographien und Gemälden (I. Ajvazovskij, N. Černecov, K. Bossoli, I. Levitan, K. Korovin, A. Kuindži, I. Šiškin) beleuchtet diese Studie die Krim im Leben Puškins, Griboedovs, Gogol's, L. Tolstojs, Nekrasovs, Čechovs, Gor'kijs, Kuprins und Bunins mit umfangreicher Bibliographie. Vgl. auch: Grigor'ev, Igor': Moj Krym: vospominanija; očerki ob Aleksandre Puškine, Ivane Ajvazovskom, Maksimiliane Vološine. Feodosija 2007; Boborykin, Makarij M.: Vospominanija o Kryme: 1897–1920. Simferopol' 2009.

36 In diesem Zusammenhang sei der Band *Gesegnete Tauris. Die Krim aus der Sicht berühmter russischer Schriftsteller* (*Blagoslovennaja Tavrida. Krym glazami velikich russkich pisatelej,*

Die ukrainische Krim bei Dubynjans'ka und Žadan

Jene ukrainischen Texte, die die Krim nach 1991 anvisieren, ignorieren den russischen Krim-Text weitestgehend. Beispielhaft ist die autobiografische Skizze *Krim. Eine Collage* (*Krym. Kolaž*) der auf Russisch und Ukrainisch schreibenden Jana Dubynjans'ka, die selbst auf der Halbinsel aufgewachsen und später in die ukrainische Hauptstadt umgezogen ist. Die Autorin kritisiert die Vermarktung der Region als Sehnsuchtsort für die Massen durch die Tourismusindustrie, denn die Informationen seien kommerzialisiert, die Bezeichnung *Krim* sei zur touristischen Marke verkommen:

> „Man verkauft Landschaften und das Meer, Strände und die Luft, Wasserfälle und Felsen, altgriechische Exotik und christliche Heiligtümer, und vor einigen Jahren begann man mit dem Verkauf des Mythos in seiner reinen Form – unterirdische Pyramiden, die angeblich mit Energie aufgeladen sind. Zum Verkauf stehen Sonne, Gesundheit und Glück. Das alles unter einem Markennamen, den man sorgfältig seit der Sowjetzeit (und generell seit Urzeiten) bewahrt: Krim."[37]

Der offiziellen Werbe-Rede setzt die Autorin ihren persönlichen, selbstironischen Blick entgegen. In ihren Eindrücken von den wichtigsten Orten auf der Krim unterscheidet sie rigoros zwischen ‚gefällt mir' und ‚gefällt mir nicht', um anschließend auf eine politische Ebene zu wechseln. Über die Krimbewohner heißt es, sie seien im Bewusstsein, eine hoffnungslose Provinz zu bewohnen, wie gelähmt, sodass sie sich nicht „nach vorne" – gemeint ist auch die Entwicklung der Ukraine – bewegen könnten.[38] Dubynjans'ka empfiehlt, wenngleich mit einem Augenzwinkern, politische Veränderungen auf der Halbinsel nicht wie bei den Ukrainisierungskampagnen unter Präsident Juščenko rabiat, sondern vorsichtig und für die Krim-Bevölkerung möglichst unauffällig vorzunehmen.[39] Während sich die Schriftstellerin über die Selbstvermarktung der Krim als realisierte Utopie echauffiert, signalisiert sie, dass die Halbinsel vom offiziellen ukrainischen Diskurs auffällig abweicht.

2008) erwähnt. Diese Dokumentation literarischer Denkmäler setzt sich zum Ziel, das russische Erbe vor der Verdrängung durch das Ukrainische zu bewahren, so die vorangestellte Rezension dieses Buches von V. N. Ganičev, S. 4–6, hier 5. Die Herausgeberin begründet das Buchprojekt mit ihrem Patriotismus: „Я задумала эту книгу, чтобы быть хоть чем-то полезной своей Родине – великой России." Ebd., S. 7.

37 Dubynjans'ka, Krim. Kolaž, 2012, S. 89: „Продаються краєвиди і море, пляжі й повітря, водоспади і скелі, палаци й печери, давньогрецька екзотика та християнські святині, а кілька років тому тут почали продавати міф у чистому вигляді – підземні піраміди, нібито заряджені енергією. Продається сонце, здоров'я, щастя. Під єдиним брендом, що його ретельно зберігають з радянських (авзагалі-то й давніших) часів: Крим."

38 Ebd., S. 107: „вони живуть з самоусвідомленням безнадійної провінції, ‚життя-не-тут', і цепороджуєту інерційність, яка недаєрухатися вперед."

39 Ebd.

Dubynjans'ka wünscht sich, die Region möge in politischer Hinsicht mit dem Rest der Ukraine aufholen, anstatt aus der politisch-kulturellen Ordnung der gesamten Ukraine herauszufallen. Die ‚Sehnsucht' des autobiographischen Ichs bezieht sich nun darauf, diese Andersartigkeit der Krim hinsichtlich der Nationsbildung narrativ zu beheben. Am Ende der Reiseskizze bedauert die Autorin die ausbleibende Entwicklung der Halbinsel in Richtung einer gesamtnationalen ukrainischen Ideologie hin und zeigt sich emotional mit der Region verbunden. In den letzten beiden Sätzen wiederholt sie beteuernd, dass sie auf die Krim zurückkehren wird: „Ich komme zurück. Ich komme immer wieder hierher zurück."[40] Die Nationalromantik einer auch für die Krim gültigen politischen Vision und die persönliche Nostalgie nach kontinuierlichem Wiedererleben der doch nicht ‚richtig' ukrainischen Heimat dieser ukrainischen Autorin überlagern sich ohne befriedigende Synthese.

Serhij V. Žadans Erzählung *Postsowjetische Paradiese. Die Krimküste* (*Pasport morjaka*) handelt von den Erlebnissen zweier junger Männer aus Charkiv im Osten der Ukraine bei ihrer Fluchtreise auf die Krim. Sie flüchten nach einer illegalen Verkaufsaktion. Im Verlauf eines nicht gerade idyllischen Wintertages begegnen sie in der Nähe von Alupka Moldawiern, die auf einem Autohof inmitten von Ikarus-Bussen und Cannabis-Plantagen hausen.[41] In Jalta logieren sie in Hochhäusern, die von Krimtataren besetzt sind. Sie geraten mehrheitlich in desolate Zustände und an Orte, die ihrer ursprünglichen Funktion entfremdet sind. Von einem *locus amoenus* und der Sonnenseite dieser sonst als Touristenmagnete bekannten Toponyme scheint hier wenig durch.

Der Text distanziert sich noch weiter als *Krim. Eine Collage* von einem russisch-nationalen Sehnsuchtsgedanken, übernimmt aber die Romantisierung als ein Grundverfahren. Die Protagonisten haben keine biographische Verbindung zur Halbinsel, der Text entwirft diese auch nicht als ein Territorium, nach welchem sie sich sehnen würden. Sie ist stattdessen ein Transitort, der die beiden reisenden Freunde auf Migranten treffen lässt und ihr Reise-Begehren antreibt: Der Aufenthalt auf der Krim weckt in den jungen Männern Sehnsüchte, wie Matrosen zu neuen Orten aufzubrechen. Nicht die geographisch konkrete Krim wird zum Objekt des Begehrens, sondern das Begehren an sich – als Selbstzweck und Motor für weiteres Unterwegssein.

Die Reisenotizen bemühen sich nicht um eine Bestimmung oder kulturhistorische Durchdringung der Halbinsel. Sie geben sich naiver Seemannsromantik mit ihrer Freiheitsutopie hin, die offensichtlich die Zukunftsangst lindert. Der auktoriale, distanzierte Erzähler weist seine Verantwortung für die Fiktionalisierung des Textes von sich, indem er die Krim als Ort überbordender literari-

40 Ebd., S. 110: „Я повернуся. Я завжди сюди повертаюся."

41 Zhadan, Krimküste, 2009, S. 209.

scher Produktion so übertrieben ernst nimmt, dass er witzigerweise nahelegt, das Erleben seines Protagonisten – und dessen künftige Biographie – würde wegen dieses Ortes in den Bereich des Fiktiven, in dem alles möglich ist, driften:

> „Am nächsten Morgen war alles seltsam und leicht, die Ängste und die Müdigkeit der Nacht waren verflogen, Bodja ging zur Anlegestelle und zählte die Schiffe, die aus Sewastopol kamen. Alles, was mit ihm passiert war, was er jetzt fühlte, was ihm noch bevorstand unter diesem sonnigen kalten Himmel, kam ihm seltsam unwahrscheinlich vor, etwas, woran er glauben und worauf er nicht verzichten wollte. Mutigen Männern steht ein langes Leben bevor, fröhliche Frauen und ein leichter Kater. Besonders wenn du keine Angst hast, in diese gespenstische und wunderschöne Welt einzutauchen, die auf dich wartet mit unzähligen Prüfungen und Preisen. Und wenn du alle Hindernisse überwindest und alle Prüfungen bestehst, öffnet sie dir ihre Tore und händigt dir den Seemannspaß aus, mit dem du an jeder Station aussteigen und jede Grenze passieren kannst.“[42]

Die nomadisierenden, desillusionierten jungen Männer sehnen sich nach Freiheit, aber auch nach Geborgenheit. Diese finden sie auf der Halbinsel im Kinosaal als Zuschauer eines sowjetischen Films mit seinen ‚positiven Helden‘:

> „Hinter den Stimmen der Kinohelden war das Geräusch des Meeres zu hören, als ob die Kamera etwas Wichtiges nicht zeigte, das außerhalb des Bildes blieb, man konnte nur erahnen, welche Gefahren und Prüfungen auf die Helden warteten, es schien, daß, wenn sie sich nur für einen Augenblick entspannen, sofort Monster und Ungetüme über sie herfallen würden, die die ganze Zeit über ganz in der Nähe lebten, Geister und Dämonen, Drachen und Ungeheuer, Haie und Kraken – munter, fröhlich und sorglos, grell wie koreanischer Karottensalat.“[43]

Aus Angst vor dem Meer, das sie aus Charkiv nicht kennen, konsumieren die Protagonisten diesen Film. Aus Angst vor dem Erwachsenenleben in der realen Welt halten sie an ihrem Unterwegssein fest, innerhalb dessen die Krim ein zufälliger Durchgangsort von vielen ist. Mit dem Besuch des Kinos verschwindet

---

42 Ebd., S. 215; Žadan, Pasport morjaka, 2009, S. 99: „Зранку все було дивним і легким, нічні страхи й утома відступили, Бодя вибрався до причалу й довго рахував кораблі, що пропливали з Севастополя. Все, що з ним сталось, все, що він зараз відчував і що йому лише світило під цими сонячними холодними небесами, видавалось йому дивним і неправдоподібним, чимось таким, у що він легко вірив і від чого не хотів відмовлятись. Мужніх чоловіків очікує довге життя, веселі жінки й легке похмілля. Особливо якщо ти не боїшся зануритись у цей примарний і прекрасний світ, який лише і чекав на тебе, готуючи безліч випробувань та нагород. І коли ти долаєш перепони й проходиш випробування, він відкриває тобі свої брами і вручає паспорт моряка, з яким ти можеш зійти на будь-якій станції і перетнути будь-який кордон.“

43 Zhadan, Krimküste, 2009, S. 217; Žadan, Pasport morjaka, 2009, S. 102: „За голосами кіногероїв чути було шум моря, так ніби камера не показувала чогось головного, що відбувалось за кадром, і можна було лише здогадуватись, які небезпеки та випробування чекають на головних героїв, здавалося, варто їм лише розслабитись – і на них відразу ж накинуться монстри й покручі, котрі весь час живуть зовсім поруч, духи і демони, дракони й чудовиська, акули й восьминоги – жваві, радісні й безтурботні, кольору корейської моркви.“

das ‚magische' Moment der authentischen, gar ersten Begegnung mit dem Meer, welches für viele das Ziel einer Krimreise darstellt. Der Film übertönt das Meeresrauschen vor der Tür; übrig bleibt ein hinausgeschobener Projektionsrest, der hinter den Kulissen und außerhalb der Wahrnehmung verschwindet, vielleicht um neue (Erzähl-)Bewegungen anzuregen. Anstatt mit ihr zu interagieren, lädt die Krim in diesem Entwurf dazu ein, sich wegzudenken, und sei es in einen Film im Stile der sowjetischen Utopie.

Diese Übertreibung des Attributs der ‚traumhaften' Halbinsel lässt ihre Qualität als Projektionsfläche und Imaginationsventil hervortreten und liest sich als eine Entgrenzung des sozial prekären Alltags der Jugendlichen. Die Verlagerung weg vom geographischen Raum zur medialen Erfahrung hin durchkreuzt den stereotypen Traum von der Begegnung mit der Berg- und Meereslandschaft. Die Krim ist hier kein Zielort, sondern eine Quelle phantasmatischer Impulse. Letztere wecken in den jungen Männern Sehnsüchte und Zukunftsträume, doch der zynische Erzähler dekonstruiert sie zugleich.

Neo-romantische Tendenzen in der russisch(sprachig)en Literatur

1. Iličevskij: *Aj-Petri*

Während bei Žadan der Kinosaal das Erleben der Krimlandschaft ersetzt, steht in Aleksandr V. Iličevskijs Reiseroman *Aj-Petri*, benannt nach dem gleichnamigen Berg im Krimgebirge, das Gegenteil im Vordergrund: Der Protagonist versucht obsessiv die Landschaft unmittelbar mit seinen Sinnen zu erleben und seine Krim-Erfahrung zu ent-medialisieren. Die autobiographisch gefärbte Hauptfigur, ein Moskauer Physiker, folgt seinen metaphysischen und emotionalen Sehnsüchten und vereinigt sich mit der Natur. Die romantische Komponente des Krim-Textes erfährt hier eine Neuauflage.

Bei seiner Selbstsuche bildet die Krim die entscheidende Erfahrungsgrundlage sowohl für erotische Phantasien als auch für Todessehnsucht. Der Mann, der freiwillig seine Wohnung, seinen spätsowjetisch-bürgerlichen Alltag und seine naturwissenschaftliche Weltanschauung aufgibt, beobachtet und reflektiert seine ungeplanten Reisen, sein ungeordnetes Innenleben und die Momente seines gezielten Identitätsverlusts: Er geht in der Krim auf.

Eingangs äußert der Protagonist, dass er den Reiserouten verschiedener literatur- und kulturgeschichtlich bedeutender Persönlichkeiten, u. a. Nikolaj Rerich und Isaak Babel', folge.[44] Doch seine Erfahrungen auf der Krim überschreiben jene Lektüren. Moskau zu verlassen stellt zudem eine Strategie dar,

44 Iličevskij, Aj-Petri, 2007, S. 8.

kurz nach dem Zerfall der Sowjetunion den Wirren der Umbruchzeit zu entfliehen, und zwar in ein Land, das er als noch chaotischer begreift:

„Damals hat mich der Drang nach Freiheit angetrieben, Fluchtarten aus dem Heimatland auszuarbeiten, welches voller unvorhersehbarer Transformationen gebrodelt hat.“[45]

„Aber das alles – der aufdringliche unproduktive Wunsch, über die Grenze gen Süden abzuhauen, die Spekulationen zum Thema historische Geografie – waren unterhaltsame Ausreden, Vorwände und Ausweichmanöver gegenüber meinem wichtigsten Beweggrund, mich völlig aus dem öden Leben loszulösen und den ganzen Sommer lang irgendwo in der Fülle des zielstrebig verwildernden, entleerten Landes zu verschwinden.“[46]

Das politische Chaos tritt hinter das emotionale zurück. Das Erzählen orientiert sich an der Reise- und Imaginationslust des Protagonisten, der die Grenzen seiner körperlichen und kognitiven Erfahrungswelt testet. Diese Lust steigert sich in dessen Selbstaufgabe bei der Einswerdung mit dem Raum, der ihm unheimlich bleibt, den er nie ganz begreift und nicht adäquat beschreiben kann, aber von dem er durchweg angezogen wird:

„Eine Nebenwirkung der Erkundung, der Erforschung, des Einlebens in die Landschaft ist die Erkenntnis des ‚Geistes des Lokalen‘, genius loci, und möglicherweise die allmähliche Verschmelzung mit ihm – das war das, was ich tatsächlich verfolgt habe. Ich habe nie die Genauigkeit meiner Reisepläne aufs Spiel gesetzt, denn ich wusste, dass es mich sowieso wie einen mutigen, aber unnützen Jungen vom Akrobatensprungbrett unausweichlich irgendwohin zur Seite befördern wird. Es war nur wichtig, eine aufregende Idee zu finden, die mir wie ein Schwungrad, wie ein kumulatives Geschoss die Anfangsenergie für den Wurf auf das Gelände verleihen würde…“[47]

Einerseits nimmt auch dieser Roman an der Romantisierung der Krim teil. Der Protagonist ist unglücklich, aber vehement verliebt; er richtet sein Begehren allein des Begehrens willen auf die Natur; er ist vom Fremden der Landschaft und einiger Begegnungen und seinem eigenen Fremd-Sein fasziniert. Anderer-

45 Ebd., S. 7: „Тогда из свободолюбивых побуждений я разрабатывал способы бегства из родной страны, бурлившей непредсказуемыми трансформациями.“

46 Ebd., S. 36: „Но все это – навязчиво бесплодное желание свалить за кордон, спекуляции на тему исторической географии – было только потешными отговорками, предлогами, увиливаниями перед главной причиной того, что меня так подмывало, упиваясь полным отрывом от постылой жизни, пропасть на все лето где-нибудь в уймище стремительно дичающей, опустошенной страны.“

47 Ebd., S. 34: „Побочный эффект разведки, исследования, вживания в ландшафт – познание ‚гения местности‘, geniusterra, – и, возможно, слияния с ним исподволь – вот что я преследовал на самом деле. Я никогда не бравировал отчетливостью планов путешествий, зная, что все равно меня занесет непоправимо куда-нибудь в сторону, как смелого, но бестолкового мальчишку с акробатической катапульты. Важно было только найти некую будоражащую идею, которая бы мне придала, как маховику, как кумулятивному снаряду, начальную энергию для заброса на местность…“

seits reduziert sich der geographische Raum im Erzählvorgang auf eine Nahrungs- und Schlafressource für das tägliche Überleben – er interessiert vor allem als ein selbst gesetztes Hindernis für körperliche und spirituelle Grenzerfahrungen, als alternative Quelle der Erbauung. Die Beobachtungen im letzten Teil des Romans, die sich u. a. auf eine blinde Frau und einen bedrohlichen Hund richten, führen zu Extremerfahrungen der Selbstentfremdung und schließlich zur ersehnten Einheit mit dem Raum – zum tragisch-romantischen Liebestod beim Absturz von der Luftseilbahn. Die Krim ist hier eine Sehnsuchtsmaschinerie per se. Die Vielzahl an Sinnestäuschungen, Träumen, Halluzinationen, Angstobsessionen, Perversionen und Schreckenssensationen bei Iličevskij illustriert Lachmanns Definition der subjektiven Phantasmen, *Aj-Petri* besteht förmlich aus ihrer Perpetuierung.[48]

Žadans und Iličevskijs Erzähler setzen auf subjektive Schreib- und Leseerfahrungen, lassen sich nicht auf die Geschichte des Raums ein und nutzen die Begegnung mit der Topographie und kontingent auftauchenden Personen für literarische Verfremdungseffekte, sodass die geopolitische Dimension dabei in den Hintergrund rückt. Das Reisen wird bei beiden Autoren zum prinzipiellen Unterwegssein und zum Organisationsprinzip ihrer offenen Erzählverläufe. Die Krim fungiert hier als ein Durchgangsterritorium sowie als ein Ort, mit dem die Protagonisten mental und emotional interagieren, nicht jedoch als exklusiver Ziel- und Endpunkt einer linearen Reise oder zielgerichteten Sehnsuchtserfüllung.

2. Ulickaja: *Medea i eë deti*

Ljudmila Ulickajas Familienroman *Medea und ihre Kinder* (*Medea i eë deti*, 1996) vermittelt die Sehnsucht nach Harmonie: Er beschwört das – wiederum als romantisches Element lesbare – ‚goldene Zeitalter' der griechischen Krim, personifiziert in der Protagonistin Medeja, sowie die Ära der Krim als sowjetisches Urlaubsparadies. Zusätzlich schließt er das Ideal einer Versöhnung mit der zurückkehrenden tatarischen Bevölkerung ein.

Das Panorama dieses Romans, der einen diachronen Längsschnitt anhand der verstreuten Familiengeschichte unternimmt, unterbreitet eine gängige Formel der historischen Krim-Konzeption: der Multikulturalität. Er legt nahe, an diesen Entwurf anzuknüpfen. Der Text reagiert auf ukrainisch-russisch-tatarische Interessenkonflikte auf der Krim, die zu Beginn der 1990er Jahre, ungefähr zur

48 Diese unterscheiden sich von den ‚objektiven' Phantasmen, die für mehr als eine Person gelten. Vgl. Lachmann, Erzählte Phantastik, 2002, S. 22.

Entstehungszeit des Romans, in Gewalt zu eskalieren drohten.[49] Zwei Jahrzehnte später wirkt er angesichts der geopolitischen Interventionen wie eine poetische Utopie.

Als älteste Tochter der letzten griechischen Familie der Halbinsel repräsentiert Medeja Georgievna Sinopli Mendez die griechische Krim bzw. die mythologische Tauris und verweist mit ihrem Namen auf den antiken Mythos von Medea und Jason.[50] Die Verwandten besuchen Medeja in ihrem Haus in der Nähe von Feodosija, das in der warmen Jahreszeit als Feriendomizil der Familie genutzt wird. Ihre Nichten – Maša, eine Dichterin, und die lebenslustige Nika – verlieben sich beide während ihrer Sommerferien auf der Krim in einen sportlichen Physiotherapeuten; Maša nimmt sich später das Leben. Ein weiterer Höhepunkt des Romans findet durch Medejas Entdeckung statt, dass ihr Mann Samuil ein Verhältnis mit ihrer Schwester Aleksandra hatte, aus welchem die Nichte Nika hervorgegangen ist. Auch hier ist die Krim libidinös besetzt.

Die 16 Kapitel und ein Epilog erzählen mehrere miteinander verwobene Einzelbiografien, die sich auf der Krim kreuzen. Jedes Einzelschicksal ist an diesem Ort in ein Beziehungsgefüge aus Familie und Freunden eingebunden. Auf diese Weise dominiert die Idee eines Netzwerks, das im Haus verwurzelt *und* transnational aufgespannt ist. Die Lebensweise, die Medeja der Familie vorgelebt hat, überdauert die Oktoberrevolution, den Zweiten Weltkrieg, die Deportation der Krimtataren sowie den politischen Umbruch zu Beginn der 1990er Jahre, als die Krim um ihre Position in der Ukraine ringt. Medejas Haus ist Zeuge der Krim-Geschichte vor, während und nach der Sowjetunion.

Darüber hinaus ist es auch Schauplatz einer verunmöglichten Dokumentation ihrer Erinnerungen an die alte tatarische Krim. Medeja erzählt einem jungen Krimtataren von der krimtatarischen Lebenswelt, die sie noch gekannt hat. Während die Leser des Romans davon erfahren können, muss die Kassette, auf welcher der Krimtatare Medejas Erinnerungen aufgezeichnet hat, vernichtet werden, um nicht in die Hände eines KGB-Mitarbeiters zu geraten. Medejas Neffe Georgij führt zum Schluss das Vermächtnis der altruistischen Griechin aus: Er übergibt das von ihr geerbte Haus ihrem Wunsch gemäß als Zeichen der Wiedergutmachung in tatarischen Besitz.

Mit der lokalen und globalen Multikulturalität ihres Entwurfs unterstützt

49 Vgl. Sasse, The Crimea Question, 2007.

50 Medeas Geschichte hängt in der griechischen Mythologie mit der Argonautensage zusammen: Jason erobert nach einer langen Reise in Kolchis am Schwarzen Meer das Goldene Vlies mit Hilfe der Zauberkünste der Königstochter Medea. Diese verliebt sich in Jason, hilft ihm, den für ihn bestimmten Thron zu behalten, und flieht mit ihm an den Hof des Königs Kreon in Korinth. Jason verlässt Medea zugunsten der Tochter des Königs Kreon. Medea rächt sich an Jason und ihrer Konkurrentin, indem sie sie vergiftet und ihre mit Jason gezeugten Kinder tötet. Danach flieht sie zu Aigeus, dem König Athens, der ihr Asyl gewährt.

Ulickaja Anklänge an die imperiale Konzeption der ‚schönen', ‚antiken' Krim[51] und als paradiesischer Garten.[52] So heißt es über Medejas Haus:

> „Medea war in einem Haus aufgewachsen, wo das Essen in großen Kesseln gekocht, Auberginen in Fässern eingelegt und Obst pudweise auf dem Dach getrocknet wurde, wo es seine süßen Düfte dem salzigen Meereswind überließ. Fast nebenbei kamen neue Brüder und Schwestern zur Welt und füllten das Haus. In der Hochsaison erinnerte Medeas jetziges Haus, das im Winter so still und einsam war, mit den zahlreichen Kindern und dem allgemeinen Trubel an das Haus ihrer Kindheit."[53]

Ihr Haus scheint ein Arkadien abseits sowjetischer Mangelwirtschaft, und auch damit die Krim im Miniaturformat zu sein:

> „Die Äste brachen unter der Last von Birnen, Pfirsichen und Tomaten. Nach Brot mußte man Schlange stehen, an Zucker war gar nicht zu denken. Die Hausfrauen kochten die Tomaten und salzten sie ein, trockneten auf den Dächern Früchte, und die geschickten, wie Medea, kochten tatarische Konfitüre ohne Zucker. Die ukrainischen Schweine wurden fett vom süßen Fallobst, und der Honigduft von faulenden Früchten lag über dem ganzen Ort."[54]

Die zentrale narrative Funktion der Griechin Medeja bietet eine Anknüpfungsmöglichkeit an die imperiale Konzeption der Krim als politisches ‚Vorzeigeparadies' analog zum so genannten griechischen Projekt der Zarin Katharina.[55] Mit der Konzentration auf das Krim-Haus erprobt der Roman im Kleinformat die Idee des multikulturellen, aber in seinen Ursprüngen hellenistischen Paradieses, in welchem meist Russisch gesprochen wird und über das auch auf Russisch

---

51 Jobst, Die Perle, 2007, insbes. S. 131–176.

52 Ebd. S. 25; zur kulturellen Semantisierung der Krim seit dem Ende des 18. Jahrhunderts siehe insbes. S. 105–107; vgl. auch Franke, Susanne: Die Reisen der Lady Craven durch Europa und die Türkei 1785–1786: Text, Kontext und Ideologien. Trier 1995.

53 Ulitzkaja, Medea, 2004, S. 56; Ulickaja, Medeja, 1996, S. 48: „Медея выросла в доме, где обед варили в котлах, мариновали баклажаны в бочках, а на крышах пудами сушили фрукты, отдавшие свои сладкие запахи соленому морскому ветерку. Между делами рождались новые братья и сестры и наполняли дом. К середине сезона теперешнее Медеино жилье, такое одинокое и молчаливое зимами, обилием детей и общим многолюдством напоминало дом ее детства."

54 Ulitzkaja: Medea, 2004, S. 206; Ulickaja: Medeja, 1996, S. 168: „Груши, персики и помидоры ломили ветви. За хлебом стояли очереди, сахара не было и в помине. Хозяйки варили и солили томаты, сушили на крышах фрукты, а умелые, вроде Медеи, готовили татарскую пастилу без сахара. Украинские свиньи жирели на сладкой падалице, и медовый дух тлеющих плодов висел над Поселком."

55 Das ‚griechische Projekt' Katharinas und Potëmkins sollte einen paradiesischen Gegenentwurf zur nordischen Metropole Peters (St. Petersburg) etablieren und das griechische Reich an die Stelle des Osmanischen Reichs treten lassen. Vgl. Zorin, Andrej: Kormja dvuglavogo orla. Literatura i gosudarstvennaja ideologija v Rossii v poslednej treti XVIII – pervoj treti XIX veka. Moskva 2001, insbes. S. 97–122; Schönle, Andreas: Garden of the Empire: Catherine's Appropriation of the Crimea, in: ders.: *The Ruler in the Garden: Politics and Landscape Design in Imperial Russia.* Oxford u. a. 2007, insbes. S. 75–112.

erzählt wird. Die Moskauer Autorin zieht schnell den Verdacht auf sich, das (post)imperiale Zentrum zu vertreten, das aus einer musealisierenden Sicht auf die Halbinsel blickt und den damaligen Status als Teil der Ukraine ignoriert.

Bei aller Internationalität berücksichtigt das Narrativ die ukrainische Komponente lediglich in einem älteren ukrainischen Paar in Medejas Nachbarhaus. Es bleibt holzschnittartig porträtiert und erinnert mit seiner auf sich bezogenen, gemütlichen, doch isolierten Häuslichkeit an das ukrainische Ehepaar auf dem bis ins Phantastische überzeichnet idyllischen Landgut in Gogol's *Gutsbesitzer aus alten Tagen* (*Starosvetskie pomeščiki*).[56] Ob als sowjetische Republik oder als Nationalstaat, die Ukraine hat in diesem Neu-Kolchis die Rolle eines schwach markierten ‚Nachbarn' inne, dessen Fehlen kaum aufgefallen wäre.

Der Roman erlaubt zudem eine anti-imperiale Lektüre: Elisabeth W. Clowes bezeichnet die Krim bei Ulickaja als eine Meta-Peripherie, die dem ideologischen Norden entgegengesetzt sei.[57] Als alternative Randzone fällt sie aus geltenden Ordnungen heraus, und, so könnte man hinzufügen, ignoriert dabei auch die ideologischen Zentren der postsowjetischen, sich in einen inneren Osten und Westen spaltenden Ukraine. Dieses Moment des Autonomen deckt sich mit der Figuration der Krim in den vorgestellten ukrainischen Texten.

Sofern es um die Teilnahme an einer gelebten Alltagskultur der Hauptfiguren geht, rückt die ethnische Herkunft in den Hintergrund. Im Hinblick auf die Krim-Kultur, wie sie der Roman ‚kultiviert', verlieren sowohl die einseitig ukrainisch-nationale als auch die rein russisch-imperiale Komponente an Relevanz. Die *post*-imperiale Konzeption zeigt sich allenfalls in der mikro-, aber nicht in der makropolitischen Raumordnung, die mit einer kontinental übergreifenden Ausbreitung des Familiennetzwerks einhergeht. Anstatt geopolitischer Trajektorien gewinnen situationsbedingte Verhaltensweisen und individuelle Bezüge zur Krim an Bedeutung, für die die sowjetische Ordnung grundlegend, aber nun verhältnismäßig unwichtig ist. Insofern verschränkt der Roman Grundzüge eines Heimat- und eines Internationalisierungsnarrativs und synthetisiert Oppositionen wie lokal – global, genetisch – geographisch, determiniert – sozial konstruiert. Dadurch wird auch die Idee der Krim als Ort der künstlerischen Produktion[58] modifiziert: weg von der Hochkultur, hin zu einem Ort der ‚Lebenskunst', und zwar nicht nur für erfolgreiche Dichter, sondern für alle.

---

56 Gogol', Nikolaj V.: Starosvetskie pomeščiki [Gutsbesitzer aus alten Tagen], in: ders.: *Mirgorod.* 2. Aufl. Moskva 1959 [zuerst 1835], S. 9–41.

57 Clowes, Elisabeth W.: Russia on the Edge: Imagined Geographies and Post-Soviet Identity. Ithaca u. a. 2011, S. 116.

58 Markant hierfür ist Vološins Residenz als Produktions- und Perpetuierungsort der Hochkultur. Vološins Haus ist heute ein Museum, außerdem findet dort regelmäßig das Vološin-Poesie-Festival statt.

Es liegt nahe, den Chronotopos,[59] den dieser Roman evoziert, willkommen zu heißen. Gemeint ist eine narrativ organisierte, raum-zeitliche Verdichtung des glücklichen Landlebens. In der Tat mythisiert auch dieser kompositorisch ausgewogene Text die Krim zum Vorbild, und lädt damit ein, an dessen Verklärung, wie im übergreifenden Krim-Text etabliert, anzuschließen. Zwar überdeckt die *soziokulturelle* Utopie die ästhetisch wirksame Utopie, wie sie in kanonischer Krim-Literatur zum Tragen kommt. Ulickajas Werk stellt die Krim zwar nicht als einzigartigen Inspirations- und Produktionsorts von Poesie dar.[60] Doch liegt mit diesem Roman wieder eine affirmativ-ästhetische Bezugnahme auf die Krim vor, die Halbinsel inspiriert offensichtlich zum ‚schönen' Erzählen, nämlich im ‚klassischen' Stil der Romane des Realismus. Ulickajas konventionelle Form des Neo-Realismus unterstützt den Mythos einer konservierten, trotz Schicksalsschlägen heilen(den) Medeja-Welt.

Indem Ulickaja weder diese archaische, sozial tragende Krim-Welt, die im Prinzip das antike Kolchis vollständig ersetzt, noch ihre eigene Repräsentation infrage stellt, festigt sie umso mehr deren außerliterarisch plausible Gültigkeit. Positiv formuliert, fügt sich dieser Entwurf mit seinem Spagat zwischen konservativ-konservierendem Grundton und transnationalem Netzwerkkonzept in die Gesellschaft um die Jahrtausendwende ein, was die politischen und interkulturellen Entwicklungen auf der Krim nach 1991 korrigierend antizipiert.

3. Ampilogov: *Vol'er*

Ivan Ampilogovs (alias Jan Smirnovs) Erzählung *Das Freigehege* (*Vol'er*, 2001) stellt einen Posttext zu *Insel Krim* dar – im Grunde eine Parodie auf den an sich schon parodistischen Roman von Aksënov. Ampilogov, Jahrgang 1979, hat in Simferopol' studiert und versteht sich einer Selbstaussage zufolge als ukrainischer Staatsbürger, der auf Russisch schreibt und sich mehr der Krim als Region als einem Staat verbunden fühlt.[61]

59 Bachtin, Michail M.: Chronotopos. Aus dem Russ. von Michael Dewey. Mit einem Nachw. von Michael C. Frank und Kirsten Mahlke. Frankfurt/Main 2008.

60 Das betrifft z. B. die hermetisch-symbolistische Lyrik Maksimilian Vološins und des zeitgenössischen Autors Andrej Poljakov, der in Simferopol' lebt und an die klassische Moderne mit ihrer Vorliebe für die griechische Antike anknüpft. Vgl. seine Gedichte in der Sammlung: Sid, Igor' (Hg.): Kordon (tri pograničnych poėta). Moskva 2009, ferner die Zeitschrift *Polus – Krym. Geokult'turnyj al'manach* von 2001 mit poetischen Texten Poljakovs, u. a. dem Essay *Poėt v provincii [Der Dichter in der Provinz]* (23f.). Poljakov lehnt es ab, die Krim für Lesungen usw. zu verlassen, was auf Reiseangst zurückgeführt werden kann, oder auf ein Lebens- und Dichtungsselbstverständnis, das poetisches Arbeiten nur auf der Halbinsel für möglich hält.

61 Laut der elektronischen Korrespondenz der Verfasserin mit dem Autor im Oktober 2012.

Im Kontrast zur utopisch wirksamen Krim bei Aksënov entwirft er eine Dystopie. Dem anklagenden, gesellschaftskritischen Abgesang auf die touristisch transformierte Krim im Jahre 2025 liegt eine Sehnsucht nach der Bewahrung einer besseren, wenn nicht gar ‚goldenen' Vergangenheit der Halbinsel zugrunde. Denn in der nahen Zukunft können bei Safaris auf der Krim Delphine von Hubschraubern aus geschossen werden, das Krimgebirge besteht nur noch aus Straßen und aus der Infrastruktur für die Unterhaltungsindustrie. Diese veranstaltet z. B. Autorennen und baut Golfspielplätze und Skipisten, ohne auf die Natur Rücksicht zu nehmen. Ein immenser Teil der Unterhaltungsindustrie besteht aus Pornografie, die die sexuelle Freiheit, die Žadan, Aksënov und Ulickaja mit der Krim in Verbindung bringen, pervertiert, etwa in Form von Kinderprostitution und Masturbationskonsolen. Politisch ist die Halbinsel nun Opfer eines ausbeuterischen Experiments seitens Russlands, das damit wieder einmal für den Mangel an Demokratie kritisiert wird, und dafür, dass es die Krim in seine Einflusssphäre gebracht hat.

Vom Internet abgekoppelt, kann die Krim nur als kulturelle und virtuelle Scheinwelt existieren, sie unterliegt der sowjetisch anmutenden Beschränktheit der Informations- und Reisefreiheit. Die Halbinsel sei in nächster Zukunft dem Untergang geweiht, ohne dass sich Russland, die Ukraine oder Westeuropa dafür interessieren würden, so die Botschaft des Romans. Sie bleibt, wie es heißt, eine „Welt des Plastik, der Elektrizität, der Bilder, der künstlichen Magnetwellen, modifizierter biologischer Massen und unnatürlicher Geräusche am Fuße der von Menschen geschaffenen und von ihnen bewohnten Betonberge."[62] Die Sehnsucht verlagert sich hier von der Ebene der physischen Erfahrung des Protagonisten – eines schockierten Westeuropäers, mit dessen Augen wir den befremdlich desolaten Zustand der Halbinsel erleben, – auf die Seite der Rezeption, denn die Erzählung fordert auf, diesem Schreckensszenario möglichst sofort entgegenzuwirken.

Das Phantasma des Krim-Texts

Die neuere ukrainisch- und russischsprachige Literatur, die sich der Krim widmet, steht unweigerlich in Bezug zur romantischen Komponente des Krim-Textes. Dies geschieht in subjektiven Phantasmen wie auch auf der kollektiven Ebene, als persönliches Erlebnis eines Sich-Fort-Imaginierens (Žadan), des ultimativen Fremdseins (Iličevskij), als politisch motiviertes Aneignungs- und

62 „(…) в этом мире пластика, электричества, изображений, искусственных магнитных волн, модифицированных биологических масс и неприродных звуков, у подножия созданных человеком и обжитых им бетонных гор." Manuskript, S. 29. [Übersetzung der Verfasserin, T.H.]

Angleichungsbegehren (Dubynjans'ka), als a-zeitliches Vorzeigemodell (Ulickaja) und als Negativbeispiel einer Zerstörung (Ampilogov). Die narrative Sehnsuchtsmaschinerie schreibt den ästhetischen Krim-Diskurs weiter fort – parallel zur empirisch erlebbaren Alltagskultur auf der Halbinsel und unter Umständen an ihr vorbei. Nicht der Halbinsel an sich kommt eine phantasmagorische Qualität zu, sondern dem Hypertext, der auf diese Halbinsel referiert.

Die Unterrepräsentation der Krim in der zeitgenössischen ukrainischen Literatur deutet darauf hin, dass die autonome Republik im Schwarzen Meer kein fester Bestandteil des ukrainischen Nationalbewusstseins geworden ist. Der punktuelle Blick auf postsowjetische ukrainische Krim-Texte zeigt auch, dass kein ukrainischsprachiger Strang des Krim-Textes entstanden ist, der gleichermaßen neben dem russischsprachigen wie dem tatarischen Krim-Text einen – im Idealfall dialogischen – Platz in der reichhaltigen Bibliothek der Krim-Repräsentationen hätte einnehmen können. Die Annexion der Krim durch die Russische Föderation wird möglicherweise künftig eine neue Welle der journalistischen, kulturhistorischen und literarischen Beschäftigung mit der Halbinsel auslösen, während ihre kulturelle und politische Zugehörigkeit inner- und außerhalb Russlands nach wie vor umstritten bleiben wird.

Angesichts der potentiellen Pluralität von Hypertexten, die sich auf einen geokulturellen Raum richten können, ist es wichtig, den hier vorgeschlagenen Ansatz fortzuführen und von Krim-Text*en* zu sprechen. Die Vorstellung von einem sprachlich homogenen und monokulturellen Raum-Text sollte zugunsten eines axiologisch und semantisch fluiden sowie mehrsprachigen Korpus aufgebrochen werden. Daher erscheint es zwar unabdingbar, über ästhetische Arten der Intervention angesichts geopolitischer Konflikte nachzudenken, wie es der Initiator des so genannten Krim-Klubs Igor' Sidorenko seit den 1990er Jahren in Manifesten, Aktionen, Ausstellungen und regelmäßigen geopoetischen Konferenzen erprobt. Allerdings löst sein Vorschlag, den politisch brisanten, patriotischen Aneignungsslogan *Die Krim gehört uns* (*Krym naš*) zu *Unsere Krim* (*Naš Krym*) umzukehren und unter diesem Motto ausschließlich russischsprachige Lyrik aus aller Welt auf der Homepage http://nkpoetry.com/ zu kompilieren, selbst bei liberalen Moskauer Intellektuellen einen gewissen Zweifel aus: Zielt dieses Vorgehen nicht darauf, einen wiederum russisch markierten Krim-Text fortzuführen, der sich wie in Ulickajas Roman global zu erstrecken vermag? Andererseits ruft diese punktuelle Bestandsaufnahme in Erinnerung, dass wegen der über zweihundertjährigen kontinuierlichen russischen Präsenz auf der Krim der aktuelle Krim-Text nun mal primär russischsprachig ist. Ausgehend davon kann man die geographische Öffnung des Krim-Textes als Schritt in Richtung einer internationalisierten Rezeption begreifen, die Aneignungsansprüche entschärft.

Kerstin Jobst weist im Zusammenhang mit der russischen Aneignung (*os-*

voenie) der Krim selbstkritisch darauf hin, dass die Geschichtswissenschaft auch eine Legitimationswissenschaft für den jeweiligen ideologischen Standpunkt sein könne. Dasselbe könnte man ebenfalls für literarische Texte behaupten – und für literaturwissenschaftliche, es sei denn, sie setzen sich mit ihrer Rolle bei der (De-)Konstruktion von Orten auseinander. Die explizite Erörterung der eigenen Position ist besonders wichtig, wenn Literaturkritik einzelnen Nationalliteraturen bei der Betrachtung multikulturell gewachsener Raum-Texte ein besonderes Gewicht verleiht, oder auch einzelne Räume mittels der Erschreibung ihrer (hochkulturell bedeutsamen) Geschichte gegenüber anderen hervorhebt, wodurch ästhetisch-symbolisches Kapital unterschiedlich verteilt wird. Letzteres kann gerade in einem heterogenen Land wie der Ukraine zur Auf- und Abwertung ihrer einzelnen Teile im politischen Diskurs verwendet werden.[63]

Dagmar Burkhart, die auch mit dem Modell des Krim-Textes arbeitet, grenzt sich von Aleksandr Ljusyjs monokultureller Herangehensweise ab, indem sie den Fokus auf die Intermedialität des Krim-Diskurses richtet, während für Ljusyj die russische Literatur der umfassendere Begriff sei, in den sich der Krim-Text eingeschrieben habe.[64] Auch Franziska Thun-Hohenstein plädiert dafür, mit Ljusyjs These und seiner selektiven Sicht auf raumpoetische Schreibstrategien vorsichtig umzugehen:

> In der Argumentationslogik Ljusyjs bedeutet die Hervorhebung des Moments der Geopoetik zugleich eine Zurückweisung von Deutungen, die diese Texte als Ausdruck eines imperialen russischen Selbstbewusstseins lesen. Diese Kritik richtet sich beispielsweise gegen Andrej Zorin, der die geopoetischen Entwürfe der Krim aus dem 18. Jahrhundert gerade auf deren imperiale Einschreibungen hin untersucht hat.[65]

Die Prägung eines lokalen (Hyper-)Textes schafft im äußersten Fall ein Instrument nationaler Rückversicherung. Die literaturwissenschaftliche Argumentation, die ihn entsprechend bestätigt, verhilft dann zum Nachweis einer genealogischen Intertextualität, die möglichst weit zurück in die Vergangenheit reicht und dadurch eine Tradition herstellt. Sie untermauert den jeweiligen Kulturentwurf und sichert die diskursive Macht im Sinne eines imperialen respektive ukrainisch-nationalen Narrativs – oder verhandelt, diskutiert, befragt diese

63 Der Krim kommt hier im russischen Kontext eine viel exklusivere Platzierung zu als im ukrainischen. Die Krim barg für Russland ein „ungeheures symbolisches Kapital“, arbeitet Andrej Zorin heraus: Kormja dvuglavogo orla, 2001, S. 100. In dieser Logik setzt die geopolitische Krise Anfang 2014 den symbolisch, ästhetisch und imaginär gespeisten Krim-Diskurs in der russischen Literatur und Kultur fort.

64 Burkhart, Krimreisen, 2009, S. 155.

65 Vgl. Thun-Hohenstein, Franziska: ‚Wo es ganz plötzlich abbricht: Rußland / Über dem schwarzen dumpfen Meer‘. Russische kulturelle Semantiken des Schwarzmeerraumes, in: Kilchmann, Esther u. a. (Hg.): *Topographien pluraler Kulturen. Europa von Osten her gesehen.* Berlin 2011, S. 75–96, hier 81f.

problematischen Kulturentwürfe, und genau diese kulturanalytische Leistung von Raum-Texten wäre intensiver zu untersuchen.

Aus einer komparatistischen Sicht lässt sich annehmen, dass das rhetorische Arsenal des Krim-Textes über eine poetische Struktur verfügt, wie sie sich auch bei Hypertexten in Bezug auf andere geographische Räume, die als *locus amoenus* konzipiert worden sind, finden ließe. In dieser Logik handelt es sich bei einem ‚spezifischen' Raum-Text lediglich um die spezifische Aktivierung rhetorischer Variablen, narrativer Muster und semantischer Formeln. Auch über das gemeinsame Profil als arkadisch-utopischer Ort hinausgehend dürfte die Topik von intertextuellen Raumrepräsentationen deutlich werden, und zwar, wenn man strukturelle Parallelen zur Petersburg-Panegyrik und zu jener anderer Städte oder Regionen betrachtet: Sie hängt letztlich nicht nur von der Beschaffenheit der physischen Räume ab, sondern auch von universellen binären Oppositionen, axiologischen Wertungen, Ursprungsmythen und der gezielten Information über Lage, Einwohner, Ökonomie und kulturelle Errungenschaften etc. Aus einer solchen rhetorisch-formal interessierten Sicht auf Raum-Texte erscheinen – radikal formuliert – historische und politische Einschnitte wie Kriege, Herrschaftswechsel und Gebietsverschiebungen als weiteres dramatisch-kompositorisches Element im jeweiligen Narrativ, das auf ähnliche Art für unterschiedliche Räume erzählt wird und ohne historische Tragik selten auskommt. Ein derartiger Fokus relativiert dominante literaturhistorische und kulturwissenschaftliche Lektüren, die Raum-Texte in nationale Meta-Narrative einbetten und in ihnen Selbstbestätigung suchen.

Doch bestehen neben autonomen, rhetorisch-narrativen Komponenten von raumbezogenen Inter- bzw. Hypertexten sehr wohl auch historisch, geographisch und kulturell vom konkreten Ort abhängige Diskursmechanismen. Letztere motivieren die Fortschreibung der Hypertexte mit und führen sie bei Bedarf mit der außerliterarischen Welt eng zusammen. Beide interpretative Stoßrichtungen – die der rhetorischen Strukturen und der kulturhistorischen Profilierung – führen gemeinsam zu produktiven Fragestellungen.

Was Raum-Texte interessant macht, ist die Ambivalenz der Wertungen, die sie in ihrem Reservoir bergen, aber auch ihre eigene wirkungsästhetische Ambivalenz. Einerseits können diesem Modell Verfahren zugrunde liegen, die motivisch und semantisch verfestigend und stabilisierend funktionieren. Andererseits umfasst das Konzept des Raum-Textes künstlerische Mittel, die den Prozess, Bedeutungsfelder und Figurationen als für den jeweiligen Raum(-Text) typisch einzuschreiben, aufbrechen und destabilisieren. Während das Modell, wie es z. B. Aleksandr Ljusyj verwendet, von der Einmaligkeit und Stabilität des russischen Krim-Textes ausgeht, lohnt sich auch der Blick auf ‚widerspenstige' Verfahren, die den Raum-Text in seinem Repräsentationsvermögen für *eine* nationale Legitimationsstrategie destabilisieren.

Im Falle des Krim-Texts sticht dabei sein phantasmatisches Element heraus: die anzutreffende Tendenz, die Krim zum Anderen zu erklären und physisch, emotional sowie sprachlich anzueignen. Doch zugleich akzentuiert das literarische Phantasma als das Andere der Kultur auch die Transformierbarkeit und Deutungsoffenheit von Raumzuschreibungen, stellt ihre Abbildbarkeit, Verlässlichkeit und damit die semantische Spezifik des Raums wie des Raum-Textes in Frage.[66] Das Phantasmatische des Krim-Textes weist darauf hin, dass es nicht die Halbinsel sein muss, die die (schreibende) Aneignung auslöst, sondern dass hier ein generelleres, auf andere Räume übertragbares Phänomen vorliegt: Ein eigendynamisches, imaginäres Raumbegehren als eine Form kultureller Identitätsarbeit. Der intertextuelle Automatismus definiert dabei den *locus amoenus* durch seine Unfassbarkeit und drängt auf die Aufrechterhaltung des Begehrens: Die Krim muss das Fremde bleiben, das in seiner Andersartigkeit nicht verstanden und immer wieder zum Referenzobjekt gemacht werden kann.

Möglicherweise werden künftige Beiträge zum Krim-Text stärker selbstreflexiv geprägt sein und ihre Beteiligung an der Fortschreibung des Krim-Text-Modells thematisieren. Die Treffen des internationalen Bosporus-Forums, die alle zwei Jahre in Simpferopol' und Kerč' stattfinden, könnten einen Anstoß dazu geben: Gerade dort ließe sich diskutieren, wie Krim-Texte innerhalb der bestehenden Repräsentations- und Deutungslandschaft einzuordnen sind. Angesichts der Engführung kulturellen Kapitals mit politischen Interessen gewinnen Lektüren, die Raum-Texte quer zu ihren intertextuellen Linien lesen, keiner Re-Nationalisierung Vorschub leisten und die Aushandlungsprozesse der lokalen Identitätskonvergenzen berücksichtigen, an Bedeutung. Was möglicherweise eine erneute Utopie wäre.

66 Lachmann, Erzählte Phantastik, 2002, S. 9.

Soliman Lawrence
with introduction by Erica Lehrer

Photo Essay: A Single Point Perspective: The Revival of Jewish Life in Today's Poland

Until the early 2000s Poland's Jewish landscape could be described largely in the negative: lost worlds, abandoned places, empty spaces. Ruins, fragments, shadows, echoes. For Poles, these terms depict a physical reality in proximity to which they lived; for the broader Jewish world, they were long the instinctual associations with a country where millions of Jews were murdered. But such sites of absence in recent years have been increasingly animated. As local and foreign interests in and energies around Polish Jewish history have met and mingled here, absence – in its familiar forms of ignorance, silence, and neglect – has been disappearing. But what is replacing it?

The first decade of the new millennium was a time during which the rediscovery of Poland's Jewish heritage, a process born with the wane of Communist rule in the late 1980s, came to a kind of fruition. Festivals flourished. Museums were built. Artistic provocations took place. New Jewish communities found their feet. Major newspapers in the West began noticing a Poland beyond Nazi death camps and abandoned cemeteries, a land coming to terms with its difficult history.

With the new political reality ushered in by Poland's arch-conservative, populist Law and Justice government, it is a good moment to reflect on the character, durability, and outcomes of such attempts at Jewish revival, renewal, and preservation. What has changed in Poland's engagements with Jewishness, and what has been changed by them? How do we view Poland's Jewish heritage today? Celebrations of Jewish culture emerge on the backdrop of a physical and psychological landscape still scarred by the Holocaust. Do they remain in productive dialogue with this history, in touch with new historical scholarship about both the extent of Polish crimes? Or are they "fig leaves" and forms of nostalgia that obscure and distract, in line with the longstanding idyll of Poland as a paradise for Jews?

Soliman Lawrence's photographs are provocative for the way they urge us to wonder, when we otherwise might assume. He offers a new visual language for grasping the Jewish past in the present, a tool to disrupt engrained ways of looking and knowing. It is a goal I share in my own ethnographic and curatorial inquiries: to add a range of voices to the monolithic story and repetitive images many foreign Jews had inherited, and to dispel the total silence that was too common among non-Jewish Poles, replacing these with a sense of the rich, complex, shifting reality on the ground. Soliman's ambivalent images reveal well-worn sights anew, suggesting historic changes without masking the disquieting, often ironic resonances that have accompanied them.

Fig. 1: Soliman Lawrence

Fig. 2: Soliman Lawrence

Fig. 3: Soliman Lawrence

Fig. 4: Soliman Lawrence

Fig. 5: Soliman Lawrence

Fig. 6: Soliman Lawrence

Fig. 7: Soliman Lawrence

Fig. 8: Soliman Lawrence

Fig. 9: Soliman Lawrence

Fig. 10: Soliman Lawrence

Fig. 11: Soliman Lawrence

Fig. 12: Soliman Lawrence

Fig. 13: Soliman Lawrence

Fig. 14: Soliman Lawrence

Fig. 15: Soliman Lawrence

Fig. 16: Soliman Lawrence

II. Auf der Suche nach Eden im Sozialismus

Axel Zutz

„Königsgärten des Sozialismus“. Moderner Heimatschutz und Landschaftliche Daseinsvorsorge im Erholungsgebiet Senftenberger See (ESS)

Abb. 1: Otto Rindt für den Film „Schönheit kann so einfach sein“ des Fernsehens der DDR (Redaktion Hartmut Sommerschuh) im Tagebau Jänschwalde um 1980 (unbekannter Fotograf, Nachlass Rindt).

[Prolog:]

Der kommunistische Kunsthistoriker Georg Piltz (geb. 1925) formulierte im 1966 in der DDR erschienenen Band „In Parks und Gärten“:

> „Die Gartenkunst des Arbeiter- und Bauerstaates bleibt nicht stehen, sie entwickelt sich, weitet sich aus, wird zur Landschaftsgestaltung. Die Raubmethoden des Kapitalismus haben Spuren hinterlassen, die das Antlitz der deutschen Landschaft mindestens ebenso sehr entstellen wie die kahlen Flecke im Bilde unserer Städte. Wer kennt sie nicht, die brandigen Wunden verlassener Braunkohlengruben, die Kahlschläge, die sich wie Krebsgeschwüre in den Wald hineinfressen, die Öde längs der Eisenbahntrassen und Straßen, die Trostlosigkeit eines märkischen Dorfangers! Sie zu beseitigen ist eine

dringende Notwendigkeit. [...] Naherholungsgebiete können oft nur gewonnen werden, indem man verwüstete Strecken Landes wieder unter Kultur nimmt. [...] Die Entwicklung, an deren Beginn wir stehen, führt vom Kleinen zum Großen. Ihr Ziel heißt: die Erde ein Garten!"[1]

Einleitung

Dieser Beitrag befasst sich mit der Entstehung und Durchsetzung der Idee des „Erholungsgebiets Senftenberger See" (ESS) in der ehemaligen DDR. Der zwischen 1945 und 1989 am weitesten entwickelte Teil einer sogenannten Bergbaufolgelandschaft ist der Senftenberger See in der Niederlausitz mit einer Größe von etwa 1100 ha bei 15 km Uferlänge und seine unmittelbare Umgebung. Der vormalige Braunkohletagebau Niemtsch wurde 1938 begonnen und lief 1966 aus. Im Folgenden soll die Planung und Realisierung des ESS vor dem Hintergrund der Geschichte der landschaftlichen Rekultivierung von Braunkohletagebauen in Deutschland dargestellt werden. Da es sich hierbei um Langzeitprojekte handelte, ist es sinnvoll, auch die Ideengeschichte epochenübergreifend und anhand von Biographien zu untersuchen.

Die Planung für die vollständig neu zu erschaffende Landschaft begann in den frühen 1960er Jahren – also noch während der Auskohlung – gestützt auf erste Untersuchungen in der Nachkriegszeit. Die Eröffnung des ersten Erholungsbereichs erfolgte im Sommer 1973. Die letzten Rekultivierungsmaßnahmen wurden um 2000 abgeschlossen. 1985 boten die Erholungskapazitäten an den Stränden des Senftenberger Sees Platz für maximal 80.000 Besucher pro Tag, im unmittelbaren Strandbereich gab es 6.000 Ferienplätze, bei 2,3 Mio. Gästen pro Jahr ingesamt.[2]

Die Entwicklung des Seengebiets, bereits 1975 ging man von einer 50 km^2

1 Vgl. Piltz, Georg (Text); Rössing / Renate und Roger (Fotos): In Parks und Gärten. Leipzig 1966, S. 36.

2 Vgl. Woite, Claus Peter (Red.): Lausitz Reisehandbuch. Berlin, Leipzig 1985, S. 361. Diese Besucherzahlen möchte man in der Region heute wieder erreichen. Zurzeit (2014) kommen etwa 200.000 Besucher jährlich, bei stetig wachsendem Interesse. Es gibt neben den beschriebenen historischen Sehnsüchten also auch die aktuelle Sehnsucht nach wirtschaftlichem Aufschwung, die hier aber nicht weiter behandelt werden soll. Zur illusionären Idee, dass eine „schöne Landschaft" auch wirtschaftliche Prosperität bedeute vgl. Pütz, Gabriele: Die Lausitz als Idee einer Landschaft, in: Friesen, Hans / Führ, Eduard (Hg.): Neue Kulturlandschaften. Cottbus 2001, S. 45–54, hier insbes. 50f. Zu den mitunter konträren Leitvorstellungen und Konzepten siehe Schwarzer, Markus: Von Mondlandschaften zur Vision eines neuen Seenlandes. Der Diskurs über die Gestaltung von Tagebaubrachen in Ostdeutschland. Wiesbaden 2014.

Abb. 2: Die architektonisch gestaltete Strandpromenade Großkoschen ca. 1974 (unbekannter Fotograf, Nachlass Rindt).

großen Seenkette aus,[3] wurde nach der Wiedervereinigung Deutschlands fortgesetzt: 2010 endete die Internationale Bauausstellung „IBA Fürst-Pückler-Land" in der Niederlausitz, für die der Senftenberger See Kernstück und Ausgangspunkt war. Damit wurde das Seengebiet 50 Jahre nach den ersten konzeptionellen Überlegungen in ähnlichem Umfang wie erdacht verwirklicht. Heute gehört es zu den größten künstlich erschaffenen Seenlandschaften der Welt. Dabei ist die Gestaltung dieser Ideallandschaft noch lange nicht abgeschlossen: Aktuell (2014) wird mittels Kanälen eine zusammenhängende und beschiffbare Seenkette realisiert und damit die touristische Attraktivität um weitere Nutzungsmöglichkeiten gesteigert.

Ausgehend von Verweisen auf Traditionslinien innerhalb der Gartenkunstgeschichte geht der Text den sozialen und kulturellen Kennzeichen der planungsgeschichtlichen Verortung dieses Beispiels Grüner Moderne in der deutsch-deutschen Nachkriegsgeschichte nach und zeigt Elemente seiner ideellen und materiellen Konstruktion auf. Die Sehnsucht der Planer, Heimatschützer und politisch Verantwortlichen nach diesem „Eden für jeden" inmitten der sich über Dutzende von Kilometern hinziehenden wüstenähnlichen Kra-

3 Rindt, Otto: Bergbaufolgelandschaften, in: Lohs, Karlheinz / Döring, Sonnhild (Hg.): *Im Mittelpunkt der Mensch. Umweltgestaltung – Umweltschutz.* Berlin 1975, S. 335–352, hier 349.

Abb. 3: Ein „naturnaher" FKK-Bereich am Senftenberger See 1982
Originaltext: ADN-ZB/Weisflog/24.7.82/Bez. Cottbus: „Gut besucht sind die fünf FKK-Strände des Bezirkes Cottbus. Zwei der schönsten Badestrände liegen am Senftenberger See. Dieses Erholungsgebiet im Zentrum des Lausitzer Kohlereviers lädt in diesem Jahr zum zehnten Mal zur Bade- und Urlaussaison ein. Glasklares Wasser bedeckt eine ehemalige Tagebaugrube." (Bild im Digitalen Bildarchiv: BArch, Bild 183-1982-0724-012 / Fotograf: Rainer Weisflog).

terlandschaft kann dabei in zweifacher Hinsicht nachvollzogen werden: Zum einen geht es, wie es der Naturschützer Reimar Gilsenbach ausdrückte, um die Sehnsucht nach „Heilung" der „frisch gerissenen Wunde[n] im Schoß der Erde", die der Braunkohletagebau im ehemaligen DDR-Bezirk Cottbus hinterlassen hat.[4] Denn, um bei Piltz' Worten zu bleiben, um aus diesem Stück Erde wieder einen Teil des Menschengartens werden zu lassen, haben mehrere Generationen von Planern und politisch Verantwortlichen aufwändige Projekte entworfen. Zum anderen soll gefragt werden, durch welche Alltags-Sehnsüchte die umfangreichen Gestaltungsmaßnahmen eines der größten Erholungsgebiete in der DDR motiviert waren. Welche Ideen, Konzepte und Bilder also nahmen am Senftenberger See Gestalt an, durch wen wurden sie geprägt und warum?

Im Folgenden wird zunächst die im Heimatschutz wurzelnde Ideengeschichte der landschaftlichen Rekultivierung vorgestellt. Daran schließen sich Ausführungen zur Gestaltung von Bergbaufolgelandschaften nach dem Zweiten Weltkrieg in Ostdeutschland und zur Bedeutung der Erholungsplanung an. Der Darstellung des Sehnsuchtsortes und Pionierprojekts „Senftenberger See" voran

4 Gilsenbach, Reimar: Schönheit der Flüsse und Seen. Rudolstadt 1976, S. 136.

gestellt ist das bereits in den 1950er Jahren entwickelte Vorläuferprojekt Knappensee, das sich wegen seiner Vorbildwirkung auch als Beispielexperiment bezeichnen lässt. Die Realisierung dieses Projektes war jedoch noch von vielen Zufällen, Pioniererfahrungen und dem Eigensinn der Nutzer bestimmt.

Heimatschutz als soziale und ästhetische Praxis

Der Impuls für die landschaftliche, also nicht primär land- oder forstwirtschaftlich motivierte Rekultivierung kam aus der Natur- und Heimatschutzbewegung zu Beginn des 20. Jahrhunderts. Diese Reformbewegung bildete zugleich die Basis für die Entstehung der Landschaftspflege, später Landespflege, heute Landschaftsplanung, denn sie förderte deren Institutionalisierung als öffentliche Aufgabe und die Verabschiedung von ersten Landschaftsschutz- und Umweltgesetzen in der Weimarer Republik. Die Ausdehnung und Vertiefung der Planungszuständigkeiten ist zugleich ein allgemeines Kennzeichen des modernen Staates im 20. Jahrhundert.

Einer der wichtigsten Wegbereiter des Natur- und Heimatschutzes, der sich auch mit der Problematik des Bergbaus befasste, war der Maler, Schriftsteller und Architekt Paul Schultze-Naumburg (1869–1949). Er beschrieb in seinem mehrbändigen Werk „Kulturarbeiten" den „großen Schaden", den der Braunkohleabbau der Landschaft zufüge, stellte aber in Einsicht der ökonomischen Bedeutung der Kohle resigniert fest: „[S]o müssen wir diese Folgen hinnehmen."[5] Obwohl Schultze-Naumburg „die Gruben an sich [...] nicht häßlich" fand, forderte er, dem Eingriff in die Landschaft Grenzen zu setzen: „Der unbedenkliche Bereicherungsdrang gewissenloser und gefühlsarmer Spekulanten im Verein mit den neuerworbenen technischen Machtmitteln darf uns diese Erde nicht unbewohnbar machen."[6] Wie hier deutlich wird, geht es bei diesem und ähnlichen Konflikten um den Gegensatz zwischen gewinnorientierten Landnutzungsformen wie dem Bergbau einerseits und dem Bild und Pflegezustand der Kulturlandschaft als Gemeingut andererseits. Schultze-Naumburgs Ideen gehörten in der Zwischenkriegszeit zum kulturellen Bildungsgut jedes ästhetisch interessierten Bürgers in Deutschland. Zu ihren Trägern gehörte auch der natur- und heimatschutzbewegte Gartenarchitekt Hinrich Meyer-Jungclaussen (1888–1963). Er vertrat neben anderen Gartenarchitekten diejenige Richtung, die sich für eine Erweiterung der Gartenkunst vom besiedelten Raum auf die agrarisch und industriell geprägte außerstädtische Landschaft einsetzte. Konkret forderte diese Gruppe die Einbe-

5 Schultze-Naumburg, Paul: Die Gestaltung der Landschaft durch den Menschen. Bd II. 3. Aufl. München 1928, S. 51.
6 Ebd.

ziehung von Gartenarchitekten in die Planung und den Bau von Straßen-, Wasser- und Energieanlagen sowie Industriebauten.

Abb. 4: Ausgangspunkt „Landschaftsverwüstung" (Foto Meyer-Jungclaussen um 1931/32 in: Meyer-Jungclaussen: Künstliche Haldenlandschaft und natürliche Steilküste. Vergleichende Bildbetrachtung über die Wesenheit der Braunkohlen-Tagebaulandschaft. Zeitungsausriss im BArch N2520/37).

Meyer-Jungclaussen war Schriftführer der Fürst-Pückler-Gesellschaft, einer Vereinigung von Natur- und Gartenliebhabern sowie Gartenarchitekten. Die Anlehnung an den Parkschöpfer Hermann Fürst Pückler-Muskau in den 1930er Jahren trug sowohl der zeitgenössischen Renaissance der landschaftlichen Gartengestaltung als auch der erwähnten Ausdehnung des Tätigkeitsfeldes der Gartenarchitekten auf den außerstädtischen Raum Rechnung. Als solcher war Meyer-Jungclaussen Autor einer Reihe von Aufsätzen zur „Frage der Heimatlichen Landschaftsgestaltung", wie er es nannte.[7] Die Flugschrift Nr. 5 vom Sommer 1933 trug den Titel „Landschaftliche Gestaltungsfragen im Braunkoh-

7 Vgl. Meyer-Jungclaussen, Hinrich: Landstraße und Landschaftsbild (Flugschrift Nr. 2 der Fürst-Pückler-Gesellschaft, Sonderdruck aus Verkehrstechnik 1931/36), Braunkohlenbergbau und Landschaftsbild (Flugschrift Nr. 5, Sonderdruck aus Braunkohle 1933/14, Autobahn und Landschaftsbild. Grundsätzliches über die heimatliche Gestaltung der deutschen Autobahnlandschaft (Flugschrift Nr. 7, Sonderdruck aus Die Autobahn 1933/12 und 1934/1), Arbeitsdienst und Landschaftsbild (Flugschrift Nr. 8, Sonderdruck aus Thüringer Fähnlein, Monatshefte für die mitteldeutsche Heimat, 1933/8) sowie den Nachruf auf Meyer-Jungclaussen, im Nachlass Rindt.

lenbergbau-Gelände. Gedanken über Waldbau und Landschaftsbild". Es ist meines Wissens die erste ausführliche Auseinandersetzung mit der Tagebauproblematik aus landschaftsgestalterischer Sicht in Deutschland. Ausgehend von der Prämisse, dass „jede Kulturlandschaft ihr gutes Anrecht auf heimatliche Eigenart und Schönheit" habe, folgerte Meyer-Jungclaussen, dass die Hinterlassenschaften des Bergbaus durchaus eine bildmäßige Bereicherung darstellen und zu einem naturhaften Landschaftsbild entwickelt werden könnten.[8]

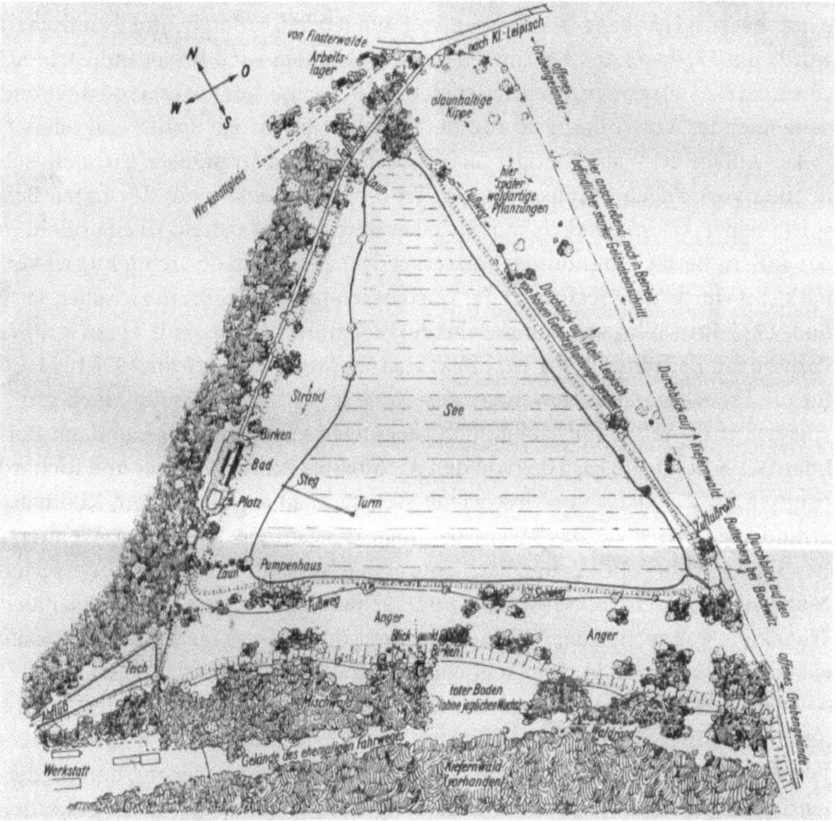

Abb. 5: „Ideenentwurf naturhafter Landschaftsgestaltung in der Umgebung des Strandbades Klein-Leipisch (Bubiag, Mückenberg)" bei Lauchhammer (in: Meyer-Jungclaussen, Landschaftliche Gestaltungsfragen im Braunkohlenbergbau-Gelände, 1933).

Von einem Rekultivierungsprojekt dieser Zeit zeugt der „Ideenentwurf naturhafter Landschaftsgestaltung in der Umgebung des Strandbads Klein-Leipisch

8 Meyer-Jungclaussen, Hinrich: Landschaftliche Gestaltungsfragen im Braunkohlenbergbau-Gelände. Gedanken über Waldbau und Landschaftsbild. 1933, S. 1.

(Bubiag, Mückenberg)" bei der brandenburgischen Stadt Lauchhammer.[9] Meyer-Jungclaussens Plan sah die Gestaltung eines Freibads mit parkähnlicher Kulisse vor. Dabei ging es dem Gartenarchitekten weder um die Wiederherstellung des vorherigen Zustands der Landschaft noch um die Verhinderung des Bergbaus, sondern um die Schaffung einer neuen Landschaft nach der Auskohlung. Damit kritisierte er auch die traditionelle forstliche Rekultivierung, die in ihrer rein holzwirtschaftlichen Ausrichtung keine Rücksicht auf das Landschaftsbild nehme. Der 70 Morgen (12.800 qm) große, aus der Grube Marie-Anne hervorgegangene Tagebausee mit umgebender Bergbaufolgelandschaft wurde um 1930 von den Lehrlingen der Braunkohlen- und Brikettindustrie AG zu einem Bad ausgebaut. Wegen der sich verschlechternden Wasserqualität und zunehmender Verschilfung wurde der Badebetrieb jedoch später eingestellt.[10]

Die Anlage des – aus heutiger Sicht – bescheidenen Strandbads Kleinleipisch in einer vormaligen Braunkohlegrube ist möglicherweise eines der ersten Beispiele seiner Art im ländlich-industriellen Bereich. Es entstand zu einer Zeit, in der z. B. in Berlin großräumige wasserbezogene Landschaftsarchitekturen verwirklicht wurden: So realisierte der Gartenarchitekt Erwin Barth zwischen 1920 und 1927 im Volkspark Jungfernheide in Berlin-Siemensstadt einen großer Parksee mit Badeanstalt, der Architekt Hannes Meyer entwarf von 1928 bis 1930 für die Freianlagen der Gewerkschaftsschule in Bernau bei Berlin einen großzügigen, zum Wettkampfschwimmen geeigneten künstlichen See, und am Berliner Wannsee wurde 1930 das von den Architekten Martin Wagner und Richard Ermisch für Zehntausende entworfene Weltstadtbad auf über einem Kilometer Strandlänge errichtet. Das macht deutlich, dass in den Jahren der Weimarer Republik sowohl Politiker und Fachleute als auch die Öffentlichkeit verbesserten Möglichkeiten der Volkserholung und -ertüchtigung große Aufmerksamkeit schenkten, was auch in der Peripherie seinen Niederschlag fand. Auch hier sollte sich die Bevölkerung in einer schön gestalteten Umgebung erholen können.

Erwähnt werden muss in diesem Zusammenhang die Forschung und Praxis des Forstmeisters Rudolf Heuson (1884–1951). Er verantwortete von den 1920er Jahren bis Anfang der 1940er Jahre die forstliche Rekultivierung der Niederlausitzer Kohlewerke, die zu dem damaligen Zeitpunkt noch nicht gesetzlich geregelt war und von dem Engagement der Grubenbesitzer abhing. In Abgren-

9 Die BUBIAG wurde 1900 durch den Kohlengroßhändler Fritz Friedländer aus Gleiwitz unter finanzieller Beteiligung der AEG gegründet. Sie betrieb zunächst in der Niederlausitz, später auch im mitteldeutschen und nordhessischen Raum und im rheinischen Revier mehrere Braunkohlebergwerke und stieg im Ersten Weltkrieg zu einem bedeutenden Bergbauunternehmen auf.

10 Vgl. Armer, Rudolf: Lauchhammer in alten Ansichten. Zaltbommel/Niederlande 1992, Ansicht 13. Den Hinweis auf die Darstellungen vom Strandbad Kleinleipisch verdanke ich Michael Sperber.

zung zu den bis dahin üblichen Monokulturen experimentierte Heuson mit verschiedenen Baumarten und entwickelte Mischwaldkulturen, die auf den gekippten Böden des Tagebaus Bestand hatten. Seine von naturnahen Waldgesellschaften ausgehenden Vorstellungen hielt er 1929 in der Schrift „Praktische Kulturvorschläge für Kippen, Bruchfelder, Dünen und Ödländerein" fest, die 1937 und 1947 zwei Neuauflagen erlebte. Heuson ging davon aus, dass so „[w]ie die Natur, so schafft uns auch der Bergbau die verschiedenartigsten Kulturmöglichkeiten". Er versprach: „[S]o erhalten wir bewaldete Berge, Seen und Felder, wie es die Lage und der Boden gerade zuläßt; es gibt ein Bild, das die Gegend nur verschönern kann."[11]

Abb. 6: Ansichtskarte Strandbad Kleinleipisch (1930) (in: Armer, Lauchhammer, 1992, Nr. 13).

Heuson trat wie Meyer-Jungclaussen für einen pragmatischen Weg ein, aus den Hinterlassenschaften des Bergbaus „Gutes zu formen", hin zu einem „Landschaftsbild, das wir nicht mehr missen möchten". Utopisch beschrieb er Folgelandschaften aus artenreichen Haldenwäldern und stillen Seen, die er sich als Parklandschaften vorstellte.[12] Parallel zu Meyer-Jungclaussens und Heusons Ausarbeitungen entstanden in diesen Jahren eine ganze Reihe von Forschungen, die sich mit der Rekultivierungsproblematik auseinandersetzten, denn der

11 Heuson, Rudolf: Praktische Kulturvorschläge für Kippen, Bruchfelder, Dünen und Ödländereien. Neudamm 1929 (Neuauflagen unter dem Titel Die Kultivierung roher Mineralböden 1937 und 1947), S. 77f.

12 Ebd., S. 76f.

Abb. 7: Zeichnung Strandbad Kleinleipisch (aus: Die Bubiag. Soziale Einrichtungen der Gesellschaft. - O. O., o. J. (nach 1933), S. 11).

Braunkohletagebau befand sich durch den wachsenden Energiebedarf und die sich technisch entwickelnden Fördermöglichkeiten in einem gewaltigen Industrialisierungsschub.[13]

Wie an den dargestellten Initiativen deutlich wird, riefen die landschaftlichen Eingriffe in die überkommene Kulturlandschaft gesellschaftliche wie fachliche Gegenreaktionen hervor. Auf die Auskohlung und Verwüstung durch den Bergbau sollte mit einem Park oder Garten eine soziale wie gestalterische Ant-

13 Genz, H.: Die Veränderungen der Kulturlandschaft zur Industrielandschaft im Braunkohlenrevier Weißenfels-Zeitz. Dissertation, Halle 1930; Telschow, Annemarie: Der Einfluß des Braunkohlenbergbaus auf das Landschaftsbild der Niederlausitz. Schriften d. Geograph. Inst. d. Univ. Kiel 1933, Bd. 1, H. 3; Schultze, Joachim Heinrich: Die landschaftlichen Wirkungen des Bergbaus, in: *Geographischer Anzeiger v. Hermann Haack* 32. Jg. 1931, S. 257–271; Spangenberg, G.: Die geographischen Wirkungen des Braunkohlenbergbaus, untersucht am Niederlausitzer Braunkohlen-Revier (Ernst-Tiessen-Festschrift). Berlin 1931, S. 138–153; Hundhausen, Kurt: Untersuchungen zur Frage der Wiederkultivierung im Rheinischen Braunkohlenrevier. Köln 1935; Gephart, Rolf: Die Zechen des Ruhrgebietes in ihrer landschaftlichen Erscheinung und Auswirkung (Eine geographische Untersuchung). Bochum 1937; Copien, H. P.: Über die Nutzbarmachung der Abraumkippen auf Braunkohlewerken und die dabei gewonnenen Erfahrungen insbesondere bei Forstkulturen in der Niederlausitz, in: *Zeitschrift für Forst- und Jagdwesen* 74. Jg. 1941/1, 2, 3. Berlin.

Abb. 8: „Parkanlage auf Bruchfelder" (in: Heuson, Kulturvorschläge, 1929, Abb. Nr. 22, S. 51).

wort formuliert werden. Diese sollte einerseits in ökologischer Hinsicht eine Wiedergutmachung des Eingriffs darstellen, andererseits in ästhetischer und funktionaler Hinsicht einen landeskulturellen Gewinn bewirken. Darin drückte sich die Sehnsucht nach einem harmonischen Mensch-Natur-Verhältnis aus, das keine (sichtbaren) Schäden hinterlässt und verloren gegangene „Heimat" zumindest für die Enkel wiederherstellt, wie es das Gedicht von Paul Wilke beschreibt.[14] Ebenso spiegelt sich darin das Bedürfnis nach einer verbesserten Lebensumwelt wider.

14 Den Hinweis auf das Gedicht verdanke ich Torsten Meyer, mit dem ich viele der hier angesprochenen Fragen diskutiert habe. Vgl. Meyer, Torsten / Zutz, Axel: Rekultivierung von Braunkohlentagebauen in der Niederlausitz 1930–1950. Institutionalisierungstendenzen und Protagonisten als Wegbereiter des Senftenberger Seengebietes, in: Betker, Frank u. a. (Hg.): *Paradigmenwechsel und Kontinuitäten im DDR-Städtebau. Neue Forschungen zur ostdeutschen Architektur- und Planungsgeschichte.* Erkner 2010 (REGIO transfer. Beiträge

„Wo gen Wolken grünt der Koschen, / Glauch und eben schaut der Grund. / Hell vom Elsterband durchflossen, / Kiefern dämmern fern im Rund, / Wo in grüngeborgnen Mühlen / Wohnt das Glück der alten Zeit: / Heimat, süße Heimat, fühlen / Wir das Herz von dir geweiht. / Wo die Esse mit dem Bagger / Ueber stille Heide schaut, / Wo der Lausitz-Kumpel wacker / An der braunen Kohle baut. / Wo vom Arbeitstag, dem schwülen, / Kraft und Freude uns bereit: / Heimat, süße Heimat, fühlen / Wir das Herz von dir geweiht. / Wo des Baggers Löffel fassen, / Wächst der Kippe Wüstenei; / Land, du wirst nicht wüst gelassen. / Blüh auf! Unser ‚Glückauf' sei. / Und bebuchst die kahlen Dünen / Bald der Schonung grünes Kleid: / Heimat, süße Heimat, fühlen / Wir das Herz von dir geweiht. / Halden sich aufs neu' bewalden, / Stiller Grube neue Geschick: / Wasser rieseln, Wasser wallen, / Teich und See im Silberblick! / Enkel einst daran sich fühlen. / Und im Schaun der fernen Zeit: / Heimat, süße Heimat, fühlen / Wir das Herz von dir geweiht."[15]

Erste staatliche Regulierungen während des Nationalsozialismus

Eine zentrale Figur im Zusammenhang mit der Entwicklung des Erholungsgebiets Senftenberger See, auch als „Vater des Senftenberger Sees" tituliert,[16] ist der Garten- und Landschaftsarchitekt Otto Rindt (1906–1994). Er machte seine ersten Berufserfahrungen in der Zeit des Nationalsozialismus, als die Landschaftsgestaltung einen bedeutenden Modernisierungsschub erfuhr.[17] Rindt beendete sein Studium der Garten- und Landschaftsgestaltung in Berlin 1936. Ab

des Leibniz-Instituts für Regionalentwicklung und Strukturplanung zur anwendungsbezogenen Stadt- und Regionalforschung 8), S. 273–328.

15 Heimatlied für die Senftenberger Lausitz. Von Paul Wilke, Senftenberg. Nach bekannten Weisen, in: *Aus der Heimat. Für die Heimat! Beilage des Senftenberger Anzeigers* 8. Jg., 25. 10. 1934/20.

16 Vgl. u. a. Rindt, Otto: Otto Rindt: Sechs Jahrzehnte Wirken für die Landschaft. Hg. vom Förderverein Kulturlandschaft Niederlausitz. Cottbus 1993.

17 Vgl. Runge, Karsten: Die Entwicklung der Landschaftsplanung in ihrer Konstitutionsphase 1935–1973. Berlin 1990 (Schriftenreihe des Fachbereichs Landschaftsentwicklung der Technischen Universität Berlin. Landschaftsentwicklung und Umweltforschung 73); Körner, Stefan: Theorie und Methodik der Landschaftsplanung, Landschaftsarchitektur und Sozialwissenschaftlichen Freiraumplanung vom Nationalsozialismus bis zur Gegenwart. Berlin 2001 (Schriftenreihe der Fakultät Architektur Umwelt Gesellschaft der Technischen Universität Berlin. Landschaftsentwicklung und Umweltforschung 118); Zutz, Axel: Wege grüner Moderne: Praxis und Erfahrung der Landschaftsanwälte des NS-Staates zwischen 1930 und 1960, in: Mäding, Heinrich / Strubelt, Wendelin (Hg.): *Vom Dritten Reich zur Bundesrepublik. Beiträge einer Tagung zur Geschichte von Raumforschung und Raumplanung.* Hannover 2009 (Arbeitsmaterial der Akademie für Raumplanung und Landesforschung 346), S. 101–148; sowie ders.: „Zu den Menschenrechten gehört das Gesunde und Schöne." Zur Verankerung Landschaftlicher Daseinsvorsorge zwischen 1945 und dem Beginn der 1960er Jahre, in: Strubelt, Wendelin / Briesen, Detlef (Hg.): *Raumplanung nach 1945. Kontinuitäten und Neuanfänge in der Bundesrepublik Deutschland.* Frankfurt/Main 2015, S. 151–196.

1934 hatte er bereits eine Anstellung bei Meyer-Jungclaussen, ab 1936 gehörte er zu den sogenannten Landschaftsanwälten, einer Gruppe von etwa 30 Landschaftsarchitekten unter der Führung des Reichslandschaftsanwalts Alwin Seifert (1890–1972).[18] Die Landschaftsanwälte waren von 1934 bis 1942 in der Regel als Freiberufler beim Bau der Reichsautobahnen an der Planung und Ausführung der landschaftlichen Gestaltung einzelner Streckenabschnitte beteiligt. Zu einem Drittel waren sie wie Seifert Mitglieder oder Anhänger der NSDAP, so auch Rindt, Meyer-Jungclaussen und Heuson, welcher 1933 die „nationalsozialistische Revolution in der Bodenwirtschaft" begrüßte.[19]

Das System der Landschaftsanwälte sah die Zuordnung von räumlich und inhaltlich festgelegten Aufgaben vor. Auf diese Weise wurde – zum ersten Mal in der Infrastrukturgeschichte – eine reguläre, interdisziplinär angelegte Einbindung von Landschaftsgestaltern in den Planungsablauf und die Bauausführung eines solchen Großprojektes gewährleistet.[20] Zu dem Aufgabenspektrum der Landschaftsanwälte gehörten sowohl landschaftsbauliche Ingenieurtätigkeiten wie z. B. die auch als „Ingenieurbiologie" bezeichnete Sicherstellung von Erosionsschutz an Böschungen, aber auch Tätigkeiten aus dem Bereich der klassischen Gartenarchitektur wie die Planung der Außenanlagen von Rastplätzen, Raststätten und anderen Nebenbauwerken. Auf diese Weise sollte der im ganzen Land gleichzeitig stattfindende, propagandistisch hoch aufgeladene Bau der „Straßen des Führers" als „Verschmelzung" des technischen Bauwerks mit den regionalen Landschaftscharakteren und „Krone der Landschaft" inszeniert werden.[21]

An „seiner" Strecke trug Rindt auch Verantwortung für einen sogenannten

18 Zur Biografie Seiferts vgl. Reitsam, Charlotte: Das Konzept der „bodenständigen Gartenkunst" Alwin Seiferts. Fachliche Hintergründe und Rezeption bis in die Nachkriegszeit. Frankfurt/Main 2001.

19 Im Märkischen Adler vom 26. 11. 1933 nach Preussner, Karl, in: Akzente 1. Jg. 1996/2; vertiefend hierzu: Radkau, Joachim / Uekötter, Frank (Hg.): Naturschutz und Nationalsozialismus. Frankfurt/Main, New York 2003; Gröning, Gert: Naturschutz und Nationalsozialismus. In: *Grüner Weg 31a*, 1996/10, S. 4–25; und Gröning, Gert: Naturschutz und Nationalsozialismus, in: Lorenz, Klaus-Peter (Hg.): *Politische Landschaft – die andere Sicht auf die natürliche Ordnung.* Duisburg 2002, S. 159–187.

20 Vgl. Rollins, William H.: Whose Landscape? Technology, Fascism and Environmentalism on the National Socialist Autobahn, in: *Annals of the Association of the American Geographers* 85. Jg. 1995/3, S. 257–272; Zeller, Thomas: Straße, Bahn, Panorama. Verkehrswege und Landschaftsveränderung in Deutschland 1930–1990. Frankfurt/Main 2002; Reitsam, Charlotte: Reichsautobahn im Spannungsfeld von Natur und Technik. Internationale und interdisziplinäre Verflechtungen (Habilitationsarbeit an der Architekturfakultät der TU München 2004), publiziert als: Reichsautobahn-Landschaften im Spannungsfeld von Natur und Technik. Transatlantische und interdisziplinäre Verflechtungen. Saarbrücken 2009.

21 Zutz, Axel: Harmonising Environmentalism and Modernity: Landscape Advocates and Scenic Embedding in Germany, c. 1920–1950, in: *National Identities* 16. Jg. 2014/3, S. 269–281.

Autobahnsee, eine nachträglich zu einem Rastplatz gestaltete Sandentnahmestelle namens „Möster Birken" bei Dessau.[22] Hier hatte er zum ersten Mal die Gelegenheit, eine von ihm später als „Doppelnutzen der Bodenbewegung" bezeichnete Landnutzung über den Bauablauf des Autobahnteilstücks bis zur Fertigstellung des entworfenen Landschaftsausschnitts zu projektieren und umzusetzen.[23]

Das Prinzip der landschaftsanwaltlichen Begleitung sollte noch während der 1940er Jahre auf den Bergbau übertragen werden. Impulsgeber war der Natur- und Heimatschützer Hans Schwenkel (1886–1957), zu der Zeit Landesbeauftragter für Naturschutz in Württemberg und ab 1938 auch Referent für Landschaftspflege beim Reichsforstminister. In einem Abschnitt zu Bergbau und Halden seines 1936 erschienen Buches „Grundzüge der Landschaftspflege" bezeichnete er den Braunkohletagebau als Verursacher der „gewaltigsten künstlichen Veränderungen der Bodenformen der Erde".[24] Schwenkel forderte, „alle Willkür zu vermeiden und dem Grundeigentümer das Recht zu nehmen, mit seinem Eigentum anzufangen, was er will".[25] Er schrieb von einer Lenkung des Bergbaus im Sinne einer Minderung von Eingriffen in die Landschaft, formulierte jedoch keine weitergehenden Vorschläge für die Organisation von Wiederurbarmachung und Rekultivierung.

Auch Reichslandschaftsanwalt Alwin Seifert beschäftigte sich mit Bergbaufragen. Im Zentrum seines 1941 publizierten Beitrags „Mahnung an die Bergherren"[26] stand der in der nationalsozialistischen Ideologie hoch aufgeladene Begriff der Heimat. Er stellte sich die Frage, wie aus „entseelter", in „Steppe" und „Wüste" verwandelte „Heimatlandschaft" wieder „Heimat" werden könne. Die vom Tagebau hinterlassene „Häßlichkeit und Zerstörung" bezeichnete er als

22 Vgl. Rindt, Otto: Ausbau von Seitenentnahmen, in: *Die Straße* 5. Jg. 1938/14, 2. Juliheft, S. 444–447. Im Nachlass Rindt befindet sich ein Plan für den Rastplatz „Möster Birken" gezeichnet von Rindt (o. D., vermutlich 1938). Es handelt sich um eine Vogelperspektive mit farbigen Eintragungen. Darauf befindet sich ein handschriftlicher Hinweis: „Rastplatz ‚Möster Birken' gedacht als Zelt- Rast- und Badeplatz, entstanden aus Massenentnahme von 400000 cbm Boden für Autobahndammschüttung. Vorschlag: Landschaftsberater Rindt OBR Halle".

23 Vgl. Rindt, Otto, unter Mitarbeit von Kunze, Helmut: Doppelter Nutzen bei Massenbewegungen durch zielgerichtete Koordinierung der Investitionen auf den Territorien der Räte der Städte und Gemeinden. Hg. vom Rat des Bezirkes Cottbus, Bezirksplankommission, Büro für Territorialplanung. Cottbus 1969.

24 Schwenkel, Hans: Grundzüge der Landschaftspflege Neudamm und Berlin 1938, S. 86.

25 Ebd., S. 87.

26 Sonderdruck des Beitrags aus: Deutsche Technik 1941/1. Vgl. dazu Maier, Helmut: Nationalsozialistische Technikideologie und die Politisierung des „Technikerstandes": Fritz Todt und die Zeitschrift „Deutsche Technik", in: Dietz, Burkhard u. a. (Hg.): *Technische Intelligenz und „Kulturfaktor Technik": Kulturvorstellungen von Technikern und Ingenieuren zwischen Kaiserreich und früher Bundesrepublik Deutschland.* Münster u. a. 1996 (Cottbuser Studien zur Geschichte von Technik, Arbeit und Umwelt 2), S. 253–268.

Abb. 9: Rastplatz „Möster Birken“ mit Badesee bei Dessau, entstanden aus einer Bodenentnahme um 1938 (Fotos Nachlass Rindt, Plan in: Rindt, Der Ausbau von Seitenentnahmen, 1938, S. 446).

„völkischen Selbstmord“. Unter Verweis auf die Erfahrungen an den Reichsautobahnen kritisierte er die seiner Meinung noch unzureichende „Richtlinie für die Urbarmachung der Tagebaue“ vom 19. Juni 1940 und forderte verbindlichere

Abb. 10: Ingenieurbiologische Bauweisen an der Autobahn bei Halle-Leipzig um 1936 (Fotos Nachlass Rindt).

Verplichtungen zu Mutterbodenschutz, Ufergestaltung und Mischwaldpflanzungen.

Nicht zuletzt nahmen die NS-Planer Erhard Mäding (1909–1998) und Friedrich Wiepking Jürgensmann (1891–1973) das Thema Bergbau und Landschaft in die „Allgemeine Anordnung über die Gestaltung der Landschaft in den eingegliederten Ostgebieten" vom 12. Dezember 1942 auf. Das Regelwerk stellte eine der Planungsgrundlagen für die Neuerschaffung einer „deutschen Heimat" in den durch nationalsozialistischen Raubkrieg, Ermordung und Vertreibung eroberten Gebieten dar und enstand als Teil des „Generalplans Ost" im „Reichskommissariat für die Festigung des deutschen Volkstums".[27] Zugleich bildete es den Stand der Landschaftsgestaltung als

27 Vgl. hierzu Gröning, Gert / Wolschke-Bulmahn, Joachim: Die Liebe zur Landschaft. Teil III. Der Drang nach Osten: Zur Entwicklung der Landespflege im Nationalsozialismus und während des Zweiten Weltkrieges in den „eingegliederten Ostgebieten". München 1987 (Arbeiten zur sozialwissenschaftlich orientierten Freiraumplanung 9); Aly, Götz / Heim, Susanne: Vordenker der Vernichtung. Auschwitz und die Pläne für eine neue europäische Ordnung. Hamburg 1991; Rössler, Mechthild / Schleiermacher, Sabine (Hg.): Der „Generalplan Ost". Hauptlinien der nationalsozialistischen Planungs- und Vernichtungspolitik. Berlin 1993; Gröning, Gert: Der Überfall auf Polen und seine Auswirkungen auf das Konzept der deutschen Landschaftspflege. In: Ders. (Hg.): *Planung in Polen im Nationalsozialismus.* Berlin 1996, S. 91–105.

einer von mehreren Disziplinen der sich herausbildenden modernen Raumwissenschaften ab. Bezogen auf den Bergbau heißt es darin, dass jedem Abbau die Wiederaufbaumaßnahme „auf dem Fuße zu folgen" habe und sich „sinnvoll in das Leitbild der Landschaft einordnen muß".[28]

Die Ansätze von Seifert, Mäding und Wiepking gingen mit ihren Forderungen nach Wiederurbarmachung und Wiederaufbau bereits deutlich über das von Schultze-Naumburg geforderte „Grenzen-setzen" hinaus. Sie stützten sich dabei auf den spätestens mit dem Reichsnaturschutzgesetz von 1936 zur Staatsaufgabe erklärten Naturschutz.[29]

Diese Beispiele aus den Bereichen Heimatschutz, Forstwirtschaft, Landschaftsgestaltung und Naturschutz illustrieren, dass sich ausgehend von den Reformbewegungen der Jahrhundertwende die Auseinandersetzung mit den praktischen und juristischen Fragen der Landschaftsveränderungen durch Großprojekte wie den Bergbau in den 1930er und 40er Jahren verdichtete. Die Gemeinsamkeit der vier Ansätze, die in ihrer Zeit noch unkoordiniert nebeneinander existierten, bestand im Bezug auf eine harmonisch gestaltete Kulturlandschaft, in der eine ästhetisierte Industriemoderne ihren Platz hat. Eingriffe sollten wie im Falle der Autobahn durch eine sogenannte Eingliederung oder wie beim Tagebau durch landschaftsgestalterische Re-Kultivierung mit diesem Idealbild in Einklang gebracht werden.

Erste Maßnahmen staatlicher Regulierung während des Nationalsozialismus sahen die Verpflichtung der Eigentümer von Braunkohlegruben zur Wiederherstellung von ästhetisch ansprechenden und ökologisch funktionalen Landschaften sowie die Institutionalisierung von Planungszuständigkeiten vor. Dabei ist die ideologische Prägung dieser Initiativen konstitutiv: „Heimat" war traditionell ohnehin ein hochgradig emotional besetzter Begriff gewesen, dem die NS-Planung eine völkisch-rassistische Konnotation hinzufügte. Gemäß der „Blut-und-Boden"-Ideologie erfuhr das Schutzgut Boden eine deutliche Aufwertung, die auch eine rechtliche Entsprechung fand.

Die Natur- und Heimatschutzbewegung war durch diese Regulierungen ihrem bereits in den ersten Jahrzehnten des 20. Jahrhunderts formulierten Ziel, den Umgang mit Natur und Landschaft staatlich zu kontrollieren, ein Stück näher gekommen. Gleichwohl schlossen die verbrecherischen Umstände aus, dass diese Errungenschaften allen Menschen gleichermaßen und in uneinge-

---

28 In: Mäding, Ernst: Regeln für die Gestaltung der Landschaft. Berlin 1943, Kapitel III „Natürliche Ertragsfaktoren in ihrer landschaftlichen Bedeutung", Abschnitt VI „Die übrigen Bauwerke in der Landschaft", Punkt C 4.

29 Vgl. Klose, Hans: Das Reichsnaturschutzgesetz, in: *Naturdenkmalpflege und Naturschutz in Berlin und Brandenburg* 7. Jg. 1935/26, S. 97–101 und 8. Jg. 1936/27, S. 138–141; historiographisch: Frohn, Hans-Werner / Schmoll, Friedemann: Natur und Staat. Staatlicher Naturschutz in Deutschland. Bonn 2006 (Naturschutz und biologische Vielfalt 35).

schränkter Freiheit zugute kommen konnten, geschweige denn auf demokatischem Wege einforderbar waren. Dennoch bilden sie in ihrem konzeptionellen Gerüst die Grundlage für die Weiterentwicklung der Planungskultur unter den veränderten politischen Rahmenbedingungen nach 1945.

Bergbaufolgelandschaften als Aufgabe der Daseinsvorsorge nach 1945 in der DDR

Keiner der 30 Landschaftsanwälte arbeitete nach Kriegsende in seinem bisherigen Aufgabengebiet weiter. Die begonnenen Autobahnabschnitte blieben vorerst unvollendet. Dennoch gab es eine Kontinuität der Ideen und Konzepte. Auch der Tagebau war durch Kriegseinwirkungen und Reparationsleistungen wie etwa die Demontage der Fördertechnik zum Erliegen gekommen. Die Zerstörungen und Verwüstungen durch den Krieg verstärkten den Charakter des „toten Gebirges" (Seifert) nur noch, sodass die Landschaftsgestalter in Ost wie West hier großen Handlungsbedarf – nun im Rahmen des gesellschaftlichen Wiederaufbaus – formulierten.

Abb. 11: „Mondlandschaft" um 1960 (unbekannter Fotograf, Nachlass Rindt).

Bereits 1949/50 initiierten die beiden wichtigsten Landschaftsgestalter der frühen DDR, Georg Pniower (1896–1960) an der Humboldt-Universität zu Berlin und Reinhold Lingner (1902–1968) am Institut für Bauwesen der Deutschen Akademie der Wissenschaften, Abteilung Landschaft, Studien zur Entwicklung der Bergbaufolgelandschaft in der Niederlausitz.[30] So verantwortete Lingner in Zusammenarbeit mit Geographen der Humboldt-Universität unter der Anleitung von Ruth Günther eine Studie über die „Gleichgewichtsstörungen in der Landschaft" anhand des Messtischblatts 4449 Klettwitz (12.000 ha). Die Untersuchung wurde 1950 zu einer „Landschaftsuntersuchung des Niederlausitzer Braunkohlenreviers" auf 15 Messtischblattgebiete (ca. 123.000 ha) ausgeweitet und markierte damit einen Wendepunkt: War es bisher bei Rekultivierungen um Einzelmaßnahmen gegangen, sollte nun erstmals die Bestandsaufnahme eines gesamten Reviers als Grundlage für eine einheitlich konzipierte Bergbaufolge-

30 Günther, Ruth / Bobeck, Reinholde / Hoffmann, Aribert: Landschaftsveränderungen und Landschaftszerstörung unter dem Einfluß des Braunkohlenbergbaus und der Industrie, untersucht im Gebiet des Meßtischblattes Klettwitz bei Senftenberg. Manuskript. Berlin 1949; Günther, Ruth u. a.: Landschaftsveränderungen und Landschaftszerstörung unter dem Einfluß des Braunkohlenbergbaus und der Industrie, untersucht im Senftenberger Braunkohlenrevier. Manuskript. Berlin 1950; Günther, Ruth u. a.: Landschaftsuntersuchung des Niederlausitzer Kohlenreviers, durchgeführt 1949/50 unter Leitung der Deutschen Akademie der Wiss., Inst. für Bauw., Abt. Landschaft, durch das Kollektiv Dr. Ruth Günther, Kartographische Bearbeitung: Im Auftrage der Deutschen Bauakademie, Inst. für Städtebau, Abt. Grünplanung 1952 durch Kollektiv Prof. Werner Bauch; Lingner, Reinhold / Carl, Frank Erich: Landschaftsdiagnose der DDR. Hg. von der Deutschen Bauakademie. Berlin 1957 (Schriftenreihe des Forschungsinstituts für Gebiets-, Stadt- und Dorfplanung), Broschüre und Kartenband; Pniower, Georg: Zur Kultivierung von Kippen und Halden der Braunkohlen-Tagebaue, landeskulturelle Probleme aus der Niederlausitz (DDR). Bericht an International Union for the Protection of Nature, Oecologic Commission. Berlin 1956; Ders.: Landschaft und Tagebau, dargestellt am Beispiel des Lausitzer Braunkohlereviers. Arbeitsgemeinschaft für Garten- und Landschaftskultur im Zentralverband des Deutschen Gemüse-, Obst- und Gartenbaus. Bonn 1957; Ders.: Cultivation of spoil-dumbs and pit heaps of lignits open-cut mining in Nieder-Lausitz, in: *Proceedings and Papers of the Sixth Technical Meeting of the International Union for Conservation of Nature and Natural Resources.* Edinburgh 1957; Ders.: Braunkohlenbergbau und Institut für Landeskultur arbeiten an der Wiederurbarmachung der Halden in der Niederlausitz, in: *Wissenschaftliche Zeitschrift der Humboldt-Universität* 1959/3, S. 5f.; Knabe, Wilhelm: Untersuchungen über die Voraussetzungen der Rekultivierung von Kippen im Braunkohlenbergbau. Dissertation, Berlin 1957. Zu den Forschungsarbeiten Georg Pniowers vgl. Nied, Angelika: Georg Béla Pniower. Bausteine zu seiner Biographie als Gartenarchitekt. Diplomarbeit, TU Berlin 1992 (unveröffentlicht); Behrens, Hermann: Landeskultur als Naturgeschehen auf höherer Ebene. Georg Bela Pniower (1896–1960) und der Naturschutz, in: Stiftung Naturschutzgeschichte (Hg.): *Naturschutz hat Geschichte.* Essen 2003, S. 227–244 (Naturschutzgeschichte 4); Wolschke-Bulmahn, Joachim / Fibich, Peter: Vom Sonnenrund zur Beispiellandschaft. Entwicklungslinien der Landschaftsarchitektur in Deutschland, dargestellt am Werk von Georg Pniower (1896–1960). Hannover 2004 (Inst. für Grünplanung und Gartenarchitektur, Beiträge zur räumlichen Planung 73); Giese, Helmut / Sommer, Siegfried: Prof. Dr. Georg Pniower. Leben und Werk eines bedeutenden Garten- und Landschaftsarchitekten – eine Dokumentation. Dresden 2005 (Schriftenreihe des Instituts für Landschaftsarchitektur 3).

landschaft einschließlich der darauf aufbauenden Sanierungsplanung erfolgen.[31] Gleichzeitig gilt die Niederlausitz-Studie als Pilotprojekt für das alle ostdeutschen Länder umfassende Forschungsvorhaben „Landschaftsdiagnose der DDR", eine umfassend angelegte Umweltzustandserfassung, die neben der Absicht, Umweltschäden zu minimieren, zugleich die Sehnsucht nach einer nahezu vollständigen Planbarkeit aller Produktionsabläufe widerspiegelt.[32]

Die Mitarbeiter des Projekts hielten die Veränderungen der Kulturlandschaft durch Geländebegehungen mit Kartierungen im Maßstab 1:25.000 fest und setzten sie mit den Urmesstischblättern von 1846 in Bezug. Darüber hinaus wandten sie die planungswissenschaftlich qualitativ neue Methode der Befragung ortsansässiger Landwirte an. Als wichtigstes Ergebnis stellten sie fest, dass es infolge der „kapitalistischen Raubwirtschaft" bzw. der herrschenden „Wirtschaftsanarchie" (Lingner) zu grundlegenden Störungen des Wasserhaushalts, erheblichen Wasserverunreinigungen, landwirtschaftlichen Ertragseinbußen durch Flächenverlust und Wassermangel sowie weiteren negativen Auswirkungen gekommen sei. Die Veränderung des Landschaftsbildes wurde nicht ausdrücklich beklagt, im Gegenteil sei die Folgelandschaft „häufig nicht ohne Reiz".[33] Im Rahmen einer „grosszügigen Neuplanung", die die Grubenseen einschließen sollte, sei zudem die soziale Bedeutung der Region als potentielle Erholungslandschaft zu berücksichtigen. Diese „spezielle Planungsaufgabe" sollten Landschaftsgestalter in einem Kollektiv mit Städtebauern, Hygienikern, Geographen, Wasserwirtschaftlern, Balneologen, Architekten und Planökonomen lösen und in einem sich über drei Fünfjahrespläne erstreckenden „Aktionsprogramm" umsetzen.[34]

In Ostdeutschland wurde der Tagebau unter neuen wirtschaftlichen und gesellschaftlichen Bedingungen reorganisiert: Die Auskohlung verlief nun unter staatlicher Planung und Kontrolle in Volkseigenen Betrieben. Das eröffnete auch der Landschaftsgestaltung neue Perspektiven. Der Mangel an landwirtschaftlicher Nutzfläche sowie die „überwiegend erosionsgefährdeten Ödlandflächen

31 Günther u. a.: Landschaftsuntersuchung des Niederlausitzer Kohlenreviers, 1952.

32 Zur Landschaftsdiagnose der DDR vgl. Nowak, Kerstin: Reinhold Lingner – Sein Leben und Werk im Kontext der frühen DDR-Geschichte. Dissertation, Universität der Bildenden Künste Hamburg 1995; Hiller, Olaf (Hg.): Die Landschaftsdiagnose der DDR. Zeitgeschichte und Wirkung eines Forschungsprojekts aus der Gründungsphase der DDR: Tagung an der TU Berlin, 15./16. Nov. 1996. Berlin 2002 (Materialien zur Geschichte der Gartenkunst 6); Zutz, Axel: Die Landschaftsdiagnose der DDR, in: *Garten und Landschaft* 113. Jg. 2003/3, S. 34–37.

33 Landschaftsuntersuchungen des Senftenberger Braunkohlenreviers. Anlage 3 zum „Plan zur Durchführung der Umgestaltung der Natur" vom 24.4.1953 im Institut für die Geschichte der Arbeiterbewegung ZPA IV 2/7/94, hier 7. Zu der 1952 herausgebrachten Kartenmappe ist kein Text erschienen.

34 Ebd. S. 8ff.

mit toxischen Böden, die gefahrbringenden Restlöcher und Halden oder Hochkippen mit erodierten Steilhängen in einem planlosen Nebeneinander – dazu eine ungeordnete Siedlungs- und Wirtschaftsentwicklung" sollten endgültig der kapitalistischen Vergangenheit angehören.[35]

In Folge der Teilung Deutschlands und der ökonomischen Abtrennung vom Ruhrgebiet und Schlesien gewann die Energiegewinnung aus Braunkohle in der DDR an Bedeutung. 1957 wurde der Bezirk Cottbus zum „Kohle- und Energiezentrum" des Landes erklärt.[36] 1972 hatte die DDR mit 40 % bereits den größten Anteil an der Weltförderung von Braunkohle.[37] Die extrem forcierte Braunkohleförderung rief im Bezirk Cottbus viele Probleme hervor. Dazu zählten hochkomplexe Planungsanforderungen an die Entwicklung und Koordination von Industrie- und Siedlungsstandorten, die komplette Abräumung und Umsiedlung ganzer Dörfer und Infrastrukturen bis hin zu extremen Umweltbelastungen wie Wasserabsenkungen (im Tagebau selbst und drei bis fünf Kilometer darüber hinaus), Flussumlegungen, Bodenabtragungen sowie Wasser- und Luftverunreinigungen durch die weiterverarbeitende Industrie.[38] Die massive Industrialisierung einer vormals agrarisch geprägten Landschaft verlief keinesfalls widerspruchsfrei. Nicht zuletzt vor dem Hintergrund des in der DDR ab 1958 verfassungsmäßig festgeschriebenen „Rechts auf Erholung" verlieh dies dem Endprodukt „Bergbaufolgelandschaft" eine umso größere Bedeutung.[39]

---

35 Vgl. Rindt, Otto: Methodik der Planung von Bergbaufolgelandschaften im Bezirk Cottbus, in: *Schriftenreihe der Sektion Architektur der TU Dresden*. Bd. 12, 1979, S. 127–129, hier 127. Zur politischen Bedeutung vgl. insbes.: Rindt, Otto / Neumann, Hans Joachim: Landschaft im Wandel. Folgelandschaften des Bergbaus in der Niederlausitz (Sonderausgabe Mensch und Umwelt). Leipzig 1972, S. 16–23.

36 Betroffen von den Landschaftsveränderungen durch den Braunkohleabbau waren 41 % des Bezirksterritoriums, das Abraumverhältnis zur Kohle stieg laufend (von 2:1 bis zu 7:1), vgl. dazu Börner, Ulrich: Der Einfluss der Bergbaus auf die Landschaftsentwicklung im Senftenberger Braunkohlerevier, in: *Wissenschaftliche Abhandlungen der Geographischen Gesellschaft der DDR*. Bd. 17. 1986, S. 203–218, hier 214; Rindt, Otto: Die Bergbaufolgelandschaften im Bezirk Cottbus, in: *Architektur der DDR* 21. Jg. 1982/11, S. 686–690, hier 686. Der Tagebau erforderte bis 1990 die Umsiedlung von 128 Orten mit 23.100 Einwohnern, bis heute sind es etwa 130 Orte mit 25.000 Einwohnen, vgl. Unabhängiger Arbeitskreis Umwelt und Frieden Hoyerswerda: Verheizte Lausitz. Hoyerswerda 1990; zum Ausbau der Energiewirtschaft in der Region allg. Lotzmann, Edith / Viehrig, Hans: Die Entwicklung des Bezirkes Cottbus zum Kohle- und Energiebezirk der DDR, in: Scherf, Conrad / Viehrig, Hans: *Berlin und Brandenburg auf dem Weg in die gemeinsame Zukunft*. Gotha 1995, S. 239–243.

37 Vgl. Neumann / Rindt, Landschaft im Wandel, 1972; Barthel schreibt von einem Drittel. Vgl. Barthel, Hellmuth: Bergbau, Landschaft, Landeskultur in der DDR. Gotha, Leipzig 1976 (Geographische Bausteine 18), S. 9.

38 Der Aufschluss eines Braunkohlentagebaus in der Niederlausitz bedeutete um 1960/70 etwa 30 bis 60 Meter Abtrag.

39 Laut Beschluss des V. Parteitags der SED vom 16.7.1958 (IV/20). Vgl. Carl, Frank Erich: Erholungswesen und Landschaft: Ein Beitrag zur Planung der Ferienerholung in der Deut-

Im Oktober 1958, acht Jahre vor Auslaufen des Tagebaus Niemtsch, war die Perspektivplanung für den Tagebau um Senftenberg bereits in groben Zügen erstellt. Allerdings mussten sowohl die verantwortlichen Tagebauplaner des VEB Projektierungs- und Konstruktionsbüros Kohle als auch die Kumpel und Anwohner des Reviers erst noch davon überzeugt werden, dass eine von Beginn an planmäßige Wiederurbarmachung volkswirtschaftlich und landeskulturell sinnvoll und für alle Beteiligten lohnend sei. In seinem in Heft 10 der Zeitschrift „Natur und Heimat" unter dem Titel „Landschaft der Braunkohle. Ein Land verändert sein Gesicht" veröffentlichten Artikel regte ein gewisser Heinz Petzold die Leserschaft an, sich den Raum um Senftenberg als „Braunkohlenlandschaft von morgen" im Jahr 2000 vorzustellen.[40] Dabei verwies er auch auf das sozialistische Planziel der „Beseitigung der wesentlichen wirtschaftlichen und kulturellen Unterschiede zwischen Stadt und Land", deren Ursache er in den „regionalen Disproportionen" der wirtschaftlichen Struktur des „monopolkapitalistischen Deutschlands" erblickte.[41] Für die Zukunft prognostizierte er:

> „Auf den ausgekohlten Flächen im Osten, Süden und Westen um Senftenberg wird ein Grünring mit einem Kulturpark auf der ‚Impuls'-Kippe angelegt, der die Funktion einer Lunge übernimmt und der die Versandungsgefahr durch die vorherrschenden Westwinde beseitigen soll. Das Restloch des auslaufenden Tagebaus ‚Franz Mehring' ist als Erholungszentrum vorgesehen und wird als Speicherbecken auch wasserwirtschaftlich Bedeutung haben, wenn eine Verbindung mit der Schwarzen Elster hergestellt werden kann. […]
> Wird um das Jahr 2000 dann der Braunkohlenbergbau zu Ende geführt, so beginnt für das Senftenberger Gebiet eine neue wirtschaftliche Entwicklung und die sozialistische

schen Demokratischen Republik, in: *Schriftenreihe Gebiets-, Stadt- und Dorfplanung der Sektion Städtebau und Architektur der Deutschen Bauakademie.* Berlin [1960], hier 6.

40 Petzold, Heinz: Braunkohlenindustrielandschaft gestern, heute morgen, in: *Natur und Heimat* 7. Jg. 1958/10 „Landschaft der Braunkohle. Ein Land verändert sein Gesicht", S. 308–311, hier 310f. Siehe auch ders.: Landeskulturelle Probleme bei der Entwicklung der Brennstoffindustrie in der Lausitz, in: *Märkische Heimat (Heimatkundliche Zeitschrift der Bezirke Cottbus, Frankfurt, Potsdam. Hg. vom Rat des Bezirkes Potsdam und der Bezirkskommission Potsdam der Natur- und Heimatfreunde im Deutschen Kulturbund)* 3. Jg. 1959/2, S. 85–93. Der um 1920 geborene Petzold trat bis in die 1990er Jahre regelmäßig als Autor von heimatkundlichen Artikeln in Erscheinung und argumentierte für die Etablierung einer sozialistischen Definition von Heimat und Kulturlandschaft. Den Hinweis auf diese Beiträge verdanke ich Irene Pirschel. Zum Natur- und Heimatschutz in der DDR vgl.: Kazal, Irene: „Sozialistische Heimat DDR". Landschaft, Nation und Klasse in der Heimatdebatte der 50er Jahre, in: Dies. u. a. (Hg.): *Kulturen der Landschaft. Ideen von Kulturlandschaft zwischen Tradition und Modernisierung.* Berlin 2006 (Schriftenreihe Landschaftsentwicklung und Umweltforschung der Fakultät Architektur Umwelt Gesellschaft der TU Berlin 127), S. 59–79.

41 Petzold, Braunkohlenindustrielandschaft, 1958, S. 311; Ders.: Die Lausitzer Braunkohle. Ihre Entwicklung vom Objekt des Profitstrebens zum Quell unseres Volksreichtums, in: *Märkische Heimat* 3. Jg. 1959/3, S. 146–155, hier 149, 152.

Gesellschaft wird auch aus der Braunkohlenlandschaft wieder eine grüne Kulturlandschaft schaffen."[42]

Einen kritischeren Ton schlug im selben Heft Hugo Weinitschke (1930–2009) an, als Verantwortlicher des Instituts für Landschaftsforschung und Naturschutz Halle/Saale der Deutschen Akademie der Landwirtschaftswissenschaften zu Berlin (ILN) einer der obersten DDR-Naturschützer.[43] Er postulierte, dass der Begriff „Rekultivierung" in der sozialistischen Planwirtschaft seinen Sinn verlieren sollte, und kritisierte, dass aus „Kurzsichtigkeit" oder aus einem „falschen Sparsamkeitsprinzip" kaum nach der nunmehr seit sieben Jahren bekannten Wiederurbarmachungs-Verordnung verfahren werde: „Es kann im Zeitalter der sozialistischen Planwirtschaft nicht heißen: Erst die Industrie, dann die Landschaftsgestaltung, die Rekultivierung; beide müssen Hand in Hand arbeiten."[44]

Der Landschaftsgestalter Rindt war von 1959 bis 1984 in der Niederlausitz tätig.[45] Seine Ideen und sein Handeln bestimmten die Entwicklung der land-

42 Petzold, Braunkohlenindustrielandschaft, 1958, S. 312.

43 Prof. Dr. habil. Hugo Weinitschke, späteres Mitglied des Präsidiums und Vorsitzender der „Zentralen Kommission Natur und Heimat im Kulturbund der DDR", verfasste zusammen mit Ludwig Bauer, beide waren im ILN verantwortlich tätig, das Standardwerk: Landschaftspflege und Naturschutz. Eine Einführung in ihre Grundlagen und Aufgaben. Jena 1964 (Neuauflagen 1967 und 1973) und als Alleinautor das populärwissenschaftliche Büchlein: Naturschutz, gestern, heute, morgen. Leipzig, Jena, Berlin 1980. 1963 übernahm Weinitschke den Vorsitz des „Zentralen Fachausschusses Landeskultur und Naturschutz" sowie den stellvertretenden Vorsitz der „Zentralen Kommission Natur und Heimat" des Kulturbundes der DDR, ab 1980 gehörte er dem Zentralvorstand der „Gesellschaft für Natur und Umwelt" innerhalb des Kulturbunds an. Zu Weinitschke siehe den Nachruf in: *Naturschutz im Land Sachsen-Anhalt* 47. Jg. 2010/1+2, S. 64; Behrens, Hermann: Lexikon der Naturschutzbeauftragten. Bd. 3: Naturschutzgeschichte und Naturschutzbeauftragte in Berlin und Brandenburg. Hg. vom Institut für Umweltgeschichte und Regionalentwicklung e. V. an der Hochschule Neubrandenburg. Friedland 2010, S. 203. Zum ILN vgl. Reichhoff, Lutz / Wegener, Uwe: ILN Institut für Landesforschung und Naturschutz Halle. Forschungsgeschichte des ersten deutschen Naturschutzinstituts. Friedland 2011.

44 Weinitschke, Hugo: Kippen. Landschaftswunden werden behandelt, in: *Natur und Heimat* 7. Jg. 1958/10 „Landschaft der Braunkohle. Ein Land verändert sein Gesicht", S. 312ff, hier 314.

45 Rindt war zunächst fast ein Jahr (1.10.1958 bis 30.6.1959) im Entwurfsbüro für Hochbau Cottbus in der Abteilung Gebiets-, Stadt- und Dorfplanung für Fragen der Landschaftsgestaltung und Erholung bei der Gebietsplanung des Bezirks verantwortlich. Anschließend wechselte er in das nun eigenständige Entwurfbüro für Gebiets-, Stadt- und Dorfplanung Cottbus, wo er bis Ende 1964 im gleichen Aufgabengebiet tätig war. Nachfolgerin dieser Einrichtung war das Büro für Territorialplanung der Bezirksplankommission Cottbus, wo Rindt bis September 1983 (bis 1978 als Brigadeleiter) für Landschaftsplanung und Bergbau beschäftigt war. Damit war er in dieser Region 25 Jahre beruflich tätig. Angaben entspr. einer Auflistung „Gesellschaftliche Tätigkeiten" vom 30.12.1961, einem handschriftlichen Lebenslauf Rindts vom 2.12.1984 (im Nachlass) und der biographischen Aufstellung bei Kirsten, Rüdiger: Die sozialistische Entwicklung der Landschaftsarchitektur in der DDR:

schaftlichen Gestaltung von Bergbaufolgelandschaften in der DDR. Neben den wissenschaftlichen Arbeiten Pniowers und Lingners konnte er sich auf eigene Erfahrungen bei der Planung für das Geiseltal bei Halle sowie seine Studie zum Senftenberger Braunkohlerevier stützen. Diese hatte er 1958 noch im Zentralen Entwurfsbüro für Stadt-, Gebiets-, und Dorfplanung in Halle erarbeitet, wo er von 1952 bis 1958 für die Brigade Grünplanung verantwortlich gewesen war.[46] In dieser Studie hatte er bereits die Notwendigkeit betont, parallel zur ökonomischen Planung auch eine gestalterische Gebietsplanung in Form eines umfassenden Planwerks für die gesamte Bergbauregion anzulegen. Um die landschaftlichen Funktionen „Erholung“ und „Gesundheit“ bei gleichzeitiger Erhaltung bzw. Steigerung des Nutzwertes der Landschaft zu garantieren, betonte Rindt die Notwendigkeit einer integrierenden Gebietsentwicklungsplanung mit langfristiger Perspektive. Bezüglich der Erholungsgebiete sah Rindt „große Möglichkeiten“ und forderte, „schon im Abbauprozeß an das Formen von flachem Strand zu denken“, da bisher günstige Auswirkungen „mehr oder weniger unabsichtlich“ zustande gekommen seien.[47] Der Verpflichtung „im Sinne unserer sozialistischen Gesellschaftsordnung, einmal die bestmöglichen Produktions- und Kulturlandschaften zu schaffen“, könne man jedoch laut Rindt nur gerecht werden, wenn auch die dafür notwendige Zusammenarbeit zwischen Biologen, Landschaftsgestaltern und Wasserwirtschaftlern mit „der Technik“, also dem Bergbau und der Industrie, viel früher einsetze. Dafür erinnerte er an das „klassische Beispiel“ der Autobahnen.[48] Seine Untersuchungen konnte er ab 1960 im Rahmen eines Forschungsauftrags der Bergakademie Freiberg vertiefen.

Beispielexperiment Knappensee

Das erste nach dem Krieg in der DDR projektierte Erholungsgebiet in der Bergbaufolgelandschaft der Niederlausitz war der auch „Kleine Ostsee“ genannte Knappensee in der Nähe der „Zweiten Sozialistischen Stadt“ Hoyers-

---

Ideen, Projekte und Personen; unter besonderer Berücksichtigung des Wirkens von Reinhold Lingner. Dissertation, Hochschule für Architektur und Bauwesen Weimar 1989, Anlage 11.

46 „Wege und Ziele für die Gestaltung bzw. Entwicklung der Landschaftsräume um Senftenberger Braunkohlenrevier. Referat für die Sitzung der Kommission zur Wiederurbarmachung der durch den Bergbau genutzten Flächen am 10. 1. 1958“, von Rindt erarbeitet in der Sonderbrigade Gebietsplanung Cottbus, datiert vom 9. 1. 1958, im Nachlass Rindt. Zu den Projekten Rindts in dieser Zeit vgl. Zutz, Axel: Otto Rindt – Kontinuitäten und Neuorientierung im Wirken eines Landschaftsplaners nach 1945, in: Barth, Holger (Hg.): *Projekt Sozialistische Stadt. Beiträge zur Bau- und Planungsgeschichte der DDR*. Berlin 1998, S. 243–250.

47 Vgl. Rindt, Wege und Ziele, 1958, S. 4.

48 Ebd. S. 5.

werda.[49] Der Aufbau dieser Industriestadt für 25.000 Einwohner warf auch Fragen der Naherholung auf, weshalb 1958 der Ausbau des 300 ha großen Tagebaurestlochs als Sport- und Erholungszentrum beschlossen wurde. Einen triftigen Grund für dieses Phänomen liefert die Historikerin Nikola Knoth: „Von Beginn an prägte dieses neue ‚moderne' Arbeitermilieu die spezifisch städtische Sehnsucht nach Erholung und Entspannung im Grünen – trotz der Bemühungen von Architekten und Grünplanern, die neuen Wohnstätten bunter und grüner als bislang üblich zu gestalten."[50]

An der Grube Werminghoff I (Auskohlung 1917–1943), die durch ein Hochwasser 1945 vollgelaufen war, hatten sich bereits Freizeitaktivitäten wie Angeln, Baden und Bootfahren etabliert. Insofern reagierte die Planung auf bereits vorhandene Nutzungen. Mehr als die Hälfte des Seeufers bestand aus flachem Sandstrand, der 4 km lang und bis zu 150 m breit war. Es gab durch Rutschungen und Hangerosionen reizvoll ausgebildete Hochufer, die an die Steilküsten der Insel Rügen erinnerten und damit ein allseits verankertes romantisches Motiv reproduzierten. Die landschaftliche Kulisse bildete die aus Rekultivierungen Ende der 1920er Jahre hervorgegangene Vegetation. Der ökologische Zustand des Sees erlaubte die Entwicklung von Fischbeständen sowie eines reichen Wasservogellebens. An seinen Ufern etablierte sich wildes Campen, daneben wurde der See auch als Speicherbecken zur Hochwasserrückhaltung sowie als Wasserreservoir für die Landwirtschaft und ein Braunkohlenwerk genutzt. In dieser Hinsicht unterschied sich der Knappensee von anderen Restlöchern, die nach dem Ende des Bergbaus verseuchtes Wasser und lebensgefährliche Steilufer ohne Vegetation und ohne Tierleben aufwiesen.

Um die weitere Entwicklung des Knappensees zu einem Freizeit- und Erholungsgebiet zu koordinieren, wurde unter der Leitung des Industriekombinats „Schwarze Pumpe" ein sogenanntes Knappensee-Komitee aus Vertretern verschiedener gesellschaftlicher Organisationen gebildet. Für die landschaftliche und städtebauliche Planung übernahm das Bezirksbüro für Gebiets-, Stadt- und Dorfplanung Cottbus die Verantwortung. Vorgesehen war bei einer durchgängig öffentlichen Nutzung und damit freien Zugänglichkeit die Einrichtung von

49 Zu allen Angaben vgl. Rindt, Otto: Knappensee. Ein Tagebaurestloch wird Sport- und Erholungszentrum, in: *Märkische Heimat* 1960/Märzheft, S. 19–30; sowie ders.: Der Knappensee als Erholungsgebiet, in: *Deutsche Gartenarchitektur* 1. Jg. 1960/4, S. 113–117; weiterhin Huck: Erfahrungen und Gestaltung bei der landschaftlichen Einordnung der Feriensiedlung Knappensee, in: *Landschaftsarchitektur* 14. Jg. 1985/4, S. 112; Kamenz, Johannes Heinrich: Die Geburt eines neuen Sees, in: *Natur und Heimat* 1. Jg. 1953/1, S. 26–29; Lausitzer- und Mitteldeutsche Bergbau-Verwaltungsgesellschaft LMBV (Hg.): Werminghoff/ Knappenrode. Senftenberg 2011 (Wandlungen und Perspektiven 17).

50 Vgl. Knoth, Nikola: Landschaft auf Kohle. Sozialhistorische Perspektiven des Umweltproblems am Beispiel des Kreises Spremberg, in: Hübner, Peter (Hg.): *Niederlausitzer Industriearbeiter 1935 bis 1970. Studien zur Sozialgeschichte.* Berlin 1995, S. 61–93, hier 84.

Abb. 12: Postkarte Knappensee (Otto Rindt 1963, Nachlass Rindt).

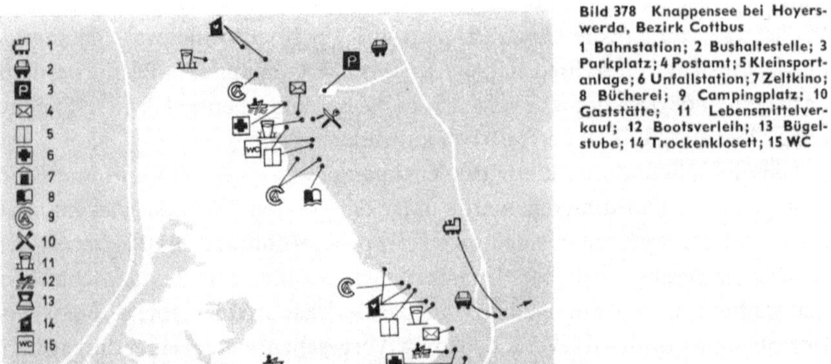

Abb. 13: Übersichtsplan (Uebersichtsplan Knappensee in: Rietdorf / Baeseler: Freizeitanlagen, 1979, S. 233).

Zeltplätzen, Sommerhäuschen, Gaststätten, einer Jugendherberge, eines Hafens und eines Wasserspielplatzes sowie eines Anglerheims. Die bis dahin unkontrollierten Freizeitnutzungen sollten damit in ein planvolles Nebeneinander unterschiedlicher Erholungsmöglichkeiten überführt werden. 1969 existierten schließlich sieben Campingplätze.[51] 1973 wurde mit dem Bau einer Bungalowsiedlung begonnen, die zunächst 100 und bis 1980 138 Bungalows umfasste. Zu den Einrichtungen gehörten ein als „Indianerdorf“ gestalteter Spielplatz und gärtnerische Anlagen.[52] Die vorhandenen Rekultivierungsbepflanzungen aus Kiefern und Pappeln sollten nach den Vorstellungen Rindts parkartig entwickelt werden.

Die Erholungsplanung erhielt in der DDR ab der zweiten Hälfte der 1960er Jahre verstärkte Aufmerksamkeit.[53] Die gewonnene individuelle Freizeit sollte nach der Vorstellung offizieller Stellen gerade angesichts der verkürzten wöchentlichen Arbeitszeit jedoch nicht irgendwie „verbracht“ werden, sondern „gestaltet“ im Sinne der „Herausbildung sozialistischer Persönlichkeiten“.[54] Da der Bezirk Cottbus offiziell als „Erholungsmangelgebiet“ galt,[55] stellte der Landschaftsdiagnostiker Frank Erich Carl fest:

> „Besondere Aufmerksamkeit muß von Seiten der Erholungsplanung den Braunkohlenabbaugebieten gewidmet werden, da sich hier Möglichkeiten für die Neugründung von Erholungslandschaften - vorzugsweise zwar für die Naherholung, aber auch für den Ferienaufenthalt von Erholungssuchenden - anbieten. [...]
> Das hier [in der Niederlausitz, A. Z.] vorliegende Zufallsergebnis - begünstigt durch das Vorhandensein kulturfähiger Abraummassen in den oberen Bodenschichten - deutet auf die landschaftsgestalterischen Möglichkeiten hin, die bei einem rechtzeitigen Zusammenwirken von Bergbau- und Erholungsplanung in der bergbaubedingten Landschaftsveränderung liegen. Dafür ist es notwendig, Pläne für die zukünftige Nutzung und Gestaltung der Abbaugebiete bereits vor dem Aufschluß festzulegen und bei der Auskohlung zu berücksichtigen.“[56]

---

51 Vgl. Lausitzer- und Mitteldeutsche Bergbau-Verwaltungsgesellschaft LMBV (Hg.): Werminghoff/Knappenrode, 2011, S. 10.

52 Vgl. Huck, Erfahrungen und Gestaltung, 1985.

53 Vgl. Greiner, Johann: Stadtnahe Erholungsgebiete: Beispiele und Grundlagen für die Bearbeitung von Generalbebauungsplänen. Berlin 1968 (Schriftenreihen der Bauforschung: Reihe Städtebau und Architektur 19); Rietdorf, Werner / Baeseler, Horst: Freizeitanlagen. Grundlagen, Anregungen und Beispiele für die Planung, Gestaltung und Baudurchführung. Berlin 1979, hier insbesondere die Ausführungen zu stadtnahen Erholungsgebieten S. 216–238. Zu den Grundfragen des Erholungswesens der DDR vgl. Oehler, Ellenor (Leitung und Gesamtredaktion): Erholungswesen. Leitung, Organisation, Rechtsfragen. Hg. von der Akademie für Staats- und Rechtswissenschaft der DDR. Berlin 1989, S. 13–29.

54 Rietdorf / Baeseler, Freizeitanlagen, 1979, S. 5, 9.

55 Vgl. Lotzmann, Edith: Erholung im Bezirk Cottbus, in: Krüger, M. (Red.): *Der Bezirk Cottbus. Beiträge zur Geographie des Kohle- und Energiezentrums der DDR Bezirkskabinett für Weiterbildung der Lehrer und Erzieher.* Cottbus 1969, S. 63–67, hier 64.

56 Vgl. Carl, Erholungswesen, [1960], S. 26f.; weiterhin Lingner, Reinhold / Gandert, Klaus-Dietrich: Zur Auswahl und Gestaltung von Freiflächen für die Erholung in der Stadtrandzone, in: *Wissenschaftliche Zeitschrift der Humboldt-Universität zu Berlin* 13. Jg. 1964/5, S. 767–769.

Durch die frühzeitige Aufstellung von Grundsätzen zur Erholungsplanung im Jahr 1963 – also bereits vor der Neuformulierung des Rechts auf Freizeit und Erholung sowie auf Schutz der Gesundheit und der Arbeitskraft in der Verfassung der DDR von 1968 (Artikel 34 und 35) – nahm der Bezirk Cottbus DDR-weit eine Vorreiterrolle ein.[57] Was den Knappensee als Restloch des Braunkohletagebaus auszeichnete, waren seine guten ökologischen, funktionalen und gestalterischen Voraussetzungen für die Umformung in ein Erholungsgebiet. Die meisten Restlöcher (um 1965 etwa 50) wiesen diese zufällig entstandenen Vorteile nicht auf. Deshalb zogen Rindt und andere die Schlussfolgerung, „in Zukunft bei der Entwicklung von Tagebaurestlöchern mehr als bisher die im Abbauprozeß liegenden Möglichkeiten zu nutzen."[58]

Abb. 14: Eindrücke von der „Kleinen Ostsee" Knappen See (Foto von Otto Rindt aus dem Nachlass).

57 Vgl. Rindt, Otto: Die Entwicklung des Erholungswesens im Bezirk Cottbus, in: *Deutsche Gartenarchitektur* 5. Jg. 1966/2, S. 27ff., hier 27; zum Erholungswesen als Aufgabe der Landschaftsplanung der DDR vgl. neben den genannten DDR-Autoren: Wübbe, Irmela: Landschaftsplanung in der DDR. Aufgabenfelder, Handlungsmöglichkeiten und Restriktionen in der DDR der sechziger und siebziger Jahre. Pilnitz 1995 (Pillnitzer Planergespräche), S. 39ff.

58 Rindt, Knappensee, 1960, hier S. 20.

Pionierprojekt Senftenberger See

Die Umsetzung dieser Vorstellungen erfolgte in einem langwierigen, über 40 Jahre andauernden Prozess bei der Entwicklung des Senftenberger Seengebiets. Rindt, der als als verantwortlicher Landschaftsplaner im Büro für Territorialplanung (BfT) des Bezirks Cottbus tätig war, ging in mehreren Artikeln der 1960er bis 1980er Jahre immer wieder auf das Thema ein. Regelmäßig rief er sowohl die bergbaulichen als auch die direkt politisch verantwortlichen Stellen zu größerem Engagement in der Planung der Folgelandschaften bereits während des Abbauprozesses auf und verwies auf die bereits erzielten Erfolge am Knappen- und Senftenberger See.

Etwa ab 1965 nahm das Programm für das Senftenberger Seengebiet in tagebautechnischer, wasserwirtschaftlicher und rekultivierungstechnischer Sicht Gestalt an. Den „großen Landschaftszerstörungen" mit dem „Abbau ganzer Kulturlandschaften" sollte die Gestaltung einer „neuen Heimat" folgen, in der alte und neue Landschaft, Hochhalden und miteinander verbundene Tagebauseen, Siedlungen und Industrie „organisch" zusammengefügt sein würden. Deutliche Kritik übte Rindt an den „chaotischen Zuständen" der bestehenden Bergbaufolgelandschaften und der mangelnden Verantwortlichkeit der zuständigen Verwaltungsstellen vor allem hinsichtlich der Erholungsvorsorge. Er forderte deshalb, einen „besseren Weg als bisher zum Aufbau der Bergbaufolgelandschaft" einzuschlagen, und mahnte insbesondere auch zu stärkeren Bemühungen um die Reinhaltung des Wassers und der Luft. Landschaftsschutzgebiete in der Bergbaunachbarlandschaft sollten zu ökologischen und gestalterischen Ausgangspunkten für die Bergbaufolgelandschaft werden.[59] Rindt sah „mangelnde Aufklärungsarbeit" als eine wesentliche Ursache der von ihm benannten Schwächen an. Um dieses Defizit auszugleichen, setzte er auf „Erholungsaktive", lokale Zusammenschlüsse von Betrieben, Verwaltungsstellen und politischen wie gesellschaftlichen Organisationen, die sich mit Erholungsfragen befassten.[60]

In zahlreichen Beiträgen in wissenschaftlichen Reihen, Fachjournalen und regionalen Zeitschriften trat Rindt für die Umsetzung seiner Vorstellungen ein.[61]

---

59 Rindt, Otto: Die Umwandlung der Landschaft durch Braunkohlebergbau und Industrie und die Aufgaben des Naturschutzes im Bezirk Cottbus, in: *Naturschutzarbeit in Berlin und Brandenburg* 1. Jg. 1965/3, S. 16–23.

60 Diese Forderung muss im Zusammenhang mit den 1963 durch das Ministerium für Landwirtschaft beschlossenen „Grundsätzen der sozialistischen Landeskultur der DDR" gesehen werden, welche in Ergänzung des Naturschutzgesetzes von 1954 wirksam wurden und einen Vorgriff auf das dann 1970 verabschiedete Landeskulturgesetz darstellten.

61 Rindt, Entwicklung des Erholungswesens, 1966, S. 27ff.; Restlöcher im Bezirk Cottbus als neue Erholungslandschaft – aufgezeigt an Beispielen des Knappensees und des zukünftigen Senftenberger Sees, in: *IV. Symposium über die Wiedernutzbarmachung der durch die Industrie devastierten Territorien. Referate-Sammlung Teil I.* Leipzig 1970, S. 24–30; (mit

Zugleich vertrat er seine Positionen auch auf öffentlichen Veranstaltungen, die beispielsweise der Kulturbund der DDR organisierte, und schrieb öffentlichkeitswirksam Beiträge für die ortsansässige Bevölkerung und die Erholungssuchenden in der „Senftenberger See-Rundschau".[62] Rindts Ideen vom Ausbau des Reviers zu einem Seengebiet wurden später auch gern als „Visionen" bezeichnet. Er veranschaulichte sie 1965 in selbstgefertigten Vogelschaubildern, die den Zustand 1860, 1960 und die Entwicklung bis zum Jahr 2010 zeigen.[63]

Bereits zehn Jahre später waren die ersten Schritte zur Entwicklung des Senftenberger Sees eingeleitet. Dazu gehörte die koordinierte Planung und Vorbereitung der beschlossenen Maßnahmen in einer „Sozialistischen Arbeitsgemeinschaft Senftenberger See" nach dem Vorbild des Knappensee-Komitees ab 1963.[64] Um die naturwissenschaftlich-planerischen Grundlagen zu klären, erfolgte eine wasserwirtschaftliche Studie in den Jahren 1963/65 sowie eine Studie zur territorialen Entwicklung ab 1964. Dieser folgten die Aufstellung eines Generalbebauungsplans Senftenberger See (1968/69), an den die Aufstellung eines Generalbebauungsplans für die Stadt Senftenberg (1972) anschloss. Der wichtigste Entwicklungsschritt bei der Herausbildung des Senftenberger Sees war die vorbereitende Modellierung der Böschungen und des Bodens im noch laufenden Tagebau und die Nutzung der dafür noch vorhandenen „modernen Arbeitselefanten".[65] Nachdem die Kippenregulierungen und Bö-

Neumann, Hans Joachim): Industriefolgelandschaften, in: *Wissenschaft und Fortschritt* 23. Jg. 1973/5, S. 201–207; Das Zusammenspiel der verschiedenen Fachbereiche am Beispiel des Senftenberger Sees und der Lausitzer Seenplatte, in: *Wissenschaftliche Zeitschrift der Technischen Universität Dresden* 22. J. 1973/4, S. 700; Senftenberg – eine Stadt verändert ihr Gesicht, in: *Architektur der DDR* 13. Jg. 1974/3, S. 138–143; Bergbaufolgelandschaften, 1975; Die Umwandlung der Landschaft im Bezirk Cottbus durch den Braunkohlenbergbau in Vergangenheit, Gegenwart und Zukunft, in: *Natur und Landschaft im Bezirk Cottbus* 1979/2, S. 31–44; Methodik, 1979; Die Bergbaufolgelandschaften im Bezirk Cottbus, in: *Architektur der DDR* 21. Jg. 1982/11, S. 686–690.

62 Rindt, Otto: Über Kippen werden Boote segeln, in: *See-Rundschau.* Senftenberg 1974, Nachdruck in: See-Rundschau. Senftenberg 1983, S. 6–11; Das Senftenberger Tagebauseengebiet in Vergangenheit, Gegenwart und Zukunft, in: *See-Rundschau* Senftenberg 1975, S. 18f., Nachdruck in: *See-Rundschau.* Senftenberg 1983, S. 12–19; Der Senftenberger See und seine Entwicklungsgeschichte, in: *See-Rundschau.* Senftenberg 1976, S. 6–9.

63 Verkleinerter farbiger Nachdruck in: Förderverein Kulturlandschaft Niederlausitz, Otto Rindt, 1993.

64 Sie unterstand der Leitung des Senftenberger Bürgermeisters Grünter Flack (geb. 1921), dem Jochinke / Jacob einen bedeutenden Anteil an der Realisierung des Erholungegebiets zuschreiben. Vgl. Jochinke, Ute / Jacob, Ulf: Unsere Heimat DDR. Das Erholungsgebiet Senftenberger See als sozialistische Freizeitoase, in: Jacob, Ulf / Jochinke, Ute: *Zeitmaschine Lausitz, Oasen der Moderne. Stadt- und Landschaftsgestaltungen im Lausitzer Revier.* Hg. von Internationale Bauausstellung Fürst-Pückler-Land. Dresden 2004, S. 87–119, hier 99.

65 Der Begriff stammt von dem Landschaftsgestalter Albrecht Krummsdorf. In: Krummsdorf, Albrecht / Grümmer, Gerhard: Landschaft vom Reißbrett – Die Zukunft unserer Kippen, Halden und Restlöcher. Leipzig u. a. 1981, S. 68.

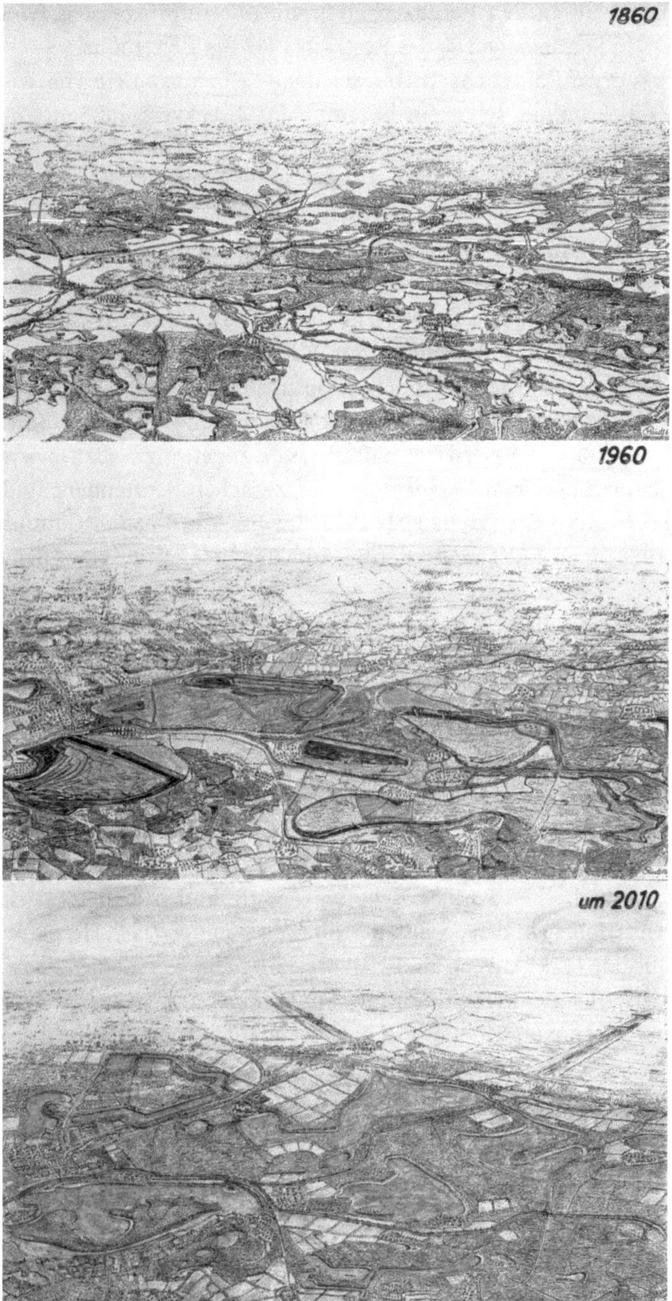

Abb. 15: Vogelschaubilder Senftenberger Seengebiet von Otto Rindt (1965).

schungsabflachungen durch den Bergbau bereits im Auslaufprozess bis 1966 durchgeführt werden konnten, wurde das Restloch 1967 bis 1972 geflutet.

1968 wurden als organisatorische Träger der neuen Nutzungen ein volkseigener Betrieb (VEB) Erholung sowie ein Kommunaler Zweckverband Senftenberger See gegründet, bestehend aus Stadt und Rat des Kreises sowie den Anliegergemeinden, beratend dabei das Braunkohlekombinat (BKK) Senftenberg, der Kreisvorstand des FDGB und die Forstwirtschaft.[66] Zeitgleich erfolgte die Ausweisung als Landschaftsschutzgebiet. 1973 schließlich konnte die Eröffnung des Großkoschener Strandes gefeiert werden. Im selben Jahr erfolgte die Gründung des „Erholungsgebiets Senftenberger See" (ESS).

Die Planungen beschränkten sich nicht nur auf den Senftenberger See als Einzelgewässer: Eine weiterführende Studie zur optimalen Nachnutzung der im Lausitzer Braunkohlenrevier entstehenden Tagebau-Restseen wurde vom Büro für Territorialplanung und Wasserwirtschaft ab 1972 angefertigt, ebenso wie eine Studie zur landschaftlichen Entwicklung der zwischen Senftenberg und Bluno entstehenden Tagebaulandschaft ab 1974. Im BfT des Bezirks Cottbus waren dafür um 1980 bis zu zwölf Landschaftsarchitekten beschäftigt, eine DDR-weite Ausnahme.[67]

Rindt sah die neu entstehenden Parklandschaften in der Tradition der herrschaftlichen Gärten vergangener Epochen und in diesem Sinne auch als Krönung der jahrhundertelangen landeskulturellen Bemühungen in dieser Region, wenn er formulierte: „Der Bergbau mit seinen Folgelandschaften ist die Gelegenheit die Königsgärten des Sozialismus zu bauen."[68] Der Vergleich ist keineswegs abwegig: Wurde für die öffentliche Verbreitung der Idee von einem Freizeit- und Erholungsgebiet oft das beliebte Urlaubsziel Ostseeküste herangezogen, orientierte sich Rindt bei den Gestaltungsvorschlägen für die Randbereiche der Tagebauseen an den arkadischen Parklandschaften des 18. und frühen 19. Jahrhunderts. Er verwies dabei auf den „größten Erdbeweger seiner Zeit", Hermann Fürst Pückler-Muskau (1785–1871), und den Gestalter der Potsdamer Seenlandschaft Peter Josef Lenné (1789–1866) sowie auf deren langfristig angelegte Parkschöpfungen.[69] Die unvergleichlich viel umfassenderen Erdbewegungen des

66 Vgl. Jochinke / Jacob, Unsere Heimat, 2004, S. 100. Die Leitung oblag ebenfalls Flack.

67 Vgl. Wübbe, Landschaftsplanung, 1995, S. 55, zum Platz der Landschaftsplanung innerhalb der DDR-Territorialplanung S. 57–77.

68 Vgl. Anm. 1.

69 Vgl. Rindt, Otto: Was können uns Pücklers Werke der Parkgestaltung bei der Lösung kommender Aufgaben der Entwicklung von Bergbaufolgelandschaften sagen? Diskussionsbeitrag auf der Cottbuser Tagung des Zentralen Fachausschusses ‚Denkmale der Landschafts- und Gartengestaltung' anläßlich der Festveranstaltung aus Anlaß der 200. Wiederkehr des Geburtstages von Fürst Hermann von Pückler-Muskau vom 29.–31.10.1985, in: Niederlausitzer Arbeitskreis für regionale Forschung beim Rat des Bezirkes Cottbus, Bezirksmuseum Cottbus (Hg.): *Fürst Hermann von Pückler-Muskau 1785–1985. Festansprache*

Bergbaus sollten als Chance betrachtet werden, um eindrucksvolle Raumgestaltungen im Sinne einer „Verschmelzung" der Bergbaufolgelandschaft mit der Bergbaunachbarlandschaft zu verwirklichen.[70] Intensiv gestaltete Einzelbereiche mit Aussichtspunkten sollten rund um die Tagebauseen die Erlebnismöglichkeiten zusätzlich steigern und die neu geschaffene Kulturlandschaft als Errungenschaft moderner Technik, sozialistischer Planung und breitester gesellschaftlicher Kraftanstrengung in Szene setzen.

Die an der Entwicklung des Senftenberger Sees beteiligten und interessierten Naturschützer und Vertreter verwandter Disziplinen gründeten 1975 anlässlich eines sogenannten Landschaftstags die Arbeitsgruppe Landeskultur Senftenberger Seengebiet, deren Aufgabe die Naturbeobachtung und -forschung war. Am zweiten Landschaftstag 1984 wurde ein Naturlehrpfad eingerichtet, 1987 erfolgte die Aufstellung eines Landschaftspflegeplans für das bereits 1968 ausgewiesene Landschaftsschutzgebiet Senftenberger See.[71]

Ein Naturschutzgebiet besonderer Art ist die 899 ha große Insel im Senftenberger See, die im März 1981 unter Schutz gestellt wurde.[72] Bedingt durch die

---

und Vorträge anlässlich der Pücklerehrung. Geschichte und Gegenwart des Bezirkes Cottbus. Cottbus 1986 (Niederlausitzer Studien Sonderheft), S. 109–111; Ders.: Die Bedeutung Lennés für die Aufgaben der Entwicklung der Landschaft, der Städte und Dörfer unserer Zeit, in: *Landschaftsarchitektur* 18. Jg. 1989/4, S. 108–110. Zu Pückler als dem Ahnherrn landschaftsgestalterischer Oasen-Schöpfungen siehe Jacob, Ulf: Bis die Unmöglichkeit eintritt. Hermann Fürst Pückler Muskau und das Prinzip der Oasen, in: Jacob / Jochinke, *Zeitmaschine Lausitz*, 2004, S. 11–21.

70 So wie auch Pückler dem Alaunbergbau „durch seine schroffen, wie von einer Erdrevolution durcheinandergeworfenen Formen, manche sehr malerische[n] Puncte" abgewinnen konnte und am Fuße einer Halde ein Bad errichten ließ. Fürst von Pückler-Muskau: Andeutungen über Landschaftsgärtnerei verbunden mit der Beschreibung ihrer praktischen Anwendung in Muskau. Muskau 1834, S. 237).

71 Vgl. den Bericht „1. Landschaftstag Senftenberger See", in: Kulturbund der DDR, Zentrale Kommission Natur und Heimat des Präsidialrates (Hg.): *Natur und Heimat – Teil der kulturpolitischen Verpflichtung des Kulturbundes der DDR.* Berlin 1976; das Programm der „Arbeitsgruppe Landeskultur Senftenberger Seengebiet" 1976–1980, hg. vom Kulturbund der DDR, Bezirksleitung Cottbus, Bezirkskommission Natur und Heimat vom 29.5.1976 im Studienarchiv Umweltgeschichte (StUG) an der Hochschule Neubrandenburg; die Referate des 2. Kreislandschaftstages, in: Kulturbund der DDR, Kreisleitung Senftenberg, Rat des Kreises Senftenberg (Hg.): *Sonderheft* (Schriftenreihe für Heimatforschung Kreis Senftenberg 1/1984); sowie die Empfehlungen des II. Kreislandschaftstages Senftenberg 1984. Senftenberg 1984. Zum Konzept der Landschaftstage vgl. Oehler, Erholungswesen, 1989, Abschnitt Landschaftstage und Erholungskonferenzen, S. 80ff.; Auster, Regine: Landschaftstage. Kooperative Planungsverfahren in der Landschaftsentwicklung – Erfahrungen in der DDR. Hg. vom Institut für Umweltgeschichte und Regionalentwicklung Marburg 1996 (Umweltgeschichte und Umweltzukunft IV).

72 Vgl. Fischer, Wolfgang / Großer, Karl Heinz / Mansik, Karl-Heinz / Wegener, Uwe: Die Naturschutzgebiete der Bezirke Potsdam, Frankfurt (Oder) und Cottbus sowie der Hauptstadt der DDR, Berlin. Handbuch der Naturschutzgebiete der Deutschen Demokratischen Republik Bd. 2. Leipzig, Jena, Berlin 1972 (3. Aufl. 1982), S. 263–267.

Abb. 16: Bergbauhalde (Alaun), die in den Pückler-Park Bad Muskau integriert werden sollte, nach einer Lithographie von Eduard Sachse von 1843, ab 1868 gestalterisch im sogenannten Bergpark umgesetzt von Eduard Petzold (1815–1891) (aus dem Bestand der Stiftung „Fürst-Pückler-Park Bad Muskau", in: Barufke, Regina u.a.: Fürst-Pückler-Park Bad Muskau – ein europäischer Landschaftspark. Bad Muskau 1998, S. 20).

Abraumschüttungen des Tagebaus ist ihr Relief sehr vielgestaltig und entwickelt sich weiterhin durch Erosionen, sodass sich zahlreiche kleinteilige Buchten und unterschiedlich exponierte Uferzonen mit einem reichen Tier- und Pflanzenleben herausgebildet haben. Das Betreten der Insel ist wegen der Rutschungsgefährdungen verboten, hier hat sich der Mensch aus der Gestaltung der Landschaft vollkommen zurückgezogen, um sie sich selbst zu überlassen.[73]

Es ist beim Senftenberger See gelungen, die Planung der Bergbaufolgelandschaft noch während des laufenden Tagebaus aufzustellen und in das Auslaufprogramm zu integrieren. So wurde entgegen bergmännischer Prinzipien der Drehpunkt des Tagebaus verlegt, um möglichst große Strandbereiche im gewachsenen Gelände zu erhalten.[74] Eingedenk aller Probleme bei der Umsetzung

73 Vgl. Pietsch, Werner: Vegetationsentwicklung und Gewässergenese in den Tagebauseen des Lausitzer Braunkohlen-Reviers, in: *Archiv für Naturschutz und Landschaftsforschung* 13. Jg. 1973, S. 187–217; Ders.: Klassifizierung und Nutzungsmöglichkeiten der Tagebaugewässer des Lausitzer Braunkohlen-Revieres, in: *Archiv für Naturschutz und Landschaftsforschung* 19. Jg. 1979, S. 187–215. Mit dem Totalreservat der Insel wird die von Jochinke und Jacob formulierte Idee der „Oase" als dem Bild eines „Paradieses des elysischen Gartens und der ungebändigten Wildnis" unterstrichen (2004, S. 86–118, hier 112).

74 Vgl. LAUBAG: Bergbaufolgelandschaften im Lausitzer Revier. Senftenberg 1993, S. 4.

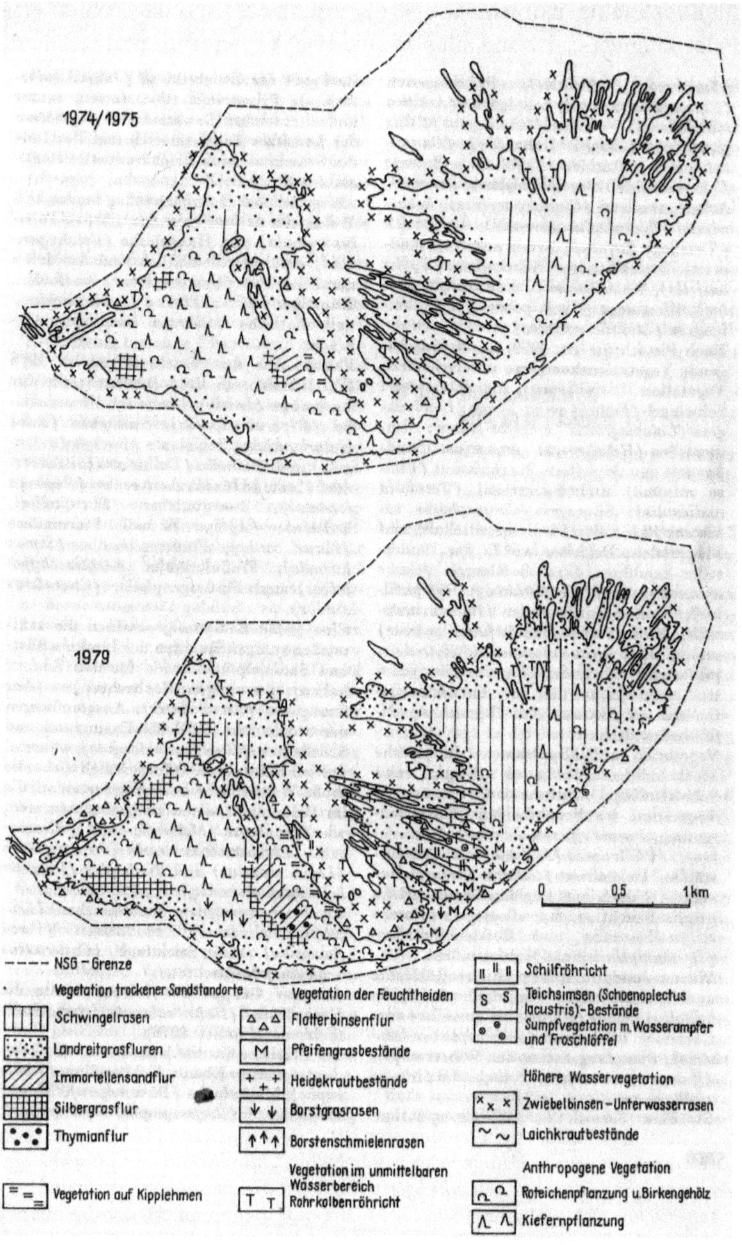

Abb. 17: Vegetationsentwicklung des NSG „Insel im Senftenberger See“ 1974/1975 und 1979 (Werner Pietsch, in: Fischer, Wolfgang u. a.: Die Naturschutzgebiete der Bezirke Potsdam, Frankfurt (Oder) und Cottbus sowie der Hauptstadt der DDR, Berlin. Handbuch der Naturschutzgebiete der Deutschen Demokratischen Republik. Bd. 2. 3. Aufl. Leipzig u. a. 1982, S. 265).

der geplanten Maßnahmen brachte die Fertigstellung des Erholungsgebiets eine wichtige Prioritätenverschiebung mit sich: Bis 1969 hatten land- und forstliche Rekultivierung den alleinigen Vorrang. Mit dem Senftenberger See wurde zum ersten Mal planmäßig aus einem Tagebau eine Freizeitlandschaft im Sinne der Gewährleistung des Rechts auf Freizeit und Erholung realisiert. Dieses Verfassungsziel wurde in Anknüpfung an die Verordnung zur Wiedernutzbarmachung von 1951 auch im neuen Berggesetz (1969) und im Landeskulturgesetz der DDR (1970) sowie den nachfolgenden Ausführungsbestimmungen und Durchführungsverordnungen rechtlich verankert.[75]

Ab Mitte der 1970er Jahre verlief die Zusammenarbeit von Bergbau- und Territorialplanung vom Auslaufprogramm über die Wiederurbarmachung, Übergabe und Rekultivierung bis zur Folgenutzung in geregelten Abläufen und wurde in vertragliche und institutionelle Bahnen gelenkt.[76] Es hatte sich, so der Geograph Hellmuth Barthel, die Erkenntnis durchgesetzt, dass die Tagebaubetriebe „bei zielgerichteter Planung im Zuge des Kohleabbaus durchaus in der Lage [sind, A. Z.], Bergbaufolgelandschaften aufzubauen, die einen höheren volkswirtschaftlichen Gebrauchswert besitzen als vor der bergbaulichen Inanspruchnahme."[77] Den monetären Wert konnte Rindt sogar errechnen: Die Großkoschener Flachstrandzone am Senftenberger See mit 50 Meter breitem Ufer in einem Gefälle von 1:20 auf einer Länge von zwei Kilometern durch den Eimerkettenbagger der Förderbrücke schufen „zugunsten der Erholung" einen

75 Vgl. Berggesetz der Deutschen Demokratischen Republik vom 12. Mai 1969 (GBl. I Nr. 5 S. 29), in: Harmsen, Hans (Hg.): *Gesetzliche Bestimmungen zur Landeskultur und zum Umweltschutz in der DDR 1951–1970.* Hamburg 1971, S. 86–90; Gesetz über die planmäßige Gestaltung der sozialistischen Landeskultur in der Deutschen Demokratischen Republik – Landeskulturgesetz – vom 14. Mai 1970 (GBl. I Nr. 12 S. 67), in: Staatliches Komitee für Forstwirtschaft beim Rat für landwirtschaftliche Produktion und Nahrungsgüterwirtschaft der Deutschen Demokratischen Republik: *Schutz und Pflege der Natur in der Deutschen Demokratischen Republik.* Berlin 1971, S. 22–40, § 14 Erholungsgebiete S. 29f.; Zweite Durchführungsverordnung zum Landeskulturgesetz – Erschließung, Pflege und Entwicklung der Landschaft für die Erholung – vom 14. Mai 1970 (GBl. II Nr. 46 S. 336), in: Ebd., S. 53–60; Anordnung über die Rekultivierung bergbaulich genutzter Bodenflächen – Rekultivierungsanordnung – vom 23. Februar 1971 (GBl. II Nr. 30 S. 245) in: Ebd., S. 203ff.; Anordnung über die Wiederurbarmachung bergbaulich genutzter Flächen – Wiederurbarmachungsverordnung – vom 10. April 1970 (GBl. II Nr. 38 S. 279) (auszugsweise), in: Akademie für Staats- und Rechtswissenschaften der DDR und Ministerium für Umweltschutz und Wasserwirtschaft (Hg.): *Sozialistische Landeskultur Umweltschutz. Textausgabe ausgewählter Rechtsvorschriften mit Anmerkungen und Sachregister zusammengestellt unter der Leitung von Ellenor Oehler.* Berlin 1978, S. 197–202. Zur Definition der „sozialistischen Landeskultur" vgl. allgemein: Neef, Ernst / Neef, Vera (Hg.): Sozialistische Landeskultur. Umweltgestaltung. Umweltschutz. Mit einem ABC. Leipzig 1977, S. 19–23, hierin auch Ausführungen zu Erholungsgebieten (S. 89–98) und Rekultivierung (S. 123f.).

76 Vgl. Oehler, Erholungswesen, 1989, Abschnitt Bergbaufolgelandschaften, S. 101–104.

77 Vgl. Barthel, Bergbau, 1976, S. 30; Rindt schrieb von „besseren Lebensbedingungen" (1975, S. 335); Ders., Methodik, 1979; Umwandlung, 1979, hier insbes. S. 35, 44.

Wert von 1,5 Mio. Mark bei einem Einsatz von 35.000 Mark Mehrkosten durch die Nutzung des vorhandenen Tagebaugeräts.[78] Von den ersten heimatschützerischen Aufrufen bis zu diesem Zeitpunkt, als die ersten Ergebnisse einer gestalteten Bergbaufolgelandschaft sichtbar wurden, waren 50 Jahre, davon 30 in der DDR vergangen.

Abb. 18: „10 Jahre ESS 1983 – Freude und Erholung“ (Nachlass Rindt).

Obgleich diese Entwicklung ihre DDR-Spezifik aufweist, die von einer Einordnung in die Geschichtsschreibung vom „kapitalistischen Raubbau“ und den „Grundzielen des Sozialismus“ begleitet wird,[79] ist an dieser Stelle ein Hinweis

78 Rindt, Bergbaufolgelandschaften, 1975, S. 347. Diese Zahlen auch bei Moeri, Klaus, D. / Steyer, Roland: Abschied von den Kratern, in: *Neue Berliner Illustrierte* 31. Jg. 1975/38, S. 10–15, hier 14.

79 So auch bei Rindt, Bergbaufolgelandschaften, 1975, S. 340. Bernhardt nennt dies die „spezifisch sozialistische ‚Erzählung‘ über die Lausitz“, vgl. Bernhardt, Christoph: Von der „Mondlandschaft“ zur sozialistischen „Erholungslandschaft“? Die Niederlausitz als Exerzierfeld der Regionalplanung in der DDR-Zeit, in: Bayerl, Günter / Maier, Dirk (Hg.): *Die Niederlausitz vom 18. Jahrhundert bis heute: Eine gestörte Kulturlandschaft?*. Münster u. a.

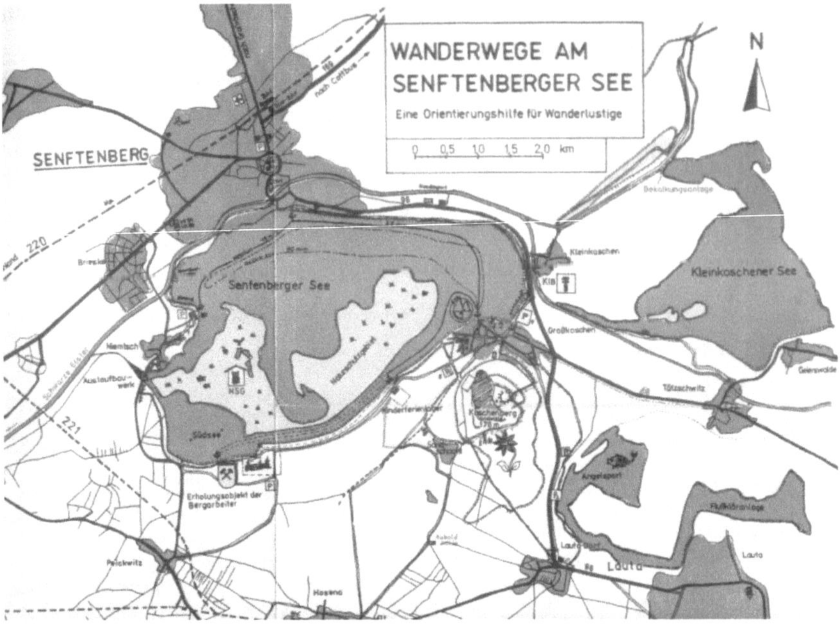

Abb. 19: Wanderkarte ESS 1973 (Nachlass Rindt).

auf die Gleichzeitigkeit der Rekultivierungsplanungen im Ruhrgebiet angebracht. Dort waren ab 1945 ähnliche Bemühungen zu verzeichnen und in der Anlage von freizeitorientierten Revierparks in den 1960/70er Jahren auch vergleichbare Projekte realisiert worden.[80] Dies stellt eine gesamtdeutsche Parallele hinsichtlich sozialstaatlich organisierter Freizeitmöglichkeiten im Sinne einer planerisch umfassend verstandenen Landschaftlichen Daseinsvorsorge, wie ich sie nennen möchte, dar.[81] Die Sehnsucht des Heimatschutzes nach Versöhnung mit der industriellen Moderne hat sich hier auf andere Weise ihren Weg gesucht.

2002 (Cottbusser Studien zur Geschichte von Technik, Arbeit und Umwelt 19), S. 301–322, hier 308.

80 U. a. auf Initiative des Landschaftsarchitekten Victor Calles (1901–1969). Er studierte in Bonn, Stuttgart und Berlin und machte sich 1926 mit einem Landschaftsarchitekturbüro in Köln selbstständig, vgl. Calles, Horst Victor: Köln und die Rekultivierung des Rheinischen Braunkohlengebietes. Raumordnungsgedanken zwischen 1945 und 1967. Köln 1968; Ders.: Garten- und Landschaftsplanung 1920 – heute. Köln 1982. Im Ruhrgebiet entstanden Revierparks in Herne (1970), Gelsenkirchen (1972) und Bottrop (1975), vgl. Mittelbach, Heinz Arnold: Über die Revierparkplanung. Essen 1972; Gaida, Wolfgang: Vom Kaisergarten zum Revierpark. Ein Streifzug durch historische Gärten und Parks im Ruhrgebiet. Hg. vom Kommunalverband Ruhrgebiet, der Verbandsdirektor, Abteilung Öffentlichkeitsarbeit, Region, Kultur und Sport. Bottrop, Essen 1997. Für biografische Angaben zu Victor Calles siehe Gröning / Wolschke-Bulmahn, Die Liebe zur Landschaft, 1987, S. 61 f.

81 Zu dem von mir eingeführten Begriff vgl. Zutz, Axel: Von der Ohnmacht über die Macht zur

Epilog

Die erfolgreiche Umsetzung des Großprojekts ESS war ein Idealbeispiel für eine mustergültige Umsetzung „Sozialistischer Landeskultur" und zählt mithin zu deren „größten Leistungen".[82] So verwies der DDR-Umweltschriftsteller Reimar Gilsenbach (1925–2001) in seiner Schilderung der Schaffung von Stränden und Wasserflächen in der Bergbaufolgelandschaft für ein „sonnenhungriges, badelustiges Volk" auf das Marx-Zitat über die Verpflichtung, der Nachwelt eine „verbesserte" Erde zu hinterlassen.[83] Gilsenbach beschrieb das Ideal der „Sozialistischen Landeskultur" in einem Kinder- und Jugendbuch folgendermaßen:

> „Nur dadurch, daß wir unsere Umwelt bewußt gestalten, vermögen wir ihre Zerstörung zu verhindern. Alle Aufgaben, die diesen Zweck verfolgen, fassen wir unter dem Begriff ‚Landeskultur' zusammen. Im Sozialismus verstehen wir darunter ein System gesellschaftlicher Maßnahmen, das dazu dient, die natürlichen Lebens- und Produktionsgrundlagen – Boden, Wasser, Luft, Pflanzen- und Tierwelt – sinnvoll zu nutzen und planmäßig zu verbessern.
> Sozialistische Landeskultur will Landschaftsschäden verhüten und geschädigte Landschaften wiederherstellen. Sie strebt danach, die Landschaft als Ganzes zu pflegen und gesund zu erhalten. Unsere natürliche Umwelt soll für alle Arten der Nutzung so ertrags- und leistungsfähig wie möglich gemacht werden und zugleich ihre Schönheit behalten."[84]

Doch obwohl 1968 einen Wendepunkt zumindest des quantitativen Verhältnisses zwischen zunehmender Devastierung und Wiederurbarmachung markierte, also mehr Fläche rekultiviert als aufgebaggert wurde,[85] verblasste gegen Mitte der 1980er Jahre das harmonische Idealbild von der Überwindung der kapitalistischen Naturausbeutung: Im März 1986 schrieb der inzwischen 79-jährige Rindt einen Brief an den letzten Staats- und Parteichef der DDR, Erich Honecker: Er kritisierte darin eine sich abzeichnende „Rückwärtsentwicklung" und mahnte die Einrichtung verantwortlicher politischer Stellen an. Sie seien not-

---

demokratischen Neuaushandlung. Die geschichtliche Herausbildung der Position des Planers zur Gewährleistung ‚Landschaftlicher Daseinsvorsorge', in: Kost, Susanne / Schönwald, Antje (Hg.): *Landschaftswandel – Wandel von Machtstrukturen.* Wiesbaden 2015, S. 65–94.

82 Krummsdorf / Grümmel, Landschaft, 1981, S. 188. Siehe auch Krummsdorfs rückblickende Betrachtung in: Krummsdorf, Albrecht: Ökonologie und Landschaftsgestaltung. Tagebau-Rekultivierung und Landeskultur/Umweltschutz, in: Ders. (Hg.): *Ökonologie und Landschaftsgestaltung. Tagebau-Rekultivierung und Landeskultur/Umweltschutz.* Beucha 2007, S. 7–22.

83 Vgl. Gilsenbach, Schönheit, 1976, S. 136, 138. Diese Darstellung auch bei Barthel, Bergbau, 1976, S. 13 oder Krummsdorf / Grümmel, Landschaft, 1981, S. 175 und 190.

84 Vgl. Gilsenbach, Reimar: Rund um die Erde. Berlin 1970, S. 131. Diese Definition entspricht etwa dem § 1 des Landeskulturgesetzes der DDR vom 14. 5. 1970.

85 Vgl. Barthel, Bergbau, 1976, S. 13.

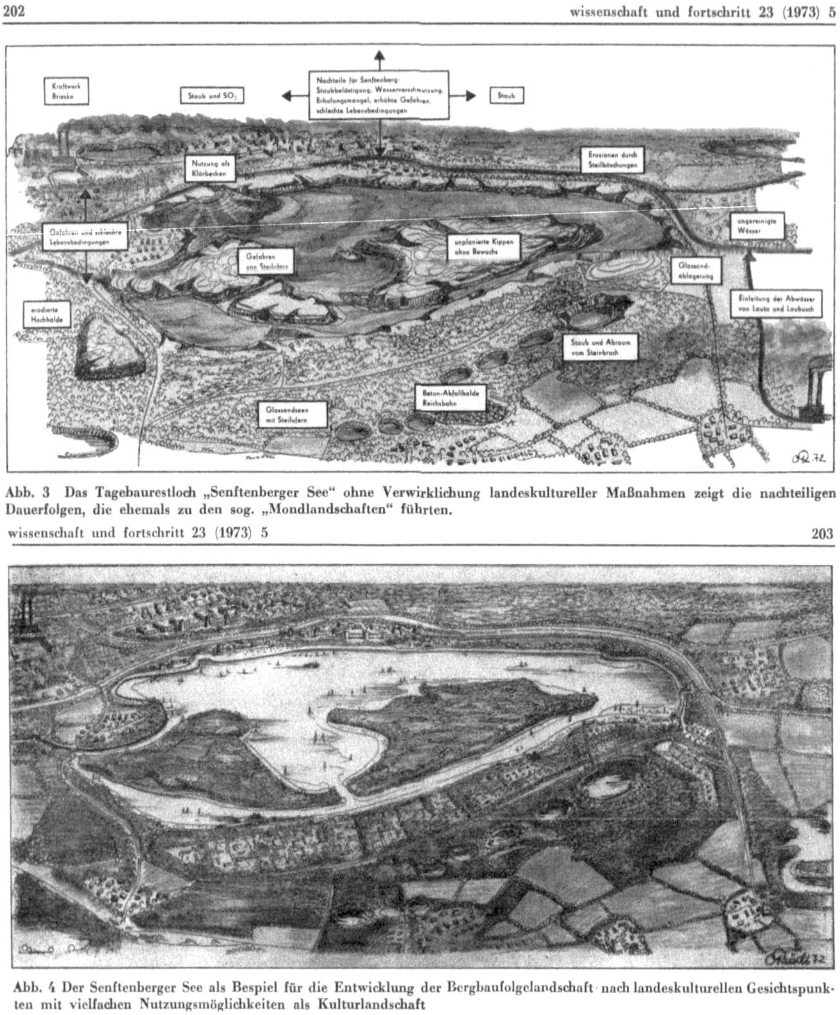
202 wissenschaft und fortschritt 23 (1973) 5

Abb. 3 Das Tagebaurestloch „Senftenberger See" ohne Verwirklichung landeskultureller Maßnahmen zeigt die nachteiligen Dauerfolgen, die ehemals zu den sog. „Mondlandschaften" führten.

wissenschaft und fortschritt 23 (1973) 5 203

Abb. 4 Der Senftenberger See als Bespiel für die Entwicklung der Bergbaufolgelandschaft nach landeskulturellen Gesichtspunkten mit vielfachen Nutzungsmöglichkeiten als Kulturlandschaft

Abb. 20: Tagebaurestloch Senftenberger See ohne Verwirklichung landeskultureller Maßnahmen und als Beispiel für die Entwicklung der Bergbaufolgelandschaft (in: Rindt / Neumann, Industriefolgelandschaften, 1973, S. 201 und 202).

wendig, um die „Jahrhundertaufgabe" Bergbaufolgelandschaft zu bewältigen.[86] Dass der Brief unbeantwortet blieb, spiegelt die politischen und ökonomischen Realitäten im bürokratischen SED-Staat wider: Nach dem utopischen Aufbruchklima der 1950er Jahre, der Planungseuphorie der 1960er und gewissen Spielräumen für gesellschaftliche Großprojekte wie dem ESS in den 1970er

86 Brief vom 3. März 1986 (im Nachlass Rindt).

Abb. 21: Rekultivierte Erholungslandschaft (in: Eggers, Gerd (Text) / Bläser, Gerhard (Illustrationen): Biggi und die Kohle. Berlin 1987, S. 19f.).

Jahren, kündigte sich spätestens Mitte der 1980er Jahre das politische und ökonomische Ende der DDR an. Während in Kinder- und Schulbüchern oder Zeitschriften wie der „Neuen Berliner Illustrierten" am Beispiel des Senftenberger Sees der Siegeszug des Sozialismus im Sinne einer erreichten Harmonie von Rohstoffgewinnung, Energieerzeugung und Reproduktion propagiert wurde, war der Staat immer weniger in der Lage, Umweltausbeutung und -gestaltung zu lenken und miteinander zu vereinbaren.[87] Die Unzufriedenheit mit Umsiedlungen, der Umweltbelastung und -zerstörung sowie dem Mangel im Alltagsleben wuchs.[88] Darüber konnten auch die rekultivierten Tagebaurestlöcher als „Rosinen im Kippenkuchen" nicht hinwegtäuschen.[89]

Angesichts dieser Entwicklung nutzte der sorbisch-stämmige DDR-Autor Jurij Koch eine Vorstandssitzung des Schriftstellerverbands zum Thema „Lite-

87 Beispielsweise Moeri, Klaus D. / Steyer, Roland: Abschied von den Kratern, in: *Neue Berliner Illustrierte* 31. Jg. 1975/38, S. 10–15; die Abschnitte „Rosen blühen auf Mondgebirgen" und „Die Stadt am See" in: Gilsenbach, Reimar (Text) / Sacher Rainer (Illustrationen): Rund um die Natur. Berlin 1982, S. 54–57 oder Eggers, Gerd (Text) / Bläser, Gerhard (Illustrationen): Biggi und die Kohle. Berlin 1987.

88 Zur Bilanz der Zerstörungen vgl. Unabhängiger Arbeitskreis Umwelt und Frieden Hoyerswerda, Verheizte Lausitz, 1990.

89 Rindt zitiert nach Gilsenbach, Schönheit, 1976, S. 136–138, hier 138.

ratur und Heimat" dazu, über die Folgen der „technischen Zivilisation" zu klagen. Er fragte „nach dem Verhältnis von materiellem Gewinn und geistig-moralischem Verlust". Es zeige sich nun auch in der DDR, dass materieller Wohlstand zu ethischer Armut führen könne. Es müsse gelingen, „die Seele der Landschaft zu retten". Koch: „Sonst sind wir selbst nicht mehr zu retten."[90]

Im Lichte dieser zunehmenden Umwelt- und Kulturkritik kam dem Erholungsgebiet Senftenberger See die von verschiedenen Autoren zugeschriebene Legitimationsfunktion zu: Das ESS sei ein exemplarisches Zukunftsversprechen ohne realistische Einlösungsperspektive für die Gesamtregion.[91] Die ökonomische Notwendigkeit, die Braunkohlevorräte selbst noch in einem Abraumverhältnis von 1:8 abzubauen, und die damit verbundenen Nachteile wurden von der Bevölkerung mit der mangelhaften wirtschaftlichen und sozialen Leistungs- und Zukunftsfähigkeit des Staates gleichgesetzt.[92] Auch Rindt, der nach seinen Erfahrungen im Nationalsozialismus nie wieder Parteimitglied wurde und sogar seit Mitte der 1960er Jahre wegen seiner unabhängigen Positionen von der Staatssicherheit beobachtet wurde, ging zunehmend auf Distanz zur DDR.[93]

Heute erfahren Rindts vielfach gepriesene „Visionen" eine Vollendung durch die Internationale Bauausstellung (IBA) „Fürst-Pückler-Land".[94] Nach der Sanierung der letzten stillgelegten Gruben des DDR-Braunkohletagebaus erfährt die historische Umwandlung der Landschaft ein neues Interesse, das sich in Ausstellungen und Publikationen niederschlägt.[95]

---

90 Zitiert nach Wensierski, Peter: Wir haben Angst um unsere Kinder (SPIEGEL-Report über die Umweltverschmutzung in der DDR Teil III), in: *Der Spiegel* 1985/30, S. 60–68, hier 68.

91 Vgl. u. a. Meyer, Torsten: Der Senftenberger See und das Ende der „Mondlandschaft"?, in: *Jahrbuch für Regionalgeschichte* Bd. 23 2005, S. 113–142, hier 135. In der Tat besteht das Risiko dieser „Scheinlösung" heute noch im Zeichen der IBA fort (vgl. Pütz, Die Lausitz, 2001, S. 50).

92 Vgl. Lotzmann, Edith / Viehrig, Hans: Die Entwicklung des Bezirkes Cottbus zum Kohle- und Energiebezirk der DDR. Gotha 1995, S. 239–243, hier 241.

93 Vgl. BStU Akte Rindt. Ein Sohn Rindts flüchtete mit seiner Familie 1984 über die Ostsee nach Westdeutschland, was Anlass für eine erneute Überprüfung war.

94 Vgl. Joswig, Wolfgang / Rippl, Helmut: Fürst Pückler Land. Die Vision von einem Land in unserer Zeit. Delitzsch 1997 sowie: Gründungskuratorium Internationale Bauausstellung Fürst-Pückler-Land: Internationale Bauausstellung Fürst-Pückler-Land. Cottbus 1997. Eine rückblickende Selbstdarstellung in: Internationale Bauausstellung Fürst-Pückler-Land 2000–2010 (Hg.): Neue Landschaft Lausitz. New Landscape Lusatia. Katalog 2010. Berlin 2010. Für eine kritische Bilanz siehe: Vgl. Jacob, Ulf: Zeichen der Dauer in Zeiten des Wandels, in: Faber, Richard / Holste, Christine (Hg.): *Arkadische Kulturlandschaft und Gartenkunst. Eine Tour d'Horizon.* Würzburg 2010, S. 301–329.

95 Neben den Beiträgen der IBA-Reihe Zeitmaschine Lausitz sind dies z. B.: Steinhuber, Uwe / Hirsch, Klaus: Wiederurbarmachung, Rekultivierung, Sanierung im Lausitzer Revier. Tradition und Gegenwart dokumentiert am Beispiel der Bergbausanierungsgesellschaft BUL Brandenburg GmbH. Hg. von BUL-Bergbausanierung und Landschaftsgestaltung Brandenburg GmbH. Senftenberg 1999; Naturschutzbund Deutschland (Hg.): Der Senftenberger See – Eine Chronik. Die Entwicklung vom Tagebaurestloch zu einem vielseitig genutzten

Schlussfolgerungen

Die Betrachtung der Kulturlandschaft als Gemeingut setzte sich in Deutschland zwischen den 1920er Jahren und den ersten Nachkriegsjahrzehnten durch. Sie ermöglichte die Berücksichtigung sozialer und kultureller Belange der Landschaftsnutzung und -gestaltung jenseits von (temporären) Eigentums- und Nutzungsrechten. In der DDR nahm diese Landschaftliche Daseinsvorsorge durch die Vergesellschaftung der Industrie und des Grundeigentums im Rahmen der „Sozialistischen Landeskultur" eine spezifische Form behördlicher Planung und Landnutzungsorganisation an. Hinzu kam der staatliche Erholungsauftrag: Mit der Verwirklichung der Idee des Erholungsgebiets wurde die als gesellschaftliche Aufgabe definierte Freizeit- und Erholungsvorsorge von der Stadt (Volks- /Kulturpark) in die außerstädtische Landschaft übertragen. Die Schaffung einer dem städtischen Kulturpark entsprechenden Freizeitlandschaft in einer ländlichen Industrieregion kennzeichnete so zugleich das Bemühen um eine Aufhebung des Stadt-Land-Gegensatzes, auch dies eine Sehnsucht, die Reformpolitiker seit der Jahrhundertwende beschäftigte.

Die eingangs angesprochenen, mit der Heimatschutzbewegung der Zwischenkriegszeit entstandenen Sehnsüchte der bürgerlichen Mittelschicht nach einer ästhetisch ansprechenden Gestaltung, in der unterschiedliche Nutzungen miteinander harmonieren, fanden ihre Entsprechung im Ideal der Sozialistischen Landeskultur. Die Entwicklungsgeschichte des Erholungsgebiets Senftenberger See ist ein exzellentes Beispiel für eine solcherart planvoll konzipierte Sehnsuchtslandschaft: Dort ist es gelungen, den Bergbau als Zwischennutzer für die von ihm hinterlassenen Landschaften in die Verantwortung zu nehmen. Die prospektive Einflussnahme auf die Auskohlung wurde Mitte der 1960er Jahre erreicht und in gesetzlichen Grundlagen für eine ökologisch wie auch ästhetisch wirksame Wiederurbarmachung und Rekultivierung verankert. Dieser Schritt schuf die Voraussetzung, um nach den Eingriffen des Tagebaus eine „harmonische" und „ökologisch intakte" Landschaft wiederherzustellen und damit auch eine, so Rindt, „neue Heimat im allerbesten Sinne" zu schaffen.[96] Die Bergbaufolgelandschaft war als Einlösung dieser Sehnsuchtsbestrebungen zugleich Symbol für den „Sieg des Sozialismus" über die rücksichtslose Ausbeutung der Bodenschätze im unregulierten Kapitalismus und Musterbeispiel für die widerspruchsfreie Einheit von Produktion und Reproduktion von Mensch und Natur.

Landschaftsbestandteil. Senftenberg 2003; Schossig, Wolfgang u. a.: Bergbau in der Niederlausitz. Hg. vom Förderverein Kulturlandschaft Niederlausitz e. V. Cottbus 2007 (Beiträge zur Geschichte des Bergbaus in der Niederlausitz 1).

96 Vgl. Rindt, Bergbaufolgelandschaften, 1975, S. 17.

Hinzu kommt die Befriedigung einer zweiten Ebene von Sehnsüchten, nämlich des aus dem Alltagsleben moderner Industriegesellschaften resultierenden Erholungsbedürfnisses. Dabei kann Kurzzeit- (Tagesbesucher) und Langzeiterholung (Urlauber) unterschieden werden. In der ländlichen Industrieregion Niederlausitz hatten diese Bedürfnisse durch die Zuwanderung von Industriearbeitern einen spezifisch städtischen Charakter. Mit den künstlichen Stränden und Seen der Bergbaufolgelandschaften konnte der Mangel an Badeferienmöglichkeiten innerhalb der DDR kompensiert werden. Weiterhin galt die politisch angestrebte Verwirklichung von Kurzzeiterholungsangeboten für die Zehntausende Beschäftigten der regionalen Braunkohleindustrie in einer „vergesellschafteten" Freizeitlandschaft.[97] Tatsächlich wurde mit dieser „Ferne vor der Haustür" ein „Eden für jeden" realisiert, das nahezu ganzjährig Angebote bereithielt.[98] Trotz des vergleichsweise stark reglementierten und kontrollierten DDR-Reise- und Freizeitbetriebs konnten mit den Erholungs- und Kulturangeboten, wie den Programmen in Amphitheater und Sommerkino, den Naturschutzaktivitäten, den Schwimmsport- und FKK-Badefreuden, den individuellen Segelmöglichkeiten und den kollektiven Ausflugsbootsfahrten, den Neptunfesten und Antifa-Gedenken und nicht zuletzt dem familiären oder jugendcliquenhaften Stranderlebnis jenseits der Wohn- und Arbeitsstätten heterotopische Alltagsfluchten angetreten werden, die beruflichen Alltag und gesellschaftliche Zwänge für eine Weile vergessen lassen konnten.[99]

Die bei der Planung der Seenlandschaft wirksam gewordenen Gestaltungstraditionen offenbaren zum einen eine Orientierung an den Parklandschaften Lennés und Pücklers. Letzterer wird nicht zuletzt durch die IBA „Fürst-Pückler-Land" mit seinen Parkschöpfungen in der Lausitz in ein direktes Patenschaftsverhältnis zu den neu entstandenen Landschaften gestellt. Zum anderen flossen konzeptionell die Erfahrungen der NS-Landschaftsanwälte unter den politisch veränderten Bedingungen nach dem Zweiten Weltkrieg in die Planungen mit ein. Es besteht somit eine Kontinuität von Ideen und Personen aus den Jahren nach dem Ersten Weltkrieg durch die Zeit des Nationalsozialismus hindurch. Diese drückt sich neben den planerischen Leitbildern in den Prozessen der Verrechtlichung der Rekultivierung, im Bemühen um Verstaatlichung von Roh-

97 1989 waren dies 72.000.

98 Zur Sehnsucht nach dem „Fernen" unter den Bedingungen eingeschränkter Reisefreiheit vgl. Jochinke / Jacob: Unsere Heimat DDR, 2004, S. 106, vgl. hier auch die Ausführungen zum DDR-spezifischen Mix dieses „Kulturraums" (S. 105ff.).

99 Der Bezug auf den von Michel Focault geprägten Begriff der Heterotopie, unter dem auch Gärten – und hier, im erweiterten Sinne des Gartens, auch Freizeitlandschaften – als gesellschaftliche Komplementärräume gefasst werden können, spielte in dem Basler Workshop, der diesem Band zugrunde liegt, eine zentrale Rolle. Vgl. Foucault, Michel (1967): Von anderen Räumen, in: Dünne, Jörg / Günzel, Stephan (Hg.): *Raumtheorie. Grundlagentexte aus Philosophie und Kulturwissenschaften.* Frankfurt/Main 2006, S. 317–329.

stoffgewinnung, Wiederurbarmachung und Landschaftsgestaltung sowie teilweise in den ideologischen Prägungen (wie z. B. dem auf ganze Landschaften als organische Einheiten angewandten Biologismus) aus.

Charakteristisch für die DDR-Zeit sind die komplexen Abstimmungs- und Umsetzungsprozesse der verschiedenen Institutionen vor dem Hintergrund einer hochregulierten Gesellschaftsorganisation, die alles erfasste, und damit eben auch die Urlaubs- und Freizeitorganisation. Die Landschaftsgestaltung erfuhr auch hierdurch eine neue Aufgabenzuweisung und Legitimation. Bei der Verwirklichung des Erholungsgebiets mit all seinen Bauten und infrastrukturellen Einrichtungen mussten viele bürokratische und wirtschaftliche Herausforderungen gemeistert werden.[100] Der Bezirk Cottbus nahm DDR-weit eine Sonderstellung ein, da hier angesichts der Vernichtung von vorhandener Kulturlandschaft bei gleichzeitiger Bevölkerungszunahme die Herausforderungen zur Schaffung neuer Erholungslandschaft besonders groß waren.[101]

Wie gezeigt wurde, speiste sich die gesellschaftliche Utopie nach einem harmonischen Mensch-Natur-Verhältnis u. a. aus der Sehnsucht, die als Störung empfundenen Eingriffe des Menschen in die von ihm bewohnte Landschaft, hier konkret in Form des Braunkohletagebaus, zu überwinden. Gepaart mit dem in der Nachkriegszeit institutionalisierten staatlichen Erholungsauftrag führte dieses in der Tradition des Heimatschutzes verankerte Streben in den modernen Industriegesellschaften Europas zu Regularien, die ich mit dem Begriff der Landschaftlichen Daseinsvorsorge beschreibe. Das mit diesem Anspruch entstandene Erholungsgebiet Senftenberger See stellt in seiner Komplexität von Bergbaugeschehen, Landschaftsarchitektur, DDR-sozialistischer Planwirtschaft, Ferienorganisation und Kulturbetrieb ein einzigartiges Beispiel eines Sehnsuchtsorts auf dem Höhepunkt der wirtschaftlichen Entwicklung der ehemaligen DDR dar.

100 Jochinke und Jacob verweisen auf den „inoffiziellen Königsweg der Problembewältigung" von „nicht selten am Rande des Legalen vollbrachte[n] Kabinettstücke[n] DDR-typischer Organisations- und Improvisationskunst" (Unsere Heimat DDR, 2004, S. 103).

101 Bernhardt bezeichnet demnach auch die hier vollzogene Erholungsplanung als den „entscheidenden strategischen Hebel für innovative Konzepte in der Regionalplanung" („Mondlandschaft", 2002, S. 318).

Bianca Hoenig

Sehnsucht nach den Bergen: Die Tatra als Destination des Massentourismus nach 1945[1]

Es war ein ungewöhnlich heißer April, als sich in Warschau wunderliche Dinge ereigneten. Eines Vormittags erhob sich mitten im Zentrum ein Mann aus dem Gedränge der geschäftig vorbeihastenden Menschen und flog davon. Er war ganz durchschnittlich angezogen, im aschgrauen Trenchcoat, mit Hut und Aktentasche, und nur das leichte Wedeln seiner Arme hob ihn in die Luft. Die Menge unten auf der Straße stand wie versteinert und starrte ihm ungläubig nach. Bald war er nur noch in Umrissen zu erkennen. Nach einem letzten eleganten Bogen über die Innenstadt gewann er an Höhe und schwebte davon.

Das war nur der Anfang einer ganzen Welle, die der Schriftsteller und Zeichner Sławomir Mrożek in seiner 1957 erschienenen Kurzgeschichte „Frühling in Polen" beschreibt.[2] Denn schon wenige Tage später sahen die Warschauer*innen, wie erneut zwei Männer mit Aktentasche unter dem Arm über dem Stadtzentrum aufstiegen. Mit dem herannahenden Sommer wurde dies zum alltäglichen Anblick. Nicht mehr nur in der Hauptstadt, auch in kleineren Städten erhoben sich gewöhnliche Menschen nur durch die Kraft ihrer Arme in die Luft. Die Angelegenheit ließ sich nicht länger leugnen, und so veröffentlichte die Regierung eine offizielle Erklärung. Mit den steigenden Temperaturen, hieß es dort, seien immer mehr Staatsbedienstete durch die geöffneten Fenster entwichen. An alle Verbliebenen richtete sich der Appell, im Namen der Erfüllung des Fünfjahresplans ruhig Blut zu bewahren und am Arbeitsplatz zu bleiben. Doch trotz feierlicher Selbstverpflichtungen konnten immer weniger Mitarbeitende der Staatsverwaltung dem Ruf der sommerlichen Weite widerstehen. Je weiter oben in der Hierarchie, desto höher war der Anteil derjenigen, die im Orbit verschwanden.

Sie alle nahmen Kurs gen Süden, auf das Hochgebirge der Tatra. Dort meldete die Bergwacht inzwischen die vermehrte Sichtung von in Adler verwandelten

---

1 Vielen Dank an Anja Rathmann-Lutz und Hannah Wadle für ihre Lesekritik.

2 Mrożek, Sławomir: Wiosna w Polsce [Frühling in Polen]. Zuerst erschienen in ders.: Słoń [Der Elefant]. Kraków 1957. Hier zitiert nach: Hennel, Roman (Hg.): Kpiarze pod Giewontem [Spötter unter dem Giewont]. Warszawa 1987, S. 409–412.

Staatsbeamten auf den Gipfeln und Graten. Es häuften sich auch die Beschwerden, denn vor den Raubvögeln waren weder die Gämsen noch die Schafe auf den Almen sicher. Einfangen ließen sich die Menschenvögel nicht, auch nicht von erzürnten Bürgerinnen und Bürgern, die ihnen bis in die Berge nachstellten, um ihre in den verwaisten Bürostuben liegengebliebenen Behördenangelegenheiten zu regeln. Das skurrile Treiben fand erst ein Ende, als sich der Herbst ankündigte. Als die Temperaturen sanken und das Sonnenlicht schwand, ließen sich auch keine über den polnischen Städten aufsteigende Gestalten mehr sichten. Mit dem ersten Schnee blieb schließlich nur die Erinnerung an die für immer entflogenen Staatsbediensteten und, wie Mrożek bissig schreibt, die aufrichtige Bewunderung für diese „wahren Adler".[3]

Wie in seinen zahlreichen anderen Kurzgeschichten und Bühnenstücken nimmt der Autor hier die Machtstrukturen der Volksrepublik satirisch aufs Korn: Die Staats- und Parteinomenklatur erliegt den Verlockungen des Sommers und stiehlt sich aus ihren Pflichten. In einem Staat, der das Leben seiner Bürger*innen genau zu kontrollieren suchte und dessen Grenzen für die meisten Menschen geschlossen blieben, wählt Mrożek für den Ausbruch der Führungsebene aus dem Alltag das klassische Symbol der Freiheit: fliegen wie ein Vogel. Noch dazu verwandeln sich die Staatsbeamten nicht in beliebige Vögel, sondern in Adler – nicht nur der König der Lüfte, sondern auch das polnische Wappentier. Dass dann aber keine majestätischen Raubvögel, sondern Durchschnittspersonen umherflattern, die ungelenk mit den Armen wedeln und im Flug Stiefel und Brillen verlieren, macht jede Ahnung von Überlegenheit zunichte und gibt sie stattdessen der Lächerlichkeit preis.

Neben der Satire auf die sozialistische Nomenklatur lässt sich in diesem kurzen Text aber noch eine weitere Referenzebene entdecken. Es ist kein Zufall, dass alle entflogenen Städter*innen die Tatra ansteuern. Dieses kleine Hochgebirge im Grenzgebiet zur heutigen Slowakei zog zum Veröffentlichungszeitpunkt der Kurzgeschichte nämlich schon seit über 100 Jahren Reisende an, die Freiheit suchten – Freiheit von politischer Unterdrückung, von sittlichen und künstlerischen Konventionen, vom Trott des Alltags. In der polnischen Kulturgeschichte kann die Tatra als die klassische Tourismusdestination gelten, die dank des Zustroms von Schriftstellern und bildenden Künstlerinnen vielfach Eingang in die Hochkultur gefunden hat. Indem Mrożeks seltsame Adler sich in stiller Übereinkunft genau dorthin wandten, führten sie diese Tradition fort und fügten ihr noch ein Kapitel hinzu, nämlich den Massentourismus der Nachkriegszeit. Denn tatsächlich wandelte sich die Tatra nach dem Zweiten Weltkrieg von einem Ziel, das sich zwar wachsender Beliebtheit erfreute, aber trotzdem vor allem der Oberschicht vorbehalten war, zur Destination für die Urlaubsfahrt breiter Be-

3 Ebd. 412.

völkerungsschichten. Diese Entwicklung war einerseits Ausdruck des gesamteuropäischen und sogar weltweiten Trends, denn in den Nachkriegsjahrzehnten stieg die Zahl der Urlaubsreisenden stark an. Sie wurde erst in westlichen Gesellschaften, etwas später dann auch im Ostblock zum umfassenden Phänomen.[4] Andererseits war der Tatratourismus auch deutlich durch die herrschenden politischen Verhältnisse gekennzeichnet, die Mrożek karikiert.

Im Mittelpunkt dieses Beitrags steht somit die Frage, ob und für wen die Destination Tatra in der sozialistischen Zeit ein touristischer Sehnsuchtsort war. Knüpfte der nun staatlich dominierte Tourismussektor an den Ruf dieser Region als Reiseziel an oder fand eine Umwertung statt? Und welche Vorstellungen und Wünsche brachten Jahr für Jahr Millionen von Besucher*innen in die Bergregion? Sehnsucht war eine paradoxe Angelegenheit: Das offiziell propagierte Tourismuswesen sollte sich durch Zweckmäßigkeit und Zielgerichtetheit auszeichnen und stellte damit gleichsam die programmatische Verneinung touristischer Sehnsüchte dar. Gerade diese betonte Nüchternheit und die eng gesteckten – räumlichen wie ideologischen – Grenzen brachten aber neue individuelle Sehnsüchte hervor. Einige davon machten sich in der Tatra wegen ihrer Tradition als Reiseziel, der Beschaffenheit als Hochgebirge und ihrer Grenzlage deutlich bemerkbar. Die Urlaubsreise in die Tatra konnte so, wie ich im Folgenden zeigen werde, durchaus subversives Potential besitzen.

Diese paradoxen Sehnsuchtsbezüge werden im Folgenden diskutiert. Um die tieferliegenden historischen Kontexte zu verdeutlichen, wird zunächst der Aufstieg der Tatra zum touristischen Ort vor dem Zweiten Weltkrieg skizziert. Dann wird es um das offizielle Tourismuswesen und seine Ausprägung in der Tatraregion gehen. Anschließend werden exemplarisch verschiedene Arten von Sehnsüchten vorgestellt, die Menschen zu einer Reise in die Tatra inspirieren konnten. Dabei geht es vor allem um ungestilltes Sehnen, das in den Quellen deutlichere Spuren hinterlassen hat als befriedigte Wünsche. In einem Ausblick wird gezeigt, dass der Tatratourismus der sozialistischen Ära in den letzten Jahren bereits selbst zur Attraktion geworden ist, die – nun unter den Bedingungen der freien Marktwirtschaft – auf die Sehnsüchte der Kund*innen eingeht.

Die Tatra als Tourismusdestination bis zum Zweiten Weltkrieg

Auf der Karte der Fremdenverkehrsdestinationen im östlichen Mitteleuropa ist die Tatra seit über 200 Jahren unübersehbar eingezeichnet. Die touristische Erschließung begann auf der Südseite der Berge, wo die erste Sommerfrische

4 Für einen Überblick siehe Zuelow, Eric G. E.: A History of Modern Tourism. London u. a. 2016, Kapitel 9 und 10; Hachtmann, Rüdiger: Tourismus-Geschichte. Göttingen 2007, S. 140–169.

1797 eröffnet wurde. Zu dieser Zeit verlief die Binnengrenze innerhalb der Habsburgermonarchie durch die Tatra. Sie teilte das zu Budapest gehörige so genannte Oberungarn (das etwa dem heutigen Gebiet der Slowakei entspricht) an der Südflanke von dem von Wien aus regierten Galizien auf der Nordseite der Berge. Der sich entwickelnde Tourismusbetrieb folgte dem Vorbild der Alpen, besonders der Schweiz. Nach diesem Modell wurden nun Kurorte für ein privilegiertes Publikum etabliert. Ein dem Modell der Alpenclubs nachempfundener Bergverein engagierte sich bei der Erschließung der Tatra mit Wegen, Schutzhütten und Wegmarkierungen. Wie mondän es in der Region zuging, zeigt die Tatsache, dass sie nach 1900 die längste Bobbahn Europas und den ersten Golfplatz Ungarns beherbergte.[5]

Von einer ähnlichen Expansion konnte auf der Nordseite der Berge zunächst keine Rede sein. Mitte des 19. Jahrhunderts sprach es sich aber allmählich unter der polnischen Intelligenzija herum, dass die Tatraregion nicht nur landschaftlich reizvoll, sondern auch weit weg von staatlicher Überwachung und Zensur gelegen war. In den kommenden Jahrzehnten entwickelte sich insbesondere der Weiler Zakopane direkt unterhalb der Berggipfel zu einem illustren Treffpunkt von national bewegten Künstlern und Intellektuellen. Diese Tourist*innen kamen nicht so sehr in die Tatra, um eine Sommerfrische im Stil der Schweizer Alpen zu genießen. Ihnen wurden diese Berge aus anderen Gründen zum Sehnsuchtsort. In den Einheimischen, den so genannten Goralen, glaubten sie die naturwüchsigen und unverdorbenen Ur-Polen zu entdecken, deren Beispiel die Nation zu neuer Stärke führen könne. Die Tatragegend stellte also für diese Besuchergruppe ein umfassendes Freiheitsversprechen dar: als Rückzugsort vor alltäglicher politischer Verfolgung; körperliche und geistige Erhabenheit durch die Erkundung des Hochgebirges, das gemeinsame künstlerische Arbeiten und das Kennenlernen der einheimischen Lebensweise; und die Zukunftshoffnung, durch die Besinnung auf die Tugenden der Goralen die polnische Unabhängigkeit wiederherstellen zu können.[6] Die Berge als sublime Urgewalt, als Sphäre von Freiheit und Grenzerfahrungen anzusehen, hat sich seit

5 Holec, Roman: Človek a príroda v „dlhom" 19. storočí [Mensch und Natur im „langen" 19. Jahrhundert]. Bratislava 2014, S. 76–79. – Als Überblick Lipták, Ľubomír: Die Tatra im slowakischen Bewusstsein, in: Stekl, Hannes / Mannová, Elena (Hg.): *Heroen, Mythen, Identitäten. Die Slowakei und Österreich im Vergleich.* Wien 2003 (Wiener Vorlesungen. Konversatorien und Studien 14), S. 261–288, hier 261–269; für die Entwicklung des Alpentourismus: Tissot, Laurent: From Alpine Tourism to the „Alpiniziation" of Tourism, in: Zuelow, Eric (Hg.): *Touring Beyond the Nation. A Transnational Approach to European Tourism History.* Farnham 2011, S. 59–78.

6 Aus der durchaus umfangreichen Literatur zum Thema vgl. Crowley, David: Pragmatism and Fantasy in the Making of the Zakopane Style, in: *Centropa* 2. Jg. 2002/3, S. 182–196; Dabrowski, Patrice M.: Constructing a Polish Landscape. The Example of the Carpathian Frontier, in: *Austrian History Yearbook* 39. Jg. 2008, S. 45–65.

der Romantik als Topos fest im europäischen Denken etabliert.[7] Die Freiheitssymbolik der Tatra ist im polnischen kollektiven Gedächtnis in diesem umfassenden Sinn tief verankert. Mit ihr spielt auch Mrożek, wenn er seine in Warschauer Büros festsitzenden Kader als Adler in die Gipfelwelt entschwinden lässt.

Doch nicht nur für die Pol*innen entwickelte die Tatra eine besondere nationale Strahlkraft. Auch die schmale slowakische Intelligenzija pflegte einen regelrechten Kult um diese Berge, die sie in der Herderschen Tradition als Wiege ihrer Nation begriffen. Sie sahen diese Region deshalb ebenfalls als Energiequelle für das nationale „Erwachen". Mit patriotischen Bergbesteigungen wurde auch hier der Tourismus demonstrativ als politische Manifestation genutzt.[8] Allerdings war nur ein geringer Teil der Besucher*innen slowakischsprachig. Die meisten Gäste kamen aus dem Ausland oder gehörten der ungarisch- und deutschsprachigen Oberschicht der Donaumonarchie an. Wie im Rest von Europa war die Urlaubsreise weitgehend eine Angelegenheit vermögender Menschen und weitete sich im 19. Jahrhundert erst allmählich auf die Mittelschicht aus.[9] Insgesamt hatte sich die Tatra vor dem Ersten Weltkrieg als touristische Destination etabliert, deren Renommee weit über die Region ausstrahlte und Besucher*innen aus ganz Europa anzog.

Der Krieg lähmte den Tourismus auf beiden Seiten der Berge. In den nun unabhängigen Staaten Polen und Tschechoslowakei nahm er dann aber einen ungekannten Aufschwung. Das Fremdenverkehrswesen expandierte, zahlreiche weitere Hotels, Sanatorien und Ferienheime wurden errichtet, die Zahl der Besucher*innen stieg deutlich an. Breitere soziale Schichten als zuvor fuhren auf Urlaubsreise, die wie in anderen Teilen Europas trotzdem zumeist auf das Bürgertum beschränkt blieb, Arbeiter und Bäuerinnen aber außen vor ließ.[10] Zwar wurden staatlich oder gewerkschaftlich geführte Pensionate geplant und errichtet.[11] Auch der organisierte Arbeitertourismus brachte Menschen in die Tatra.[12] Aber gleichzeitig gab sich der Aufenthalt in den Bergen einen mondänen

7 Geschildert z. B. bei Macfarlane, Robert: Mountains of the Mind. A History of a Fascination. London 2003; in Bezug auf die Bergbewohner prominent bei Herder, vgl. Mathieu, Jon: Die dritte Dimension. Eine vergleichende Geschichte der Berge in der Neuzeit. Basel 2011 (Wirtschafts-, Sozial- und Umweltgeschichte 3), S. 32.

8 Lipták, Die Tatra, 2003, S. 261–269; Holec, Človek, 2014, S. 193–196; Macho, Peter: Premeny symbolickej funkcie Tatier v nacionalistickom diskurze 19. storočia [Der Wandel der symbolischen Funktion der Tatra im nationalistischen Diskurs des 19. Jahrhunderts], in: Kováč, Dušan u. a. (Hg.): *Sondy do slovenských dejín v dlhom 19. storočí [Sonden in die slowakische Geschichte im langen 19. Jahrhundert]*. Bratislava 2013, S. 41–47.

9 Holec, Človek, 2014, S. 78f.; Lipták, Die Tatra, 2003, S. 265–269; Hachtmann, Tourismus-Geschichte, 2007, S. 181.

10 Ebd.

11 Vgl. z. B. Lipták, Die Tatra, 2003, S. 271f.

12 Z. B. der der Kommunistischen Partei Polens nahestehende Verein Gospoda Włóczęgów, der ein Pensionat in Zakopane unterhielt. Buszko, Józef / Pilch, Andrzej: Narodziny miasta.

Anstrich. So hieß ein luxuriöser Sonderzug, der von Krakau in die Tatra verkehrte, nicht von ungefähr „Ski – Tanz – Bridge“ [Narty, dansing, bridż].[13] Der Wintersport kam nun in Mode. Immer mehr Pisten und Skilifte entstanden, Seilbahnen wurden projektiert. Beide Länder machten europaweit Werbung für ihr Hochgebirge. Das ausländische Interesse fand seinen Höhepunkt anlässlich der 1929 und 1939 in Zakopane ausgetragenen Skiweltmeisterschaften.[14]

In der Zwischenkriegszeit traten damit weitere Erwartungen und Hoffnungen an den Tatratourismus hinzu. Eine wachsende relativ wohlhabende Bevölkerungsgruppe fasste die Reise als Teil eines zeitgemäßen Lebensstils auf. Der Sozialtourismus versprach auch weniger Bemittelten Erholung und Heilung, und die zunehmende Bekanntheit der Region als Reise- und Sportdestination beflügelte die Hoffnung der staatlichen und wirtschaftlichen Eliten auf internationale Anerkennung für die neue Staatenordnung Ostmitteleuropas. Der Zweite Weltkrieg machte dieses Streben abrupt zunichte und brachte auch in die Tatraregion Gewalt, Verfolgung und Zerstörung. Das Tourismuswesen wurde unter den von NS-Deutschland bestimmten Verhältnissen weitergeführt, allerdings nur für mit der Rassenideologie konforme Bevölkerungsgruppen.[15] Am Kriegsende lag der Tatratourismus nur kurz brach. Unmittelbar nach dem Zweiten Weltkrieg nahm er in den beiden befreiten und wiederhergestellten Staaten Tschechoslowakei und Polen wieder an Fahrt auf. Als Referenzgröße für die zukünftige Entwicklung der Region diente die Zwischenkriegszeit, die zahlreiche Abstoßungs-, aber auch Anknüpfungspunkte bot.

Zakopane w latach 1918–1939 [Die Geburt einer Stadt. Zakopane in den Jahren 1918–1939], in: Dutkowa, Renata (Hg.): *Zakopane. Czterysta lat dziejów [Zakopane. 400 Jahre Geschichte]*. 2 Bde, Bd. 1. Kraków 1991, S. 243–292, hier 255.

13 Ein Foto aus dem Inneren des Luxuszugs ebd., S. 267.

14 Jackowski, Antoni: Rozwój funkcji turystycznej Zakopanego w okresie międzywojennym (1918–1939) [Die Entwicklung der touristischen Funktion Zakopanes in der Zwischenkriegszeit], in: Dutkowa, Renata (Hg.): *Zakopane. Czterysta lat dziejów.* 2 Bde, Bd. 2. Kraków 1991, S. 22–36, hier 22; Stone, Daniel: The Cable Car at Kasprowy Wierch. An Environmental Debate in Interwar Poland, in: *Slavic Review* 64. Jg. 2005/3, S. 601–624, v. a. 605f.

15 So wurden die polnischen und tschechoslowakischen Tourismusvereine gleichgeschaltet oder zerschlagen. Das Eigentum des polnischen Tatraverbands (Polskie Towarzystwo Tatrzańskie) fiel an die neu gegründete „Sektion Krakau“ des Deutschen Alpenvereins. Vgl. kurz Hoenig, Bianca: Geteilte Berge. Eine Konfliktgeschichte der Naturnutzung in der Tatra, Göttingen 2018, S. 119ff.; die Unterlagen der „Sektion Krakau“ des DAV sind zugänglich im Historischen Archiv des Österreichischen Alpenvereins in Innsbruck, Signaturen: OeAV SE/253/101 und SE/253/301.

Das offizielle Tourismuswesen in der Volksrepublik Polen und der Tschechoslowakei

Wie in anderen Lebensbereichen gerierte sich die sozialistische Ordnung, die in Polen 1944/45 und in der Tschechoslowakei 1948 installiert wurde, auch im Tourismuswesen als kompletter Bruch mit den bisherigen Verhältnissen. Es ging deshalb vor allem darum, sich vom bürgerlichen Tourismus der Zwischenkriegszeit abzusetzen, der zumeist den Wohlhabenden vorbehalten gewesen sei und diesen zur Zerstreuung gedient habe. Nun hingegen sollte die Ferienreise breiten Bevölkerungsschichten nicht nur zugänglich, sondern sogar staatlich garantiert werden. Das Ziel dieser umfassenden sozialpolitischen Maßnahme war die gesellschaftlich sinnvolle Gestaltung der Ferienzeit. Das Feindbild war klar zusammengefasst in dem Namen des polnischen Sonderzugs aus der Zwischenkriegszeit: Glücksspiel, Tanzvergnügen und das modische Skifahren waren der mondäne Dreiklang, gegen den sich das neue proletarische Erholungswesen richten sollte.[16]

Ab den 1940er Jahren wurde nach dem Modell der Sowjetunion ein staatlich gelenktes Erholungswesen aufgebaut, das die Idee des Tourismus als Charakterbildner mit der Ausrichtung auf das proletarische Kollektiv verband. Insbesondere in den Jahren des Stalinismus bis zur Mitte der fünfziger Jahre unterlag die Urlaubsreise umfassender Regulierung und Kontrolle von offizieller Seite. Sie reichte von der Zuteilung des Urlaubsortes über die Organisation von Anreise und Unterkunft bis zur Gestaltung des Tagesprogramms. Die Ferienreise sollte nicht mehr individuell oder mit der Familie, sondern in der Gruppe mit anderen Arbeitstätigen verbracht werden. Die Ziele bestanden in der Regeneration der Arbeitskraft, der politischen und kulturellen Weiterbildung, dem einigenden Gemeinschaftserlebnis und, insbesondere direkt nach dem Krieg, in der Kräftigung der Wehrfähigkeit der Bevölkerung. Nicht zuletzt bot die Konzentration des Tourismuswesens bei staatlichen Trägern wie Betrieben und Gewerkschaften die Möglichkeit, die Menschen auch in ihrer Freizeit zu disziplinieren.[17]

---

16 Die programmatische Distanzierung vom touristischen Erbe der Zwischenkriegszeit findet sich standardmäßig in den Publikationen und internen Kommunikationen der Tourismusorganisationen während des ersten Nachkriegsjahrzehnts. Direkt auf das Motto, das dem Sonderzug seinen Namen gegeben hatte, nahm z. B. ein Protagonist der polnischen Tourismus- und Alpinismusbewegung in einem programmatischen Text Bezug: Es müsse dem „snobistischen Tourismus" ein Ende gemacht werden, der so großen Schaden an der Natur angerichtet habe: Goetel, Walery: Turystyka polska na nowych drogach [Der polnische Tourismus auf neuen Wegen], in: *Wierchy* 20. Jg. 1950–1951, S. 5–41, hier 37.

17 Jarosz, Dariusz: „Masy pracujące przede wszystkim". Organizacja wypoczynku w Polsce, 1945–1956 [„Die arbeitenden Massen vor allem". Die Organisation des Erholungswesens in Polen]. Warszawa, Kielce 2003, Kapitel 3, v. a. S. 210–219; Sowiński, Paweł: Wakacje w Polsce Ludowej. Polityka władz i ruch turystyczny 1945–1989 [Ferien in Volkspolen. Staatliche

Tourismus war damit als eminent zweckmäßiges Phänomen definiert, das nicht für sich selbst und aus sich selbst heraus gerechtfertigt war, sondern dem höheren gesellschaftlichen Gut zu dienen hatte. Diese Haltung brach mit einem Tourismusbegriff, der die zweckfreie Reise zum Vergnügen und zur Selbstverwirklichung beschrieb. Zugleich bedeutete sie eine Absage an die touristische Emotion Sehnsucht, das nicht zweckgeleitete und auf individuelle Erfüllung zielende Verlangen nach der Fremde. Selbst sie war dazu bestimmt, einem pragmatischen öffentlichen Zweck zu dienen. Programmatisch formulierte das zum Beispiel die slowakische Tourismuszeitschrift „Krásy Slovenska" 1962 anlässlich einer Versammlung des Zentralkomitees der Kommunistischen Partei der Tschechoslowakei. In den Beschlüssen wurde die Notwendigkeit hervorgehoben, dass die für Jugend und Sport zuständigen Massenorganisationen „der Sehnsucht der jungen Leute nach Romantik und dem Kennenlernen der Natur ihrer Heimat besondere Aufmerksamkeit schenken, damit diese Organisationen den Tourismus als ebenso attraktives wie nützliches Mittel der kommunistischen Jugenderziehung allseitig entwickeln".[18] Nach was genau sich die jungen Leute sehnten, war hier nicht von Interesse, wichtig war, es in einen zweckmäßigen Rahmen zu überführen.

Dieses instrumentelle Verständnis des Tourismus zeigte sich auch in der Tatra, einer weiterhin äußerst beliebten Destination. Hier einen Urlaubsplatz zu ergattern, war nicht ohne weiteres möglich und konnte als soziale und politische Auszeichnung fungieren. So verfügten etwa privilegierte Industriebetriebe über eigene Ferienheime an attraktiven Lagen, aber auch hohe Parteikader erholten sich gerne in der Hochgebirgsluft.[19] Ihre landschaftliche und klimatische Beschaffenheit qualifizierte die Gegend hervorragend für Kuraufenthalte etwa für Bergarbeiter. Auf Bergwanderungen sollten sich die proletarischen Besucher*innen stählen und dabei Willensstärke und Orientierungsvermögen stärken.[20]

Politik und das Tourismuswesen]. Warszawa 2005 (W krainie PRL); für das Vorbild der stalinistischen Sowjetunion vgl. Gorsuch, Anne E: „There's No Place Like Home". Soviet Tourism in Late Stalinism, in: *Slavic Review* 62. Jg. 2003/4, S. 760–785.

18 Hanisko, Eugen: Z Rysov zaznie hlas priateľstva a mieru [Vom Rysy erklingt der Klang der Freundschaft und des Friedens], in: *Krásy Slovenska* 1962/8, S. 281–283, hier 281.

19 Čornejová, Alžběta: Dovolená s poukazem. Odborové rekreace v Československu 1948–1968 [Urlaub mit Bezugsschein. Das gewerkschaftliche Erholungswesen in der Tschechoslowakei]. Praha 2014 (Šťastné zítřky 13), S. 119–127; Kochanowski, Jerzy: Socjalizm na halach, czyli „Patologia stosunków społeczno-ekonomicznych i politycznych w Zakopanem" (1972) [Sozialismus auf der Alm oder „Pathologie der sozioökonomischen und politischen Verhältnisse in Zakopane"], in: *Przegląd Historyczny* 98. Jg. 2007/1, S. 71–96, hier 74f.

20 Diese Programmatik zieht sich durch die Publikationen der Tourismus- und Gebirgsvereine, die den neuen Massenorganisationen angegliedert wurden, ebenso wie durch zeitgenössische Bildbände und Reiseführer zur Tatraregion. Siehe z. B. die ersten Nachkriegsjahrgänge der polnischen Alpinismuszeitschrift „Wierchy" [Gipfel]; ein Beispiel etwa auch die um die

Selbst linientreue Sehenswürdigkeiten bot die Tatra. Das galt insbesondere für das Dorf Poronin am nördlichen Fuß der Berge. Dort hatte 1913/14 Lenin sein Exil verbracht. Das Haus, in dem er politische Versammlungen abgehalten hatte, ebenso wie eine von ihm viel genutzte Wanderroute, die nun eigens als „Leninpfad“ ausgeschildert wurde, gehörte für Gewerkschaftsgruppen oder Schulausflüge zum Pflichtprogramm. In einer Dauerausstellung sowie zahlreichen speziellen Reiseführern und Broschüren wurde der enge Bezug des späteren Revolutionsführers zum polnischen Volk beschworen – eine willkommene Brücke im ansonsten historisch äußerst belasteten Verhältnis Polens zu Russland und der Sowjetunion.[21] Touristische Großereignisse wie Sternwanderungen und Massenaufstiege führten Tausende Teilnehmer*innen auf Lenins Spuren.[22]

Somit entwickelte das staatlich organisierte Tourismuswesen eine spezifische Form, die auch die Tatra als Fremdenverkehrsdestination prägte. Die Urlaubsreise war Bestandteil des offiziellen Projekts, die Gesellschaft neu zu ordnen, und die angestrebte Persona des sozialistischen Touristen trug damit zu der staatstragenden Vision bei, den Einzelnen in den Dienst des Kollektivs zu stellen. Diese Programmatik besaß nicht nur mit dem sowjetischen Vorbild deutliche Berührungspunkte. Auch in anderen politischen Systemen ähnelten sich die politischen Zielsetzungen, Gemeinschaft durch Tourismus zu formen. Das traf insbesondere auf das offiziell organisierte Urlaubswesen im Nationalsozialismus zu, aber auch bei Sozialtourismusmodellen in demokratischen Staaten.[23] Der Tourist, der in einer aus Werktätigen des ganzen Landes bestehenden Reisegruppe Gemeinschaft erfahren, seinen Körper kräftigen und seine Weltanschauung festigen sollte, war das angestrebte Idealbild, sozusagen die offiziell vorgegebene Version touristischer Sehnsucht.

Nachkriegszeit erweiterte Auflage einer populären Darstellung: Houdek, Ivan: Osudy Vysokých Tatier [Die Schicksale der Hohen Tatra]. 2. Aufl. Liptovský Svätý Mikuláš 1951, S. 174.

21 Als Beispiele etwa Wydział historii partii KC PZPR (Hg.): Muzeum Lenina w Poroninie [Das Leninmuseum in Poronin]. Warszawa 1952; Sołtyk, Janina: Muzeum Lenina w Poroninie. Przewodnik [Das Leninmuseum in Poronin. Führer]. Kraków 1970; Serczyk, Władysław A.: Lenin w Krakowie i na Podhalu [Lenin in Krakau und Podhale]. Kraków 1970 (Polska Akademia Nauk, Oddział w Krakowie: Nauka dla wszystkich 123).

22 Auch das Skifahren wurde – in Abgrenzung zum elitären Anstrich der Zwischenkriegszeit – für solche Massensportereignisse genutzt. Für den Ablauf und die Bewertung solch eines winterlichen Massenskiereignisses vgl.: Sprawozdanie i analiza z I Ogólnopolskiego Raidu Narciarskiego P.T.T.K. na terenie Beskidów, Podhala i Tatr i sprawozdanie finansowe w okresie 7–10.II.1952 r. 1952 [Bericht und Analyse des I. Gesamtpolnischen Ski-Raids des PTTK in den Beskiden, dem Podhale und der Tatra und Finanzbericht für den Zeitraum 7.–10.II.1952], in: Archiwum Akt Nowych (AAN) [Archiv der neuen Akten], Komitet do Spraw Turystyki, 201/1; Jarosz, Masy, 2003, S. 251–255.

23 Baranowski, Shelley / Furlough, Ellen: Introduction, in: Dies. (Hg.): *Being Elsewhere. Tourism, Consumer Culture, and Identity in Modern Europe and North America.* Ann Arbor 2001, S. 1–31, hier 8; Zuelow: History, 2016, Kapitel 8.

Sie fand auch Eingang in die Populärkultur, zum Beispiel in die beiden Filme um den Prager Fahrkartenkontrolleur Gustav Anděl. Sie kamen in der Tschechoslowakei der fünfziger Jahre in die Kinos, waren zu der Zeit äußerst beliebt und sind auch heute noch allgemein bekannt, inzwischen allerdings als nostalgischer Rückblick auf die vergangene sozialistische Ära. In zwei sehr ähnlichen Plots folgten die Zuschauer*innen dem griesgrämigen und pedantischen Protagonisten auf seiner Urlaubsreise mit einer Gruppe von Werktätigen. Die heiteren Filme zeigen eine Idealversion von Ablauf und Inhalt der Arbeitererholung, darunter die gemeinschaftsstiftenden Aktivitäten, die vorbildlichen Bedingungen im staatlichen Ferienwesen und die Hingabe der Urlaubenden an das sozialistische Aufbauprojekt. Besonders aber illustrieren sie die transformative Wirkung der Urlaubsreise auf die Reisegruppe, ein Abbild der Gesellschaft im Kleinen: Das zerstrittene Ehepaar findet wieder zueinander, Faule engagieren sich plötzlich für die Gemeinschaft und Anděl wandelt sich zu einem sozialeren, ausgeglichenen, besseren Menschen.[24] Der zweite Film führte als „Anděl in den Bergen“ [Anděl na horách] in die Tatra. Die zuvor so exklusive Region mit ihren teuren Hotels, so wurde damit deutlich gemacht, war für alle ein legitimer, erreichbarer Sehnsuchtsort geworden und trug damit ihren Teil zur gesellschaftlichen Transformation bei.

Tourismus als Freiraum

Diese offiziell vorgegebene Lesart, die eben auch das touristische Sehnen in die gemeinschaftliche Zweckmäßigkeit kanalisierte, hatte zweifellos großen Einfluss auf die Ausrichtung des Tourismus in der Nachkriegszeit. Sie brachte aber auch spezifische Sinngebungen hervor und stieß individuelle Sehnsüchte an, die sich mit einer Reise in die Tatra verbanden. Als Hochgebirge war diese Region ohnehin traditionell als Projektionsfläche für unerfüllte Sehnsüchte prädestiniert. Die Suche nach einem Raum ohne obrigkeitliche Bevormundung und Reglementierung hatte Menschen seit langer Zeit in die Tatra geführt, sei es um den Gendarmen der Habsburgermonarchie, künstlerischen und moralischen Konventionen oder dem Trott des Alltags zu entfliehen. Als in Aufklärung und Romantik die Begeisterung für die Alpen aufkam, wurden in der Folge immer mehr Bergregionen für den Fremdenverkehr erschlossen. Auch wenn dadurch allmählich die Zahl der Besucher*innen wuchs, blieb das Versprechen von Ursprünglichkeit und Freiheit erhalten. Zwar wurde die Reise ins Hochgebirge immer sicherer und bequemer und das Besucheraufkommen immer dichter.

24 Eine genauere Analyse der Filme bei Čornejová, Dovolená, 2014, Kapitel 11.

Dennoch blieben die Berge eine Heterotopie, eine Gegenwelt zur modernen industrialisierten und urbanisierten Gesellschaft.[25]

Wie äußerte sich dieses Paradox in der Tatra, die ganz im blockübergreifenden Trend wie andere Urlaubsdestinationen in den Jahrzehnten nach dem Zweiten Weltkrieg einen steilen Anstieg der Gästezahlen verzeichnete? Sławomir Mrożek spielte in seiner Erzählung genüsslich mit der Widersprüchlichkeit des Tourismus, der die Suche nach Auszeiten und Freiräumen als Massenbetrieb institutionalisiert. Lässt sich die Sehnsucht nach Freiheit in modernen westlichen Gesellschaften besser veranschaulichen als in der Vorstellung, einfach vom Arbeitsplatz zu verschwinden und aus dem Fenster in die Lüfte zu entschweben? Allerdings wandelt sich dieser Vorgang in seiner Geschichte bald zum Massenphänomen. Mit der Einsamkeit auf den Gipfeln ist es vorbei, als sich die in Adler verwandelten Verwaltungsmitarbeiter in Scharen in der Tatra einfinden. Selbst dieser prototypische Ausbruch aus dem Alltag führt letztlich zurück in die Masse, die das Wesensmerkmal des modernen Tourismus ist. Auch in der Realität brachte der Besucheransturm wie in anderen beliebten Destinationen die Infrastruktur an den Rand der Kapazitäten und ging vielfach sogar darüber hinaus. Die Klagen der Tourismusorganisationen über die dichten Menschenmengen, die sich durch die Berge schöben und dabei die Rücksicht auf Natur und Mitmenschen vermissen ließen, häuften sich nach der Entstalinisierung in der zweiten Hälfte der fünfziger Jahre und wurden im Ton immer drängender.[26]

Neben den Gruppenausflügen der organisierten Arbeitererholung kamen ab dieser Zeit immer mehr Individualreisende, die den Druck auf die begrenzte touristische Infrastruktur – und die begrenzt vorhandene Hochgebirgslandschaft – stark erhöhten. Diese Öffnung vollzog eine Entwicklung nach, die im kapitalistischen Westen ebenfalls nach dem Zweiten Weltkrieg eingesetzt hatte. Auch dort waren die Nachkriegsjahrzehnte die Hochzeit des Gruppen- und Pauschaltourismus. Anbieter wie der westdeutsche Neckermann oder Billy Butlin's Feriencamps in England ermöglichten bezahlbaren Urlaub für die ganze Familie. Beim selbstständigen Reisen, das sich auch dank des eigenen Autos immer weiter verbreitete, war die Familienreise die Norm. Individuellere For-

25 Zu Foucaults Begriff der Heterotopie siehe Foucault, Michel: Von anderen Räumen, in: Dünne, Jörg / Günzel, Stephan (Hg.): *Raumtheorie. Grundlagentexte aus Philosophie und Kulturwissenschaften.* Frankfurt/Main 2011, S. 317–327.

26 Rychlík, Jan: „Causa Alweg" – první projev slovenského národního pohybu v roce 1968 [Die „Causa Alweg" – der erste Ausdruck der slowakischen Nationalbewegung 1968], in: Pernes, Jiří (Hg.): *Po stopách nedávné historie. Sborník k 75. narozeninám doc. Karla Kaplana [Auf den Spuren der neuesten Geschichte. Festschrift für Dozent Karel Kaplan zum 75. Geburtstag].* Brno 2003, S. 287–296, hier 287–289; die zeitgenössische Einschätzung in Naturschutzkreisen etwa bei: Goetel, Walery: Z walki o piękno Tatr [Über den Kampf um die Schönheit der Tatra], in: *Wierchy* 30. Jg. 1961, S. 47–64; Kowalski, Józef [d. i. Władysław Krygowski]: Ku czemu idą Tatry? [Worauf steuert die Tatra zu?], in: *Wierchy* 30. Jg. 1961, S. 65–71.

men, die ohne die Angebote von Reiseveranstaltern auskamen und auf vermeintlich unausgetretene Pfade in immer entferntere Gegenden führten, nahmen dann ab den Siebzigerjahren zu.[27]

Im Ostblock verlief die Entwicklung ganz ähnlich, wenn auch etwas später und durchaus mit Hindernissen. Mit der Entstalinisierung kam auch das strikt zentralisierte Tourismuswesen auf den Prüfstand, und es schnitt nicht gut ab. Zwar blieb der offizielle Erholungssektor erhalten und bot weiterhin zahlreiche Ferienplätze im ganzen Land an, aber die individuelle Urlaubsreise entwickelte sich innerhalb kurzer Zeit zur weit verbreiteten Alternative. Trotz des propagierten Ideals der tätigen Erholung im Dienst der Gemeinschaft gewannen allmählich die Repräsentation und Praxis der Ferienzeit als Sphäre der Selbstverwirklichung und des Vergnügens die Oberhand.[28] Auch Menschen, deren Betriebe nicht über Unterkünfte in der beliebten Tatraregion verfügten oder die nicht das Privileg hatten, dorthin geschickt zu werden wie der brummige Gustav Anděl im Film, entschieden sich immer häufiger, auf eigene Faust dorthin zu reisen, und hatten nun überhaupt die Möglichkeit, selbst eine reguläre Unterkunft zu mieten.[29]

Die Motive der Reisenden, sich in Scharen in die Tatra aufzumachen, waren vielgestaltig und lassen sich ex post außerordentlich schwer greifen. Mit Sicherheit verdankte das kleine Hochgebirge seine große Popularität auch dem Mangel an Alternativen. Der Weg in die Alpen war den allermeisten Leuten versperrt, die sowjetischen Hochgebirge blieben ebenfalls zumeist unerreichbar, sodass für die Bürger*innen Ostmitteleuropas oftmals überhaupt nur die Tatra in Frage kam, wenn sie ein Hochgebirgspanorama bewundern oder alpine Sportarten ausüben wollten. Das kam für viele einem „Hausarrest in der Tatra“ gleich, wie es ein polnischer Bergsteiger in der größten touristischen Zeitschrift des Landes kritisch formulierte.[30] Die Freiheit, die mit den Bergen generell verbunden wurde und die auch das polnisch-slowakische Gebirge traditionell versprach, bewegte sich im eng abgesteckten Rahmen.

---

27 Zuelow, History, 2016, Kapitel 10; Hachtmann, Tourismus-Geschichte, 2007, S. 140f., 159.

28 Hartwich, Mateusz J.: Tourismus, Traditionen und Transfers. Rahmenbedingungen und Wahrnehmungen der Reisen von DDR-Bürgern ins Riesengebirge in den 1960er Jahren, in: Borodziej, Włodzimierz u. a. (Hg.): *Schleichwege. Inoffizielle Begegnungen sozialistischer Staatsbürger zwischen 1956 und 1989.* Köln u. a. 2010, S. 153–178, hier 156; Neuburger, Mary: Smoke and Beers. Touristic Escapes and Places to Party in Socialist Bulgaria, 1956–1976, in: Giustino, Cathleen M. u. a. (Hg.): *Socialist Escapes. Breaking Away from Ideology and Everyday Routine in Eastern Europe, 1945–1989.* New York, Oxford 2013, S. 145–163.

29 Vgl. z. B. Franc, Martin / Knapík, Jiří: Volný čas v českých zemích 1957–1967 [Freizeit in den böhmischen Ländern]. Praha 2013 (Šťastné zítřky 8), S. 338; Kochanowski, Jerzy: Jenseits der Planwirtschaft. Der Schwarzmarkt in Polen 1944–1989. Göttingen 2013 (Moderne europäische Geschichte 7), S. 391–393.

30 Nyka, Józef: Polski sezon w Alpach [Die polnische Saison in den Alpen], in: *Turysta* 17 (70) vom 01. 09. 1957, S. 8f.

Unter den Bergsteiger*innen erhielt die Tatra einen zweischneidigen Status als Sehnsuchtsort: Zum einen konnten sie hier ohne lange Anreise ihrer Leidenschaft frönen und erhielten sogar staatliche Unterstützung für die Ausbildung des Nachwuchses. Zum anderen war die Tatra bekanntes Terrain, wo die meisten Routen schon begangen waren und sich die Entwicklungen im internationalen Alpinismus nicht anwenden ließen. Es verstärkte sich also der Ruf nach Ausreisemöglichkeiten für sportliche Zwecke. 1949 und 1954 durften die Bergsteiger immerhin auf die andere Seite der Tatra, zwei Jahre später war der „Hausarrest in der Tatra" für die polnischen Bergsteiger vorbei, die in die französischen Alpen reisen konnten. Doch auch das reichte nicht aus, denn „Exotik ist zu unserem Traum geworden", wie es 1958 die polnische Bergsteigerzeitschrift „Taternik" auffordernd formulierte.[31] Die Alpen seien zu gleichartig zur Tatra und zu erschlossen. Was wirklich reizte, war der Himalaja oder „die vom Eis bedeckten und vom Sturm zerklüfteten Felshänge Patagoniens".[32] Für einige Bergsteiger*innen wurden später auch diese Träume wahr, doch die Tatra war und blieb das für die meisten zugängliche Hausgebirge, das auch für die Alpinist*innen etwa aus der DDR oder Ungarn erreichbar war.[33] Das polnisch-tschechoslowakische Hochgebirge war für diese Personengruppe also mit Sehnsucht im romantischen Sinne behaftet: Kaum war dieses Ziel erreicht, hatte es seine Magie verloren, war das Sehnen in größere Ferne gerückt – zunächst auf die andere Seite der Grenze, dann in die Alpen, dann in die weitentlegenen, größten Gebirgssysteme der Erde.

Solch weit entfernte Ziele waren auch zu späteren Zeitpunkten nur für sehr wenige Menschen erreichbar. Für die Durchschnittstouristin bedeutete es bereits eine erhebliche Erweiterung des Bewegungsradius, als 1956 auch sie sich erstmals seit Kriegsbeginn wieder in der ganzen Tatra bewegen konnte. An dieser Stelle wurde die erste offizielle Bresche in die streng abgeriegelten Grenzen zwischen den Staaten des Ostblocks geschlagen. Eine touristische Konvention zwischen der Tschechoslowakei und Polen erlaubte den Besuch des gesamten Gebirges inklusive eines Streifens Umland. Sie beruhte auf einer Vorgängervereinbarung aus der Zwischenkriegszeit, deren Wiederaufnahme die Aktivist*innen der Tourismusvereine seit Kriegsende gefordert hatten.[34] Damit

31 Zum Geleit, in: *Taternik* 34. Jg. 1958/1, S. 1; Siehe auch Jarosz, Masy, 2003, S. 252.

32 Zum Geleit, 1958, S. 1.

33 Zwischen diesen beiden und den Tatraanrainerländern bestand ein großes touristisches Aufkommen. Kučera, Jaroslav: Der sozialistische Staat und die Kontakte seiner Bürger mit den „Bruderländern", in: Borodziej, Włodzimierz u. a. (Hg.): *Schleichwege. Inoffizielle Begegnungen sozialistischer Staatsbürger zwischen 1956 und 1989.* Köln u. a. 2010, S. 365–378, hier 366f.

34 Hoenig, Geteilte Berge, 2018, S. 62, 147.

wurde die Tatra für einige Jahre[35] zum einzigen Ort, an dem durchschnittliche Bürger*innen individuell und ohne viel Aufwand die Grenze des eigenen Landes überqueren konnten – nach den Jahren der Abschottung im Stalinismus ein deutliches Zeichen für die politische Liberalisierung. Das Abkommen war ein durchschlagender Erfolg. Gleich in den ersten Monaten nahmen 4.600 Menschen diese Möglichkeit wahr,[36] in den folgenden Jahren stiegen die Zahlen kräftig an.[37] Es wurden eigens Reiseführer und Informationsbroschüren für das Konventionsgebiet herausgegeben[38] und die touristischen Zeitschriften berichteten minutiös über das Thema, vor allem über die rechtlichen Regelungen und die schrittweise Ausweitung des betreffenden Gebiets.[39]

Diese neue Bewegungsfreiheit in der Tatra bedeutete jedoch nicht den Wegfall, sondern viel eher den Wandel obrigkeitlicher Kontrolle.[40] Mit dem bilateralen Abkommen demonstrierten die beiden Staaten ihr Selbstverständnis als moderne Gemeinwesen, die ihren Bürger*innen einen wachsenden Lebensstandard ermöglichten, wozu auch die individuelle Auslandsreise gehörte. Zu Beginn war diese in der Tatra allerdings so reglementiert, dass der Übertritt für maximal vierzehn Tage, unterteilt in zwei separate Wochen gestattet war. Jede Person benötigte einen Passierschein, der aber nicht ohne weiteres erhältlich war. Er war denjenigen vorbehalten, die über „touristische Erfahrung" verfügten, was durch ein Leistungsabzeichen nachgewiesen werden musste, und sich in den touristischen Massenorganisationen engagierten. Nur betriebliche Bestarbeit oder an-

35 1961 wurde das Konventionsgebiet auf weitere touristisch interessante Regionen im tschechoslowakisch-polnischen Grenzgebiet ausgedehnt, u. a. das Riesengebirge. Vgl. Novotný, Jiří: Další rozšíření československo-polské turistické konvence [Die tschechoslowakisch-polnische touristische Konvention wird ausgeweitet], in: *Krásy Slovenska* 1962/8, S. 298f.; in den sechziger Jahren folgten bilaterale Abkommen zum visafreien Reiseverkehr, z. B. 1967 Tschechoslowakei – DDR. Hachtmann: Tourismus-Geschichte, 2007, S. 148.

36 Sprawy konwencji i wymiany grup zagranicznych 1955–1956 [Angelegenheiten betr. die Konvention und den Austausch auländischer Gruppen], in: AAN, Komitet do Spraw Turystyki, 256/4, Bl. 190–192.

37 1960 kamen laut einer polnischen Statistik 18.776 Personen durch die Konvention nach Polen, 45.596 Pol*innen ins südliche Nachbarland. Główny Urząd Statystyczny Polskiej Rzeczypospolitej Ludowej (Hg.): Statystyka turystyki 1968 [Reiseverkehrsstatistik 1968]. Warszawa 1970, Tabelle 1/64.

38 Šimo, Vlado: Z przepustką w Tatry Słowackie. Informator [Mit dem Passierschein in die slowakische Tatra. Informationsbroschüre]. Warszawa 1956; Správa Tatranského Národného Parku (Hg.): Witajcie w Tatrzańskim Parku Narodowym [Willkommen im Tatranationalpark]. O. O. o. D.

39 Beispielsweise widmeten sich 1957 von 32 Artikeln zu Auslandsreisen in der größten polnischen Reisezeitschrift „Turysta" sechs der touristischen Konvention.

40 Ab der zweiten Hälfte der fünfziger Jahre erlebten dementsprechend auch die touristischen Massenereignisse einen neuen Aufschwung. Seit 1957 wurden Internationale Jugendaufstiege auf den polnisch-tschechoslowakischen Grenzberg Rysy mit bis mehr als Zehntausend Teilnehmer*innen durchgeführt. Siehe Ječný, Evžen: Rysy 1962, in: *Krásy Slovenska* 1962/6, S. 202f.; parallel argumentiert für Bulgarien: Neuburger, Smoke and Beers, 2013.

dere gesellschaftliche Verdienste berechtigten alternativ zum Grenzübertritt im Konventionsgebiet. Persönliches Fehlverhalten führte zum Entzug des Passierscheins.[41]

In der Folgezeit liberalisierte sich die Vergabepraxis bei den Passierscheinen allmählich, während die legitimen Motive einer Urlaubsreise sich vermehrten. Nicht mehr nur der Dienst am Kollektiv stand nun im Vordergrund, sondern auch der persönliche Zeitvertreib, ja das individuelle Vergnügen durfte nun geltend gemacht werden.[42] Mit ihrer Tradition als Refugium für Künstler und Intellektuelle verhieß die Tatra Freiheit und Selbstverwirklichung. Ein besonderes Urlaubsvergnügen machte sich eine Gruppe junger polnischer Jazzmusiker, als sie 1959 und 1960 auf ein „Jazz Camping" fuhren.[43] In einem Haus in der polnischen Tatra veranstaltete die Avantgarde der damaligen schmalen polnischen Jazzszene für einige Tage mit einer Gruppe Freund*innen – Künstlerinnen und Filmschaffenden, darunter der junge Roman Polański – ein privates Happening, das den gemeinsamen Spaß in der Gruppe zelebrierte, aber sich deutlich von der zentral organisierten Kollektiverholung abhob. Ein knapp zehnminütiger Dokumentarfilm zeigte die ausgelassenen jungen Leute beim Tanzen, Feiern und Tollen im Schnee. Der Kommentator aus dem Off machte dabei klar: „Sie sind gekommen, um auszuspannen, zu üben und Spaß zu haben. Nein, das ist kein Trainingslager für die Nationalmannschaft. Ein normaler, privater Urlaub. Frühling in den Bergen."[44]

Dieses Beispiel verdeutlicht die Vielfalt der Sinngebungen, mit der die Reise in die Tatra versehen wurde. Solch unterschiedlichen individuellen Aneignungen durch die Tourist*innen hatte es selbstredend auch in den Jahren des Stalinismus gegeben. Auch die starren Vorgaben des staatlichen Tourismuswesens wurden mit eigenem Sinn versehen. Während sie allerdings in den frühen Nachkriegsjahren dem offiziellen Narrativ eindeutig untergeordnet waren, konnten sie sich mit der politischen Liberalisierung offener entfalten. Populäre Wünsche nach einem komfortablen Leben, nach Vergnügen und Freizeit wurden so in den legitimen Diskurs kanalisiert.

41 Sprawy konwencji i wymiany grup zagranicznych (1955–1956), in: AAN, Komitet do Spraw Turystyki, 256/4, Bl. 196–199, 210–212.

42 Hoenig, Bianca: Erholung für den Staat oder Erholung vom Staat? Tourismus in der Volksrepublik Polen, 1956–1970. München 2013 (Digitale Reihe der Graduierungsschriften / Universitäten Deutschland 3), verfügbar unter: <https://opacplus.bsb-muenchen.de/Vta2/dspaceBV041233540/bsb:BV041233540?lang=de&view=default&c=default&allDigIds=false&queries=%7C> [15.10.2016], Kapitel 2.1.

43 Jazz in Polish Cinema. Out of the Underground 1958–1967, CD-Box 2015. Ich danke Sarah Henkel sehr herzlich für dieses Geschenk, durch das ich das „Jazz camping" entdeckt habe.

44 Rybczyński: Jazz camping 1959, verfügbar unter: <http://ninateka.pl/film/jazz-camping-boguslaw-rybczynski> [07.09.2017], 02:05–02:15.

Tourismus als wirtschaftliche Betätigung

Dennoch blieb der Tourismus, auch und gerade in die Tatraregion, für viele Menschen eine ziemlich pragmatische Angelegenheit. Die Zweckmäßigkeit, die dem Tourismus von offizieller Seite zugedacht wurde, fand ein Echo in der Funktionalität, die er für die Tourist*innen selbst erfüllte. Für sehr kleine Gruppen der Bevölkerung war er Vehikel und Vorwand für oppositionellen politischen Aktivismus. So schmuggelten Oppositionelle zum Beispiel verbotenes Schriftgut über das Gebirge ins Nachbarland, andere protestierten gegen die sowjetische Hegemonie, indem sie etwa auf den Gipfel Rysy stiegen, um die Gedenkplakette für Lenin zu beschädigen.[45] Für weite Teile der Bevölkerung nicht nur der Anrainerländer, sondern sogar auch anderer Ostblockstaaten erfüllte die Tatrareise aber einen ganz anderen und viel profaneren Zweck: Die Tatraregion wurde im Sozialismus zu einer Drehscheibe des inoffiziellen Handels und Schmuggels, mit dem Mittelpunkt Zakopane.

Unter den Bedingungen der Mangelwirtschaft entwickelte sich die Urlaubsreise für viele zu einer Handelsfahrt. Zahlreiche Besucher*innen knüpften materielle Sehnsüchte an die Tatra, während die Attraktivität des Gebirges und seines Umlands durch die Begleiterscheinungen des Massentourismus unübersehbar beeinträchtigt wurde. Verkehrsbelastung, Lärm und Abgase, völlig überbelegte Unterkünfte und Restauration sowie ein unterentwickelter Dienstleistungssektor gaben Anlass zu immer lauteren Klagen von Seiten der Gäste wie auch der lokalen Behörden und der für Tourismus, Naturschutz oder Raumplanung zuständigen Organisationen. Damit hatte sich die von der Tatra ausgehende Verheißung deutlich verschoben: Von der Abgeschiedenheit und Exklusivität früherer Zeiten konnte keine Rede mehr sein, ebenso wenig von der Ordnung und Diszipliniertheit der Nachkriegsjahre. Spätestens ab den siebziger Jahren dominierte das Bild einer überlasteten, chaotischen Gegend, deren landschaftliche Reize ebenso litten wie die Menschen in den umliegenden Gemeinden. Und trotzdem lag die Zahl der Besucher*innen seit der Tauwetterzeit Jahr für Jahr bei mehreren Millionen.

Durch ihre Grenzlage war die Tatraregion ein traditionelles Schmuggelgebiet. Die Bevölkerung des gesamten Karpatenbogens hatte schon seit Jahrhunderten über die veränderlichen Grenzen hinweg miteinander Beziehungen unterhalten und Waren gehandelt. Auch durch das im 20. Jahrhundert immer striktere Grenzregime ließen sich die Karpatenbewohner*innen nicht davon abhalten. Als die Planwirtschaft in den Nachkriegsjahrzehnten zu Engpässen in der Waren-

45 Lemmata „pomniki i tablice pamiątkowe", „Rysy", in: Radwańska-Paryska, Zofia / Paryski, Witold H.: Wielka encyklopedia tatrzańska [Große Tatraenzyklopädie]. Poronin 1995, verfügbar unter: <https://z-ne.pl/s,menu,1243,encyklopedia_tatr.html> [15.10.2018].

versorgung, vor allem bei Konsumgütern führte, begann ein neuer Boom für inoffiziellen Handel und Schmuggel. Nun gesellte sich in der Tatraregion eine wachsende Schar an Tourist*innen zu den Einheimischen. Schon einen Monat nach der Einrichtung der grenzüberschreitenden touristischen Konvention beklagten die polnischen Behörden, dass in Zakopane ein Schwarzmarkt entstanden sei, wo die Besucher*innen aus dem Nachbarland tschechoslowakische Produkte handeln und mit Valuta spekulieren würden.[46] Von da ab wuchs und gedieh die Schattenwirtschaft in und um den Hauptort auf der Nordseite der Tatra in solch einem Maß, dass es bisweilen schien, als ob gar keine staatliche Aufsicht existieren würde.[47]

In Zakopane kristallisierte sich dabei nur in besonders konzentrierter Form eine Art Handelstourismus heraus, der den gesamten Ostblock umfasste und sogar darüber hinaus reichte. Aufgrund der knappen ausländischen Devisen waren die Touristen geradezu systemisch dazu gezwungen, sich selbst durchzuschlagen und auf ihrer Reise auf andere Weise ins Geschäft zu kommen. Das gelang durch den inoffiziellen Tausch und Verkauf mitgebrachter Waren, wodurch sich oftmals über die Kosten der Urlaubsreise hinaus ein ansehnlicher Profit erzielen ließ.[48] Dem Staat gelang es nicht, diese illegalen Aktivitäten in den Griff zu bekommen, zumal er ihnen durchaus etwas abgewinnen konnte: Die Touristen-Händler*innen stabilisierten ja das System, indem sie die größten Engpässe milderten, den Lebensstandard erhöhten und dadurch die Unzufriedenheit in der Bevölkerung dämpften. Die inoffizielle Wirtschaftstätigkeit der Vielen milderte das Versagen des öffentlichen Sektors ab.[49] In touristischen Hochburgen wie der Tatraregion galt das auch für die viel zu knappen und auf Gruppen ausgelegten Unterkünfte und Gaststätten. Eine Erhebung von 1973 ergab, dass 64 % der befragten Tourist*innen in Zakopane private Quartiere bezogen hatten, davon etliche unangemeldete. Die Befragten übten deutliche

46 Sprawy konwencji i wymiany grup zagranicznych (1955–1956): „Notatka dla Wicepremiera Ob. Tadeusza Gaede w sprawie wykonywania Konwencji Turystycznej z Czechoslowacją" vom 1.6.1956, in: AAN, Komitet do Spraw Turystyki, 256/4, Bl. 190–192.

47 Dieses Phänomen hat Jerzy Kochanowski ausführlich untersucht: Kochanowski, Socjalizm na halach, 2007; Kochanowski, Jenseits der Planwirtschaft, 2013, v. a. Kapitel 4.3.

48 Sowiński, Paweł: Turystyka zagraniczna a czarny rynek w Polsce (1956–1989) [Der Auslandstourismus und der Schwarzmarkt in Polen], in: Kott, Sandrine u. a. (Hg.): *Socjalizm w życiu powszednim. Dyktatura a społeczeństwo w NRD i PRL [Der Sozialismus im Alltagsleben. Diktatur und Gesellschaft in der DDR und der Volksrepublik Polen]*. Warszawa 2006, S. 189–195; Kochanowski, Jerzy: „Wir sind zu arm, um den Urlaub im eigenen Land zu verbringen.". Massentourismus und illegaler Handel in den 1950er und 1960er Jahren in Polen, in: Borodziej, Włodzimierz u. a. (Hg.): *Schleichwege. Inoffizielle Begegnungen sozialistischer Staatsbürger zwischen 1956 und 1989*. Köln u. a. 2010, S. 135–151.

49 Diese Argumentation ausführlich in Borodziej, Włodzimierz u. a. (Hg.): Schleichwege. Inoffizielle Begegnungen sozialistischer Staatsbürger zwischen 1956 und 1989. Köln u. a. 2010; Kochanowski, Jenseits der Planwirtschaft, 2013.

Kritik an der schlechten Versorgung mit Lebensmitteln, den fehlenden Restaurants oder den Zuständen in den Gebirgshütten.[50]

Der Mangel wirkte sich widersprüchlich auf die Tatra als Sehnsuchtsort aus. Die Umstände eines Ferienaufenthalts waren unter diesen Bedingungen alles andere als günstig. Darüber hinaus häuften sich die Klagen, dass der ungeordnete Besucherandrang die Berge und die Regionalkultur ernstlich gefährdete.[51] Das Bild der von der Zivilisation abgeschiedenen, erhabenen Bergwelt litt darunter ebenso wie die Vorstellung exklusiven Vergnügens oder aber eines wohlgeordneten Aufenthalts zur Regeneration und ideologischen Weiterbildung. Die Tatra hatte einerseits deutlich an Attraktivität eingebüßt. Andererseits empfahl sich diese Region nun durch ganz andere Reize für einen Besuch: Dort ließen sich dringend benötigte Dinge des täglichen Lebens erstehen, die am eigenen Wohnort nicht zu bekommen waren. Möglicherweise ließ sich die Reisekasse aufbessern oder sogar der Lebensstandard merklich heben. Wiederum war die Fahrt in die Tatra für viele Menschen eminent zweckgebunden. Dahinter stand die Verheißung von etwas mehr Wohlstand, von einem etwas besseren Leben innerhalb der bestehenden wirtschaftlichen und politischen Verhältnisse.

Sozialistischer Tourismus als Nostalgie

Auch heute zieht die Tatra Jahr für Jahr Scharen von Besucher*innen an. Die kapitalistische Tourismuswirtschaft, die vor 1989 schon in einer Grauzone existiert hatte, hat sich inzwischen vollständig durchgesetzt und den staatlich durchgeführten Sozialtourismus abgelöst. Er gehört inzwischen so sehr der Vergangenheit an, dass er bereits nostalgisch erinnert wird. Im ehemaligen Gewerkschaftsferienheim Morava in Tatranská Lomnica, wo auch der griesgrämige Gustav Anděl im Film logierte, hat ein Reiseanbieter eine Art sozialistischer Retroferien im Programm. Morgenappell, Brigaden, Gesellschaftsabende in der Reisegruppe, ein Tagesablauf, der komplett vom Genossen Kulturreferenten durchorganisiert ist, und dies alles in einer von den Handtüchern bis zur musikalischen Untermalung mit revolutionären Pionierliedern täuschend echt ausstaffierten Kulisse. Der Angabe der Reiseagentur zufolge sind die meisten der

50 Urząd Miejski w Zakopanem/Wojewódzki Urząd Statystyczny w Krakowie (Hgg.): Turystyka w Zakopanem i rejonie tatrzańskim w 1973 roku. Badanie metodą ankietową [Tourismus in Zakopane und der Tatraregion 1973. Umfrage]. Kraków 1974, S. 7, 15, 23.

51 Dies nicht nur in engeren Naturschutzkreisen, sondern etwa auch in der tschechoslowakischen Parteizeitung Rudé právo: Drábik, Eduard: Čas k rozhodnému zásahu. Dřív, než pojedete do Vysokých Tater [Zeit für ein entschiedenes Eingreifen. Bevor Sie in die Hohe Tatra fahren], in: *Rudé právo* vom 12.08.1980, S. 3, verfügbar unter: <http://archiv.ucl.cas.cz/index.php?path=RudePravo/1980/8/12/3.png#nastaveni> [25.01.2016].

Gäste 50 bis 65 Jahre alt und versetzen sich in die Zeit und Szenerie ihrer Kindheitserinnerungen zurück.[52] Anstatt um Indoktrinierung geht es den Teilnehmenden nach eigener Aussage um Vergnügen und Gruppenzusammenhalt. Für die 65-jährige Marie handelt es sich bei dem Retrourlaub um einen großen Spaß, der sie an das Weihnachtsfest 1984 erinnere, das sie an diesem Ort verbracht habe. Die 48-jährige Helena wiederum urteilt:

> „Wenn man heute in Urlaub fährt, bekommt man die Zimmerschlüssel und ab dann kümmert sich niemand mehr um einen. Ich bin froh, dass sich hier alle am Kennenlernabend miteinander bekanntmachen. Am zweiten Tag duzen wir uns schon, die Führer kümmern sich ums Programm, wir gehen gemeinsam zum Frühsport, auf Brigade, zum Frühstück und Abendbrot."[53]

Der Anbieter betont, dass zwar alles für die Teilnehmenden organisiert wird, aber „nichts ist verpflichtend (wie damals), sondern alles freiwillig!"[54] Mit diesem grundlegenden Unterschied finden die Retrourlauber*innen persönliche Erfüllung in einem Tourismusmodell, das touristische Sehnsucht durch Zweckmäßigkeit ersetzen wollte.

Zusammenfassung

In der offiziellen Tourismuspolitik der sozialistischen Länder war für die klassischen touristischen Sehnsüchte nach Ausbruch aus dem Alltag, Selbstbestimmtheit oder einfach Vergnügen kein Platz vorgesehen. Sehnen sollte man sich allenfalls nach der baldigen Realisierung der kommunistischen Gemeinschaft. Sie diente als Projektionsfläche für alle Vorstellungen und Wünsche, die in der unzulänglichen Gegenwart unerfüllt bleiben mussten. Tourismus sollte weder zum Träumen noch zur Selbstverwirklichung da sein, sondern dem Aufbau der kommunistischen Utopie dienen. Wie die übrigen Bereiche des Alltagslebens auch war der Tourismus eminent zweckgeleitet, er sollte das Individuum in die Gemeinschaft einfügen, es kräftigen und weltanschaulich bil-

52 Rekreace ROH – dovolena v Tatrách jako tenkrát [ROH-Erholung – Ferien in der Tatra wie damals], *Turistika.cz* 07. 04. 2015, verfügbar unter: <https://www.turistika.cz/clanky/rekreace-roh-dovolena-v-tatrach-jako-tenkrat/detail> [15. 10. 2018]; vgl. für eine parallele Art von Nostalgieferien im „Westen" die heute noch bestehenden Billy Butlin's Holiday Camps in Großbritannien: Zuelow, History, 2016, S. 172.

53 Diese und weitere Aussagen von Teilnehmenden bei Vilček, Ivan: Na Slovensku opět frčí dovolené ROH [In der Slowakei sind wieder Gewerkschaftsferien angesagt], *Novinky.cz*, 02. 11. 2013, verfügbar unter: <https://www.novinky.cz/cestovani/317927-na-slovensku-opet-frci-dovolene-roh.html> [15. 10. 2018].

54 Rekreace ROH – Dovolená jako tenkrát [ROH-Erholung – Ferien in der Tatra wie damals], *CK Atis*, verfügbar unter: <https://www.atis.cz/vypis-produktu-tema/rekreace-roh-dovolena-v-tatrach/?utm_source=topkontakt-partner&utm_medium=topkontakt> [15. 10. 2018].

den. Auch wenn nach dem Stalinismus die Palette der Reisemöglichkeiten immer breiter wurde und die direkte Kontrolle abnahm, bedeutete das nicht so sehr das Ablassen von diesem instrumentalen Tourismusbild. Stattdessen sollte dieser Lebensbereich die Modernität des sozialistischen Systems verdeutlichen und auf diese Weise Loyalität mit der herrschenden Ordnung herstellen.

Welchen Sinn die Menschen ihrer Urlaubsreise selbst verliehen, steht auf einem anderen Blatt. Bei der Betrachtung der Tatraregion lassen sich einige der multiplen Sehnsüchte nachzeichnen, die sowohl von offizieller Seite als auch von Besucher*innen selbst an diese klassische Reisedestination geknüpft wurden. Sehnsuchtsort war die Tatra auch in den Nachkriegsjahrzehnten. Millionen von Menschen reisten in die Orte am Fuß des Gebirges und nahmen den Mangel an Unterkünften, die leeren Geschäfte und überfüllten Kantinen, das Verkehrschaos und die Menschenmassen auf den Pfaden und Gipfeln in Kauf. Die bereits aus der Vorkriegszeit stammende Infrastruktur bot die praktische Voraussetzung für die große Beliebtheit, während der Rang des Gebirges im polnischen und tschechoslowakischen kollektiven Gedächtnis ideelle Anziehungskraft ausübte. Dieses alpenähnliche Hochgebirge im Miniaturformat im eigenen Land war für viele aus den Städten, dem Flachland oder Mittelgebirge eine außergewöhnliche Landschaft. Ob in organisierten Gruppenreisen oder auf eigene Faust, immer mehr Menschen kamen dorthin, um zu wandern, zu klettern oder skizufahren. Sie konnten das Bergpanorama bestaunen, eine reiche Flora und Fauna bewundern und die Luft genießen.

Diese Begeisterung für Bergtourismus war das eine. Die Tatra stand aber auch für eine Vielzahl an Wünschen, die weniger direkt mit dieser Region und ihrer Natur verknüpft waren, sondern auf andere Orte und Erwartungen verwiesen. Für viele Menschen war dies das einzige erreichbare Hochgebirge und musste deshalb als Ersatz für die Reise in die Alpen oder die großen Gebirgssysteme anderer Kontinente herhalten. Genauso war die Tatra der erste Ort, an dem die starren Grenzen zwischen den Bruderstaaten ein wenig elastischer wurden. Der Traum von der Auslandsreise führte am einfachsten ins gebirgige Grenzgebiet des Nachbarlands. Auch wenn der grenzüberschreitende Tourismus innerhalb des Ostblocks in den folgenden Jahrzehnten zusehends erleichtert wurde, blieb das Konventionsgebiet in der Tatra ein Magnet für Tourist*innen. Das lag dann wiederum auch an dem ganz handfesten Traum von Wohlstand, von einem ein wenig besser ausgestatteten Leben. Schmuggel und Handel machten die Ferienreise zu einer äußerst instrumentellen Angelegenheit. Gegenstand der Sehnsucht war ein materiell bessergestelltes Leben, für das die Tatraregion einfach besonders gute Bedingungen und darüber hinaus ein schönes Ambiente bot.

Nach dem Zweiten Weltkrieg kamen also neue Schichten des touristischen Sehnens hinzu. Die seit dem 19. Jahrhundert etablierte Lesart der Tatra als Ort der politischen, persönlichen und künstlerischen Freiheit wurde nach 1945 weitergeführt und aktualisiert. Die enger gezogenen räumlichen und ideologischen Grenzen vergrößerten die unzugänglichen Bereiche, die dadurch zum Gegenstand von Sehnsüchten wurden; das staatliche Unvermögen, die Ansprüche der Bürger*innen an ihren Lebensstandard zu befriedigen, konterkarierte die tatsächlichen Errungenschaften des Systems, zu denen auch ein Urlaubsplatz im Höhenkurort für die vielen statt für wenige gehörte. Schließlich ist die Tatra sogar zum Schauplatz eines Metatourismus geworden, der in der Nachahmung des sozialistischen Gewerkschaftsurlaubs Erfüllung verspricht.

III. Tourismusbegegnungen zwischen Ost und West

Benedikt Tondera

„Wer mir sagt, dass die Engländer schlecht leben, den schieß' ich über den Haufen!" Sowjetische Touristen im Umgang mit Differenzerfahrungen in den 1950er und 1960er Jahren

Die befreiende Wirkung des gesellschaftspolitischen Tauwetters in der Sowjetunion nach Stalins Tod kann kaum hoch genug eingeschätzt werden. „Die furchtgebietende und schreckliche Figur, die es vermocht hatte, [...] jeden Gedanken an Kritik oder Widerstand in der Führung wie im Volk auszuschließen", war, wie Bernd Bonwetsch es treffend formulierte, verschwunden.[1] In Abwesenheit des *Vožd* war die Kommunistische Partei dazu gezwungen, nach neuen Legitimationsgrundlagen für ihre Herrschaft zu suchen. Die Aufstände in der DDR, in Polen und Ungarn zwischen 1953 und 1956 führten hier laut György Péteri bei der sowjetischen Parteiführung zu der Einsicht, dass ein „consumerist turn" innerhalb der Sowjetunion nötig sei, der die materiellen Bedürfnisse der Bevölkerung ernst nehmen und sie mit den Mitteln der sozialistischen Planwirtschaft erfüllen sollte.[2]

Gleichzeitig startete die Sowjetunion eine kulturelle Charmeoffensive. Das Weltjugendfestival in Moskau 1957 war in dieser Hinsicht ein Signal an die gesamte Weltöffentlichkeit, dass die Kommunistische Partei nicht nur in militärisch-technischen Fragen auf der Höhe war, sondern auch die sanfteren Töne der internationalen Diplomatie beherrschte. In Zeiten eines drohenden atomaren Konflikts inszenierte sich die Sowjetunion als international vermittelnde Großmacht mit genuin friedlichen Absichten.[3] Damit öffnete sie sich ein Stück weit für Einflüsse aus dem Ausland, die einen nachhaltigen Eindruck insbesondere bei der heranwachsenden sowjetischen Elite hinterließen. Die Studen-

1 Bonwetsch, Bernd: Entstalinisierung und imperiale Politik. Die UdSSR und der Ostblock nach Stalins Tod, in: Engelmann, Roger / Grossbölting, Thomas (Hg.): *Kommunismus in der Krise. Die Entstalinisierung 1956 und die Folgen.* Göttingen 2008, S. 169–192, hier 171.

2 Péteri, György: Introduction. The Oblique Coordinate Systems of Modern Identity, in: Ders. (Hg.): *Imagining the West in Eastern Europe and the Soviet Union.* Pittsburgh 2010, S. 1–12, hier 8.

3 Vgl. Koivunen, Pia: The 1957 Moscow Youth Festival. Propagating a New, Peaceful Image of the Soviet Union, in: Ilič, Melanie / Smith, Jeremy (Hg.): *Soviet State and Society Under Nikita Khrushchev.* London u. a. 2011, S. 47–65.

tenwohnheime der Moskauer Kaderschmieden füllten sich mit jungen Intellektuellen aus der ganzen Welt; Touristen aus westlichen Ländern strömten ins Land und avancierten zum kulturellen Vorbild der sowjetischen Jugend.[4]

Signalwirkung hatte auch die Einführung von touristischen Auslandsreisen ab Mitte der 1950er Jahre, wenngleich davon zunächst nur wenige Tausend Sowjetbürger profitierten.[5] Schon vor den öffentlichkeitswirksamen Inszenierungen eines verstärkten internationalen kulturdiplomatischen Engagements wie dem Moskauer Weltjugendfestival 1957 und der USA-Reise Chruščevs 1959 war die Entsendung erster Touristengruppen in die Sozialistische Staatengemeinschaft und den Westen im Sommer 1955 ein Indikator für den neuen Öffnungskurs der sowjetischen Führung. Im Gegensatz zu den propagandistisch instrumentalisierten Großveranstaltungen, in denen sich die Sowjetunion als selbstbewusster weltpolitischer Akteur auf Augenhöhe mit der westlichen Welt inszenierte, zeugten die ersten Auslandsreisen von den Schwierigkeiten und Unsicherheiten bei der Überwindung von überkommenen Verhaltensmustern des Spätstalinismus in der alltäglichen Praxis: Die neuen Freiräume, die der

4 Zubok, Vladislav: Zhivago's Children. The Last Russian Intelligentsia. Cambridge u. a. 2009, hier insbes. das Kapitel „Culture Shock", S. 94–111.

5 Die Erforschung des sowjetischen Auslandstourismus hat in den letzten Jahren einen starken Boom erfahren. Zu nennen sind die Monographie von Gorsuch, Anne E.: All This is Your World. Oxford 2011, und die jüngst erschienene Zusammenarbeit von Orlov, Igor' / Popov, Aleksej: Skvoz' „železnyj zanaves". Russo turisto: sovetskij vyezdnoj turizm, 1955–1991 [Durch den „Eisernen Vorhang". Russo turisto: sowjetischer Auslandstourismus, 1955–1991]. Moskwa 2016. Daneben ist eine Reihe einschlägiger Aufsätze erschienen, darunter insbes. Čistikov, Aleksandr: ‚Ladno l' za morem il' chudo?' Vpečatlenija sovetskich ljudej o zagranice v ličnych zapisjach i vystuplenijach (seredina 1950-ch – seredina 1960-ch gg.) [„Und jenseits des Meeres, wie war es?" Eindrücke sowjetischer Menschen vom Ausland in persönlichen Notizen und öffentlichen Reden (von Mitte der 1950er bis Mitte der 1960er Jahre)], in: *Novejšaja Istorija Rossii* 2011, S. 167–177; Ivanova, Anna: „Solnce selo niže eli…" [„Die Sonne ruht unter den Fichten…"], in: *Rodina* 2011, S. 116f.; Kozovoj, Andrej: Eye to Eye With the „Main Enemy": Soviet Youth Travel to the United States, in: *Ab Imperio* 2011/2, S. 221–237; Żuk, Sergei I.: Closing and Opening Soviet Society (Introduction to the Forum), in: *Ab Imperio* 2011/2, S. 123–158; Applebaum, Rachel: A Test of Friendship. Soviet-Czechoslovak Tourism and the Prague Spring, 1968–1969, in: Koenker, Diane P. / Gorsuch, Anne E. (Hg.): *The Socialist Sixties. Crossing Borders in the Second World.* Bloomington 2013, S. 213–232; Raleigh, Donald J.: On the Other Side of the Wall, Things Are Even Better: Travel and the Opening of the Soviet Union: The Oral Evidence, in: *Ab Imperio* 2012/4, S. 373–399; Kassymbekova, Botakoz: Leisure and Politics: Soviet Central Asian Tourists across the Iron Curtain, in: Burrell, Kathy / Hörschelmann, Kathrin (Hg.): *Mobilities in Socialist and Post-Socialist States. Societies on the Move.* New York 2014, S. 62–86; Tondera, Benedikt: Reisen auf Sowjetisch. Auslandstourismus unter Chruschtschow und Breschnew 1953–1982 (Forschungen zur osteuropäischen Geschichte 85), Wiesbaden 2019; Wojnowski, Zbigniew: An Unlikely Bulwark of Sovietness. Cross-border Travel and Soviet Patriotism in Western Ukraine, 1956–1985, in: *Nationalities Papers* 2015/1, S. 82–101. Für einen (allerdings auf englischsprachige Arbeiten beschränkten) jüngeren Forschungsüberblick siehe auch Rosenbaum, Adam T.: Leisure Travel and Real Existing Socialism. New Research on Tourism in the Soviet Union and Communist Eastern Europe, in: *Journal of Tourism History* 2015/1–2, S. 157–176.

Auslandstourismus bot, mussten von allen Beteiligten in einem komplexen Aushandlungsprozess erst ausgelotet werden.

Touristische Auslandsreisen aus der UdSSR waren ein Phänomen, in dem sich Hoffnungen und Ängste einer sich neu orientierenden Gesellschaft gleichermaßen vermischten. Die sowjetischen Autoritäten erprobten hier in vermeintlich überschaubaren Dimensionen einen neuen kulturdiplomatischen Kanal in die kapitalistischen Staaten und die Tragfähigkeit von Chruščevs Behauptung, man habe auch bei einer direkten Konfrontation mit dem Westen trotz des dortigen hohen Lebensstandards von den eigenen Bürgern „nichts zu befürchten".[6] Der Tourismus in die „Bruderländer" wiederum sollte dazu beitragen, die Beziehungen zwischen den sozialistischen Staaten mit Leben zu füllen und die von der Propaganda beschworene „Völkerfreundschaft" zu festigen.

Der Artikel untersucht, inwiefern der frühe sowjetische Auslandstourismus in der Lage war, die Erwartungen zu erfüllen, die ihm Funktionäre wie Touristen gleichermaßen entgegenbrachten. Konnte der Sehnsuchtsort „Auslandstourismus" im sowjetischen Kontext die propagandistischen Erwartungen von Seiten der Parteikader einlösen und gleichzeitig die Hoffnungen auf eine gesellschaftspolitische Zeitenwende auf Seiten vieler Auslandsreisender rechtfertigen? Und welchen Einfluss hatte die im offiziellen sowjetischen Diskurs konstruierte idealtypische Unterscheidung zwischen einem befreundeten sozialistischen Staatenraum und einer prinzipiell feindlich gesinnten kapitalistischen Welt auf die Handlungen und Wahrnehmung von Touristen und Mitarbeitern der Reiseagenturen?

Tourismus in die kapitalistischen Länder

Die Einführung eines regulären touristischen Verkehrs aus der Sowjetunion in das westliche Ausland ab Mitte des Jahres 1955 hatte einen hohen Symbolwert.[7] Die ersten sowjetischen Reisegruppen, die in Westeuropa und Nordamerika

6 Chruščevs Behauptung, er fürchte den hohen Lebensstandard und den offenen Wettbewerb mit der westlichen Welt nicht, ist u. a. filmisch dokumentiert. Sie fiel während eines spontanen und lebhaften verbalen Schlagabtausches zwischen dem Ersten Sekretär und dem damaligen US-Vizepräsidenten Richard Nixon während der Amerikanischen Nationalausstellung in Moskau 1959, in der die beiden Staatsmänner über das Lebensniveau der Bevölkerungen in der Sowjetunion und den USA diskutierten. Die Besichtigung einer amerikanischen Modellküche diente dabei als Auslöser der Diskussion. Siehe dazu den zeitgenössischen Bericht von Salisbury, Harrison E.: Nixon and Khrushchev Argue In Public As U.S. Exhibit Opens. Accuse Each Other Of Threats, in: *The New York Times* vom 24. Juli 1959, verfügbar unter: <http://www.nytimes.com/learning/general/onthisday/big/0724.html#article> [27.02.2017].

7 Zur Vorgeschichte der Einführung des Auslandstourismus siehe Orlov / Popov, Russo, 2016, S. 36–44; Gorsuch, All This, 2011, S. 12f sowie Gould-Davies, Nigel: The Logic of Soviet Cultural Diplomacy, in: *Diplomatic History* 2003/2, S. 193–214, hier 204.

eintrafen, wurden von der dortigen Öffentlichkeit mit einer Mischung aus Faszination und Misstrauen als Botschafter eines außenpolitischen Kurswechsels der Bolschewiki beobachtet.[8] Und auch für den innersowjetischen Diskurs über das Verhältnis zum Westen hatten die frühen Gruppenreisen eine wichtige Bedeutung. Zwar erhielten zunächst nur wenige Tausend vorwiegend aus der gesellschaftlichen Elite rekrutierte Bürger das Privileg, mit dem staatlichen Reisebüro „Intourist“ bzw. ab 1958 auch mit dem „Büro für Jugendtourismus Sputnik“[9] sowie mit der gewerkschaftlichen Reiselinie in die kapitalistischen Länder zu reisen.[10] Aber es handelte sich dabei oft um einflussreiche und prominente Personen, deren Eindrücke aus dem Ausland potenziell einen weiten Empfängerkreis erreichten. Ein prägnantes Beispiel hierfür ist der Fall des erfolgreichen Kinderbuchautors Lev Kassil’, der im Sommer 1959 als Teil einer Schriftstellerdelegation durch die USA reiste. Nach seiner Rückkehr am 11. September 1959 schwärmte er in der live übertragenen Sendung „*Vstreča v Amerike*“ („Begegnung in Amerika“) im sowjetischen Fernsehen über das „großartige Volk“ der Amerikaner und sorgte damit für Wirbel im Zentralkomitee der KPdSU.[11] Mit dieser Reaktion der Begeisterung war der Schriftsteller nicht allein: So ist von einer sowjetischen Gruppenreise nach London im Oktober 1960 die folgende Äußerung eines Mitreisenden gegenüber seiner Gruppenleiterin überliefert: „Wer mir sagt, dass die Engländer schlecht leben, den schieß’ ich über den Haufen!“[12]

Wenngleich in der Regel vergleichsweise milde Strafen für derartig positive Aussagen über kapitalistische Gesellschaften oder andere Formen von „Diszi-

8 Zeitungsartikel über eintreffende sowjetische Reisegruppen erschienen u. a. in *The Times* vom 13. Juni 1956 („Soviet Tourists in Italy: First Cruise Abroad“), zitiert nach Gorsuch: All This, 2011, S. 11; in *Die Zeit* vom 16. Juni 1956 („Notizen für Reisende“, der Abschnitt zu den sowjetischen Touristen beginnt mit dem Satz: „Der Vorhang wird gelüftet“), in diversen regionalen amerikanischen Zeitungen wie *Sarasota Herald Tribune* (Florida) vom 7. August 1958 („Soviet Tourists to See Gotham“), *Deseret News* (Salt Lake City) vom 20. August 1958 („14 ‚Ordinary‘ Soviet Tourists Arrive“) und *Gettysburg Times* (Pennsylvania) vom 22. August 1958 („14 Soviet Tourists to See Stock Exchange“) dominierte dagegen ein etwas distanzierterer und skeptischer Ton.

9 Im Folgenden werden Intourist und Sputnik ohne Anführungszeichen genannt.

10 Realistischerweise kann davon ausgegangen werden, dass während Chruščevs Amtszeit zwischen 1955 und 1964 rund eine halbe Million Sowjetbürger das Ausland besuchten, darunter nicht mehr als 50.000 das kapitalistische Ausland. Vgl. Gorsuch: All This, 2011, S. 18f. sowie Tondera, Benedikt: Der sowjetische Tourismus in den Westen unter Nikita Chruscev 1955–1964, in: *Zeitschrift für Geschichtswissenschaft* 2013/1, S. 43–64, hier 48f.

11 Vgl. Tondera, Like, 2014, S. 29f.

12 Gosudarstvennyj archiv Rossijskoj Federacii [Staatliches Archiv der Russischen Föderation, GARF], fond 9520, opis’ 1, dokument 426, S. 217: Es handelt sich dabei um die Berichte einer Gruppenleiterin über die Reise sowjetischer Tourist*innen in die demokratische Nationalstaaten mit der Linie WAO „Intourist“. Archivalie aus dem Jahr 1961, 230 Briefe.

plinverstößen" ausgesprochen wurden,[13] wäre es übertrieben zu behaupten, dass die vorsichtige Öffnungspolitik des Tauwetters in der Lage gewesen wäre, auf einen Schlag die langen Jahre stalinistischer Sprechverbote vergessen zu machen.[14] Vielmehr zeugen die Dokumente, die von den Auslandsreisen seit Mitte der 1950er Jahre berichten, von einer großen Unsicherheit auf Seiten aller Beteiligten darüber, wie mit dem neuen Phänomen des touristischen Verkehrs in die westliche Welt umzugehen sei. Es fehlte gerade in der Anfangsphase ein allgemein akzeptierter Konsens darüber, welches Verhalten im kapitalistischen Ausland als angemessen gelten durfte und wie vom Kontakt mit den dortigen Lebensverhältnissen nach der Rückkehr berichtet werden sollte.

Dabei mangelte es nicht an kulturellen Vorbildern für eine „akzeptable" Rezeption des westlichen Lebensstils. Schon Mitte der 1930er Jahre hatte das populäre Schriftstellerduo Il'f und Petrov mit „Eingeschossiges Amerika" einen einflussreichen Klassiker der Reiseliteratur vorgelegt.[15] Die hier vorgenommene Kennzeichnung der amerikanischen Bevölkerung als geschäftstüchtig und gesellig, zugleich aber auch als oberflächlich und ungebildet hatte ebenso einen prägenden Einfluss auf spätere Reiseberichte wie die Kontrastierung von technischer Fortschrittlichkeit und materiellem Wohlstand mit gesellschaftlicher Ungerechtigkeit und ideologischer Leere.[16] Chruščev legte bei seiner USA-Reise 1959 einen selbstbewussten und interessierten Gestus an den Tag, der stark an die kritisch-abwägende Haltung Il'f und Petrovs erinnerte und selbst bei der

13 Die Frage, welche Bestrafung Touristen nach ihrer Rückkehr aufgrund von Fehlverhalten zu befürchten hatten, ist bislang in der Forschung nur gestreift worden. Aus den Quellen der sowjetischen Reiseagenturen geht hervor, dass auffällig gewordene Touristen gelegentlich vorzeitig in die Heimat zurückgeschickt und zuweilen für weitere Auslandsreisen gesperrt wurden. In Extremfällen waren auch der Ausschluss aus der Partei bzw. die Entlassung vom Arbeitsplatz möglich.

14 Oral History-Studien fällen ein widersprüchliches Urteil bezüglich der Furcht innerhalb von Reisegruppen, durch Fehlverhalten Konsequenzen nach der Rückkehr zu erleiden. Während Kassymbekova eher eine sorglose Stimmung unter den Touristen und ein Fehlen harscher Disziplinierungsmaßnahmen konstatiert, berichtet Raleigh darüber, dass die Denunzierung touristischen Fehlverhaltens durch Gruppenleiter ernsthafte Rückwirkungen auf das Leben von Sowjetbürgern haben konnte, vgl. Kassymbekova, Leisure, 2014, S. 81 und Raleigh, Side, 2014, S. 387.

15 Il'f, Il'ja / Petrov, Evgenij: Odnoetažnaja Amerika [Eingeschossiges Amerika]. Moskau 1937. Auszugsweise war das Buch bereits im Laufe des Jahres 1936 in der *Pravda* sowie der Illustrierten *Ogonek* erschienen. Zur Bedeutung und Rezeption dieses Buches siehe auch Ryan, Karen: Imagining America. Il'f and Petrov's Odnoetazhnaia Amerika and Ideological Alterity, in: *Canadian Slavonic Papers* 44. Jg. 2002/3–4, S. 263–278.

16 Nicht zuletzt erschien der Bericht des Chefredakteurs der Zeitung *Komsomol'skaja Pravda*, Aleksei Adžubei, über dessen Amerikareise 1956 stark von dem Vorbild Il'f und Petrovs inspiriert gewesen zu sein, vgl. Adžubei, Aleksej Ivanovič: „Serebrjanaja koška", ili putešestvie po Amerike [„Silberne Katze", oder Reise durch Amerika]. Moskau 1956.

amerikanischen Presse Anerkennung fand.[17] Darüber hinaus zeichneten zeitgenössische sowjetische Filme und Bücher der Tauwetter-Jahre ein komplexeres und kontrastreicheres Bild des Lebens jenseits der Sowjetunion als es zuvor möglich gewesen war, ohne dabei allerdings die Überlegenheit des Sozialismus in Frage zu stellen.[18]

In der touristischen Praxis zeugte das Verhältnis zum westlichen Ausland auf der sowjetischen Funktionärsebene hingegen von deutlich weniger Selbstbewusstsein und Aufgeschlossenheit als in den oben genannten öffentlichkeitswirksamen Beispielen. Während dort der Eindruck erweckt wurde, dass die Faszination des westlichen Lebensstils größtenteils auf Blendwerk beruhte, schienen die sowjetischen Reiseagenturen ernsthaft besorgt über eine ungefilterte Konfrontation ihrer Touristen mit dem alltäglichen Leben in kapitalistischen Gesellschaften. Die Organisation des Reiseverkehrs war geleitet von einem umfassenden Kontroll- und Sicherheitsdenken, das schon während des Auswahlprozesses einen hohen Druck auf die Reiseinteressierten ausübte und für die Mehrheit eine unüberwindliche Hürde darstellte: „Getting to Western Europe", so Anne E. Gorsuch, „required exemplary credentials, a squeaky clean past, political connections, and (usually) previous travel without incident to Eastern Europe."[19]

Diejenigen, die das Auswahlverfahren erfolgreich überstanden, sahen sich im Vorfeld der Reise und während ihres Aufenthaltes im Ausland in ein engmaschiges Netz aus Belehrungen und Kontrollen eingebunden. Eine wichtige Rolle spielten dabei unter anderem die jeweiligen sowjetischen diplomatischen Vertretungen in den besuchten Ländern. Die dortigen Mitarbeiter informierten die

17 So schrieb etwa das Life-Magazin im Oktober 1959 über Chruščevs Besuch: „Khrushchev, who says he believes in reason as well as in history, has managed to make his desire for peace sound as possible as it is rational", in: *Life Magazine* vom 12. Oktober 1959, S. 40. Die Reise Chruščevs wurde von sowjetischer Seite mit einem voluminösen Buch auf Russisch und Englisch ebenfalls als diplomatischer Durchbruch des Ersten Sekretärs gefeiert, vgl. Charlamov, M. / Vadeev, O. (Hg.): Face to Face with America. Report of N. S. Krushchev's trip to the USA. Moskwa 1959.

18 Vgl. zu Filmen das Kapitel „Film Tourism: From Iron Curtain to Silver Screen", in: Gorsuch, All This, 2011, S. 168–185. Zu Büchern Gilburd, Eleonory: Books and Borders. Sergei Obraztsov and Soviet Travels to London in the 1950s, in: Gorsuch, Anne E. / Koenker, Diane P. (Hg): *Turizm. The Russian and East European Tourist Under Capitalism and Socialism.* Ithaca 2006, S. 227–247; Balina, Marina: A Prescribed Journey: Russian Travel Literature from the 1960s to the 1990s, in: *Slavic and East European Journal* 38. Jg. 1994/2, S. 261–70 sowie Jones, Polly: The Thaw Goes International. Soviet Literature in Translation and Transit in the 1960s, in: Koenker / Gorsuch (Hg.), *The Socialist Sixties*, 2013, S. 121–147.

19 Gorsuch, All This, 2011, S. 111. Siehe außerdem Orlov / Popov: Russo, 2016, S. 48f. Ebenso Ševyrin, Sergej: „Proniknovenie naše po planete osobenno zametno vdaleke…". Iz istorii zarubežnogo turizma v SSSR [„Unsere Durchdringung des Planeten wird besonders aus der Ferne sichtbar…". Aus der Geschichte des Auslandstourismus in der UdSSR], in: *Retro-Spektiva* 2010/1, S. 21–27.

Touristen über die spezifische gesellschaftspolitische Situation sowie mögliche Gefahren, die in dem besuchten Land auf sie lauerten.[20] Auf Versammlungen der Reisegruppen standen darüber hinaus nicht nur organisatorische Fragen auf der Tagesordnung, sondern es wurde auch das Verhalten einzelner Touristen diskutiert und bewertet. Hier verurteilte das Kollektiv individuelle Normverstöße. Besonders in der Endphase der Ära Chruščev nutzten Parteikader derartige Versammlungen, um Disziplin in den Reisegruppen herzustellen. So konnte es – wie im Oktober 1964 in Rom – durchaus vorkommen, dass selbst die Gruppenleiterin sich für ihr vermeintlich eigenwilliges Verhalten gegenüber ihren Mitreisenden rechtfertigen musste.[21]

Überhaupt war der gesamte Reiseablauf von einem geradezu absurden Zwang zur Kollektivität und der eingeforderten „touristischen Disziplin" geprägt.[22] In westlichen Ländern war es den sowjetischen Touristen nicht gestattet, individuelle Treffen mit Einheimischen abzuhalten, alleine durch Geschäfte zu flanieren oder sich zeitweise von der Gruppe zu entfernen. In vielerlei Hinsicht atmete der sowjetische Auslandstourismus dieser Zeit insofern keineswegs den Geist des Tauwetters, sondern erinnerte noch stark an das Misstrauen, das das stalinistische Regime seinen eigenen Bürgern entgegengebracht hatte. Insbesondere die Gruppenleiter, die sich in der Regel aus der Nomenklatura rekrutierten, schienen dem neuen liberalen Klima nicht zu trauen. Viele ihrer Berichte besaßen einen denunziatorischen Charakter, einzelne Touristen wurden wegen lapidarer Verfehlungen vermerkt und als für weitere Auslandsreisen „nicht geeignet" gebrandmarkt.[23]

Dennoch war nicht nur die Tatsache, dass es überhaupt einen sowjetischen Auslandstourismus gab, ein deutliches Indiz für eine Zeitenwende. Ein detaillierter Blick auf das Geschehen innerhalb der Reisegruppen offenbart darüber hinaus, dass die Touristen immer wieder erfolgreich versuchten, dem strikten Kontrollregime zu entkommen. Insbesondere die jüngeren Touristen, die mit

20 Ebd., S. 8.

21 GARF, f. 9520, op. 1, d. 729, S. 21–26.

22 Disziplin galt als eine der Kardinaltugenden eines Auslandstouristen, die von den Gruppenleitern immer wieder eingefordert wurde. In einem Bericht verwendete ein Intourist-Gruppenleiter dafür sogar das selbstgeschaffene Silbenwort „turdisciplina", vgl. GARF, f. 9612, op. 1, d. 478, S. 25.

23 Vgl. als zwei Beispiele unter vielen u. a. für die Reisen mit Sputnik: Rossijskij gosudarstvennyj archiv social'no-političeskoj istorii [Russisches Staatsarchiv für sozio-politische Geschichte, RGASPI], f. M-5, op. 1, d. 27, S. 1–15: „Spravka o razvitii mezhdunarodnogo molodezhnogo turizma [1959]" [„Bericht über die Entwicklung des internationalen Jugendtourismus 1959"] bzw. für Intourist-Reisen den Abschnitt „Povedenie turistov za granitsei" [Verhalten der Touristen im Ausland] aus dem „Otčet o poezdke gruppy sovetskich turistov iz Leningrada v GDR čerez VAO Inturist [1961]" [Bericht über die Reise einer sowjetischen Touristengruppe aus Leningrad in die DDR], in: GARF f. 9520, op. 1, d. 426, S. 38–42.

dem Komsomol-Reisebüro Sputnik reisten, erlaubten sich größere Freiheiten, verließen ungefragt die Gruppe, bummelten durch die Geschäfte und gingen Kontakte mit Ausländern ein.[24] Viele Konflikte, die auf diese Weise im Ausland aufflammten, hatten demnach ihren Ursprung darin, dass sich neue Verhaltens- und Sprechnormen in der Frühphase der Ära Chruščev noch nicht verfestigt hatten. Die für die Breznev-Ära so charakteristische Erstarrung des diskursiven Raumes war in dieser Zeit noch nicht auszumachen.[25]

Einige Reisende legten die neuen Freiräume des Tauwetters stattdessen sehr großzügig aus und offenbarten gegenüber Autoritätspersonen eine selbstbewusste Haltung, die noch wenige Jahre zuvor undenkbar gewesen wäre. Gruppenleiter von Intourist monierten nach ihren Reisen durch Großbritannien 1956 die „ausgeprägte Individualität" der Touristen und ihre übermäßige Begeisterung für den westlichen Lebensstil.[26] Genau wie ihre Kollegen von Sputnik fühlten sie sich zuweilen überfordert mit der Aufgabe, die hohen Anforderungen an die Disziplin ihrer Gruppe durchzusetzen. Der Fernseh-Auftritt von Lev Kassil' im Jahr 1959 war in dieser Hinsicht gewissermaßen ein Kulminationspunkt; er zeigte den selbstbewussten und eigensinnigen Habitus der kleinen Avantgarde der sowjetischen Auslandstouristen.

Während die Westreisen aus der UdSSR in der Frühphase auf Seiten der Touristen also von einer poststalinistischen Aufbruchsstimmung geprägt waren, sorgte die durch Machtkämpfe innerhalb der Parteiführung sowie innen- und außenpolitische Krisen bedingte Abkehr Chruščevs vom liberalen politischen Kurs der Anfangsjahre auch auf dem Gebiet des Auslandstourismus für eine gewisse Ernüchterung. 1963 wurde das Reisekontingent für kapitalistische Länder im Nachklang der Kuba-Krise radikal gekürzt. Während 1961 noch knapp 10.000 Touristen mit Intourist in eine Vielzahl westlicher Industriestaaten gereist waren, reduzierte sich die Zahl zwei Jahre später auf weniger als 1.500 Touristen, denen lediglich noch Fahrten nach Finnland und Österreich offen standen.[27] Quantitativ erholte sich der Tourismus in die kapitalistischen Länder zwar ab Mitte der 1960er Jahre wieder vom Kuba-Schock und erlebte ein relativ starkes Wachstum, aber der Charakter und die Begleitatmosphäre der Reisen hatten sich spürbar geändert. Waren die sowjetischen Touristen in den Anfangsjahren in vielen Ländern noch als Attraktion bestaunt und von den poli-

24 Vgl. das Kapitel „Eine andere Welt? – Einordnung und Bewertung ausländischer Gesellschaften", in: Tondera: Reisen, 2019, S. 241–277.

25 Vgl. die Ausführungen zum „authoritative discourse" bei Yurchak, Alexej: Everything Was Forever, Until It Was No More. The Last Soviet Generation, Princeton u. a. 2006.

26 Vgl. u. a. GARF, f. 9612, op. 1, d. 373, S. 12, 30 und 47.

27 Vgl. GARF f. 9520, op. 1, d. 462, S. 67 (Statistiken der Auslandsreisen mit Intourist 1961); GARF f. 9520, op. 1, d. 619, S. 9f. (Statistiken der Auslandsreisen mit Intourist 1963).

tischen Würdenträgern der besuchten Orte feierlich empfangen worden,[28] konfrontierte man sie nun mit unbequemen Fragen. Eine Sputnik-Reisegruppe fühlte sich auf ihrer Reise durch Frankreich im November 1963 regelrecht bedrängt von jungen Menschen, die sie über die Lebenssituation in der Sowjetunion ausfragten und Vergleiche mit dem Lebensstandard in Frankreich anstellten: „In diesem Zusammenhang muss man leider anmerken", so der Gruppenleiter, „dass viele junge Leute in Frankreich, – besonders unangenehm ist, dass einige von ihnen bereits in der Sowjetunion waren –, eine sehr irrige Vorstellung vom Leben der sowjetischen Menschen haben."[29] Eine französische Studentin erklärte den Touristen, sie wisse über Schwarzmärkte in Moskau, auf denen „bedürftige Leute mit Lebensmitteln, Nahrung und Gemüse" handelten, zudem verwies sie auf die Existenz von speziellen Geschäften „für Reiche".[30] Noch problematischer gestaltete sich die Reise einer Sputnik-Gruppe im Jahr darauf nach Italien. Die Touristen wurden dort im Oktober 1964 von der einheimischen Bevölkerung zu ihrer Meinung über Chruščevs Absetzung befragt und sahen sich mit alternativen Interpretationen zu den politischen Vorgängen in der Heimat konfrontiert.[31]

Statt mit breiter Brust mussten die Touristen sich nun häufiger in geduckter Haltung durch das westliche Ausland bewegen. Die Zeiten, in denen sie als Botschafter einer neuen, der Zukunft zugewandten und technisch fortschrittlichen Sowjetunion wahrgenommen worden waren, waren vorbei. Der touristische Boom, der in den Breznev-Jahren einsetzte, konzentrierte sich dementsprechend vor allem auf den inländischen Tourismus[32] und auf Reisen in das sozialistische Ausland.[33] Fahrten in den Westen blieben weiterhin ein Ausnahmephänomen. Noch Mitte der 1970er Jahre reisten mit Intourist weniger als 40.000, mit Sputnik sogar nur gut 8.000 Touristen in kapitalistische Länder, während bei beiden Reisebüros die Zahl der Reisen in die „Bruderländer" etwa um den Faktor zehn höher lag.[34]

Einerseits gab es hierfür wirtschaftliche Gründe, denn Tourismus in westliche Länder kostete den sowjetischen Staat wertvolle Devisen und war somit ein Kostenfaktor, der möglichst gering gehalten werden sollte.[35] Gleichzeitig stellten

28 Vgl. Gorsuch, All This, 2011, S. 125.
29 RGASPI, f. M-5, op. 1, d. 171, S. 176.
30 Ebd.
31 RGASPI, f. M-5, op. 1, d. 92, S. 6.
32 Vgl. Noack, Christian: Brezhnev's Little Freedoms, in: Fainberg, Dina / Kalinovsky, Artemy M. (Hg.): *Reconsidering Stagnation in the Brezhnev Era. Ideology and Exchange.* Lanham 2016, S. 59–76.
33 Vgl. Tondera: Reisen, 2019, S. 64–70.
34 Vgl. die Statistiken von Intourist für das Jahr 1976, f. 9520, op. 1, d. 2311, S. 21 und für Sputnik für 1975, RGASPI, f. M-5, op. 2, d. 923, S. 1.
35 Siehe zur wirtschaftlichen Logik des Auslandstourismus auch Groth, Alexander J.: East and

Reisen in den Westen in Zeiten wirtschaftlicher Stagnation und mangelnder gesellschaftlicher Zukunftsvisionen ein zunehmendes propagandistisches Risiko dar.[36] Studien, die sich mit Erinnerungen ehemaliger sowjetischer Touristen befassen, betonen einhellig den überwältigenden Eindruck, den das üppige Warenangebot in den westlichen Ländern auf diese machte.[37] Donald Raleigh beschrieb die Auslandsreisen als einen wesentlichen Faktor für den Legitimitätsverlust der späten Sowjetunion: „Contributing to the erosion of patriotism and even Soviet self-legitimacy, foreign travel created an unquenchable thirst for material goods and services, as well as envy and a sense of humiliation over the Soviet Union's poverty and deficits."[38]

Die Auswirkungen des Auslandstourismus auf die Stabilität der sowjetischen Gesellschaftsordnung sollten allerdings nicht überbewertet werden. Insbesondere bei autobiographischen Quellen muss die jahrzehntelange Überformung der Erinnerung kritisch hinterfragt werden, um der Gefahr zu entgehen, touristische Auslandsreisen teleologisch als Teil einer Niedergangserzählung einzuordnen.[39] Gerade in der jüngeren Forschung wird betont, dass in der UdSSR neben dem Tourismus eine Reihe weiterer Informationskanäle über das Leben jenseits der eigenen Grenzen existierten, die die Vorstellungen und (Konsum-)Wünsche sowjetischer Bürger prägten.[40] Der „imaginierte Westen" entstand in der gesellschaftlichen Aneignung von Filmen, Büchern, Zeitschriften und Reiseberichten über das kapitalistische Ausland und trug zu einer Ausdifferenzierung von Lebensstilen und einer größeren Bedeutung von individuellen

West: Travel and Communication under Alternate Regimes. A Research Note, in: *Communist and Post-Communist Studies* 2006/1, S. 121–133 sowie Kassymbekova, Leisure, 2014, S. 65f.

36 Siehe zu dieser These Bushnell, John: The ‚New Soviet Man' Turns Pessimist, in: Cohen, Stephen Frand u. a. (Hg.): *The Soviet Union Since Stalin.* Bloomington 1980, S. 179–199, hier insbesondere den Abschnitt „International Comparisons", S. 191–194.

37 Vgl. dazu u. a. die Arbeiten von Golubev, Alexey: Neuvostoturismin ja läntisen kulutuskulttuurin kohtaaminen Suomessa [Soviet tourism and Western consumerism: a Meeting in Finland], in: *Historiallinen aikakauskirja* [The Finnish Historical Journal] 2011, S. 413–425; Ders.: Bringing Home New Things and Emotions: Soviet Tourists Abroad as Consumers, Vortrag auf der ASEEES Annual Conference in New Orleans 2012 am 18. November 2012, verfügbar unter: <https://www.academia.edu/3202133/Bringing_Home_New_Things_and_Emotions_Soviet_Tourists_Abroad_as_Consumers> [06.02.2014]; Raleigh, Side, 2014; Žuk, Closing, 2011; Kozovoi, Eye, 2011.

38 Raleigh, Donald: Soviet Baby Boomers. An Oral History of Russia's Cold War Generation. Oxford, New York 2010, S. 210.

39 Vgl. dazu auch die Hinweise auf die Problematik eines erinnerungsgeschichtlichen Zugriffs auf die sowjetische Vergangenheit in Rogov, Kirill (Hg.): Semidesjatye kak predmet istorii russkoj kultury [Die Siebzigerjahre als Gegenstand der Geschichte der russischen Kultur]. Moskau 1998, S. 7–11.

40 Vgl. etwa Černyšova, Natal'ja: Soviet Consumer Culture in the Brezhnev Era, London u. a. 2013; sowie Yurchak, Everything, 2006, insbesondere seine Ausführungen zum „imaginative west" S. 148–207.

Konsumpraktiken bei. Wer die sowjetischen Grenzen verließ, führte bestimmte Annahmen über das Leben im Ausland daher bereits mit im Reisegepäck. Diese waren eben nicht nur geformt von staatlicher Propaganda, sondern mehr noch von den vielfältigen innergesellschaftlichen Diskursen über den „westlichen Lebensstil". Dass der Lebensstandard in Westeuropa und Nordamerika jenen in der Sowjetunion übertraf, war für die Touristen insofern gerade in den 1970er Jahren keine Offenbarung mehr. Für sie ging es eher darum, bereits bestehende Vorstellungen über das Ausland mit ihren Beobachtungen abzugleichen. Die glänzenden Schaufenster und prall gefüllten Ladenregale waren insofern zu einem gewissen Grad bereits in den sowjetischen touristischen Blick „eingepreist".

Tourismus in die „Bruderländer"

In vielerlei Hinsicht ähnelte der Tourismus in die sozialistischen „Bruderländer" seit dem Tauwetter den Reisen in den kapitalistischen Westen. Kultur, Gesellschaft und Lebensstandard waren hier durch die kulturelle und geographische Nähe zum westlich gelegenen europäischen Ausland geprägt. Aus diesem Grund nahmen die „Bruderländer" eine eigenartige Sonderstellung ein: In Bezug auf Konsumkultur und wirtschaftliche Entwicklung waren sie dem sowjetischen Kernland in der Regel voraus, als sozialistische Staaten machten sie hingegen gerade ihre ersten Schritte und standen in einem Abhängigkeitsverhältnis zu Moskau. Anne Gorsuch prägte hierfür den Begriff „demi-sovietism" – aus sowjetischer Sicht waren die verbündeten sozialistischen Staaten einerseits Teil eines erweiterten Herrschaftsraums, andererseits wiesen sie in vielerlei Hinsicht über diesen hinaus.[41]

Das Verhältnis zwischen der UdSSR und den Satellitenstaaten war mithin äußerst ambivalent, doch umso größer schien das Bemühen der Gruppenleiter, Zweifel am Propagandaideal der Völkerfreundschaft durch eine triumphale Rhetorik von vornherein auszuräumen. Ein typisches Fazit derartiger Reisen lautete wie jenes von 1964: „Wir fühlten auf der ganzen Reise durch die Tschechoslowakei die brüderliche Zuneigung aller, mit denen wir uns trafen. Besonders zeigte sich das im Zug, wo sich herzliche Gespräche anknüpften, da der Großteil der Passagiere russisch verstand und viele gut auf Russisch sprachen, besonders die Jugend."[42] Noch euphorischer klang die Feststellung eines Gruppenleiters, die Tschechoslowaken seien „buchstäblich verliebt in jedes

41 Gorsuch, Anne E.: Time Travelers: Soviet Tourism to Eastern Europe, in: Dies. / Koenker (Hg), Turizm, S. 205–226, hier 225.

42 GARF, f. 9520, op. 1, d. 423, S. 65.

Wort, den Anblick unserer Leute".[43] Die einheimischen Reiseführer erhielten häufig gute Zeugnisse, ihr „warmes Verhältnis zur Reisegruppe"[44] wurde hervorgehoben, die Exkursionen als „interessant" und „gut vorbereitet"[45] gelobt.

Allerdings tauchten auch auf den Reisen in die „befreundeten" Staaten Misstöne auf. Anders als im kapitalistischen Ausland fehlte den Gruppenleitern die Drohkulisse aus feindlicher Spionage und politischer Indoktrination, um Disziplin von den Touristen einzufordern. Dafür argumentierten sie hier mit der Vorbildfunktion und der Ehre des „Sowjetmenschen", die es zu verteidigen gelte. Kontaktaufnahme zu Einheimischen war in den Bruderländern zwar nicht per se verboten, allerdings wurden zu intime Begegnungen als anrüchig aufgefasst. Jüngere sowjetische Touristinnen wurden in diesem Zusammenhang immer wieder bezichtigt, sich den einheimischen Reiseführern aufzudrängen.[46] „Brüderlichkeit" und „Freundschaft" sollten nach Vorstellung der sowjetischen Autoritäten in ritualisierter und formalisierter Form zelebriert werden. Sie erschöpften sich in vielen Fällen in einstudierten Reden und Freundschaftsgesten wie dem Austausch von Gastgeschenken und gemeinschaftlichem Gesang.

Ein typischer Bericht darüber las sich wie jener von dem Besuch eines Freundschaftszugs sowjetischer Touristen in der DDR im Oktober 1960: „An den Abenden tauschten die Touristen Souvenirs aus, führten freundschaftliche Gespräche, sangen, tanzten. Viele Abende endeten mit populären sowjetischen Liedern. Die Touristen verließen die Abende zufrieden mit der verbrachten Zeit. Uns sind keine negativen Äußerungen über die Freundschaftsabende zu Gehör gekommen. Natürlich stellte die Unkenntnis der Sprache unserer Gesprächspartner ein Hindernis für engere Kontakte dar."[47] Hier offenbarte sich ein bemerkenswerter Kontrast zwischen der emotionsgeladenen Rhetorik der sozialistischen Völkerfreundschaft, die in offiziellen Reden und Schriften zum Ausdruck kam, und der eher zurückhaltenden Begegnung in der Praxis. In vielen Berichten wurde entsprechend der mangelnde bzw. zu formelle Kontakt zur „einfachen Bevölkerung" oder zu den „Werktätigen" beklagt.

Problematisch war auch die Frage des Konsums: Einerseits konnte das im Vergleich zur Sowjetunion größere und vielfältigere Warenangebot in vielen Ländern der Staatengemeinschaft als Indiz für das Potenzial des sozialistischen Wirtschaftssystems gewertet werden, andererseits stellte es den Überlegenheitsanspruch der Touristen an der vermeintlichen „Peripherie" des sowjeti-

43 Ebd., S. 12.
44 Ebd., S. 58.
45 GARF, f. 9520, op. 1, d. 703, S. 8.
46 GARF, f. 9520, op. 1, d. 423, S. 4; 47 und 66. GARF, f. 9520, op. 1, d. 703, S. 14f.
47 GARF, f. 9520, op. 1, d. 425, S. 18.

schen Herrschaftsbereiches in Frage.[48] Besonders peinlich war in diesem Zusammenhang das von vielen Reisenden weitgehend unverhüllt zur Schau gestellte Interesse an materiellen Dingen. Ein Gruppenleiter klagte nach einer Reise durch Polen im Juni 1960: „Der Tourist Korčigo Semjon zeigte sich begeistert über den Bus englischer Bauart, mit dem wir unsere Fahrten absolvierten, und erklärte, dass es solche Busse in der UdSSR nicht gebe."[49] Des Weiteren sei die Touristin Karpeikina „mit weit geöffneten Augen durch die Geschäfte gelaufen" und habe verkündet, dass „solche Kinderwaren wie in Polen bei uns nicht angeboten werden".[50] In der Tat blieb den Touristen oft nichts anderes übrig, als große Augen zu machen, denn das Taschengeld, das ihnen für die Auslandsreise zugestanden wurde, reichte bestenfalls für den Erwerb kleinerer Souvenirs.[51]

Die Praxis, durch den Verkauf von Gegenständen oder den heimlichen Umtausch sowjetischer Rubel im Ausland an die begehrten Devisen zu gelangen, verbreitete sich aber signifikant erst ab Mitte der 1960er Jahre und damit deutlich später als in anderen sozialistischen Staaten wie der DDR, Polen, der Tschecholowakei und Ungarn.[52] In dieser Zeit tauchten erste Berichte auf, die selbst Gruppenleiter bezichtigten, in illegale Tauschgeschäfte involviert gewesen zu sein. So beklagte sich Sputnik in einem Bericht von 1964 über „schwerwiegende Mängel in der Arbeit einzelner Organisationen des Komsomol bei Organisation, Auswahl und Vorbereitung junger Touristen für den Auslandsaufenthalt" über einen aserbaidschanischen Gruppenleiter: „Genosse Stepanjan verkaufte in Ungarn zwei Uhren, führte sowjetisches Geld nach Ungarn ein, ohne dies zu verzollen, und versuchte es bei dem ungarischen Reiseleiter umzutauschen. Auch die Gruppenmitglieder Šindli und Kuliev beteiligten sich mit Wissen von Stepanjan an Spekulationen."[53]

Aufgrund der liberaleren Grenzpolitik vieler Ostblockstaaten nach dem Ende der Herrschaft Stalins blühte in Ostmitteleuropa der Schwarzmarkt. Ein Großteil des „touristischen" Verkehrs zwischen diesen Ländern hatte derartige Geschäfte zum eigentlichen Zweck.[54] Zwar hatte die UdSSR nur peripher an dieser Ent-

48 Siehe hierzu auch den Abschnitt „Shopping Adventures" in: Gorsuch, Time Travelers, 2006, S. 217–221.

49 GARF, f. 9520, op. 1, d. 425, S. 7.

50 Ebd.

51 Vgl. Gorsuch, All This, 2011, S. 95.

52 Zu legalen, halb- und illegalen Handelspraktiken im touristischen Verkehr der sozialistischen Staaten siehe Borodziej, Włodzimierz u. a. (Hg.): „Schleichwege". Inoffizielle Begegnungen sozialistischer Staatsbürger zwischen 1956 und 1989. Köln u. a. 2010.

53 RGASPI, f. M-5, op. 1, d. 196, S. 3.

54 Vgl. für das polnische Beispiel Kochanowski, Jerzy: „Wir sind zu arm, um den Urlaub im eigenen Land zu verbringen." Massentourismus und illegaler Handel in den 1950er und 1960er Jahren in Polen, in: Borodziej u. a. (Hg.): „Schleichwege", 2010, S. 135–152; Ders.: Jenseits der Planwirtschaft. Der Schwarzmarkt in Polen 1944–1989. Göttingen 2013.

wicklung teil, da der Grenzverkehr zu den sozialistischen Nachbarländern bis weit in die 1980er Jahre hinein stark reglementiert blieb, aber auch sowjetische Touristen zeigten großes Interesse daran, von dem regen Tauschhandel innerhalb der sozialistischen Staatengemeinschaft zu profitieren.

Auf dem Konsumsektor prallten insofern Ideal und Realität aufeinander. Die vom Komsomol pathetisch formulierten Ziele des Tourismus, nämlich die „Stärkung der brüderlichen Verbindungen zwischen den Jungen und Mädchen der volksdemokratischen Länder" sowie „die Schaffung weiterer günstiger Umstände für die Verbreitung wahrhaftiger Informationen über das Leben des sowjetischen Volkes",[55] erwiesen sich als Wunschvorstellungen. Der Austausch zwischen Touristen und Einheimischen beschränkte sich in vielen Fällen auf einstudierte Höflichkeitsgesten, während Schmuggel und Tauschgeschäfte deutlich zunahmen. Schlimmer noch: Als Repräsentanten des politischen Machtzentrums glichen die Touristen aus der UdSSR bei ihren Reisen durch die sozialistische Staatengemeinschaft nicht selten dem „nackten Kaiser" aus dem Andersen-Märchen – das dünne Propagandamäntelchen konnte kaum verdecken, dass die finanziell mager ausgestatteten Reisenden wenig herrschaftlichen Glanz ausstrahlten.

Besonders schmerzhaft war es, wenn Gäste aus dem kapitalistischen Ausland gegenüber den sowjetischen Touristen bevorzugt wurden.[56] So wurden Reisende aus Moskau im Februar 1964 am Abreisetag regelrecht aus ihrem Prager Hotel „hinausgeworfen", weil eine amerikanische Reisegruppe eintraf. „Die gesamte [sowjetische] Gruppe", so der Bericht der gewerkschaftlichen Tourismusorganisation, „drückte ihre Unzufriedenheit über einen derartigen Umgang mit Touristen aus der Sowjetunion aus".[57] Peinliche Momente konnten darüber hinaus entstehen, wenn sich die Bevölkerung der vermeintlich befreundeten Staaten weigerte, die ihr zugedachte Rolle einzunehmen. So wurde eine Ungarnreise im August 1963 zu einer sehr widersprüchlichen Erfahrung für die beteiligten sowjetischen Touristen. Eine Schlüsselrolle spielte dabei der 22-jährige Reiseführer Peter Radoš. Dessen Vorstellungen eines angemessenen touristischen Programms unterschieden sich fundamental von jenen der ihn begleitenden sowjetischen Intourist-Kollegin Ušakova:

> „Er erhellte sehr detailliert die Geschichte der besichtigten katholischen Kirchen, aber beschränkte sich auf einsilbige Antworten bei Fragen nach dem Leben der Werktätigen Ungarns, dem Wachstum des Landes, der Arbeiterbewegung. Die Besichtigung der

55 RGASPI, f. M-5, op. 1, d. 1, S. 1.

56 Siehe zur Schlechterbehandlung sowjetischer Touristen im sozialistischen Ausland auch das Kapitel „Tourism to Eastern Europe" in: Gorsuch, All This, 2011, S. 79–105.

57 GARF, f. 9520, op. 1, d. 688, S. 78.

> Städte begrenzte er auf die Präsentation von Kirchen, ohne ein Wort zur Industrie, zur Landwirtschaft […].“[58]

Vor allem aber zeigte Radoš kein Interesse daran, dem sowjetischen Gedenken an den „Großen Vaterländischen Krieg“ Respekt zu zollen:

> „Am allerersten Tag sammelten wir ungarisches Geld für Kränze und baten den Reiseführer, uns zu zeigen, wo man Blumen kaufen kann und wo sich das Denkmal für die gefallenen sowjetischen Soldaten befindet. Drei Tage hielten wir uns in Budapest auf und erinnerten sehr taktvoll an unseren Wunsch, die Blumen niederzulegen, trotzdem gelang es uns nicht. Man brachte uns auf den Gellértberg, wo man unseren gefallenen Soldaten ein Monument für die Befreiung Budapests errichtet hat. Auf die Frage, wo man Blumen kaufen könne, antwortete der Reiseführer erneut, dass wohl noch ‚genug davon vor euren Denkmälern liegen werden‘. Während der Exkursion durch Budapest sagte er: ‚Im Gedächtnis an die Eroberung Budapests durch die sowjetischen Truppen‘, und als alle ihn fragten, warum ‚Eroberung‘?, korrigierte er sich: ‚Befreiung‘. Man muss anmerken, dass er die russische Sprache vollkommen beherrscht und dieser Versprecher nicht zufällig war, was man auch aus seinen anderen Bemerkungen entnehmen konnte. […] In vielem spürte man eine verdeckte Feindschaft uns gegenüber von Seiten des Reiseführers.“[59]

Das Verhalten von Radoš war umso irritierender, da er laut Ušakova ansonsten ein tadelloses Benehmen an den Tag legte. Diese Diskrepanz zwischen „Aufmüpfigkeit“ in politischen Fragen und Höflichkeit im allgemeinen Umgang war aus propagandistischer Sicht problematisch. Sie führte den Touristen vor Augen, dass alternative Weltsichten durchaus kompatibel mit einer ansonsten „anständigen“ Lebensweise waren. In den Satellitenstaaten der UdSSR existierten in der Bevölkerung neben den sowjetischen Dogmen divergierende Wahrheiten, die auch offen ausgesprochen wurden. Das bedeutete für die Touristen eine weitaus größere Verunsicherung als in den kapitalistischen Ländern, wo man mit „Gegenpropaganda“ rechnete. Im Zentrum des sozialistischen Imperiums wiederum war es undenkbar, innerhalb der Gesellschaft zu stehen und gleichzeitig von den staatlichen Sprechvorgaben abzuweichen.

Dadurch erklärt sich auch die „Atmosphäre der Fremdheit“,[60] die Ušakova in Ungarn beklagte – in den „Bruderländern“ sprachen die Bevölkerungen nicht nur andere Sprachen als in der Sowjetunion, sondern lebten in einer anderen Vorstellungswelt. Für die Touristen war der sowjetische Einfluss hier oft kaum noch zu spüren, wenn die einheimischen Reiseführer, wie in Polen im Oktober 1960, kaum Russisch sprachen: Der Intourist-Gruppenleiter klagte, er hätte

58 GARF, f. 9520, op. 1, d. 619, S. 29.
59 Ebd., S. 31.
60 Ebd., S. 30.

nicht das Gefühl gehabt, „dass diese Menschen in einem neuen Polen leben, ihnen ist die Ideologie einer sozialistischen Union fremd“.[61]

Während die Autoritäten also im kapitalistischen Westen versuchten, zwischenmenschliche Kontakte durch Verbote, Warnungen und Drohungen zu unterbinden, gelang es in den „Bruderstaaten“ wiederum nur selten, die Begegnungen zwischen den Bevölkerungen mit Leben zu füllen. Es war für die Reiseleitung schwierig, hier das richtige Maß von Distanz und Annäherung zwischen Touristen und Einheimischen zu finden. Bei zu großer Nähe drohte ein Kontrollverlust, zu große Distanz widersprach dem propagierten Ansinnen dieser Reisen.

Dieser Zwiespalt, der sich unter Chruščev oft eher subtil bemerkbar machte, verschärfte sich insbesondere ab 1968, als die Niederschlagung des Prager Frühlings nicht nur zu einer tiefen Krise im Verhältnis der Sowjetunion zur Tschechoslowakei, sondern auch zu kommunistischen Bewegungen weltweit führte.[62] Die sowjetischen Touristen sahen sich hier teils heftigen Anfeindungen gegenüber und waren vor die Aufgabe gestellt, die Politik ihrer Regierung zu rechtfertigen. Wie Rachel Applebaum feststellte, führten die Vorgänge in Prag paradoxerweise zu einer vorübergehenden Phase der gegenseitigen Offenheit: „For the first time Soviets and Czechoslovaks engaged in real conversations and arguments touching on such previously taboo subjects as freedom of the press, travel, and the advantages of socialism as compared to democracy.“[63] Diese neue „Ehrlichkeit“ im gegenseitigen Umgang war allerdings nicht im Interesse der sowjetischen Autoritäten und sorgte dafür, dass der Tourismus in die „Bruderländer“ ähnlich wie jener in die kapitalistischen Länder zunehmend auch als ideologisches Risiko aufgefasst wurde. Die Touristen aus der UdSSR, die die „Wahrheit“ über das Leben in ihrer Heimat verbreiten sollten, kehrten stattdessen immer öfter mit einer Vielzahl widersprüchlicher „Wahrheiten“ von ihren Reisen zurück.

Fazit

Der große touristische Mythos, das temporäre Entkommen des Reisenden aus der Enge des Alltags in die Freiheit exotischer Gegenwelten, ist von vielen Autoren als Chimäre entlarvt worden.[64] Am Beispiel der UdSSR lässt sich allerdings

61 GARF, f. 9520, op. 1, d. 57, S. 117.

62 Vgl. Kramer, Mark: The Czechoslovak Crisis and the Brezhnev Doctrine, in: Fink, Caroline u. a. (Hg.): *1968. The World Transformed.* Cambridge u. a. 1998, S. 111–172.

63 Vgl. Applebaum, Test, 2013, S. 227.

64 Eines der prominentesten Beispiele für eine theoretische „Entzauberung“ des Tourismus ist der häufig zitierte Essay von Enzensberger, Hans Magnus: Vergebliche Brandung der Ferne.

zeigen, dass dieses utopische Freiheitsversprechen des Tourismus den sowjetischen Funktionären die Schweißperlen auf die Stirn trieb. Sie setzten alles daran, den gesamten Prozess der Auslandsreisen vom Auswahlverfahren der Reisekandidaten bis hin zur Kommunikation mit der ausländischen Bevölkerung unter Kontrolle zu behalten und damit sicherzustellen, dass der Gedanke an eine mögliche Flucht aus der stark regulierten Alltagswelt von vornherein ausgeschlossen war.

Die Tatsache, dass die Disziplin innerhalb der Touristengruppen von Funktionären sowohl im sozialistischen als auch im kapitalistischen Ausland immer wieder mit Drohungen eingefordert werden musste, zeugte davon, dass Verhaltensnormen im sowjetischen Sehnsuchtsort „Auslandstourismus" noch eingeübt werden mussten: Bei den meisten Touristen handelte es sich gerade in dem hier betrachteten Zeitraum ja keineswegs um potentiell systemkritisch eingestellte Bürger, sondern um Profiteure der sowjetischen Ordnung. Sie verstießen gegen Regeln und Sprechvorgaben selten als Akt der Rebellion, sondern eher weil sie das Gefühl hatten, sich mit ihrem Verhalten noch innerhalb der geweiteten Normen des Tauwetters zu befinden. In einer Zeit, in der das sozialistische Projekt eine Phase der moralischen Erneuerung und des materiellen Aufschwungs erlebte, ließ sich für die Touristen die Sehnsucht nach dem Westen mit der Hoffnung auf ein besseres Leben in der Heimat vereinbaren. Betrachtet man den Auslandstourismus in die kapitalistischen Länder als einen Versuchsballon für die Konkurrenzfähigkeit des sowjetischen Gesellschaftsmodells im Systemwettstreit mit dem Westen, fällt die Bilanz für die hier untersuchte Zeit unter Chruščev damit zwiespältig aus: Die Entsendung von Touristen barg für den sowjetischen Staat zwar einerseits ernstzunehmende propagandistische Risiken, andererseits sendete sie ein Signal der Stärke an die westliche Welt und gab den Reisenden das Gefühl, Teil einer Gesellschaft im Aufbruch zu sein.

Allerdings muss hier schon für die späte Phase der Ära Chruščev eine Einschränkung gemacht werden: Außen- und innenpolitische Krisen sowie das erneute Abkühlen des gesellschaftspolitischen Klimas nach den hoffnungsfrohen Jahren des Tauwetters hinterließen ihre Spuren im Auslandstourismus und gaben bereits Anfang der sechziger Jahre einen Ausblick auf die Jahre unter Brežnev. Auch hier blieben Reisen in das westliche Ausland in erster Linie ein Privileg (vermeintlich) loyaler Eliten, aber die Bekenntnisse zur Zukunft der Sowjetunion, die ihnen im Gegenzug abverlangt wurden, verkamen mehr und

Eine Theorie des Tourismus, in: Merkur 1958, S. 701–720. Für einen gelungenen Überblick über die kulturkritische Auseinandersetzung mit dem Tourismus siehe auch Pagenstecher, Cord: Der bundesdeutsche Tourismus. Ansätze zu einer Visual History. Urlaubsprospekte, Reiseführer, Fotoalben 1950–1990. Hamburg 2003, S. 89–110.

mehr zu einer Pflichtübung. Der Versuch, Touristen als Botschafter einer fortschrittlichen Sowjetunion zu instrumentalisieren, schlug auf lange Sicht fehl.

Komplex gestaltete sich das Verhältnis der sowjetischen Touristen zum sozialistischen Ausland. In vielerlei Hinsicht waren hier die Barrieren für Kontakte zwischen Touristen und Einheimischen nicht so hoch wie im Westen. Die sowjetischen Reisenden konnten sich in der Regel in ihrer Sprache verständigen und bewegten sich in vertrauten politischen Systemen. Allerdings führte diese Nähe auch dazu, dass sich die Touristen häufiger mit Anfeindungen konfrontiert sahen – in den „Bruderländern" wurden sie oft als Vertreter einer Besatzungsmacht wahrgenommen, was sie besonders in Krisenphasen deutlich zu spüren bekamen. Darüber hinaus machten die Sowjetreisenden nicht selten die schmerzhafte Erfahrung, aufgrund ihrer mageren finanziellen Ausstattung gegenüber Gästen aus kapitalistischen Ländern benachteiligt zu werden oder sich gar wegen des geringeren Lebensstandards in ihrer Heimat gegenüber den „Brudervölkern" unterlegen zu fühlen.

Insgesamt war der sowjetische Tourismus in die sozialistischen Staaten trotz dieser Konfliktpotenziale weitestgehend von Pragmatismus geprägt. Die meisten Reisenden nutzten ihn als Gelegenheit, an begehrte Konsumgüter oder Souvenirs zu gelangen. Die Rituale der sozialistischen Bruderschaft wurden pflichtgemäß inszeniert, doch der von Jan C. Behrends konstatierte „lange Abschied von der Utopie" machte sich auch auf dem Feld des Tourismus bemerkbar.[65]

65 Behrends, Jan C.: Die erfundene Freundschaft. Propaganda für die Sowjetunion in Polen und in der DDR. Köln u. a. 2006, S. 374.

Tobias Wunschik

Das Motorrad als Objekt und Katalysator der Sehnsucht. Bei den Sachsenringrennen träumten die Motorradfans der DDR vom Westen

Hohenstein-Ernstthal als Brennpunkt der Unzufriedenheit

Auf einem Straßenkurs rund um Hohenstein-Ernstthal bei Chemnitz wurden seit den zwanziger Jahren Motorradrennen ausgetragen. Nach Kriegsende fanden alljährlich im Juli erneut Rennen auf dem sogenannten Sachsenring statt, ab 1958 ausgeschrieben als „Großer Preis der DDR". Kurz bevor der Mauerbau die deutsche Teilung verfestigte, wurden die Rennen im Sommer 1961 sogar Teil der internationalen Motorradweltmeisterschaft.[1] Bis zu 400.000 Zuschauer säumten alljährlich am jeweiligen Sommerwochenende die Strecke und fieberten mit ihren Favoriten. Die Kopf-an-Kopf-Rennen der schnellen Maschinen zogen neben vielen, oft jugendlichen und jungen Motorradfans auch die eingesetzten Volkspolizisten sowie deren freiwillige Helfer in ihren Bann.[2]

Die Stimmung drückten allerdings immer wieder organisatorische Versäumnisse der Veranstalter, widersprüchliche Anordnungen der Behörden zum Ausschank von Alkohol sowie das schlechte Essen der Feldküchen. Gelegentlich entlud sich der angestaute Unmut dann in Protesten oder Handgreiflichkeiten – was die Ordnungshüter auf den Plan rief. So passierte es, dass Volkspolizisten in Zivil in Wirtshausschlägereien hineingezogen wurden, in manchen Situationen ließ ihr Auftreten in Uniform Streitereien sogar erst eskalieren, in anderen fühlten sie sich ihrerseits provoziert und reagierten überhart. Bei einem Vorfall dieser Art im Jahre 1962 etwa schritten Volkspolizisten, wie die Staatssicherheit kritisierte, „taktisch unklug" und „mit politischer Blindheit" gegen einige Motorradfans ein, weswegen 60 anwesende Jugendliche mit „minutenlangen Pfuirufen und wüstem Gebrüll" gegen den überzogenen Einsatz der Ordnungshüter

1 Vgl. Sachsenring, verfügbar unter <http://de.wikipedia.org/wiki/Sachsenring> [15.10.2018].
2 Vgl. Bericht des HVDVP-Operativstab vom 8.1.1952, in: Bundesarchiv (BArch), DO 1/27464, Bl. 179–181; Bericht des Verkehrspolizei Gera an die Hauptabteilung Verkehrspolizei vom 15.9.1952, in: BArch, DO 1/27464, Bl. 182–183; Abschlußbericht der DVP Chemnitz vom 30.9.1952, in: BArch, DO 1/27464, Bl. 201–207.

protestierten.[3] So verhärteten sich in Hohenstein-Ernstthal bei den Sachsenring-Rennen immer wieder die Fronten zwischen Bürgern und Obrigkeit.[4]

Auch kulturelle Unterschiede zwischen diesen beiden Milieus beförderten Konfrontationen und vertieften sich wohl im Laufe der sechziger Jahre: hier leicht aufsässige, nachlässig gekleidete und mitunter langhaarige Jugendliche, dort die uniformierten, auf Befehl und Gehorsam getrimmten Ordnungshüter. 1970 bemängelten diese im Bericht an ihre Vorgesetzten bei der Staatssicherheit in Karl-Marx-Stadt etwa, viele der jugendlichen Zuschauer würden „sich renitent und ordnungswidrig" gebärden, „lautstark und kraftstrotzend" verhalten sowie „durch die gewählte Bekleidung, durch die äußeren Erscheinungsformen, wie Haarschnitt und Sauberkeit, [...] bewußt oder unbewußt das ästhetische Gefühl gleichaltriger und anderer Zuschauer" verletzen.[5] Zu gern hätte die Volkspolizei das nonkonforme Auftreten der Jugendlichen, die in der DDR amtlicherseits als „Rowdys" galten, in das enge Korsett des gerade noch tolerierten Verhaltens gepresst. Denn zu den Rennen in Hohenstein-Ernstthal reisten viele zehntausend Jugendliche und junge Erwachsene an, campierten das Wochenende über an der Rennstrecke, tranken Alkohol und hörten ihre Lieblingsmusik. Großveranstaltungen wie Fußballspiele in den Stadien,[6] Rockkonzerte, Stadtfeste oder eben Motorradrennen eröffneten auch in der DDR gewisse Freiräume. Wie beim Motocrossrennen am Bergring bei Teterow erhofften sich die angereisten Zuschauer auch beim Sachsenringrennen „a weekend free of paternal control and institutional oversight" in einer Art öffentlichem Raum.[7] In der Tristesse des DDR-Alltags erschien der Sachsenring als verlockender Zufluchtsort. Zugleich wirkte er als Katalysator für Sehnsüchte in Sachen Reisefreiheit und ungezwungenem Lebensstil, den die Rennfahrer mit ihren schweren „Maschinen" zu verkörpern schienen.

Die gemeinschaftliche Woge der Begeisterung für den Rennsport verführte gelegentlich zu Übermut, der sich im alltäglichen Trott sonst nicht entfalten

3 Bericht der Bezirksverwaltung für Staatssicherheit Karl-Marx-Stadt [an den 2. Sekretär der SED-Bezirksleitung Walter Weiss] über aufgetretene Mängel in der Vorbereitung des Weltmeisterschaftslaufs auf dem Sachsenring 1962 vom 25.9.1962, in: Bundesbeauftragter für die Stasi-Unterlagen (BStU), MfS, BV Karl-Marx-Stadt, AKG 6401, Bl. 336–339.

4 Vgl. Fenemore, Mark: Sex, Thugs and Rock'n'Roll. Teenage Rebels in Cold-War East Germany. New York 2007, S. 208.

5 Auswertung des volkspolizeiliches Ordnungseinsatzes zur Sicherung des 10. Weltmeisterschaftslaufs für Motorräder auf dem Sachsenring vom 15.8.1970, in: Sächsisches Staatsarchiv Chemnitz 30441 Nr. 51, Bl. 85–96.

6 Vgl. Süß, Walter: Zu Wahrnehmung und Interpretation des Rechtsextremismus in der DDR durch das MfS. Berlin 1993, S. 12.

7 Fricke, Caroline: Getting off Track in East Germany: Adolescent Motorcycle Fans and Honecker's Consumer Socialism, in: Giustino, Cathleen M.; Plum, Catherine J.; Vari, Alexander (Hg.): *Socialist Escapes. Breaking Away from Ideology and Everyday Routine in Eastern Europe.* New York 2013, S. 213-231, hier 213.

konnte. Die anonyme Masse der unzähligen Motorradfans bot einen gewissen Rückzugsraum, wenn die gängigen Regeln einmal verletzt worden waren. In der schützenden Masse Gleichgesinnter konnten sich die Zuschauer von der Mehrheitskultur abgrenzen, eigene Identitäten konstruieren und den vorgefundenen Normen ihre eigenen entgegensetzen. Gemeinschaftlich suchten sie den demonstrativen Schulterschluss - oder legten es darauf an, sich gegenseitig zu übertrumpfen, was bis zu Mutproben in der Auseinandersetzung mit der Staatsmacht reichte. Dem Einzelnen bot das Milieu der Motorradfans Orientierungshilfe bei der Selbstfindung in der Postadoleszenz oder gar eine Bühne für Selbstinszenierungen.

Altersbedingt hätten manche der jungen Motorradfans gewiss auch in einer freiheitlichen Gesellschaft rebelliert - doch dies vermutlich in einer teilweise anderen Stoßrichtung, und ihr Verhalten hätte wohl andere Reaktionen hervorgerufen. In der streng reglementierten DDR war in der gesamten Zeit ihres Bestehens eine selbstbestimmte Aneignung von Handlungsspielräumen durch die Bürger kaum vorgesehen. Die Grenzen des Erlaubten waren hier insgesamt viel enger gezogen. Die Machthaber reagierten auf Regelverletzungen oftmals unverhältnismäßig streng, insbesondere wenn den Vorfällen eine politische Dimension innewohnte, sie gemeinschaftlich erfolgten oder den Ordnungshütern „vom Westen gesteuert“ zu sein schienen. Sowohl die Motive der jungen Motorradfans als auch die Reaktionen der Verantwortlichen lagen unter den Rahmenbedingungen einer Diktatur also anders als im Westen. Manche Motorradfans träumten gerade im Umfeld dieser Rennen von der Freiheit im Westen, und genau dies war der Obrigkeit aus weltanschaulichen Gründen ein Dorn im Auge. Denn teilweise unausgesprochen hatten beide Seiten den anderen deutschen Teilstaat stets mit im Blick.

Den Blick gen Westen am Sachsenring

Der internationale Rennzirkus tourte ab 1961 nicht länger nur durch Westeuropa, sondern gastierte alljährlich auch in Hohenstein-Ernstthal im Bezirk Karl-Marx-Stadt. Als einzige weitere Station östlich des „Eisernen Vorhangs“ kam 1965 noch Brno (Brünn) in der Tschechoslowakei hinzu. Die Aufwertung des Sachenringrennens zu einem Weltmeisterschaftslauf verstand das SED-Regime als weiteren Schritt zu internationaler Anerkennung, weswegen dem Ehrenpräsidium der Veranstaltung auch Volkskammerpräsident Johannes Dieckmann sowie weitere Politprominenz angehörte.[8] Bereits am Sachsenringrennen von

8 Vgl. BArch, DC 9/723, o. Pag.

1952 hatten 79 Fahrer aus dem Westen teilgenommen.[9] Als das Rennen 1961 zum Weltmeisterschaftslauf avancierte, reisten Jahr für Jahr immer mehr westliche Teilnehmer in die DDR – und reüssierten. Bis 1972 standen sie in den verschiedenen Rennklassen insgesamt einundfünfzigmal ganz oben auf dem Siegertreppchen. Aus sozialistischen Staaten hingegen stammten nur zwei Sieger: 1961 Ernst Degner für die DDR (in der 125 cm^3-Klasse) und 1966 der Tschechoslowake František Šťastný (in der 500 cm^3-Klasse).

Schon beim Rennen von 1961 gewann in der 250 cm^3-Klasse der Brite Mike Hailwood. Er erlangte wohl auch deswegen Kultstatus, weil er bei insgesamt drei Rennen mit der DDR-Marke „MZ" (des Volkseigenen Betriebs/VEB Motorradwerke Zschopau) startete und mit dieser Maschine 1963 sogar als erster durchs Ziel ging.[10] Diese Motorradfabrik war nach dem Zweiten Weltkrieg komplett von den Sowjets demontiert worden. Dass Motorräder aus Sachsen nun wieder international Anerkennung fanden, erfüllte viele Zuschauer wohl mit Genugtuung. Viele ostdeutsche Fans blickten auch voller Stolz und Lokalpatriotismus auf Lokalmatadore (wie etwa Günter Bartusch und Heinz Rosner), während andere sich eher für die Fahrer aus dem Westen und deren schnelle Maschinen begeisterten. Denn dank modernerer Technik erwiesen sich die Motorräder westlicher Bauart im Verlauf der sechziger Jahre zunehmend als überlegen gegenüber den osteuropäischen Marken. Der Ausgang der Rennen führte vielen Fans die technologische Unterlegenheit der sozialistischen Volkswirtschaften schmerzhaft vor Augen.

Neben den westlichen Marken ernteten vor allem die westlichen Fahrer Sympathien. Denn diese zeigten mit viel Wagemut ihre Fahrkünste, schienen von Verehrerinnen umschwärmt zu werden und verkörperten eine ungebundene Lebensweise. Die meisten Sieger am Sachsenring stammten in den sechziger Jahren aus Großbritannien sowie den Staaten des Commonwealth. Mit ihrem internationalen „Rennzirkus" zogen sie quer durch Europa. Die meisten Rennen blieben für die ostdeutschen Zuschauer jedoch unerreichbar. Sie mussten sich damit begnügen, alljährlich im Juli in Hohenstein-Ernstthal die Fahrer aus dem Westen zu bewundern. Dabei verschmolzen wohl die Begeisterung für (westliche) Technik mit Fernweh und Abenteuerlust. Unzufrieden mit den heimischen Verhältnissen – mit dem Leistungsstand der ostdeutschen Motorradindustrie, der Beschränkung ihrer Reisemöglichkeiten (etwa zu den Rennen im Westen) oder generell den mangelnden Freiheiten in der DDR –, projizierten die Motorradfans ihre Sehnsüchte auf die schnellen Maschinen und ihre Fahrer aus dem Westen.

9 Abschlußbericht der DVP Chemnitz vom 30.9.1952, in: BArch, DO 1/27464, Bl. 201–207.
10 Vgl. Kutschera, Lothar: Massentreffen. Sachsenring Jubiläum 70 Jahre, in: Motorrad 1997/13 vom 17.6.1997.

Beim Rennen von 1966 stürzte der in Führung liegende mehrfache Weltmeister, der Italiener Giacomo Agostini, in der letzten Runde der 500 cm^3-Klasse. Daraufhin winkte Rennleiter Hans Zacharias den nächstplazierten František Šťastný ab, den eine internationale Jury anschließend zum Sieger erklärte. Um nicht disqualifiziert zu werden, absolvierten einige Fahrer sicherheitshalber noch eine letzte Runde. Indes begannen Zuschauer „Schiebung" zu rufen, weil sie Šťastnýs Sieg anzweifelten. Sorge bereitet den Verantwortlichen auch der sogenannte Paul-Greifzu-Gedächtnislauf mit Rennwagen der Formel 3, der an den Sieger der Sachsenringrennen von 1950 erinnern sollte, der 1952 tödlich verunglückt war. Da auch in den Augen der Staatssicherheit „von vornherein ziemlich klar" war, dass der westdeutsche Fahrer Curt Ahrens gewinnen würde, verzichteten die Veranstalter anders als in den Vorjahren auf eine Siegerehrung für diesen Teillauf, um nicht das Deutschlandlied spielen und die Flagge der Bundesrepublik hissen zu müssen. Viele Zuschauer hatten damit aber fest gerechnet und pfiffen minutenlang lauthals.[11]

Als im Folgejahr in der 125 cm^3-Klasse der in Ostpreußen geborene, für die Bundesrepublik startende Hans-Georg Anscheidt[12] zu gewinnen „drohte", sollte „zwecks Vermeidung übermäßiger Beifallsdemonstrationen zugunsten westdeutscher Sportler" für eine „besondere Belegung der Haupttribüne und anderer kontrollierbarer Zuschauerplätze in der Zielgeraden" gesorgt werden.[13] Systemloyale Zuschauer würden eher den politisch genehmen Fahrern aus sozialistischen Staaten Applaus spenden, lautete wohl die Überlegung der Machthaber. Sie wollten viel lieber eigene Fahrer auf dem Siegertreppchen sehen – und weil dies immer seltener der Fall war, wachten sie eifersüchtig über die Sympathien der Fans.

Beim Rennen von 1969 erlitt dann der Vorjahresweltmeister in der 250 cm^3-Klasse und Publikumsliebling Bill Ivy aus Großbritannien im Training der 350 cm^3-Klasse einen tödlichen Unfall. Rennleiter Hans Zacharias legte später einen Blumenstrauß am Unfallort nieder, und das Publikum ehrte den Briten mit einer Schweigeminute.[14] In dem anschließenden Rennen erreichten die DDR-Fahrer Heinz Rosner sowie Friedhelm Kohler jeweils den dritten Platz in der

11 Bericht der Bezirksverwaltung für Staatssicherheit Karl-Marx-Stadt über den Ablauf des Weltmeisterschaftslaufes auf dem Sachsenring am 17.7.1966 vom 18.7.1966, in: BStU, MfS, BV Karl-Marx-Stadt, AKG 7365, Bl. 426–428.

12 Vgl. 5 Minuten Sport, in: Das Ostpreußenblatt 19. Jg. 1968/27 vom 6.7.1968, S. 21, verfügbar unter: <http://archiv.preussische-allgemeine.de/1968/1968_07_06_27.pdf> [11.12.2016]. Siehe auch Anscheidt, Hans Georg: Mein Leben zwischen Start und Ziel. Stuttgart 1968.

13 Sekretariatsinformation des Leiters (k) der Abteilung Internationale Verbindungen [des Deutschen Turn- und Sportbundes Hartmut] Niederberger vom 16.6.1967, in: BArch, DY 12/2125, o. Pag.

14 Vgl. *Süddeutsche Zeitung* vom 14.7.1969, S. 22.

250 cm^3- bzw. 125 cm^3-Klasse.[15] Es waren die letzten Platzierung ostdeutscher Fahrer auf einem Siegertreppchen für geraume Zeit.

Dass anlässlich von Ivys erstem Todestag Fans an der Unfallstelle Blumen und Kränze ablegten,[16] interpretierten die Verantwortlichen als Politikum. Denn nicht genug, dass der umschwärmte Fahrer den Westen repräsentierte. Er war ausgerechnet dort zu Tode gekommen, wo die Kreisdienststelle der Staatssicherheit ihren Sitz hatte. Die überwiegend ortsfremden Fans waren sich dessen vermutlich nicht bewusst und auch die Stasi-Mitarbeiter reagierten nicht, weil sie ja gar nicht gemeint waren und sowieso lieber im Verborgenen blieben. Doch die Volkspolizei empfand die Beileidsbezeugungen als Provokation und wollte diese unterbinden – vermutlich in einem gewissen Übereifer und ohne von der Staatssicherheit damit beauftragt worden zu sein. Damit sich Kranzniederlegungen oder ähnliche Vorfälle am zweiten Todestag nicht wiederholen würden,[17] sollte die Volkspolizei unerwünschtes Verhalten nunmehr „konsequent und streng" ahnden: „Den Rennbesuchern ist demonstrativ und psychologisch zu verdeutlichen, welche Anforderungen […] an sie gestellt werden".[18] Schwere Militärlaster sowjetischer Bauart unternahmen im darauf folgenden Jahr „Demonstrativfahrten" zur Einschüchterung der Zuschauer. Fans „mit dekadentem Aussehen" wurden gar nicht erst bis zur Rennstrecke vorgelassen, sondern sollten „ordentlich gekleidet erneut anreisen". Wer Kleidung mit „Reklame kapitalistischer Prägung" trug, wurde sogar noch fotografiert, bevor er des Platzes verwiesen wurde.[19]

Dass 1971 bereits beim ersten Trainingslauf der 350 cm^3-Klasse der DDR-Rennfahrer Günter Bartusch tödlich verunglückte,[20] zog ebenfalls viel öffentliche Aufmerksamkeit auf sich.[21] Der ostdeutsche Allgemeine Deutsche Motorradverband ehrte am ersten Tag der Wettkämpfe dann alle verunglückten Fahrer an einem Gedenkstein, der dem bereits 1937 tödlich verunglückten Rennfahrer Jimmi Guthrie gewidmet war.[22] Doch einige Motorradfans begaben sich lieber

---

15 *Freie Presse* vom 14.7.1969, S. 6.

16 Persönliches Schreiben des Leiters der Kreisdienststelle Hohenstein-Ernstthal an den Leiter der Bezirksverwaltung für Staatssicherheit Karl-Marx-Stadt vom 12.7.1971, in: BStU, MfS, BV Karl-Marx-Stadt, AKG 483, Bd. 1, Bl. 231–235.

17 Vgl. *Illustrierter Motorsport* 1971/7, S. 151, 156f.

18 Auswertung des volkspolizeiliches Ordnungseinsatzes zur Sicherung des 10. Weltmeisterschaftslaufs für Motorräder auf dem Sachsenring vom 15.8.1970, in: Sächsisches Staatsarchiv Chemnitz 30441 Nr. 51, Bl. 85–96.

19 Vgl. Auswertung des polizeiliches Ordnungseinsatzes zur Sicherung des Weltmeisterschaftslaufs für Motorräder auf dem Sachsenring vom 25.8.1971, in: Sächsisches Staatsarchiv Chemnitz 30441 Nr. 51, Bl. 97–107.

20 Vgl. *Das Motorrad* 1971/16, S. 6–9, 20.

21 Vgl. *Neues Deutschland* vom 10.7.1971, S. 7; *Neues Deutschland* vom 12.7.1971, S. 6.

22 Vgl. Bericht der Bezirksverwaltung für Staatssicherheit Karl-Marx-Stadt über Reaktionen

direkt an Ivys Unglücksort. Dort setzte die Volkspolizei dann sogar Hundestaffeln ein, um das Ablegen von Blumenkränzen zu verhindern. In dem daraus resultierenden Menschenauflauf schallten den Ordnungshütern Buh-Rufe und Pfiffe entgegen.[23] Was die Volkspolizei „gegen Ivy habe“ und warum sie „nicht einmal die Toten in Ruhe“ lasse,[24] fragten sich die Fans. Abends schilderten Augenzeugen des Polizeieinsatzes in Gaststätten und auf öffentlichen Plätzen ihre ernüchternden Erfahrungen und die offene Repression, denen sie ausgesetzt gewesen waren. Sogar einige der SED angehörende Motorrad-Fans sagten über das Andenken des verunglückten Bill Ivy, dass „tote Menschen durch Polizeihunde geschändet“ worden seien. Sogar „als sehr progressiv bekannte“ – also der Staatspartei wohlgesonnene – Bürger hielten das Vorgehen der Volkspolizei für kontraproduktiv und meinten, die Verantwortlichen besäßen „keinerlei Ehrgefühl“.[25] Bürger wie auch Machthaber bedachten also stets die politischen Implikationen ihres Handelns und unterstellten auch der Gegenseite politische Motive, wobei sie unterschiedliche Standpunkte einnahmen und gegenläufigen Intentionen folgten.

Geplatzte Träume in Hohenstein-Ernstthal

Offenkundig waren die Siege westlicher Fahrer sowie der um sie entstandene Heldenkult dem SED-Regime immer mehr ein Dorn im Auge. Schon vor dem Sachsenringrennen von 1971 waren jedenfalls die Startgelder gekürzt worden,[26] was die westlichen Rennfahrer als profitgierig in Misskredit bringen und möglichst von einer Teilnahme abschrecken sollte.[27] Erst in letzter Minute wurden die Beträge wieder aufgestockt, doch zugleich keimte das Gerücht, die Rennen am Sachsenring würden bald ohne westliche Beteiligung ausgetragen.[28]

Nach Ivys Tod hatten viele ostdeutsche Motorradfans in dem Bundesdeutschen Dieter Braun ein neues Idol gefunden. Er startete am Tag nach dem Einsatz

und Meinungen von Besuchern des Weltmeisterschaftslaufes auf dem Sachsenring vom 13.7. 1971, in: BStU, MfS, BV Karl-Marx-Stadt, AKG 2021, Bl. 87–90.

23 Vgl. ebd.

24 Vgl. ebd.

25 Ebd.; Persönliches Schreiben des Leiters der Kreisdienststelle Hohenstein-Ernstal an den Leiter der Bezirksverwaltung für Staatssicherheit Karl-Marx-Stadt vom 12.7.1971, in: BStU, MfS, BV Karl-Marx-Stadt, AKG 483, Bd. 1, Bl. 227–230.

26 Vgl. Kießlich, Jürgen: Motorradrennen auf dem Sachsenring. Die Historie einer ehemaligen Rennstrecke. Lemgo 1998, S. 145.

27 Vgl. u. a. Fetzer, Thomas: Die gesellschaftliche Akzeptanz des Leistungssportsystems, in: Teichler, Hans Joachim (Hg.): *Sport in der DDR. Eigensinn, Konflikte, Trends.* Köln 2003, S. 273–357, hier 305.

28 Vgl. Kießlich, Sachsenring, 1998, S. 145.

der Hundestaffel im Rennen bis 250 cm^3. Viele Zuschauer brachten schon im Vorfeld „ihre Vorfreude über den [bevorstehenden] westdeutschen Sieg [...] zum Ausdruck“, was die Volkspolizei für charakteristisch für die „politisch-ideologische Einstellung“ vieler Jugendlicher hielt. Sprechchöre der Art „Dieter, enttäusch uns nicht“ und selbstgefertigte Spruchbänder ließen keinen Zweifel daran, wem ihre Sympathie galt.[29] Ein junger Geselle meinte nach Erkenntnissen der Staatssicherheit sogar explizit, „er halte den Daumen, daß der ‚Dieter‘ morgen gewinnt, weil ‚sie‘ dann die ‚deutsche Hymne‘ spielen müßten.“[30] Dies lässt einmal mehr erkennen, wie aufgeladen die Stimmung am Sachsenring war und wie viele Bürger den Ausgang der Sportwettkämpfe in seiner Ost-West-Dimension politisch interpretierten.[31]

Nach einem verpatzten Start konnte sich Braun in einem packenden Duell erst auf den letzten Metern den Sieg sichern.[32] Während die Fans dem Ausgang des Rennens entgegenfieberten, bezogen 15 Minuten vor dem Zieleinlauf zwei Staffeln Volkspolizisten Stellung vor der Haupttribüne und dem Innenring. Ihnen brandeten Pfiffe und Buh-Rufe der Zuschauer entgegen, unter denen sich die verhinderte Kranzniederlegung vom Vortag wohl herumgesprochen hatte. Den Aufmarsch der uniformierten Kräfte erklären sich die Fans damit, dass die Verantwortlichen wohl „Angst“ hätten, wie die Staatssicherheit notierte.[33]

Die in diesem Jahr etwa 200.000 Zuschauer applaudierten Braun im Zieleinlauf frenetisch.[34] Bei der anschließenden Siegeszeremonie wurden in den verschiedenen Rennklassen alle Fahrer bejubelt, doch bei Braun war die Begeisterung „bei einem Teil [des Publikums] besonders groß“. Zwei Zuschauer hielten

29 Auswertung des volkspolizeiliches Ordnungseinsatzes zur Sicherung des 10. Weltmeisterschaftslaufs für Motorräder auf dem Sachsenring vom 15.8.1970, in: Sächsisches Staatsarchiv Chemnitz 30441 Nr. 51, Bl. 85–96.

30 Bericht der Bezirksverwaltung für Staatssicherheit Karl-Marx-Stadt über Reaktionen und Meinungen von Besuchern des Weltmeisterschaftslaufes auf dem Sachsenring vom 13.7. 1971, in: BStU, MfS, BV Karl-Marx-Stadt, AKG 2021, Bl. 87-90; Persönliches Schreiben des Leiters der Kreisdienststelle Hohenstein-Ernstal an den Leiter der Bezirksverwaltung für Staatssicherheit Karl-Marx-Stadt vom 12.7.1971, in: BStU, MfS, BV Karl-Marx-Stadt, AKG 483, Bd. 1, Bl. 227–230.

31 Vgl. Kießlich, Sachsenring, 1998, S. 152.

32 Vgl. *Das Motorrad* 1971/16, S. 6–9, 20.

33 Bericht der Bezirksverwaltung für Staatssicherheit Karl-Marx-Stadt über Reaktionen und Meinungen von Besuchern des Weltmeisterschaftslaufes auf dem Sachsenring vom 13.7. 1971, in: BStU, MfS, BV Karl-Marx-Stadt, AKG 2021, Bl. 87–90.

34 Vgl. *Illustrierter Motorsport* 1971/9, S. 171–175. Roscher wurde als Ehrengast der Veranstaltung genannt und war vermutlich bis zur Siegerehrung anwesend. Zwischen 1963 und 1976 fungierte er als 1. Sekretär der SED-Kreisleitung Karl-Marx-Stadt, wurde dann aber wegen „ernster Mängel in seiner Leitungstätigkeit“ abgelöst. Vgl. Niemann, Mario / Herbst, Andreas: SED-Kader. Die mittlere Ebene. Biographisches Lexikon der Sekretäre der Landes- und Bezirksleitungen, der Ministerpräsidenten und der Vorsitzenden der Räte der Bezirke 1946–1989. Paderborn 2010, S. 411f.

auch ein Plakat mit seinem Namen in die Höhe.[35] Der Zeremonie wohnte auch der 1. Sekretär der SED-Bezirksleitung und Mitglied des ZK der SED, Paul Roscher, bei. Möglicherweise durch ihn oder andere Parteigrößen angestiftet, hatte der Allgemeine Deutsche Motorradverband bereits während des Rennens Brauns Disqualifikation gefordert, da er beim Überholen regelwidrig eine weiße Linie überfahren hätte. Doch Rennleiter Zacharias und der Beauftragte des Internationalen Automobilsportverbandes FIM (Fédération Internationale de Motocyclisme) René Bruneel hatten diesen Schritt verweigert.[36]

Vermutlich um weitergehende Sympathiebekundungen zu verhindern, wurde dann bei der Siegerehrung die bundesdeutsche Nationalhymne nur im Zielbereich abgespielt, aber nicht über Lautsprecher entlang der Rennstrecke übertragen, wie es sonst üblich war.[37] Stattdessen übernahmen die Zuschauer diesen Part und sangen, sich gegenseitig ansteckend, auf der gesamten Strecke das Deutschlandlied.[38] Einige Besucher äußerten später süffisant, die Obrigkeit hätte ja – wie am Vortag – erneut Hundestaffeln einsetzen können, damit alles in den gewünschten Bahnen verlaufe.[39] Andere resümierten, „am Sonnabend habe die Polizei mit Hunden versucht, die wahre Meinung der Bevölkerung zu unterdrücken, nach dem Sieg von Braun habe man aber sehen können, wie die Menschen wirklich denken“, wie die Staatssicherheit protokollierte.[40] Die betroffenen Zuschauer zogen also eine direkte Verbindung zwischen den beiden offensichtlichsten Versuchen der Obrigkeit, die „öffentliche Meinung“ bei den Sachsenringrennen zu manipulieren.

Die SED-Kreisleitung ließ sich die Vorkommnisse eine Lehre sein. In Zukunft wollte sie „die Frage der Abgrenzung zwischen DDR und BRD mehr in den Vordergrund“ stellen.[41] Im Januar 1972 wurde mit Rennleiter Zacharias „die Auseinandersetzung geführt“, wie das parteikommunistische Ritual einer meist

35 Information vom 13.7.1971, in: BStU, MfS, BV Karl-Marx-Stadt, AKG 8546, Bl. 196.

36 Vgl. Sachse, Katrin: Fans im Rennfieber, in: *Focus* 1998/14, S. 89, verfügbar unter: <http://www.focus.de/auto/motorrad/motorrad-wm-fans-im-rennfieber_aid_171608.html> [28.2.2012]; Motorrad-WM-Saison 1971, verfügbar unter: <http://de.wikipedia.org/wiki/Motorrad-WM-Saison_1971> [9.8.2011]; Scheibe, Winni: Der Sachsenring. Chronik einer legendären Rennstrecke, verfügbar unter: <http://www.winni-scheibe.com/ta_sport/sachsenring3.htm> [11.12.2016]; Kießlich, Sachsenring, 1998, S. 153; Nöbel, Hendrik: Dieter Braun. Weltmeister und Publikumsliebling. Chemnitz 2009, S. 60.

37 Vgl. ebd., S. 62.

38 Vgl. Kießlich, Sachsenring, 1998, S. 153.

39 Vgl. Bericht der Bezirksverwaltung für Staatssicherheit Karl-Marx-Stadt über Reaktionen und Meinungen von Besuchern des Weltmeisterschaftslaufes auf dem Sachsenring vom 13.7.1971, in: BStU, MfS, BV Karl-Marx-Stadt, AKG 2021, Bl. 87–90.

40 Ebd.

41 Protokoll über die 11. Sitzung des Sekretariats der SED-Kreisleitung Hohenstein-Ernstthal am 15.7.1971 vom 17.8.1971, in: Sächsisches Staatsarchiv Chemnitz 31610 IV B-4/9/30, o. Pag.

demütigenden Belehrung im jeweiligen Gremium umschrieben wurde. Schließlich wurden Zacharias und der bisherige Sprecher der Sachsenringrennen entlassen. Damit die Zuschauer nicht wieder der „falschen" Seite applaudierten, bereitete der 1. Sekretär des SED-Kreisleitung vor dem nächsten Rennen von 1972 120 vor Ort eingesetzte Sportfunktionäre „politisch auf diese Veranstaltung vor". Tribünenkarten waren nun nur noch über Betriebe und Motorsportklubs erhältlich,[42] und die Tribünengäste wurden von Funktionären des Allgemeinen Deutschen Motorsportverbandes (ADMV) prophylaktisch über „ideologische Grundfragen" belehrt.[43] Als Fans während des Rennens erneut einen Kranz sowie einen Blumenstrauß an Ivys Unfallstelle ablegten, brachte die Volkspolizei diese in der Nacht heimlich, still und leise zum offiziellen Guthrie-Gedenkstein.[44] Statt die Ehrbezeugung der Fans erneut mit offener Repression zu beantworten, bevorzugten die Verantwortlichen jetzt ein diskreteres Vorgehen.

Angesichts der offenen Sympathien der Zuschauer für ihre westlichen Idole sahen sich die Machthaber in der Defensive und grenzten sich zunehmend vom Westen ab. Auch in anderen Politikfeldern war dies seinerzeit die paradoxe Folge der deutsch-deutschen Verständigung auf offizieller Ebene.[45] Das Sachsenringrennen wurde daher ab 1973 nicht länger als Teil der Motorradweltmeisterschaft ausgeschrieben, weswegen die Fahrer aus sozialistischen Staaten in Hohenstein-Ernstthal nun weitgehend unter sich blieben.[46] Dies erschien den Verantwortlichen wohl der sicherste Weg, um den erneuten Sieg eines westlichen Fahrers und daraus resultierende Sympathiebekundungen zu verhindern. Auch beim Motocrossrennen in Teterow, das 1972 wegen starken Regens ausgefallen war, durften im Folgejahr keine Fahrer aus dem Westen mehr teilnehmen.[47] Ein unmittelbarer Zusammenhang mit den Ovationen für Braun lässt sich zwar nicht belegen,[48] doch liegt es nahe, dass sich die SED-Führung aufgrund der Vorgänge

42 Protokoll über die 46. Sitzung des Sekretariats der SED-Kreisleitung Hohenstein-Ernstthal am 7.4.1972 vom 29.5.1972, in: Sächsisches Staatsarchiv Chemnitz 31610 IV C-4/9/10, o. Pag.

43 Konzeption für die politische Vorbereitung des Weltmeisterschaftslauf für Motorräder auf dem Sachsenring vom 28.4.1972, in: Sächsisches Staatsarchiv Chemnitz 31610 IV C-4/9/10, o. Pag.

44 Vgl. Chronolog [sic] anläßlich des polizeilichen Ordnungseinsatzes zum Weltmeisterschaftslaufs auf dem Sachsenring [von 1972], in: Sächsisches Staatsarchiv Chemnitz 30441 Nr. 51, Bl. 108–120.

45 Vgl. Bender, Peter: Neue Ostpolitik. Vom Mauerbau bis zum Moskauer Vertrag. München 1986, S. 145.

46 Vgl. Motorrad-WM-Saison 1971, verfügbar unter: <https://de.wikipedia.org/wiki/Motorrad-Weltmeisterschaft_1971#Wissenswertes> [15.10.2018]; Scheibe, Der Sachsenring, verfügbar unter: <http://www.winni-scheibe.com/ta_sport/sachsenring3.htm> [15.10.2018].

47 Vgl. Teterower Bergring, verfügbar unter: <http://de.wikipedia.org/wiki/Teterower_Bergring> [15.10.2018].

48 Vgl. Fricke, Getting off Track, 2013, S. 217.

nach Ivys Tod auch auf dem Terrain der Sportpolitik stärker abzugrenzen versuchte. Durch die ausbleibende westliche Konkurrenz ließ das Interesse der DDR-Bürger am Sachsenringrennen jedenfalls merklich nach.[49]

Der Sachsenring als Sehnsuchtsort

Das SED-Regime war grundsätzlich geneigt, den Leistungssport als Mittel zur Erreichung politischer Ziele, insbesondere dem der internationalen Anerkennung, zu instrumentalisieren.[50] Doch Disziplinen, in denen die DDR sportlich unterlegen war, eigneten sich nicht dazu, der Weltöffentlichkeit die vermeintliche Überlegenheit des sozialistischen Lagers zu demonstrieren. Der konkrete Auftrag des Leistungssports, mehr Siege als die bundesdeutschen Sportler zu erzielen,[51] ließ sich im Bereich des Motorradsports immer weniger erfüllen. Ab 1962 siegte bei den Motorradrennen am Sachsenring in den verschiedenen Klassen kein ostdeutscher Fahrer mehr und ab 1970 erreichte auch keiner mehr eine Platzierung unter den besten drei.[52] Auch im Motocrossport fand eine lang anhaltende Siegesserie 1969 ihr Ende.[53]

Ohnehin war der Motorradrennsport dem Sozialismus teilweise wesensfremd, denn nicht das Kollektiv stand hier im Mittelpunkt, sondern der einzelne Star. Nicht physisches Leistungsvermögen, Ausdauer und Askese zählten hier, sondern Wagemut und Leichtsinn. Seine nachgeordnete Bedeutung bewahrte den Motorradrennsport freilich nicht vor politischer Überwachung, denn stärker als beispielsweise Bergsteigen oder Skateboarden[54] bedurften Motorradrennen einer professionellen Organisation in Verbandsstrukturen, was entsprechende politische Einflussnahme ermöglichte.

Eine wichtige Rolle spielten hier der ADMV als Dachverband des DDR-Motorsports sowie die Gesellschaft für Sport und Technik (GST), die als sozialis-

49 Vgl. „150.000 Zuschauer bei den Sachsenring-Rennen", in: *Neues Deutschland* vom 14.7. 1986, S. 7. Dabei wurden 95.000 Zuschauer am Samstag und 55.000 Zuschauer am Sonntag addiert.

50 Vgl. Dennis, Mike / Grix, Jonathan: Sport under Communism. Behind the East German ‚Miracle'. New York 2012, S. 19.

51 Vgl. Krebs, Hans-Dieter: Politische Instrumentalisierung des Sports, in: *Materialien der Enquete-Kommission „Aufarbeitung von Geschichte und Folgen der SED-Diktatur in Deutschland" (12. Wahlperiode des Deutschen Bundestages).* Band III/2. Baden-Baden 1995, S. 1314–1369, S. 1319, 1332.

52 Vgl. Großer Preis der DDR (Motorrad), verfügbar unter: <http://de.wikipedia.org/wiki/Gro%C3%9Fer_Preis_der_DDR_(Motorrad)> [15.10.2018].

53 Vgl. Internationale Sechstagefahrt, verfügbar unter: <http://de.wikipedia.org/wiki/Internationale_Sechstagefahrt> [15.10.2018].

54 Vgl. Reinhart, Kai: „Wir wollten einfach unser Ding machen". DDR-Sportler zwischen Fremdbestimmung und Selbstverwirklichung. Frankfurt/Main 2010.

tische Massenorganisation vor allem der Wehrerziehung diente.[55] Die GST verfügte jedoch auch über 17.000 Motorräder und Kleinkrafträder, stellte Führerscheine aus und ermöglichte kleinere Motorradrennen.[56] Zugleich verstand sie es, aufmüpfige Jugendliche zu disziplinieren, indem sie ihnen den Ausschluss androhte.[57] Ihrerseits wurde die Organisation wegen ihrer Größe und Sicherheitsrelevanz natürlich durch Inoffizielle Mitarbeiter der Staatssicherheit überwacht. Die ostdeutsche Geheimpolizei entschied auch darüber, welche Fahrer im westlichen Ausland starten durften.[58]

Das Sachsenringrennen erlaubte den Zuschauern einen Leistungsvergleich der neuesten Fahrzeugtechnik und der besten Fahrer. Immer häufiger fiel dieser zugunsten des Westens aus, was die Bürger als Indiz für die Überlegenheit dieser Gesellschaftsordnung schlechthin interpretieren konnten. PS-starke Rennmaschinen aus westlicher Produktion dienten dabei als Projektionsfläche unerfüllter Sehnsüchte, denn Motorräder gelten vielerorts als Symbol individueller Freiheit, Unabhängigkeit und Freizügigkeit. Angesichts der Rivalität der Systeme erfuhr die Bewunderung westlicher Maschinen und ihrer Fahrer hinter dem „Eisernen Vorhang" aber eine zusätzliche politische Konnotation. Die Rennfahrer aus der freien Welt fuhren die schnelleren Maschinen, verkörperten den „Siegertyp" und zogen wohl auch weitere Sympathien schon allein deswegen auf sich, weil sie aus dem Westen kamen.

In den „langen siebziger Jahren" sahen sich die DDR-Bürger immer mehr zur Hinnahme des Unabänderlichen gezwungen. Diese Leidensbereitschaft erkaufte sich das Honecker-Regime durch sozialpolitische Wohltaten: Bessere materielle Versorgung, aber auch Unterhaltungs- und Freizeitmöglichkeiten sowie öffentliche Großveranstaltungen mit minimalen Freiräumen sollten die Bürger zufrieden stellen,[59] was aber keinesfalls einen Verzicht auf Überwachung implizierte. Soweit die siebziger Jahre tatsächlich durch einen „spürbaren Rückzug der ideologischen Kontrolle aus dem Privatleben" gekennzeichnet waren,[60] zeigen die Vorfälle vom Sachsenring die Möglichkeiten und Grenzen dieser

55 Vgl. Heider, Paul: Die Gesellschaft für Sport und Technik (1952-1990), in: Diedrich, Torsten u. a. (Hg.): *Im Dienste der Partei. Handbuch der bewaffneten Organe in der DDR*. Berlin 1998, S. 169–199, hier 182.

56 Vgl. Poller, Günter: Millionenhaushalt für Motorräder, Flugzeuge und Gewehre, in: Berger, Ulrich (Hg.): *Frust und Freude. Die zwei Gesichter der Gesellschaft für Sport und Technik*. Schkeuditz 2002, S. 89–96, hier 92.

57 Vgl. Fricke, Getting off Track, 2013, S. 221.

58 Vgl. Treffbericht der Hauptabteilung XX/6 vom 14. 12. 1965; BStU, MfS AIM 15030/69, Bd. 1, S. 65 f.

59 Vgl. Fricke, Getting off Track, 2013, S. 214.

60 Niethammer, Lutz: Die SED und „ihre" Menschen. Versuch über das Verhältnis zwischen Partei und Bevölkerung als bestimmendes Moment innerer Sicherheit, in: Suckut, Siegfried; Süß, Walter (Hg.): *Staatspartei und Staatssicherheit. Zum Verhältnis von SED und MfS*. Berlin 1997, S. 307–340, hier 318.

Entwicklung. Denn Präferenzen für den Westen galten nach wie vor als politisch bedenklich und riefen die Repressionsorgane auf den Plan. Sowohl die Bürger als auch die Machthaber interpretierten die Vorgänge um Ivys Unfalltod politisch – allerdings bei gegenläufiger Interpretation und unterschiedlicher Intention. Dass viele Fans nicht wussten, dass sie dem westlichen Fahrer ausgerechnet vor der Kreisdienststelle der Staatssicherheit gedachten, verschärfte das Ringen um den gerade noch zulässigen Freiraum der Fans zusätzlich. Für die Machthaber, insbesondere für die um öffentliche Ordnung bemühte Volkspolizei, gewann die Ehrbezeugung für Ivy dadurch eine weitere politische Dimension, die die Fans möglicherweise gar nicht intendiert hatten.

Die ersehnte Flucht aus dem Alltag und die Projektionen unerfüllter Sehnsüchte auf das Reiseziel teilte das Publikum bei seinen Kurzreisen an den Sachsenring mit vielen Touristen weltweit.[61] Doch die deutlich gewordene politische Dimension unterschied die Freizeitgestaltung in Hohenstein-Ernstthal von ansonsten ähnlich anmutenden Reiseformen (wie einem Aktiv- oder Abenteuerurlaub in der sogenannten freien Welt).[62] Das touristische Wunschziel vieler DDR-Bürger war das „Paradies" der Bundesrepublik, was für die meisten unerreichbar blieb.[63] Etwas davon zu erhaschen, erlaubte eine Pilgerfahrt an den Sachsenring, wo der „Rennzirkus" das Odeur der „großen weiten Welt" verströmte. Das Sachsenringrennen war ein erreichbares Nahziel, welches weitergehende Sehnsüchte aber womöglich erst hervorrief, denn sicher träumten viele Besucher davon, weitere Rennen im Westen verfolgen zu können. Die Fahrt nach Hohenstein-Ernstthal bot lediglich eine Teilkompensation für die vorenthaltenen Reisemöglichkeiten. Mehrere hunderttausend Besucher reisten nach Hohenstein-Ernstthal, weil die westliche Welt hier etwas näher schien. Viele Fans hätten wohl lieber in Westdeutschland gelebt, und die Zahl der Ausreiseanträge lag im Bezirk Karl-Marx-Stadt sowie seinen Nachbarbezirken besonders hoch.[64]

Einige Zuschauer mag lediglich der Wunsch beseelt haben, sich Aufmärschen, Kampfaufträgen und Parolen zu entziehen und sich mit solchen Rennen eine vermeintlich politikfreie Nische zu erobern. Gerade im Motorradrennsport könnten viele Bürger „trotz politischer Vorzeichen einen neutralen Freiraum, mitunter die Chance zur zeitweiligen Systementfernung" gesucht haben.[65]

61 Zu Emotionen im Tourismus vgl. Picard, David / Robinson, Mike (Hg.): Emotion in Motion. Tourism, Affect and Transformation. Farnham 2012.

62 Vgl. Opaschowski, Horst W.: Tourismus. Systematische Einführung – Analysen und Prognosen. Opladen 1996, S. 194f.

63 Vgl. Wolter, Heike: „Ich harre aus im Land und geh, ihm fremd". Die Geschichte des Tourismus in der DDR. Frankfurt/Main 2009, S. 423.

64 Vgl. Major, Patrick: Behind the Berlin Wall. East Germany and the Frontiers of Power. Oxford 2010, S. 213.

65 Vgl. allg. Krebs, Politische Instrumentalisierung, 1995, S. 1337.

Manche Fans waren sich der politischen Relevanz ihrer Bewunderung westlicher Fahrer vermutlich gar nicht bewusst. Andere stellten diese hingegen durch entsprechende Kleidung oder Transparente absichtlich zur Schau - gerade weil sie so ihre Affinität gegenüber dem Westen artikulieren konnten, ohne strenge Strafen fürchten zu müssen, oder schlicht um die Obrigkeit zu provozieren. Vermutlich trugen vielschichtige Motivlagen dieser Art (oder unreflektierte Spontanität) dazu bei, dass unzählige Zuschauer am Sachsenring mit einiger Chuzpe die bundesdeutsche Nationalhymne anstimmten. Manche Fans gaben sich mit ihrem Jubel für den Sieger vielleicht nur ihrer Sportbegeisterung hin, andere verstanden das Absingen der bundesdeutschen Nationalhymne wohl als politische Manifestation.

Einige Fans verknüpfen mit ihrer Sympathiekundgebung für den Westen Sehnsüchte nach einer Reisefreiheit, die weiter reichte als bis zum Schauplatz eines Motorradrennens in der sächsischen Provinz. Vielleicht beinhaltete dieser Wunsch sogar Kritik an den politischen Zuständen in der DDR. Die Verantwortlichen registrierten diese Tendenz und wollten ihr durch die ebenso plumpen wie langfristig wirkungslosen Waffen einer Diktatur begegnen (Einsatz von Hundestaffeln sowie vermutlich das Abklemmen der Lautsprecher). Weitere Siege westlicher Fahrer sowie entsprechende Sympathiebekundungen der Bürger ließen sich dann nur noch verhindern, indem die Rennen nicht mehr weltweit ausgeschrieben wurden - eine Überreaktion, die das „Kind mit dem Bade ausschüttete". Die Sehnsucht vieler DDR-Bürger nach dem Westen, seinen Repräsentanten und Produkten ließ sich so jedoch nicht zerstreuen.

Sune Bechmann Pedersen

A Paradise behind the Curtain: Selling Eastern Escapes to Scandinavians

When someone in the 1980s picked up an English or American mainstream tourist guidebook to Eastern Europe, a quick glance at the first pages would suffice to understand that this was an unusual tourist destination. Frommer's *Eastern Europe on $25 a Day* (1987) stated that 'it is largely unexplored by Westerners'.[1] The Rough Guide's 1988 edition on Eastern Europe (covering Hungary, Romania, and Bulgaria) informed the reader that it was 'a region whose potential most Westerners have yet to recognise'.[2] While this would also have been valid for many other corners of the world at this time, the unequivocal message was that Eastern Europe remained a unique, unexplored, and rather exotic region. In 1988, Penguin Books issued *A Guide to Central Europe*, which claimed to be 'the first guide since 1915 to attempt to describe the cities of what was once the Habsburg empire'.[3] The foreword to Fodor's 1987 guide to Hungary completes the picture. It announced that the previous guide to Hungary had been published twelve years earlier in 1975. In the meantime, tourism 'was not sufficient to keep an annually updated work afloat. For five years we were without any separate book on any Eastern European country'.[4] Although the preface also celebrated that tourism to the 'Eastern bloc countries' was currently on the rise, with Hungary in a leading position, the reader of any of these mainstream guidebooks would quickly understand that Eastern Europe was not on the Western tourist's beaten track.

The guidebooks' depiction of Eastern Europe as an unlikely destination for western tourists in the 1980s was quite right. Western visitors generally accounted for less than ten per cent of any East European country's total number of

1 Hadley, Morris H. / Tanner, Adam: Frommer's Eastern Europe on $25 a Day. New York 1987, p. 1.
2 Richardson, Dan / Denton, Jill: The Rough Guide to Eastern Europe: Hungary, Romanian and Bulgaria. Bromley 1988, p. 4.
3 Bassett, Richard: A Guide to Central Europe. London 1988, p. 1.
4 Fodor's Hungary. London 1987, p. vii.

foreign visitors.[5] In most cases, the figure was probably even significantly smaller.[6] Nevertheless, East European governments, their state tourist agencies, and western travel companies made efforts throughout much of the Cold War to turn Eastern Europe into a site of western tourism.

This chapter traces the marketing of Eastern Europe in Scandinavia from the Second World War to the fall of Communism. It is a history of eastern governments and western businesses and their varying efforts to integrate Eastern Europe in the international travel industry. So far, only a few studies have explored the phenomenon, usually focusing on a single eastern case.[7] A more comprehensive history of western tourism to Eastern Europe is still to be awaited as transnational tourism during the Cold War era and the general implications of Eastern Europe's opening for western tourists remain understudied subjects.[8] This chapter starts bridging the lacuna. It does so by combining a general overview of western tourism to Eastern Europe during the Cold War with a study of two selected focus areas: The first focus concerns western tourism to Czechoslovakia. Czechoslovakia is a particularly interesting case as the country that generally received most western visitors during the Cold War. The second focus area is eastbound tourism from Scandinavia. Taking tourism statistics again as a point of departure, Scandinavia is another case worth studying in the context of this chapter. Compared to other western countries, Scandinavia accounted for a disproportionally high share of western tourists to Eastern Europe. In 1974, for instance, the three Scandinavian countries provided 10.5 % of the West European visitors to Romania – equalling France and second only to the Federal Republic of Germany. With an 18.5 % share of the Western visitors to Czechoslovakia the same year, Scandinavia ranked third after the FRG (40 %) and

5 Eastern Europe is used as synonymous with the Eastern bloc countries, leaving Albania and Yugoslavia – two countries with widely different tourist histories – outside the general scope of the chapter.

6 Statistical data on tourism is fraught with methodological problems. Definitions and calculation methods have varied considerably between countries and over time, and especially so in Eastern Europe. Hall, Derek R. (ed.): Tourism and Economic Development in Eastern Europe and the Soviet Union. London 1991, p. 13–17.

7 For instance, Salmon, Shawn: Marketing Socialism: Inturist in the Late 1950s and Early 1960s, in: Gorsuch, Anne E. / Koenker, Diane (ed.): *Turizm: The Russian and East European Tourist under Capitalism and Socialism.* Ithaca 2006, p. 186–204; Bren, Paulina: Tuzex and the Hustler: Living It Up in Czechoslovakia, in: Idem / Neuburger, Mary (ed.): *Communism Unwrapped: Consumption in Cold War Eastern Europe.* New York 2012, p. 27–48; Dragomir, Elena: Hotel Intercontinental in Bucharest: Competitive Advantage for the Socialist Tourist Industry in Romania, in: Miklóssy, Katalin / Ilič, Melanie (ed.): *Competition in Socialist Society.* New York 2014, p. 89–106. The recent PhD thesis by Adelina Stefan provides a rare exception: Vacationing in the Cold War: Foreign Tourists to Socialist Romania and Franco's Spain, 1960s–1970s (unpublished PhD, University of Pittsburgh, 2016).

8 Mikkonen, Simo / Koivunen, Pia: Introduction: Beyond the Divide, in: Idem (ed.): *Beyond the Divide: Entangled Histories of Cold War Europe.* New York 2015, p. 1–19, 7.

Austria (23 %), but way above Italy (6 %), France (4 %), and the UK (2 %). The overall picture was identical. The FRG accounted for 42 % of all western visitors to Bulgaria, Czechoslovakia, Hungary, Poland, and Romania combined. Austria ranked second with 19 % and Scandinavia third with 11 %.[9]

Drawing on a varied and so-far neglected body of sources including tourist brochures, travel magazines, guidebooks, postcards, travel journalism, government archives, and oral history interviews, the chapter argues that Eastern Europe never disappeared off the atlas of Scandinavian tourist desires. Contrary to the vision of tourism in Eastern Europe contained in the Anglo-American guidebooks cited above, the countries behind the Iron Curtain attracted millions of western visitors and were regularly advertised as attractive destinations much like any other destination on offer throughout most of the Cold War. Ideological reservations often succumbed to the economic advantages on either side of the East–West divide. Since its inception in 1929, Intourist, the Soviet state tourist agency, had openly sought to boost the Soviet economy through the export of tourist experiences.[10] The East European tourist agencies at times preferred dealing with commercial travel businesses in the West that offered larger guests numbers than the smaller travel agencies run by western Communist Parties.[11] The motivations of western travellers to the East are more difficult to ascertain. However, judging from oral history interviews, travel journalism, and advertisement, ideological convictions cannot account for the full scale of the phenomenon. Cheap pleasures and enchanting new views also contributed to making Eastern Europe a destination for western mass tourism from the 1960s.

Tourism in the ruins of Europe

To fully appreciate Eastern Europe's role in the post-war Scandinavian leisure culture, it is necessary to first consider the ways in which the Second World War shaped the tourist outlook on Europe. The Second World War interrupted the internationalization of the European tourism industry but it did not stop people from dreaming about a holiday abroad. The right to two weeks of paid holiday had been secured for everyone in Denmark and Sweden in the late 1930s, and in a

9 Cambau, Denise: Travel by Westerners to Eastern Europe, in: *ITA Bulletin* 1976/40. The total population of Denmark, Norway, and Sweden was 17 million in 1974. FRG's was 62 million.

10 Salmon, Shawn Conelly: To the Land of the Future: A History of Intourist and Travel to the Soviet Union, 1929–1991 (unpublished PhD, University of California, Berkeley, 2008), p. 32.

11 Bechmann Pedersen, Sune: From Communist Party Venture to Pan America Agent: Folkturist as a Failed Instrument in the Cultural Cold War. Paper presented at the conference "Machineries of Persuasion: European Soft Power and Public Diplomacy during the Cold War", Aarhus University (19–20 January 2017).

drive to foster a healthy leisure culture, the labour movements in the two countries established travel cooperatives and published edifying leisure magazines advocating social democratic internationalism.

In 1943 in neutral Sweden, the travel cooperative Reso's member magazine *Fritiden* [Leisure] asked its readers about their travel plans after war's end. Subsequent editorials repeatedly expressed a longing for peace and the resumption of pre-war tourism patterns. A language school advertisement encouraged the readers to prepare for the open world of the future and offered lessons in a variety of European languages including Russian.[12] As the peace inched closer, a *Fritiden* editorial insisted that 'Swedes must travel to Europe as soon as possible' and demanded the gates to the world opened. The readers of the magazine were invited to nurture dreams of holidays everywhere beyond the Swedish borders. Although only a small fraction of the readership could realistically afford a holiday outside the Scandinavian countries, the magazine still featured articles about the likely tourist destinations of the future including the Soviet Union.

In Nazi occupied Denmark, the thirst for international travel was also expressed on the pages of a holiday catalogue by Dansk Folkeferie, the Danish labour movement's travel cooperative.[13] Like their international counterparts, Dansk Folkeferie and Reso imagined how foreign travel would help build international understanding and avert future wars. *Fritiden* sought 'to seriously learn and to build friendship with the war-tormented people!'[14] Tourism to the battlefields was explicitly discouraged as unethical sensationalism. An article recounted with disdain the hordes of souvenir-hunting tourists that had swarmed the trenches after the end of the First World War. In interwar Germany, Scandinavians attracted by the weak currency were despised as 'Valutaschweine.'[15] This time, however, tourism was supposed to foster friendship and contribute to a lasting peace in post-war Europe.[16]

Compared to the destruction wrought across the European continent, neutral Sweden and 'friendly occupied' Denmark emerged from the Second World War practically unharmed. After five years of strict travel regulations and censored news from the outside world, reconnecting with the continent was a matter of

12 *Fritiden* 1944/5, p. 3. All translations from Danish, Dutch, German, and Swedish are mine.

13 Warschawsky, Anja: Folkeferie – ferieformer, ferieindhold og dannelsesidealer 1938–1988 [Holiday for the People – Holiday Types, Holiday Content and Education Ideals 1938–1988], *Arbejderhistorie* Vol. 5 2008/2. The catalogue is undated. Probably published between 1943 and 1945.

14 [Ohlson, Ivan]: 'Öppna porterna mot världen!' [Open the Gates to the World!], in: *Fritiden* 1945/1, p. 5.

15 *Fritiden* 1945/1, p. 5; *Fritiden* 1944/1, p. 4–10.

16 The Danish holiday catalogue expressed identical visions. Warschawsky, Folkeferie, 2008, p. 5.

government concern and public attention. By the summer of 1946, England and France opened to Scandinavian tourists. Direct sleeping cars linked Copenhagen with Paris and Stockholm with Warsaw. Coaches connected Scandinavia with Czechoslovakia, France, and Switzerland. In August 1946, Reso organized a conference with representatives from the USSR, France, Switzerland, and the Scandinavian neighbours.[17] In Czechoslovakia, the democratically elected government of 1946 sought to bring back foreign tourists to the country's famous spa resorts. Before the 1947 season, it eased the visa regulations so foreigners including Scandinavians could stay for up to two months.[18] In June, it floated the idea of a bilateral tourist agreement with Denmark that would trade spa treatments for luxury goods but the coup in February 1948 halted the talks.[19] The West Bohemian spa resort Carlsbad (Karlovy Vary) had once been a gathering point of Europe's aristocracy. By the early 20th century, however, it also catered to middle-class tourists as was humorously portrayed on period postcards and in the popular Danish novel *Knagsted* published in 1902.[20]

Reso jumped at the new opportunities in Czechoslovakia and organized package tours to Prague and Carlsbad for the 1947 season. Belgium, the Netherlands, France, and Switzerland also featured among that year's offerings. 'This year we also travel *to Europe!*'[21], *Fritiden* proudly proclaimed in the spring of 1947. The tours were organized to 'provide as good an impression as possible of the visited country, while also providing opportunity for rest, recreation, and entertainment.'[22] In reality, however, travelling on the continent took its toll. Hotels were scarce and the infrastructure ailing after the war. An English magazine reported on the coach connection between southern Sweden and Prague that lasted three strenuous days since 'the German highways are still full of potholes or are composed of that peculiar rough cobbling that makes the wheels seem as if they were shod with iron'.[23]

The prices of the first post-war package tours to the continent were well beyond the capacities of blue-collar workers. The all-inclusive two-week tours to

17 Internationell flaggprakt vid Brunnen [International flag splendour at Brunnen], in: *Fritiden* 1946/5, p. 39, 50.

18 Memorandum by the Czechoslovak embassy in Copenhagen, 15 February 1947, Rigsarkivet [Danish National Archives, DNA], Udenrigsministeriet [Ministry of Foreign Affairs], Gruppeordnede sager [Group-sorted files], 36 Tjek.

19 DNA GS 90 D 25.

20 Wied, Gustav: Knagsted. Copenhagen 1967 [1902]; Postcard archive of the Royal Library of Copenhagen.

21 I år reser vi också ut i Europa! [This year we also travel to Europe!], in: *Fritiden* 1947/3, p. 30. Emphasis in the original.

22 Ibid.

23 N.L.: By Bus from Sweden to Prague, in: *The Commercial Motor* (31 January 1947), available at <http://archive.commercialmotor.com/article/31st-january-1947/34/by-bus-from-sweden-to-prague> [15.10. 2018].

Czechoslovakia, France, and Switzerland offered by Reso in 1947 cost from 525 to 615 Swedish crowns per person, or around ten per cent of the annual average income of a male industry worker.[24] Meanwhile the armchair traveller could rely on the travel journalism of newspapers and magazines like *Fritiden* to nurture the curiosity. Bombed out Germany was a common subject of travel writing – most memorably in the newspaper articles of Stig Dagerman published as *German Autumn* in 1947.[25] The following year, the Danish satirist Nold traversed the continent for five months and wrote with great wit of his experiences as a traveller in both Eastern and Western Europe.[26] By this time, though, the Cold War tensions had escalated and put an end to the Scandinavian tourist industry's attempts to include the Soviet Union and Czechoslovakia among their offerings. At the same time, the Marshall Plan's support of tourist industries helped shift the focus away from the Eastern states forced by Stalin to refuse the American initiative.[27] The efforts to integrate Czechoslovakia and the Soviet Union on the post-war holiday map still deserve attention despite their short-lived nature. Some areas behind the Iron Curtain used to be important tourist destinations for westerners and this had not been forgotten roughly ten years later when the borders were reopened. Bulgaria and Romania might have been uncharted territories to the Scandinavian tourist, but Budapest and Prague, Leningrad and Moscow were not.

The rise to power of communist governments across Soviet-dominated Europe complicated the communication lines with Scandinavia, but the Iron Curtain was never fully impenetrable. The Communist parties were eager to fight bourgeois influences from the West, but they also strove to maintain connections with the friendly Communist parties and intellectuals in the capitalist camp.[28] Recreational visits of westerners in Eastern Europe were limited to the select few on good terms with the regimes, but some degree of international trade and business connections was also maintained with neutral Sweden and with Den-

24 *Fritiden* 1947/3, p. 31, 35; Statistisk årsbok 1949, table 201, p. 241.

25 Dagerman, Stig: Tysk höst [German Autumn]. Stockholm 1947. See also Östling, Johan: Sweden after Nazism: Politics and Culture in the Wake of the Second World War. New York 2016, p. 242–55.

26 See for instance Nold: 'Et Kik bag Jerntæppet' [A Peek behind the Iron Curtain]. Aarhus Stiftstidende (9 July 1948).

27 Zuelow, Eric G. E.: A History of Modern Tourism. London 2015, p. 149–55. On the Marshall Plan and the French tourist industry, see Endy, Christopher: Cold War Holidays: American Tourism in France. Chapel Hill 2004.

28 On Czechoslovakia and the West in the 1940s and 1950s, see Šmidrkal, Václav: The Image of "Real France": Instrumentalization of French Culture in the Early Communist Czechoslovakia, in: Mikkonen / Koivunen (ed.): *Beyond the Divide*, 2015, p. 177–195; on Soviet friendship societies in the West, see Grossmann, Sonja: Dealing with "Friends": Soviet Friendship Societies in Western Europe as a Challenge for Western Diplomacy, in: *Ibid.*, p. 196–217.

mark despite its NATO-membership.[29] The Danish government was keen to maintain communications with its traditional German export market and heavily subsidized a train line between Copenhagen and Berlin.[30] The complex and cumbersome visa regulations of the Soviet Occupation Zone (SOZ) restricted the traffic on the route. Obtaining permission to travel through the SOZ (and the GDR after 1949) was similarly difficult and the journey generally unpleasant. In February 1950, the Danish ambassador to Prague reported that travelling on the direct train from Copenhagen to Prague via Berlin was made so disagreeable by the Soviet officials that 'people are reluctant to use this travel route more than once in a lifetime.'[31] Those who could afford to fly over eastern Germany to avoid the bureaucratic maze faced equally complex visa regimes in other parts of Eastern Europe. For instance, visitors to Czechoslovakia after the coup could apply for an entry permit but this did not entail the permission to leave the country again. Instead, an exit permit had to be applied for after arrival in the country – and obtaining this could take several days. As a result, short-term business visits were rendered next to impossible.[32] For good reasons, travelling to Communist Europe at the height of the early Cold War became known as an ordeal.[33] Only the members of officially invited delegations could trust that their journey across the Iron Curtain would proceed somewhat smoothly as their hosts usually took great care to impress them with the advances of the socialist society.

The delegation visits in the late 1940s and early 1950s frequently resulted in travel accounts published as books or newspaper articles. These accounts provided a unique source of knowledge about the Communist world and received a fair amount of publicity.[34] At the same time, the general isolationism of the Soviet

29 Kristensen, Lasse: Tjekkoslovakiets eksempel – ungkommunistisk dannelse i begyndelsen af den kolde krig [The Example of Czechoslovakia – Youth Communist Education at the Beginning of the Cold War], in: *Arbejderhistorie* 2008/2–3, p. 39–51. For instance, Danish fish export to Czechoslovakia continued after 1948. See also Boje, Per / Rostgaard, Marianne / Rüdiger, Mogens: Handelspolitikken som kampplads under Den Kolde Krig [Trade Policy as a Battleground during the Cold War]. Aalborg 2012.

30 Memorandum, 28 July 1950, DNA GS 90 DAN 2/28.

31 DNA GS 90 DAN 2/28.

32 Complaints from travellers, memoranda from the Danish embassies in Prague and Vienna, and report from the Swedish–Czechoslovak chamber of commerce, DNA GS 36 Tjek.

33 With the exception of Yugoslavia, which welcomed western tourists between 1945 and 1948, and again – and on a larger scale – from the 1950s. Tchoukarine, Igor: The Yugoslav Road to International Tourism: Opening, Decentralization, and Propaganda in the Early 1950s, in Grandits, Hannes / Taylor, Karin (ed.): *Yugoslavia's Sunny Side: A History of Tourism in Socialism (1950s–1980s)*. Budapest 2010, p. 107–138.

34 On Danish (and some Swedish) travel writing about the Soviet Union in the early Cold War, see Vyff, Iben: Øst, vest – hvilken fremtid er bedst?: Danskere på rejse i USA og Sovjetunionen i 1950erne [East, West – what future is best? Danes travelling in the USA and the Soviet Union in the 1950s] (PhD, Roskilde University, 2007).

Union stoked frustrations. In an editorial titled 'Iron Curtain tourists' from May 1954, the conservative Danish daily *Jyllands-Posten* called for the Iron Curtain to become like any other border: open to travellers prepared to spend money on a visit to a foreign country. The newspaper was confident that Denmark would easily triumph over the Soviet Union in a comparison of living conditions in the two countries.[35] Also the editor of the Danish centre-left daily *Politiken* lamented the obstacles to reaching an objective assessment of the situation in the Soviet Union.[36] After years of partisan reporting from the East, the interest was substantial when the Communist states took steps to reopening the tourist traffic.

The opening of Eastern Europe to the West

In early April 1953, just a month after Stalin's death, the official Soviet travel agency Intourist conveyed to Dansk Folkeferie that it seriously considered resuscitating pre-war travel connections. Hordes of interested customers immediately approached the company when the news broke, but they would have to wait for another couple of years.[37] Shortly before the Geneva summit in July 1955, which constituted a significant improvement in superpower relations, the Soviet authorities re-established contacts with tourist agencies in Britain, Norway, Italy, and Sweden.[38] In June 1955, it became front-page news that Danish tourists would soon be able to visit the Soviet Union. In August, the actual arrival of the first contingents of foreign tourists in the Soviet Union since the Second World War also hit the front page of Danish newspapers.[39] British and French football fans travelled to see their heroes play against Soviet teams and a small group of Swedes came to see 'the sights of the town' as a Moscow newspaper put it.[40]

The Swedes travelled with Reso, which proudly boasted about its pioneer

35 Jerntæppe-Turister [Iron Curtain Tourists], in: *Jyllands-Posten* (3 May 1954). All Danish newspaper articles retrieved through Mediestream: <www2.statsbiblioteket.dk/Mediestream> [24.11.2016].

36 Quoted in Vyff, Danskere på rejse, 2007, p. 263.

37 Mange vil til Sovjet [Many Want to Go to the Soviet Union], in: *Information* (8 April 1953). The Soviet overtures to Denmark were noticed in Britain and sparked efforts by the British Holiday Tourist Association to obtain passage to the Soviet Union for British tourists. National Archives, London, Foreign Office, FO 371, 106579.

38 Gorsuch, Anne E.: All This Is Your World: Soviet Tourism at Home and Abroad after Stalin. Oxford 2011, p. 11.

39 DSB forbereder Sovjet-Rejser [DSB Prepares Soviet Journeys], in: *Jyllands-Posten* (8 June 1955); Russerne venter Turist-Invasion [The Russians Expect a Tourist Invasion], in: *Berlingske Aftenavis* (8 August 1955).

40 English translation of *Vechernyaya Moskva* (5 August 1955), Riksarkivet [Swedish National Archives, SNA], Utrikesdepartementet [Ministry of Foreign Affairs], I7.Er.

Fig. 1: The Swedish photographer Georg Oddner travelled with the first Reso party to the Soviet Union after the Second World War. © Georg Oddner/ Malmö Museums.

achievement.[41] However, Reso was far from the only western operator interested in a share of the Soviet market. The dominant Swedish players, Nordisk Resebureau and Nyman & Schultz, had carefully followed the development and the latter prepared a wide-ranging Soviet programme for 1956. Acting in the 'spirit of Geneva', Intourist had closed deals with 25 foreign travel companies by January 1956.[42] The travel cooperatives associated with the Western labour movements were natural partners. However, spurred by the interest in hard currency and good publicity, Intourist also collaborated with traditional commercial

41 Lunds universitetsbibliotek [Lund University Library, LUB], *Reso Semesterhandbok 1956*, p. 79.
42 Memorandum by the Swedish embassy in Moscow, 11 January 1956. SNA UD I7.Er.

operators such as Nyman & Schultz with whom they had worked since the 1930s.[43]

At the close of 1954, news had also begun to circulate of an impending re-opening to western spa guests of Carlsbad and the nearby spa town of Marienbad (Mariánské Lázně). A Danish diplomat visited the facilities and reported that significant improvements were badly needed before western tourists could possibly be persuaded to return.[44] Nevertheless, spa retreats were advertised in the West throughout 1955, and contacts were reportedly established with travel companies in Austria, England, France, and the US.[45] Starting in March 1956, Czechoslovakia began issuing two-week tourist visas to western tourists. Čedok, the Czechoslovak state travel bureau, prepared thirteen hotels for western guests and invited forty representatives of various western travel companies to the country with Denmark and Sweden among those to whom Čedok made its overtures.[46]

In the 1956 season, Reso offered package tours not only to Leningrad and Crimea, but also to Budapest, the Black Sea coast of Bulgaria, and West Berlin including visits to East Berlin and Potsdam in East Germany proper. However, the autumn uprising in Hungary and its brutal suppression by the Red Army curbed the Scandinavian interest in a holiday in Eastern Europe the following season.[47] Hungary and Bulgaria disappeared from the catalogues, but Nyman & Schultz nevertheless introduced Czechoslovakia as a new destination in 1957. The presentation avoided all references to contemporary politics. Instead, the catalogue highlighted that the country's 'innumerable art treasures' and 'wonderful nature' had earned the country a place among 'Europe's famous tourist countries' a long time ago.[48] The package tour included visits to sights such as the Karlštejn castle, the Macocha abyss, and the Bohemian spas, which all enjoyed a fine pedigree as tourist attractions. The advertisement of Czechoslovakia as a traditional destination was even more apparent when Reso returned to the country in 1958. The destination was hailed as 'far too familiar to need further description'.[49] Reso's 11-day package tour differed somewhat from Nyman & Schultz's programme. It catered to the tourists curious to gather first-hand impressions of a socialist society with a 'Czechoslovakia of today' excursion to modern industrial cities like Ostrava and Gottwaldov (Zlín). The companies thus

43 Salmon, Marketing Socialism, 2006, p. 189. Correspondences between the Swedish Foreign Office and Nyman & Schultz, September 1955, SNA UD I7.
44 Report by the Danish embassy in Prague, 8 December 1954, DNA GS 90 Tjek 10.
45 Report by the Danish embassy in Prague, 23 September 1955, DNA GS 90 Tjek 10.
46 Report by the Danish embassy in Prague, 13 April 1956, DNA GS 90 Tjek 10.
47 *Reso verksamhetsberättelse 1957*, p. 15. LUB.
48 *Nyman & Schultz Privatresor: Resenyheter 1957*, p. 99. LUB.
49 *Reso Semesterhandbok 1958*, p. 52. LUB.

seem to have divided the market between them with Nyman & Schultz branding the country's traditional attractions and Reso appealing to those more interested in the country's contemporary development. However, Reso's programme also entailed visits to old castles and palaces and a chance to enjoy the Czechoslovak nature. In both cases, the programmes promised unguided strolls in Prague.

The advertisement of Czechoslovakia as a familiar destination demonstrates the unique strength of Czechoslovakia's 'brand' compared to its competitors in the eastern camp. No other country behind the Iron Curtain was advertised with the same confidence. It shows the durability of its tourist attractions established in the 19th century and their persistent allure despite adverse political situations. Carlsbad was such a household name that when the town was cut off from its western clientele in the early Cold War, spa hotels in Italy, Luxembourg, and Switzerland invoked its name, advertising themselves as 'the Italian Carlsbad', 'the Carlsbad of the West', and 'on par with Carlsbad'.[50]

The use of the Czechoslovak aristocratic heritage for tourist purposes was never anathema, not even at the height of Stalinism.[51] Although the party line considered the nobility parasitic exploiters of the working class, the cultural policy still allowed for the touristic use of their confiscated castles and chateaux. The point was to convey party ideology through exhibitions, signage, and guided tours, but in reality, visitors were sometimes met with messages that did not adhere to the official interpretation.[52] Nevertheless, pioneers on summer camps would go on excursions to picturesque sites like Pernštejn castle in the 1950s – an example of how romantic notions of nature and recreation thrived inside the Party.[53]

While the general diplomatic relations between East and West improved in the late 1950s, it still took a while before Čedok and Intourist were joined in their ambition to attract western visitors. In 1958, Hungary, Romania, and Bulgaria were described in the Danish press as inaccessible for tourists. East Germany only permitted transit travel and business visits to trade fairs while Poland issued

50 The advertisements appeared repeatedly in the Dutch *Algemeen Handelsblad* and *Nieuw Israelietisch weekblad* in the 1950s. Dutch newspaper advertisements retrieved through Delpher: <http://www.delpher.nl/> [24.11.2016].

51 Somewhat paradoxically, Stalin also went to great lenghts to preserve the imperial heritage of Leningrad. Maddox, Steven: Saving Stalin's Imperial City: Historic Preservation in Leningrad, 1930–1950. Bloomington 2015.

52 Giustino, Cathleen M.: Open Gates and Wandering Minds: Codes, Castles, and Chateaux in Socialist Czechoslovakia before 1960, in: Idem et al. (ed.): *Socialist Escapes: Breaking Away from Ideology and Everyday Routine in Eastern Europe, 1945–1989.* New York 2013, p. 48–72.

53 Letters and diaries of Dutch participants at Czechoslovak pioneer summer camps, 1956–1962. International Institute of Social History, Amsterdam, Archief Uilenspiegelclub. 50.

eight-day visas.[54] The following year witnessed a rising Danish interest in travel to the Soviet Union. Hungary opened the door and Bulgaria became accessible through German travel companies. Newspapers of all stripes covered the increased tourist possibilities. The friendlier attitude towards westerners was perceived as evidence of Khrushchev's "peaceful coexistence" theory, which marked a definitive and much welcomed farewell to Stalinism.[55]

Swedish companies remained in the lead of the race to offer eastern destinations to western travellers. Stays in West Berlin with excursions to East Berlin (and sometimes East Germany) were routinely offered by Reso and Nyman & Schultz since 1956 and 1957 respectively. Nyman & Schultz began offering tours to Bulgaria in 1958 and with the introduction of Romania in Reso's portfolio in 1961, package tours to all the East European countries were offered on the Scandinavian market. The visibility and accessibility of the East European destinations increased with the opening of state travel bureau offices in the 1960s. Čedok opened an office in Copenhagen in 1961. Intourist and Bulgaria's Balkantourist followed suit in 1963, and the year after, the Polish Orbis opened an office. By the early 1970s, all the East European state travel bureaus had offices in both Copenhagen and Stockholm.

New companies also entered the market for holidays in Eastern Europe. In 1961, the Swedish company Folkturist was founded aiming 'to swell the number of tourists for the socialist countries'.[56] Folketurist, its Danish equivalent, had seen the light just a few months earlier and throughout the period the two companies would collaborate closely. Their political allegiances were evident. In the 1962 catalogue of Folkturist, the company offered its services to 'workers and clerks, artists and scientists, old as well as young'. Its package tours aimed to 'broaden the views' and increase knowledge about other people's 'style and standard, labour and culture' – much in line with the internationalist ideals espoused by the Scandinavian labour movement and expressed in *Fritiden* around 1945. However, the companies also appealed to the market for leisure tours. 'Relaxation and recreation' was also listed among the prominent aims of the tours.[57] The emphasis on leisure and entertainment was reflected in the catalogue's offerings. It included seaside holidays to Hungary's Lake Balaton, the

54 Det er dyrt at rejse som turist i Sovjetunionen [It Is Expensive to Travel as a Tourist in the Soviet Union], in: *Lolland-Falsters Stifts-Tidende* (12 February 1958).

55 See for instance: Hvor tager man hen i feriens glade dage [Where to Go in the Happy Holidays], in: *Folketidende (Ringsted, Sorø, Haslev)* (28 May 1959); Jensen, Vagn: Et pund smør koster mere end en teaterbillet [A Pound of Butter Costs More Than a Theatre Ticket], in: *Aktuelt* (24 May 1959); Bonde-Henriksen, Henrik: Derfor aabnes grænserne [Thus the Borders are Opened], in: *Berlingske Tidende* (7 December 1959).

56 Application for associate membership of BITEJ, 5 March 1976, Arbetarrörelsens arkiv och bibliotek [Swedish Labour Movement's Archives and Library], Folkturist-Baltor, 4306/4.

57 *Folk-Turist 1962*, p. 1. LUB.

Black Sea coasts of Bulgaria and Romania, and to the Baltic shores of East Germany. Only the tours to Leningrad, Moscow, and Prague highlighted modern features that could be attributed to the socialist society – for instance, impressive new sport arenas. In later years, the programme would sometimes include clearly politicized tours such as May Day trips to East Berlin, Moscow, and Leningrad, and study trips to East Germany, Albania, and Vietnam. Nevertheless, recreational sun and sea package tours to Eastern Europe remained a stable of their portfolio and accounted for a large share of their revenue.[58]

Fig. 2: With holiday catalogues like this, the Swedish Communist Party's travel agency tried to sell Eastern Europe as a sun and sea paradise. Small print collection, Lund University Library.

58 Bechmann Pedersen, Folkturist, 2017.

Guiding tourists to Eastern Europe

The statutory right to paid leave – extended to three weeks in the early 1950s and to five weeks in the late 1970s – enabled Scandinavians to leave on long surface journeys to mainland Europe before the era of cheap airfares. The combined push effect of long holidays, rising purchase power, good language skills, and unimpressive summer weather, made Scandinavians go on holiday abroad in large numbers. A Danish Gallup poll from 1960 reported that one third of the population had spent a holiday abroad at least once after the war. Polls conducted annually the following decades showed that around thirty per cent of the surveyed Danes planned to spend their summer holiday abroad every given year.[59] The package tour was the perfect technology for the inexperienced tourist going abroad for the first time. When accommodation, meals, and transportation are taken care of, the inconveniences and risks associated with foreign travel are greatly reduced.[60] At the same time, western package tours were popular with the East European states as it helped them exert social control over the tourists. In East Germany and the Soviet Union, they accounted for the overwhelming majority of tourists throughout the Cold War. Moreover, full board remained the norm in the two countries as it minimized the contamination of locals with western fads. In comparison, half-board became more widespread on the sun and sea tours to Bulgaria and Romania in the 1980s.[61]

The new opportunities for western tourists to visit countries in Eastern Europe stimulated a demand for information about the practicalities of such journeys and the attractions they offered. A market thus emerged for new and up-to-date guidebooks. The essence of the modern tourist guidebook is to provide reproducible patterns of travel. The guidebook helps direct the stream of foreigners and their tourist gaze.[62] Through its inclusions and silences, it in-

59 "Gallup 1960: Danskernes sommerferievaner", available online via the University of Aarhus: <http://danmarkshistorien.dk/leksikon-og-kilder/vis/materiale/gallup-1960-danskernes-sommerferievaner/> [01.12.2018]; further polls published by "Ugens Gallup" were accessed via <https://www2.tns-gallup.dk/nyhedscenter/meningsmaalinger.aspx> [18.04.2019].

60 Kopper, Christopher M.: The Breakthrough of the Package Tour in Germany after 1945, in: *Journal of Tourism History* Vol. 1 2009/1, p. 67–92; Kaiserfeld, Thomas: From Sightseeing to Sunbathing: Changing Traditions in Swedish Package Tours; From Edification by Bus to Relaxation by Airplane in the 1950s and 1960s, in: *Journal of Tourism History*, Vol. 2 2010/3, p. 149–163.

61 Sina Fabian makes a similar observation about West German package tours to Spain. She ascribes the change to the changing demands of more seasoned and independently minded tourists in the 1980s – an argument that might be applicable to the South-East European cases as well. Fabian, Sina: Massentourismus und Individualität: Pauschalurlaube westdeutscher Reisender in Spanien während der 1970er- und 1980er-Jahre, in: *Zeithistorische Forschungen/Studies in Contemporary History* Vol. 13 2016/1, p. 61–85.

62 Urry, John: The Tourist Gaze: Leisure and Travel in Contemporary Societies. London 1990.

fluences what is seen and what is hidden from the travellers. To legitimize its own existence, the modern guidebook will almost inevitably argue why a visit to the location in question is worthwhile. This makes the guidebooks to Communist Europe particularly interesting sources. Their presentations of the destinations' recent history, contemporary situation, and exciting attractions helped constitute the tourist discourse on Cold War Eastern Europe. The production of guidebooks was key to putting Communist Europe on the post-war tourist map as they nurtured desires and helped tourists negotiate the bureaucracy. Guidebooks are thus useful in assessing the relation of commercial tourism to Cold War politics. Curiously, though, next to no research has examined the special role of tourist guidebooks to Communist Europe.[63]

In Scandinavia, the mainstream guidebook series *Turen går til* (The Trip Goes to) was launched in 1952. Its success was immediate and it quickly became the leading series in Denmark. Swedish and Norwegian editions soon followed and a few guidebooks were even translated for the German market.[64] The total sales of *Turen går til* reached 373,000 in 1962.[65] The publisher recognized the potential of the East European destinations at an early stage. Guidebooks appeared to Yugoslavia in 1957, Berlin in 1960, and Czechoslovakia in 1962. Between 1967 and 1970, Bulgaria, Hungary, Poland, and Romania also received their own guidebooks in the series. Throughout the Cold War, the guidebook to Czechoslovakia remained the most frequently updated with eight editions published between 1962 and the summer of 1989. This is best explained as a consequence of Czechoslovakia's relative popularity as a destination for tourists travelling alone or in smaller groups without guides.[66]

Producing guidebooks for destinations behind the Iron Curtain was not a straightforward job. When Temple Fielding compiled his best-selling *Travel Guide to Europe* (first published in 1948), he found the East European countries attractive but off limits to the American tourist. Subsequent editions lamented

63 In contrast, the media history of the guidebook in the 19th and early 20th century has been thoroughly explored. See for instance Anisimov, Evgenii V. / Bekasova, Alexandra / Kalemeneva, Ekaterina: Books that Link Worlds: Travel Guides, the Development of Transportation Infrastructure, and the Emergence of the Tourism Industry in Imperial Russia, Nineteenth–Early Twentieth Centuries, in: *Journal of Tourism History* Vol. 8 2016/2, p. 184–204; Müller, Susanne: Die Welt des Baedeker: Eine Medienkulturgeschichte des Reiseführers 1830–1945. Frankfurt/Main 2012; Peel, Victoria / Sørensen, Anders: Exploring the Use and Impact of Travel Guidebooks. Bristol 2016.

64 The German editions appeared in the Polyglott Reiseführer series.

65 It is unclear if this figure – printed in a Danish guidebook – included the Swedish and Norwegian sales, but at any rate, it remains impressive. Figure from Poulsen, Milena: Turen går til Tjekkoslovakiet [The Trip Goes to Czechoslovakia]. Copenhagen 1962, p. 65.

66 Still, the Danish embassy in Prague reported in 1975 that the majority of Danish tourists arrived on package tours, though it admitted having no official data to support the claim. DNA Journalsager [Journal files] 36 D 78a.

this fact: 'It's a wonderful country, this Czechoslovakia, with some of Europe's most gracious citizens – if you can get in. I couldn't.'[67] 'Maybe you'll get a visa for Soviet Hungary, maybe you'll go, and maybe you'll enjoy it. For my part, I couldn't.'[68] Later on, when the Eastern governments had become more inviting, guidebooks authors still needed to collaborate with the authorities to obtain the necessary travel permits and collect the most recent information about visa rules, currency regulations, and compulsory hotel reservations. The Eastern governments had a natural interest in how their countries were portrayed and they possessed some leverage over the authors and their publishers. The books would hardly serve their purpose if they could not travel through the Iron Curtain.[69] At the same time, western visitors remained an important source of hard currency that the official travel bureaus sought to cultivate. The balancing act means that guidebooks to Eastern Europe published in the West, at least in the 1950s and 1960s, belong to a light-grey zone of occasional (self-)censorship.

The guidebook business was tangled up in politics on either side of the ideological divide. In the wake of the Watergate scandal, stories surfaced about CIA's financial support of the most renowned publisher of English-language guidebooks, Fodor's Travel Guides, in return for agent alibis as travelling guidebook authors. The Hungarian émigré Eugene Fodor insisted that 'we never let politics be smuggled into the books' and with relatives behind the Iron Curtain, he had good reasons to avoid unnecessary provocations.[70] The author of *Turen går til Tjekkoslovakiet* was in a similar situation. Milena Poulsen was born in Bohemia in 1916 and obtained Danish citizenship in 1939 after marrying a Dane. Her family remained in the country. After the father's death in 1947, Poulsen was involved in a 15-year tug-of-war with the Czechoslovak authorities over the inheritance. When she finally received her share, the Czechoslovak authorities refused to exchange it for foreign currency and Poulsen was forced to spend the entire sum in the country.[71] It is unclear how Poulsen spent her inheritance. However, it is very plausible that at least parts of it financed travels across the country and helped Poulsen prepare her guidebooks manuscript.[72]

67 Fielding, Temple: *Fielding's Travel Guide to Europe.* New York 1951 [1948], p. 180.

68 Ibid., p. 395.

69 This risk prompted the publishers of a 1956 guidebook to Moscow to include a removable inlet with information that was likely to displease the Soviet authorities. See: Moscow: First Comprehensive Historical and Tourist Guide Book to the Holy City of Russians; with Detailed Enumeration of Historical and Religions Treasures in 14 Suggested Excursions. Frankfurt/Main 1956.

70 M. Hersh, Seymour: Hunt Tells of Early Work for a C.I.A. Domestic Unit, in: *New York Times* (31 December 1974); Crewdson, John M.: C.I.A. Established Many Links To Journalists in U.S. and Abroad, in: *New York Times* (27 December 1977).

71 Numerous correspondences between 1950 and 1963, DNA GS 73 Tjek 13/56.

72 A first instalment of 8.000 Czechoslovak crowns was transferred to her closed account in

Moreover, Poulsen's prolonged dispute with the Czechoslovak state might have won her manuscript extra attention by its representatives in Denmark. The colophon informs the reader that 'the manuscript has been inspected [gennemset] by the Czechoslovak State Travel Agency' in Copenhagen.[73] The Danish wording is ambiguous. The innocuous interpretation suggests that the text was fact checked. The suspicious reader might nevertheless infer that more than factual errors were weeded out by the Czechoslovak state's representatives in Copenhagen to ascertain that the guidebook did not stray from the party line in its description of the country's attractions and recent history.

East European officials were also involved in the production of the Swedish edition of the *Turen går till*-guidebook to Hungary from 1968. Its colophon bluntly proclaimed, 'the book is examined and approved by the Hungarian State's Air and Tourist Agency'.[74] Such statements bestow the book's information with authority. However, it also informs the critical reader that the book is not the work of an independent author and that compromises might have been made. The three subsequent editions of Poulsen's book retained the statement about Čedok in the colophon after which it vanished in the fifth edition published in 1977. Finally, the seventh edition from 1984 contained a traditionally formulated expression of gratitude to Čedok.[75] Browsing through scores of additional guidebooks to Eastern Europe in English, Dutch, and German, I did not find any similar indications of potential (self-)censorship. None of those published by western publishing houses carry any obvious admissions of editorial concessions, though especially the older manuscripts sometimes contained glaring silences about politics and history.[76] Evidently, guidebooks produced by the Eastern travel bureaus for western readers and guidebooks produced by friendship organizations presented matters in a very different light.

The easiest way to avoid conflict was to circumvent controversial subjects altogether. This strategy was typical of the first post-war guidebooks. For instance, two mainstream Swedish guidebooks published in the late 1950s about

1957, enough to afford more than 150 nights in a luxury-class hotel room by the 1962 prices listed in her guidebook. Poulsen, Tjekkoslovakiet, 1962, p. 9.

73 Ibid., p. 2.

74 Burian, Christian: *Turen går till Ungern* [The Trip Goes to Hungary]. Gebers resehandböcker. Stockholm 1968, p. 2. The German original – or rather, its third edition (1969), the earliest I succeeded in tracking down – thanked the Hungarian state travel agency in Budapest (IBUSZ) and the IBUSZ branch in Frankfurt, in addition to a Dr Peter Sellei at IBUSZ in Vienna for his inspection ['Durchsicht'] of the manuscript. Idem: *Ungarn.* Polyglott-Reiseführer, 3rd edition. Cologne 1969 [1966].

75 By the late 1980s, Čedok exerted no pressure on authors. Interview with Lone Krog, co-author of *Turen går til Tjekkoslovakiet* from 1989. Thy, Denmark, 2 April 2016.

76 The guidebooks studied were published between 1957 and 1989 in the series by Allert de Lange's, Anders Reisen, ANWB, Blue Guide, Fodor's, Frommer's, Nagel's, Polyglott, and Your Guide to, together with dozens of stand-alone guidebooks.

Spain and Greece did not include a word about the destinations' traumatic twentieth century histories of civil war, political persecution, and authoritarian rule.[77] The same goes for a West German 1954 guidebook to Yugoslavia.[78] Although post-war history and politics was rarely completely omitted from the earliest western guidebooks to Eastern Europe, the authors generally tried to steer clear of conflicts. For instance, Nagel's first guide to Czechoslovakia which appeared in 1959 in English, French, and German editions explained that after 1945 '[t]he wounds caused by the Second World War and the occupation were soon healed and Czechoslovakia rebuilt her industry by which she had made her mark at the end of the 19th century and once again is numbered among the highly industrialised countries.'[79] This consensual take on the country's post-war history is hardly surprising as the book was in fact prepared by Čedok and a Czechoslovak team of authors. Still, the approach chosen by guidebook publishers varied between publications. Nagel's guide to Hungary (1958) was compiled by a French-German journalist and frankly admitted the 'numerous political crimes and grave errors' committed since 1949.[80] Meanwhile, *Your guide to Hungary* (1967) and *Your guide to Poland* (1966) generally toed the party line without admitting so.[81] In contrast, *Your guide to Bulgaria* (1964) candidly sought to avoid controversy with these introductory remarks: 'To begin with, you can forget politics. I speak to you as a longstanding liberal – only a fellow-traveller with you, not in the other sense.'[82]

One of the most politically contentious parts of the guidebooks to Eastern Europe was the history of the accession to power of the Communist parties. The parties were always adamant to recast the immediate post-war events to legitimize their seizure of power. In contrast, western guidebooks in the 1950s and 1960s often presented the success of the Communists as a deus ex machina. From the mid-1960s and onwards, some guidebooks became more outspoken about the recent past and the true state of affairs under Communist rule, while at the same time stressing that this ought not deter the Western tourist from going.

The arguments to visit Communist Europe presented by the guidebooks rarely included post-war history and politics. Only in guidebooks to Berlin was the Cold War-context presented as an attraction that merited a holiday there. For

77 Uddenberg, Bengt: Spanien: Med route genom Portugal [Spain: By Way of Portugal]. M:s resenyckel. Stockholm 1958; Valmin, Natan: Att resa i Grekland [To Travel in Greece]. Stockholm 1957.
78 Jugoslawien. Kurt Schroeders Reiseführer. Bonn 1954.
79 [Chyský, Jiří et al.]: Czechoslovakia. The Nagel Travel Guide Series. Geneva 1959, p. 14.
80 Schreiber, Thomas / Hudson, Lynton: Hungary. The Nagel Travel Guide Series, 2nd edition. Geneva 1964 [1958], p. 10.
81 Appleton, Ted: Poland. Your guide to. London 1966; Ryalls, Alan: Hungary. Your guide to. London 1967.
82 Rose, Harold: Bulgaria. Your guide to. London 1964, p. 15.

instance, a book from 1973 encouraged visitors to see both sides of the Berlin Wall including the locations famous for their role in the Cold War.[83] Still, very few publications encouraged 'dark tourism' to the sites of Cold War conflict. This kind of tourism only truly took off after the conflict subsided in 1989.[84] Instead, the attractions highlighted in guidebooks to Eastern Europe showed a large degree of historical continuity in the tourism industry. The sights advertised in the guides were largely identical to those of the era of bourgeois 19th century tourism such as castles, chateaux, churches, old towns, and scenic landscapes. For instance, Czechoslovakia was described in the 1960s and 1970s as an unspoilt alternative to the more popular destinations at the time, Spain, Italy, and Greece. Through this dichotomy, the books relied on the familiar trope of authenticity. However, they also guaranteed the reader that it was normal and safe to visit a country behind the Iron Curtain and often supported this claim with a reference to the considerable number of tourists that had already visited the destination. A Swedish guidebook to Czechoslovakia from 1968 informed its readers that the number of visitors to Czechoslovakia was booming. In 1966, 16,000 Swedes had travelled to the country, and in the following year the figure had risen to 23,000, while visits from other western countries had also increased dramatically in 1967.[85] Milena Poulsen assured her readers that the Czechoslovak custom officers were very kind and used to tourists, and a Swedish 1972 guidebook to the country promised that Nordic tourists were particularly well received.[86] In a Swedish guidebook to East Germany completed in May 1989, the reader learns that the East European countries offer the traveller 'genuine' experiences while at the same time it assures the reader that 50,000 Swedes already travel to East Germany every year.[87]

As soon as tourists were officially allowed in Czechoslovakia, Čedok began to appeal to potential customers across the political spectrum. In the late 1950s and early 1960s, the Czechoslovak state travel bureau ran advertisements in the

83 Hammerby, Gert: Turen går till Berlin [The Trip Goes to Berlin]. Gebers resehandböcker. Stockholm 1973, p. 3–5. On Berlin as a site of Cold War tourism, see Standley, Michelle A.: From Bulwark of Freedom to Cosmopolitan Cocktails: The Cold War, Mass Tourism and the Marketing of West Berlin as a Tourist Destination, in: Hochscherf, Tobias et al. (ed.): *Divided, but Not Disconnected: German Experiences of the Cold War.* New York 2010, p. 105–118. Another rare example from the Swedish material alluding to the Cold War is a Reso leaflet from 1952 selling Yugoslavia as 'the country next to the Iron Curtain', LUB.

84 On dark tourism and the Cold War, see Lowe, David / Joel, Tony: Remembering the Cold War: Global Contests and National Stories. London 2013.

85 Widegren, Ulf: Prag, Brno, Bratislava: En reseguide [Prague, Brno, Bratislava: A Travel Guide]. Sesam. Stockholm 1968, p. 4.

86 Kristensen, Helge: Tjeckoslovakien [Czechoslovakia]. Semester. Stockholm 1972, p. 9; Poulsen, Tjekkoslovakiet, 1962, p. 9.

87 Schenkmanis, Ulf: Se Östtyskland!: En reseguide [See East Germany!: A Travel Guide]. Resenärerna. Stockholm 1989, p. 7–9.

leading Danish conservative dailies, Berlingske Tidende and Jyllands-Posten. The second edition of *Turen går til Tjekkoslovakiet* from 1966 appeared in a special version for members of the Motor Touring Club de Danemark (FDM) – a large interest organisation representing Danish car owners. On the pages of a separate insert, the drivers were advised to travel through East Germany and Czechoslovakia 'for a change', on their way, 'not only to the Balkans, but also to Austria, Northern Italy or Northern Yugoslavia.' The selling points were Czechoslovakia's 'rich attractions, picturesque cities and castles, and its often grandiose landscape'.[88] By the mid-1960s, family holidays by car to Southern Europe had become so commonplace that the guidebook could appeal to the seasoned traveller's lust for new experiences off the beaten track. The guidebook carefully avoided spelling out exactly why East Germany and Czechoslovakia were off the beaten track. Such linguistic gymnastics were common in the 1960s and 1970s in Scandinavian tourist guidebooks and advertisement. In Sweden, for instance, a Reso tour to 'Five East Bloc Countries' from 1972 was presented as 'a new and interesting tour with an itinerary of special interest for those who travelled through Western Europe with our busses and who want to see the part of Europe, which was previously – for various reasons – more difficult to reach'.[89] It remains for the reader to remember the various reasons for Eastern Europe's previous isolation. Reso was clearly against taking any stance on the issue and opted for imprecision over clarity. However, the two examples also serve as further illustration of the attempt to balance the authentic and unspoiled with reassuring remarks about the 'normal' status of western tourists in the countries: The countries are no longer difficult to reach and the special Touring Club preface stresses the importance of booking early as the cabin resorts are popular and sell out quickly.

Eastern Europe on the mental maps

Despite the efforts by Intourist, Čedok, and their East European colleagues, the countries behind the Iron Curtain never became a magnet for Scandinavian tourism. No East European country featured on the top ten of countries most visited by Danes in the 1960 Gallup poll. And more importantly, no country made it onto the top ten of countries that the respondents wished to visit in the future.

88 Poulsen, Milena: Tjekkoslovakiet [Czechoslovakia]. Turen går til, 2nd edition. Copenhagen 1966, unpaginated insert. The special issue was probably sponsored by the Czechoslovak government commission on tourism. A year earlier, it had announced intentions to claim a larger share of the north-south tourist transit traffic. SNA UD I7.Ec. Memorandum, 25 October 1965.

89 Reso Göteborg, Års- och Revisionsberättelse (1972), p. 2. LUB.

The all-embracing attitude towards the European continent as a tourist destination from the Second World War and its immediate aftermath had given in to the appeal of Mediterranean sun and sea tourism. Nevertheless, the annual Danish sales of *Turen går til Tjekkoslovakiet* averaged 1,500–2,000 copies rising to 2,800 in 1989.[90] The actual number of Danish visitors to Czechoslovakia is difficult to ascertain but official Czechoslovak statistics set the figure to 7,248 in 1964 and 28,169 in 1981, the last year included in a 1984 handbook on tourism.[91] The figures do not simply mirror the conjunctures of international politics. For instance, the drop in Danish visitors in 1969, the year following the crushing of the Prague Spring, was just 14 per cent and the Czechoslovak authorities soon sought to return the international tourist traffic to their pre-invasion levels in order to secure hard currency.[92]

The 1970s were a decade of optimism and expansion for western tourism in Eastern Europe. An editor's foreword to Fodor's 1972 guide to Hungary enthusiastically stated 'our confidence in a bright future for tourism to Hungary seems to have been justified, as the first two editions of this book were sold out with completely unexpected rapidity.'[93] The editor's foreword to Fodor's 1975 guide to Czechoslovakia was similarly elated. 'In the past several years, there has been a simply astounding development in the physical attributes of Czechoslovakian tourism, and, in spite of the adverse news emanating from the country, the tourists have flocked in.'[94] The 1972 foreword to the Hungary guidebook correctly reminded its readers that 'once a popular continental destination, Hungary seemed to lose ground after World War II.'[95] Instead of describing the destination as 'unexplored', the author chose to place Hungary in a broader historical context of European tourism.

At the same time, this was coupled with the contemporary political situation. The Western visitor 'will be treated with particular consideration, for bringing a much envied world within the grasp of his hosts.'[96] In other words, the text balanced the contemporary Cold War context against the longer tradition of foreign tourism in Hungary and avoided the overt exoticization of later English language guidebooks. A Swedish guidebook to Hungary from 1986 stressed that

90 Sales figures were listed in the books until 1984. Subsequent figures from the private archive of the authors Lone Krog and Erling Nedergård.
91 Franke, Antonín: Rukověť cestovního ruchu [Handbook of Tourism], 2nd edition. Prague 1984, p. 390.
92 Report by the Danish embassy in Prague. 22 October 1969, DNA GS 36 Tjek 1.
93 Hungary 1972. [London] 1972, p. 5.
94 Czechoslovakia 1975. [London] 1975, p. 5.
95 Hungary 1972, p. 1.
96 Ibid.

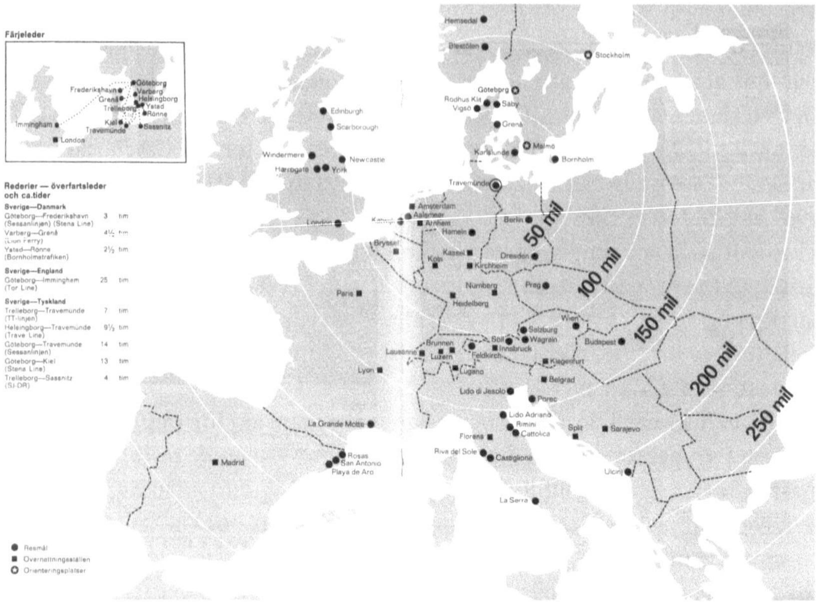

Fig. 3: A 1974 car holiday catalogue by the Swedish Reso travel agency disregarded obstacles on the ground, making Brussels and Prague, Budapest and Paris equidistant from Travemünde. Small print collection, Lund University Library.

the country offered an 'unbroken carpet of *asphalt* roads.'[97] 'Even the smallest roads between the most remote places are covered with asphalt.' Although this admittedly made car tourism more comfortable, the author could not help lament that it also reduced the feeling of the 'original and genuine'.[98] Another testament to the normality of visits to Communist Europe came in 1985 when Swedish Television's motor programme *Trafikmagasinet* included a twenty-minute report about East Germany with a special focus on its road network, service facilities, and friendliness towards Swedish tourists.[99]

In 1987, Frommer's guide to Eastern Europe described the American perception of Eastern Europe as 'a vaguely defined region somewhere east of Paris, north of Greece, and south of Sweden'.[100] A sizeable number of Scandinavians undoubtedly shared this fuzzy view of Eastern Europe as an indistinct landmass, but as this chapter has shown, the countries behind the Iron Curtain also became

97 Schenkmanis, Ulf: Se Ungern!: En reseguide [See Hungary!: A Travel Guide]. Stockholm 1986, p. 42. Emphasis in original.

98 Ibid., p. 42.

99 "Trafikmagasinet besöker DDR 1985. Das "Verkehrsmagazin" im SVT besucht die DDR 1985." Video clip available online: <https://www.youtube.com/watch?v=SpQxb4NHH4c> [15.10.2018].

100 Hadley / Tanner, Frommer's Eastern Europe, 1987, p. 1.

stables of the Scandinavian tourist industry during the Second half of the Cold War. Advertisement, guidebooks, and travel journalism did not frame a holiday there as something out of the ordinary. Instead, they promoted concrete pictures of the countries as worthwhile holiday destinations. At the same time, the East European countries employed their cultural heritage, scenic landscapes, and gentler climate to carve out a share of the growing international tourist industry. Their attractive powers stemmed not simply from the ever-elusive Communist paradise that they were destined to reach, but in the cheap luxuries, modern beach resorts, and firmly established pre-war destinations that appealed to wider circles of western holidaymakers.

Acknowledgements

The author expresses his gratitude to the Salén Foundation, the Royal Swedish Academy of Letters, and the Birgit and Gad Rausing Foundation for their generous support of this research. The author also wishes to thank Collegium Carolinum in Munich and the Amsterdam School for Regional, Transnational, and European Studies, University of Amsterdam, for the visiting fellowships that made concentrating on this project possible.

IV. (Post-)sozialistisches Erbe als touristische Destination und kulturelle Ressource

Michael Zinganel

Melancholien des (Ver-)Falls. Über die Lust des Wiederbereisens von Hotelruinen der sozialistischen Spätmoderne an der kroatischen Adriaküste

Dieser Beitrag untersucht eine touristische Praxis, die immer populärer wird: Expeditionen zu sogenannten „Lost Places".[1] Diese sind ein Sub-Genre des etablierten Ruinentourismus, bei dem jedoch nicht die Ruinen alter Hochkulturen besucht werden, sondern leerstehende, verwahrloste und dem Verfall preisgegebene Gebäudekomplexe der jüngeren Geschichte, die (noch) nicht von der professionellen Tourismusindustrie erschlossen wurden. Besucht werden sie vorrangig von selbsternannten „Urban Explorers",[2] die in der Regel städtischen Bildungseliten zugerechnet werden können. Ihre visuellen Travelogues finden über Fotobücher, Videos, Ausstellungen und vor allem über das Internet eine beschleunigte Verbreitung. Bei den hier untersuchten Reisezielen handelt es sich um Ruinen der sozialistischen Moderne. Jedoch geht es nicht um Massenwohnquartiere, Regierungsgebäude oder explizit politische Monumente, sondern um leerstehende Hotels und Ferienanlagen, die nach dem Zweiten Weltkrieg an der jugoslawischen Adriaküste errichtet worden sind. Diese Freizeit-Anlagen bildeten in Jugoslawien – wie in anderen Ländern auch – wichtige Werkzeuge zur Modernisierung der Gesellschaft und sollten anders als zuvor nun allen sozialen Schichten zur Verfügung stehen.

Ich interessiere mich dabei nicht dafür, wie sich die Angehörigen der Völker Jugoslawiens an ihre Reiseerfahrungen während der sozialistischen Periode[3] oder an ihre Besuche seit dem Ende des Sozialismus erinnern. Ich interessiere mich auch nicht für den Imagewandel, dem diese Bauten nach dem schmerz-

1 Im englischsprachigen akademischen Feld wird der Begriff dem Historiker Peter Read zugesprochen, der damit eine besonders tiefe emotionale Bindung beschreibt, die Menschen in einer unfreiwilligen Diaspora an ihre früheren Wohnorte, Arbeitsplätze und Nachbarschaften empfinden. Vgl. Read, Peter: Returning to Nothing: The Meaning of Lost Places. Melbourne 1996. Der im deutschsprachigen Raum verwendete Anglizismus beschreibt nun ganz allgemein den Besuch verlassener Orte, ohne die persönliche Erfahrung der Vertreibung notwendigerweise einzuschließen.

2 Vgl. Garrett, Bradley: Explore Everything: Place-Hacking the City. London 2013.

3 Vgl. Grandits, Hannes / Taylor, Karin (Hg.): Yugoslavia's Sunny Side. A History of Tourism in Socialism (1950s to 1980s). Budapest u. a. 2010.

haften, von Kriegshandlungen begleiteten Zerfall des Vielvölkerstaats Jugoslawien unterzogen wurden.[4] Stattdessen interessiert mich, wie Besucher*innen, die nicht aus den Nachfolgestaaten Ex-Jugoslawiens stammen und deshalb nicht in die internen Konflikte um das historische Erbe involviert sind, den Bedeutungswandel dieser Hotels und Ferienanlagen wahrnehmen. Im Fokus steht dabei, wie der Konsum und die (Re-)Produktion attraktiver Bilder und Erzählungen, die von nichtjugoslawischen Künstler*innen und Wissenschaftler*innen verbreitet werden, die Sehnsucht nach diesen Ruinen mit antreiben. Dies schließt auch meine eigene Forschung und Praxis ein. Mich interessiert, wie, in Noel B. Salazars Worten, diese Praktiken des „picturing paradise" weitere „safari dreams" stimulieren,[5] die ihrerseits mehr und mehr Personen dazu animieren, solche Ruinen aufzusuchen.

Dazu untersuche ich die Ruine des Resorts Haludovo auf der Insel Krk an der nördlichen kroatischen Adriaküste, einstmals ein Paradebeispiel für ästhetisch spektakuläre spätmoderne Architektur und Landschaftsgestaltung. Der Beitrag beginnt mit meinen eigenen Reiseerfahrungen im Untersuchungsfeld, vom Urlaub im Kindesalter bis zur gezielten professionellen Recherche als Historiker. Ich spanne dann den Bogen von der Wirkmacht der Bilder, die im Rahmen einer von mir kuratierten Ausstellung in Umlauf gebracht wurden, über Busexkursionen zu Hotelanlagen und -ruinen im Norden Kroatiens, die ich selbst geleitet habe, zu einer kulturhistorischen Einbettung meiner eigenen Praxis und einer Diskursanalyse verwandter Phänomene.

Vorgeschichten – Etappen der eigenen Reisetätigkeit

Mein intensives Interesse am umstrittenen sozialistischen und modernistischen Kulturerbe auf dem Territorium des ehemaligen Jugoslawien[6] basiert auf meinen

4 Für politische Denkmäler ist dieser Imagewandel sehr gut aufgearbeitet, siehe: Dragićević Šešić, Milena: Cultural Policies, Cultural Identities and Monument Building: New Memory Policies of Balkan Countries, in: Milohnić, Aldo / Švob-Đokić, Nada (Hg.): *Cultural Transition in Southeastern Europe: Cultural Identity Politics in (Post)-Transitional Societies.* Zagreb 2011, S. 31–45, verfügbar unter: <http://rci.mirovni-institut.si/Docs/ASO%202010%20Sesic.pdf> [29.05.2016].

5 Salazar, Noel B.: Envisioning Eden: Mobilising Imaginaries in Tourism and Beyond. Oxford 2012, S. 43.

6 Über das umstrittene Kulturerbe allgemein: Turnbridge, John E. / Ashworth, Gregory J.: Dissonant Heritage: The Management of the Past as a Resource in Conflict. Chichester 1996. Mit Fokus auf das ehemalige Jugoslawien: Dragićević Šešić, Milena / Rogač Mijatović, Ljiljana: Balkan Dissonant Heritage Narratives (and their Attractiveness) for Tourism, in: American Journal of Tourism Management 3. Jg. 2014/1B, S. 10–19. Zuletzt das Themenheft des *Journal of Tourism and Cultural Change* 14. Jg. 2016/3: Tourism, Conflict and Contested

Erfahrungen als Kind einer typischen österreichischen Mittelstandsfamilie. In den 1960er und 70er Jahren verbrachte ich viele Sommerferien an der kroatischen Adriaküste. Gemeinsam mit der Großmutter, meinem Bruder und den gleichaltrigen Cousinen durfte ich die Früchte von Titos drittem Weg zwischen kommunistischem Osten und kapitalistischem Westen genießen. Wir wohnten aber weder in den alten prächtigen Hotels und Villen, die bereits in der österreichisch-ungarischen Monarchie ab dem späten 19. Jahrhundert dort errichtet worden waren,[7] noch besuchten wir Sozialtourismuseinrichtungen, die vorrangig der einheimischen Bevölkerung dienten.[8] Wir nutzten die neu errichteten, explizit modernen Ferienanlagen in den Pinienwäldern, die der jugoslawischen Interpretation sozialer Marktwirtschaft folgten. Sie lagen zwar im Respektabstand von den Altstädten, verfügten dafür aber über eine direkte Reisebusverbindung nach Österreich.

Der dritte Weg in Jugoslawiens Tourismuswirtschaft bestand darin, dass diese Ferienanlagen weder privat noch staatlich waren: Die Gemeinden gründeten Betriebe, die sich in gesellschaftlichem Eigentum befanden und in sozialistischer Selbstverwaltung von ihren Angestellten geführt wurden. Bestehende vorsozialistische Betriebe wurden einverleibt, sukzessive wurde aber auch eine Vielfalt an neuen Unterkünften in Form von Campingplätzen, dorfartigen Bungalowanlagen und modernen Hotels aller Kategorien auf volkseigenem Grund errichtet. Bereits ab 1954 waren kleinere private Gastronomiebetriebe und Zimmervermietungen zugelassen, die seit den 1970er Jahren bis heute etwa ein

Heritage in Former Yugoslavia, verfügbar unter: <http://dx.doi.org/10.1080/14766825.2016.1180802> [02.01.2017].

7 Rapp, Christian / Rapp-Wimberger, Nadia (Hg.): Österreichische Riviera. Wien entdeckt das Meer. Wien 2013; Taylor, Karin: From Trips to Modernity to Holidays in Nostalgia – Tourism History in Eastern and Southeastern Europe, in: *Tensions of Europe / Inventing Europe Working Paper* Nr. WP_2011_01, March 2011, S. 6.

8 Zur Geschichte der Sozialtourismuseinrichtungen vgl. Duda, Igor: Escaping the City. Leisure Travel in Croatia in the 1950s and 1960s, in: *Ethnologia Balkanica* 2005/9, S. 285–304. Um eine höhere Auslastung zu garantieren und auch um Devisen einzuspielen, öffneten sich viele der Sozialtourismus-Einrichtungen auch ausländischen Gästen. In der Regel gab es drei Preiskategorien: für Angehörige der Unternehmen, für jugoslawische und für nicht-jugoslawische Gäste. Manche hatten auch Partnerschaften mit Sozialeinrichtungen aus dem Ausland. Vereinzelt betrieben auch Sozialeinrichtungen aus dem Ausland Urlaubsanlagen auf jugoslawischem Boden. Vgl. Tchoukarine, Igor: A Place of Your Own on Tito's Adriatic: Club Med and Czechoslovak Trade Union Holiday Resorts in the 1960s, in: *Tourist Studies* 16. Jg. 2016/4, S. 386–404. Viele Anlagen öffneten sich später zur Gänze für rein kommerzielle Nutzungen: So wurde beispielsweise das 1965 von der Jugoslawischen Volksarmee fertiggestellte Kindersanatorium in Krvavica in der Makarska südlich von Split ab 1974 von einem bosnischen Unternehmen als preisgünstiges Ferienhotel weitergeführt. Džeko, Nikolina: Rikard Marasovićs Kindersanatorium in Krvavica. Bestandsaufnahme und Revitalisierung. Diplomarbeit an der TU Wien 2014.

Drittel der Kapazitäten stellen.[9] Frei von Visazwang und durch Währungsabwertungen preisgünstiger als die Konkurrenzdestinationen, stellte die jugoslawische Adria bis in die Mitte der 1980er Jahre ein Paradies für vernunftgeleitete Familien dar, die nicht dem höheren sozialen Status prestigeträchtiger Destinationen nachjagten. Sie bot ein erschwingliches Arkadien,[10] wo sich Mittelstandsfamilien zu wohlfeilen Preisen genauso modern fühlen konnten wie an deutlich teureren Destinationen.[11] Dass das Freizeitangebot und der Service in den preisgünstigsten Unterkünften nicht gerade überbordend waren und dass die georderten Dienstleistungen trotz Vollbeschäftigung nur mit stoischer Langsamkeit abgearbeitet wurden, störte uns auf unseren Urlaubsfahrten nicht. Wir waren in den Bungalows auf kleinstem Raum untergebracht, nach dem sozialistischen Selbstverständnis standen uns aber wie allen anderen Gästen und der lokalen Bevölkerung alle Anlagen zur Nutzung offen. Das galt auch für die vergleichsweise luxuriösen Hotels, wo unsere Großmutter gerne elegant gekleidet einen Long Drink an der Bar einzunehmen pflegte. So ein Verhalten konnten wir in ihrem von Bescheidenheit gekennzeichneten Alltagsleben nie beobachten.

Mit seinem Reichtum an römischen, frühchristlichen und venezianischen Meisterwerken war Istrien auch eine bevorzugte Reisedestination für Studienreisen der Architekturfakultät der Technischen Universität Graz. An ihnen nahm ich noch vor dem Ende des Sozialismus als Student mit ebenso großer Begeisterung teil wie später als Dozent. Als Architekt*innen galt unser Interesse auch dem ambitionierten Modernisierungsprogramm, das unter Präsident Tito vorangetrieben wurde. Es führte zur Errichtung zahlreicher modernistischer Gebäudekomplexe, die mitunter von herausragender Qualität waren. Das gilt insbesondere im Vergleich zu dem antimodernistischen Stil aufgeblasener Bauernhäuser mit ihrem rustikalen Interieur, die zur selben Zeit für touristische Zwecke in den österreichischen Alpen errichtet wurden. Das von antisozialistischen Ressentiments gekennzeichnete Klima und der neoliberale Bauboom seit den neunziger Jahren lässt viele meiner Kolleg*innen in Österreich und in Ex-Jugoslawien – aus gutem Grund – um das modernistische Bauerbe bangen. Sie befürchten, dass es von Vandalismus, Zerstörungen, gänzlichem Abbruch oder von völlig entstellenden Überbauungen ernsthaft bedroht sei.[12]

9 Taylor, From Trips to Modernity, 2011, S. 20.

10 Mrduljaš, Maroje: Building the Affordable Arcadia: Tourism Development on the Croatian Adriatic Coast under State Socialism, in: Beyer, Elke u. a. (Hg): *Holidays after the Fall: Seaside Architecture and Urbanism in Bulgaria and Croatia*. Berlin 2013, S. 117–207.

11 Löfgren, Orvar: On Holiday: A History of Vacationing. Berkeley 1999, S. 204.

12 Hier sind v. a. die Beiträge von Maroje Mrduljaš zu nennen, die zuerst im Rahmen des Forschungsprojekts *Unfinished Modernisations* veröffentlicht wurden. Umetnostna Galerija Maribor (Hg.): Unfinished Modernisations – Between Utopia and Pragmatism. Architecture

Anstelle des erwarteten schnellen Übergangs von Jugoslawiens drittem Weg zur Marktwirtschaft nach westlichem Vorbild scheiterte der Staatenverband an wachsenden nationalistischen Interessen. Sie kulminierten ab 1991 in jahrelangen Kriegshandlungen mit insgesamt 100.000 Toten und einer Million Vertriebenen. Die Tourismuswirtschaft an der Küste ist durch den Krieg fast zur Gänze zusammengebrochen, weniger durch direkte Zerstörungen der Infrastruktur als durch die langanhaltende Verunsicherung potentieller Gäste. Nur Reisende, die die örtlichen Gegebenheiten sehr gut kannten, besuchten auch während und unmittelbar nach dem Krieg die sicheren Gebiete an der nördlichen Adria, insbesondere in Istrien. Durch die vielen in unausgelasteten Hotels untergebrachten Flüchtlinge waren die Kriegsfolgen auch dort unübersehbar.

Welch bedeutende Rolle österreichische Institutionen und Unternehmen in Ex-Jugoslawien spielten, wurde offensichtlich, als die Republik Österreich 2009 die Hypo-Alpe-Adria Bank notverstaatlichen musste, um einen Zusammenbruch des Bankensystems am Westbalkan zu verhindern. Die vormals kleine Landesbank hatte sich zu einem Knotenpunkt des organisierten Verbrechens entwickelt.[13] Da sie an fast allen Tourismusinvestitionen an der kroatischen Adria nach dem Ende der Jugoslawien-Kriege beteiligt war, führte ihr gescheitertes neoimperiales Abenteuer zu einer erhitzten öffentlichen Debatte über die postsozialistische Transformation im Tourismus. In dieser Situation erschien mir die Einreichung eines kulturwissenschaftlichen Forschungsprojekts zu diesem Thema erfolgversprechend.

---

and Urban Planning in Former Yugoslavia and the Successor States. Ausstellungskatalog, Maribor 2012. Wiederholt erschienen aber auch Berichte im kroatischen Blog bzw. Online-Magazin *pogledaj.to* (Schau hin!), das vom Architekten Saša Randić gegründet wurde, z. B.: Matejčić, Barbara: Multi-Million Investments Go Pear-Shaped, in: *pogledaj.to* 01.08.2010, verfügbar unter: <http://pogledaj.to/en/architecture/multi-million-investments-go-pear-shaped/> [29.05.2016] und Matejčić, Barbara: Najbolji hrvatski hoteli su – socijalistički (Die besten kroatischen Hotels sind – sozialistisch), in: *pogledaj.to* 02.03.2015, verfügbar unter: <http://pogledaj.to/arhitektura/najbolji-hrvatski-hoteli-su-socijalisticki/> [29.05.2016]. Saša Randić und Idis Turato hatten bereits 2006 für die Internationale Architekturbiennale in Venedig einen dem Thema verwandten Beitrag veröffentlicht. Randić, Saša / Turato, Idis: In Between: A Book on the Croatian Coast, Global Processes, and How to Live with Them. Rijeka 2006.

13 Österreich gilt als größter ausländischer Direktinvestor in Kroatien. Aufgrund des Krieges von 1991 bis 1995 und des Zusammenbruchs der Wirtschaft waren jede Gemeinde und jedes selbstverwaltete Unternehmen in Kroatien bei lokalen Banken tief verschuldet. 1996 setzte der Privatisierungsprozess ein, der fast ausschließlich mit Krediten kroatischer Banken finanziert wurde, die wiederum sukzessive an österreichische Finanzinstitutionen verkauft wurden. Auch Valamar, heute eines der drei mit Abstand größten Tourismusunternehmen in Kroatien, befindet sich im Eigentum von EPIC, einem österreichischen Finanzdienstleister.

Sozialistische Tourismusarchitekturen als Forschungsthema und -destination

Das Projekt mit dem Titel „Holidays after the Fall“ wurde als vergleichende Studie zweier Länder mit einer sehr unterschiedlichen Interpretation kommunistischer Politik, Ökonomie und Planungskultur konzipiert. Es wird die Planungsgeschichte von Hotels und Resorts der sozialistischen Periode an der kroatischen Adria und an der bulgarischen Schwarzmeerküste einander gegenübergestellt.[14] Der Untersuchungszeitraum erstreckt sich bis in die Gegenwart, um auch die sehr unterschiedlichen ökonomischen und physischen Wandlungen dieser Gebäudekomplexe nach dem Fall des Kommunismus zu untersuchen.[15] Im Rahmen des Forschungsprojekts untersuchte ich die Entwicklung an der kroatischen Adriaküste. Ich bereiste nun also wieder die Region, die ich seit meiner Kindheit so gut zu kennen glaubte.

Ganz entgegen meiner Erwartungen stellte sich heraus, dass nach Jahren von Krieg und Desinvestment sowie einer schleppenden und intransparenten Privatisierung mehr melancholische Ruinen leerstehender Hotels und Resorts zu finden waren als signifikante Neubauprojekte. Zahlreiche Faktoren hatten Investitionen in diesen Sektor unattraktiv gemacht: der lange Leerstand, der hohe Verschuldungsgrad und die komplexe Eigentümerstruktur der Unternehmen, Nepotismus, Nationalismus und Korruption, die unsichere Rechtslage bezüglich des Eigentums an Grund und Boden sowie restriktive Bauvorschriften.[16] Das sollte sich als Glück im Unglück herausstellen: Denn im Gegensatz zur Zerstörung ganzer Küstenstreifen in deregulierten, investorenfreundlichen Ländern

---

14 Siehe Beyer u. a., Holidays after the Fall, 2013. Das Forschungsprojekt wurde 2010 an der Architekturfakultät der TU Graz initiiert, wo ich zuvor am Institut für Gebäudelehre unterrichtet hatte. Es wurde zu Beginn nur von der Kulturabteilung der Steiermärkischen Landesregierung unterstützt. Forschungspartner*innen waren Elke Beyer und Anke Hagemann aus Berlin, die Forschungen zur Entwicklung an der bulgarischen Schwarzmeerküste betrieben hatten, der kroatische Architekturkritiker Maroje Mrduljaš und der in Graz lebende deutsche Journalist und Balkanexperte Norbert Mappes-Niediek, die mich bei den Recherchen zu Kroatien unterstützten.

15 In einer ausführlichen kritischen Rezension, die erst zwei Jahre später erschien, betont Carmen Popescu die Pionierrolle unseres Projekts im Vergleich zu anderen Studien, die etwa gleichzeitig oder kurz danach lanciert wurden und entweder ebenfalls Freizeitarchitekturen der Spätmoderne in sozialistischen Ländern zum Thema hatten oder einen ähnlichen vergleichenden Forschungsanspruch verfolgten. Popescu, Carmen: A Disenchanted World? A Review of Holidays After the Fall: Seaside Architecture and Urbanism in Bulgaria and Croatia, in: *Architectural Histories* 3. Jg. 2015/1, S. 1–7, verfügbar unter: <http://dx.doi.org/10.5334/ah.cj>[15. 10. 2018].

16 Mappes-Niediek, Norbert: A Thorny Thicket: The Singular Case of Workers' Self-management and Long-drawn-out Privatization in Croatian Tourism, in: Beyer u. a. (Hg.): *Holidays after the Fall*, Berlin 2013, S. 209–221.

wie Spanien, Bulgarien oder Montenegro blieben die natürlichen Ressourcen und landschaftlichen Attraktionen an der kroatischen Adria nahezu intakt. Zudem dienen viele der kaum oder nicht renovierten Gebäude und vor allem die Ruinen vortrefflich als Freilichtmuseen modernistischer Design-Ideen. Sie stoßen heute bei bestimmten Besucher*innengruppen offensichtlich auf großes Interesse.

Resort Ruine Haludovo – Die Macht eindringlicher Bilder, vergangener Monumente und widersprüchlicher Geschichten

Im Rahmen von „Holidays after the Fall“ kuratierte ich auch eine Ausstellung zu den kroatischen Fallstudien, die 2012 in Graz und 2015 im kroatischen Rijeka gezeigt wurde.[17] Um die Ausstellung (und das Buch) zu bewerben, verwendete ich zunächst historische Werbeaufnahmen von den neuen und intakten Hotelanlagen, später aber auch Fotos von ihrem aktuellen Zustand als Ruinen. Die mich ästhetisch am stärksten beeindruckende Ruine an der kroatischen Adria war das Resort Haludovo auf der Insel Krk, das von einem jungen italienischen Fotografen grandios ins Bild gesetzt wurde. Seit der ersten Ausstellung 2012 und der ersten Buchpräsentation 2013 sollten diese Bilder vor allem online eine weite Verbreitung finden.[18] Der in Zagreb lebende Autor und Journalist Jurica Pavičić verwendete diese Fotos in einem Zeitungsartikelin der bedeutenden kroatischen Tageszeitung *Jutarnji list*,[19] den auch Aida Vidan, eine in Kroatien geborene Wissenschaftlerin von der Universität Harvard, las. Kurz darauf sandten mir beide unabhängig voneinander den Link zu einem Musikvideo auf YouTube, das in Halodovo gedreht worden war: Die Künstlerin, Eve Vidan Gallagher, ist Aida Vidans Tochter und zum Aufnahmezeitpunkt 15 Jahre jung. Als sie in den Sommerferien 2013 ihre Verwandten in Rijeka besuchte, fuhr sie mit gleichaltrigen Freund*innen zum Baden in die Bucht von Haludovo. Trotz der leerstehenden und zerstörten Hotelruine ist der dortige Strand bis heute unter Tourist*innen, aber auch unter den Bewohner*innen der nahe gelegenen Indu-

17 Die Ausstellung wurde für das Haus der Architektur (HDA) in Graz entwickelt (Oktober – Dezember 2012), in erweiterter Form in der Neuen Gesellschaft für Bildende Kunst (NGBK) in Berlin (August 2014), in einer übersetzten Version im Museum of Modern Art (MMSU) Rijeka (März 2015), in verkleinerter Form im Stadtmuseum Trogir (Juni 2015) sowie im Architekturzentrum Wien (November 2015) gezeigt.

18 Siehe z. B. den populären Architektur-, Design-, und Reiseblog *yatzer* vom 13.05.2014, verfügbar unter: <https://www.yatzer.com/holidays-after-the-fall> [02.08.2016].

19 Siehe: Pavičić, Jurica: Sjaj i bijeda ex yu hotela na Jadranu [Glanz und Elend eines Exjugoslawischen Hotels an der Adria], in: *Jutarnji list* 06.03.2015, verfügbar unter: <http://www.jutarnji.hr/sjaj-i-bijeda-ex-yu-hotela-na-jadranu/1308254/> [15.10.2018].

striestadt Rijeka sehr populär.[20] Eve war sofort inspiriert und hatte die Idee, hier einen Musikclip zu drehen, der von dem jungen Filip Koludrović überraschend professionell umgesetzt wurde.[21]

Abb. 1: Hotel Palace, Resort Haludovo, Foto: ccn Zagreb 1972.

Die erste Aufnahme zeigt die junge Sängerin mit akustischer Gitarre auf einem kaputten Kühlschrank sitzend, den jemand zuvor in den leeren Outdoor-Pool der Hotelanlage geworfen hatte. In der nächsten Einstellung beginnt eine Gruppe von vier Schauspieler*innen, die verschiedenen Raumzonen der gesamten Anlage performativ zu durchschreiten, als handelte es sich um ein Forscher*innenteam, das von einem anderen Planeten oder aus einer anderen Zeitzone hierherekommen ist.

Auch wenn Eve in ihrem Video keinerlei Hinweise auf den historischen Hintergrund des Gebäudes oder auf die Ursachen seines aktuellen Zustandes gibt,[22] passt die poetische Selbstbefragung über die eigene Desorientierung und

20 Gespräch mit Antonia Dika, einer in Rijeka geborenen Architektin, deren Familie 1991 nach Österreich geflüchtet ist, während einer Begehung der Ruine am 24.8.2012.

21 Vidan Gallagher, Eve: Merely Human. Musikvideo, produziert von Filip Koludrović, Rijeka 2015, verfügbar unter: <https://www.youtube.com/watch?v=oeSmstrTSqA&feature=youtu.be> [15.10.2018].

22 Eve hat mich gebeten, den Text des Songs hier nicht abzudrucken, weil er ihr für diesen Zweck als zu privat und intim erscheint. E-Mail vom 06.08.2016.

Abb. 2: Ruine des Hotel Palace, Resort Haludovo, Foto: Daniele Ansidei, 2011.

Identitätssuche im Songtext zu diesem spezifischen Ort. Noch wichtiger erscheint mir aber, dass sie – bewusst oder unbewusst – die Aufmerksamkeit auf einen Ort lenkt, der aus mehreren Gründen von historischer Bedeutung ist: Entworfen von einem der bekanntesten kroatischen und in ganz Jugoslawien anerkannten Architekten, Boris Magaš, ist Haludovo ein Beispiel für die vielen modernistischen Hotelkomplexe von beeindruckender architektonischer Qualität, die in den Boomjahren zwischen 1968 und 1972 an der kroatischen Adriaküste errichtet wurden. Sie sollten als Schaufenster dienen, um einem internationalen Publikum nicht nur einen modernen Lifestyle, sondern auch Architektur, Design und zeitgenössische bildende Kunst vorzustellen, die sich durchaus mit den internationalen Standards der Zeit messen konnten.

1955 forderten Sigfried Giedion und Josep Lluís Sert, die bis dahin rein funktionale moderne Architektur durch eine „Neue Monumentalität" und „Plastizität" aufzuwerten sowie eine „Synthese von Kunst und Architektur" mit der Landschaft anzustreben.[23] Dieser Aufruf, der 1956, im Jahr der Abhaltung des einflussreichen *Congrès International d'Architecture Moderne* (CIAM) in Dubrovnik, von dessen Vordenkern veröffentlicht wurde, stieß in Jugoslawien nicht

23 Sert, Josep Lluís / Léger, Fernand / Giedion, Sigfried: „Nine Points on Monumentality", in: Giedion, Sigfried: *Architecture, You and Me.* Cambridge, Mass. 1958, S. 48–52. Im Original veröffentlicht in: Giedion, Sigfried: *Architektur und Gemeinschaft.* Hamburg 1956, S. 40–42.

Abb. 3: Standbilder aus einem Musik-Video von Eve Vidan Gallagher: *Merely Human*. Produzent: Filip Koludrović 2013.

zufällig auf besonders große Resonanz.[24] Jugoslawiens Selbstverständnis verlangte nach neuen Bühnen, um die radikal kosmopolitische Ausrichtung des Landes zu zelebrieren. Als Mitbegründer der Blockfreien-Bewegung (in Belgrad 1961) und Vermittler zwischen Ost und West sah sich die Führungsriege des Landes als Teil einer neutralen internationalen politischen Avantgarde. Die größeren touristischen Anlagen wurden daher als Orte transnationaler Interaktion konzipiert, an denen der Erfolg des jugoslawischen dritten Weges an eine breite Öffentlichkeit im In- und Ausland kommuniziert werden konnte. Während die geförderten Sozialtourismus-Einrichtungen vorerst einheimischen Gästen vorbehalten blieben, war es in den kommerziellen Anlagen dezidiert nicht erwünscht, Gäste aus dem In- und Ausland beziehungsweise aus dem kapitalistischen Westen und kommunistischen Osten getrennt voneinander unterzubringen, wie das in anderen kommunistischen Ländern praktiziert wurde.

Die politisch proklamierte Funktionalisierung von Ferienhotels für die als dringend notwendig erachtete Versöhnung und Völkerverständigung verschiedener ethnischer Gruppierungen innerhalb Jugoslawiens und Angehöriger von Nationen, die sich im Zweiten Weltkrieg noch gegenseitig bekämpft hatten, scheint im Resort Haludovo auf die Spitze getrieben worden zu sein. Als die Anlage 1972 fertiggestellt war, verkündete das Management von Brodokomerc in Rijeka, auch für den Architekten überraschend,[25] ein Joint Venture mit dem US-amerikanischen Männermagazin *Penthouse*.[26] Damit markiert Haludovo eine

24 Einige der einflussreichsten jugoslawischen Architekten waren aktive Mitglieder der internationalen Architekt*innenvereinigung CIAM. Die Biographien vieler Akteure, die in die Planung und Konstruktion dieser Hotels involviert waren, zeigen nicht nur ein großes Interesse an zeitgenössischer Kunst, sondern auch die Betätigung in beiden Feldern: in Kunst und Architektur. Künstler und Architekten inspirierten einander oder kooperierten. So waren beispielsweise Vjenceslav Richter, Zdravko Bregovac und Bernardo Bernardi Mitbegründer der transdisziplinären avantgardistischen Künstler-Gruppe EXAT 51 in Zagreb. Mehr zur Entwicklung der architektonischen Avantgarde in Jugoslawien: Kulić, Vladimir: An Avant-Garde Architecture for an Avant-Garde Socialism: Yugoslavia at EXPO '58, in: *Journal of Contemporary History* 47. Jg. 2012/1, Special Issue „Sites of Convergence – The USSR and Communist Eastern Europe at International Fairs Abroad and at Home", S. 161–184; Kolešnik, Ljiljana: New Tendencies, in: Pelc, Milan (Hg.): *Hrvatska umjetnost: povijest i spomenici* [Kroatische Kunst: Geschichte und Denkmäler]. Zagreb 2010, S. 681–685; Medosch, Armin: New Tendencies: Art at the Threshold of the Information Revolution (1961–1978). Cambridge u. a. 2016; Ceraj, Eva: Bernardo Bernardi – The Spiritus Movens of Early Design in Croatia, in: Croatian Academy of Sciences and Arts (Hg.): *Fine Art Archives Art Bulletin* 2013/63; Nikšić-Olujić, Ivana: Zdravko Bregovac – Arhiv Arhitekta [Archiv des Architekten]. Zagreb 2015.

25 Interview mit Boris Magaš, Kraljevic, 24.08.2012.

26 Penthouse wurde 1965 von Bob Guiccone als Gegenpart zu Hugh Hefners berühmtem Playboy-Magazin gegründet, das es durch viel offenere und eindeutigere Abbildungen von Geschlechtsteilen geradezu konservativ aussehen ließ.

doppelte Wende in der offiziellen Tourismuspolitik Jugoslawiens. Nicht die lokale Gemeinde begründete hier das touristische Resort, sondern ein bedeutendes Import-Export-Unternehmen. Zudem wurde hier nicht mehr die Begegnung, ideologisch gesprochen, einer nationenübergreifenden klassenlosen Gesellschaft, oder, pragmatisch gesprochen, das Wohlergehen eines breiten paneuropäischen Mittelstands propagiert. Die Destination Jugoslawien sollte nun auch dem internationalen Jetset schmackhaft gemacht werden, der über den in unmittelbarer Nähe neuerrichteten Flughafen auf Krk anreisen konnte. Während der auch filmisch festgehaltenen Eröffnungsfeier[27] des Penthouse Adriatic, so damals der Markenname des zentralen Casino-Hotels, präsentierte Bob Guiccone, der Gründer von *Penthouse*, seine „pets“, leicht bekleidetes weibliches Servierpersonal, das er aus den USA mitgebracht hatte, als eine Friedentruppe im kalten Krieg: „our peace corps, (...) our new soldiers of the Cold War“.[28]

Obwohl *Penthouse* sich wenig später stillschweigend aus dem Joint Venture zurückgezogen hat,[29] wurde das Hotel bis 1991 als einer der vergleichsweise glamourösen Orte der Erholung und Unterhaltung an der kroatischen Adriaküste weitergeführt. Wäre dieses Hotel für meine eigene Familie viel zu exaltiert gewesen, kam es bei anderen Gästen mit seinem Flair und dem Unterhaltungsprogramm gut an: Anlässlich der Ausstellungen erfuhr ich von Bekannten aus Graz, dass sie dort in der Vergangenheit regelmäßig auf dem langen Weg zu ihrem Feriendomizil angehalten hatten, um die Hotelbar und den ersten oder letzten Blick aufs Meer zu genießen.[30] Auch Olga Magaš, die Witwe des 2013 verstorbenen Architekten Boris Magaš, schwärmte bis zuletzt von der mondänen

27 Karaklajić, Dejan / Jovan Acin: Mi neprodajemo holivud [Wir verkaufen nicht Hollywood], Film, 20 min., Direktor: Milenko Stanković, Zastava Film 1973.

28 Stanković, Slobodan: La Dolce Vita – A Formula Against the Cold War, in: *Radio Free Europe*, Manuskript 10.07.1972, verfügbar unter: <http://yugoslavian.blogspot.com/2009/05/penthouse-adriatic-club-casino-in.html> [15.10.2018].

29 Die einen spekulieren, dass es nicht gelungen sei, die für Familienurlaube bekannte Destination umzuwerten, und dass das Casino und das übersexualisierte Dienstleistungsangebot daher an der tatsächlich anreisenden Kundschaft vorbeizielte, während die amerikanischen Manager und Angestellten mit der Selbstverwaltung und Mitbestimmung der Angestellten nicht zurechtkamen. Die anderen spekulierten, dass es sich womöglich von Anfang an nur um eine getarnte Wirtschaftsförderung der Vereinigten Staaten gehandelt haben könnte. Gespräche mit Lokalbetreiber*innen und Hotelangestellten der benachbarten Gemeinde Malinska am 24.08.2012. Vgl. auch: The Penthouse Adriatic Club at the Haludovo Palace Hotel, verfügbar unter: <http://sometimes-interesting.com/2016/04/14/penthouse-adriatic-club-at-the-haludovo-palace-hotel/> [15.10.2018].

30 Gespräche mit Christiane Kada und Karl-Heinz Tropper anlässlich der Ausstellungseröffnung „Enjoying the Fruits of Yugoslavia’s Third Way“ in Graz am 2. März 2016.

Atmosphäre, dem tollen Musikprogramm und den internationalen Kontakten, die sie hier genießen konnte.[31]

Nach dem Krieg von 1991 bis 1995 wurde das einstige Leitprojekt der Völkerverständigung nicht wiedereröffnet. Heute gilt Haludovo in Kroatien als das Negativbeispiel einer intransparenten Privatisierung und deren desaströsen Folgen: Nachdem Haludovo wie 80 Prozent aller Hotels an der kroatischen Küste als Flüchtlingslager verwendet worden war, hat es seit 1996 mehrmals den Eigentümer gewechselt. Zurzeit gehört die Aktienmehrheit einer Firma, die auf der Isle of Man registriert ist und von dem armenischen Tycoon Ara Abramian kontrolliert wird.[32] Tatsächlich hat diese Firma bereits mehrere Pläne zur Umstrukturierung eingereicht, die jedoch allesamt von den örtlichen Behörden zurückgewiesen wurden. Anstelle der erwarteten Sanierung ist das Gebäude von allem entledigt, was einmal von Wert war. Es vegetiert nun als dem Verfall preisgegebenes Denkmal spätmoderner Ferienarchitektur und seiner eigenen skurrilen Geschichte im Pinienwald einer auch heute noch wunderschönen Badebucht.

Es ist daher nicht verwunderlich, dass sich in den einschlägigen Internetforen unzählige dramatische Fotos seiner Ruinen finden – und zwar nicht nur Schnappschüsse von Amateuren oder Ruinen-Selfies von Touristen. Es finden sich darunter auch überraschend viele ambitionierte Projekte, deren Autoren die monumentalen Effekte und Affekte, welche die spätmodernen Strukturen in ihnen auslösen, durch künstlerische Techniken herausarbeiten.[33] Es gibt zum Beispiel Serien mit Nahaufnahmen von Details des im Verschwinden begriffenen Interieurs, die offenkundig von forensischen Tatortaufnahmen inspiriert sind.[34]

Die Ruine von Haludovo erscheint mir daher als sehr gute Wahl für die Inszenierung der Identitätssuche eines amerikanisch-kroatischen Teenagers wie Eve. Das ehemalige Hotel ist ein zerfallendes Monument für das frivole Joint Venture zwischen Jugoslawien und den USA und für das außergewöhnliche politische System zu Zeiten von Eves Großeltern. Damit kann es als vortreffliches Symbol für die Widersprüche dienen, die das kommunistische Regime in Ju-

31 Interview mit Olga Magaš, Rijeka am 5. März 2015.

32 Für mehr Details zur Planungsgeschichte und dem Privatisierungsprozess von Haludovo siehe: Zinganel, Michael: Case Studies, in: Beyer u. a., *Holidays after the Fall*, 2013, S. 264–253.

33 Siehe z. B. die Fotos des italienischen Fotografen Daniel Ansidei aus dem Jahr 2011, die ich selbst ab 2012 verwendet habe, um das Projekt zu bewerben, oder den Blog des Amerikaners Nate Roberts vom 13. August 2013: Abandoned Penthouse Casino – The Haludovo Palace Hotel – Bikini Optional, verfügbar unter: <http://yomadic.com/haludovo-hotel-palace/> [26.01.2017].

34 Siehe z. B. die Fotos der slowenischen Fotografin Jana Jocif von 2009, die ich auch als Slide Show in meinen Ausstellungen gezeigt hatte, diese sind verfügbar unter: <https://www.flickr.com/photos/janajocif/albums/72157621252409369> [26.01.2017].

goslawien damals, aber auch das nunmehr unabhängige und vermeintlich wirtschaftsliberale Kroatien heute kennzeichnen.

Ruinensafaris zu sozialistischen Hotels und Resorts in Kroatien

Für die Teilnehmer*innen der von mir organisierten Bustouren zu Palästen und Ruinen sozialistischer Hotels und Resorts an der nördlichen kroatischen Adriaküste war die Ruine von Haludovo die unangefochtene Hauptattraktion. Zum ersten Mal bot ich im Mai 2013 eine viertägige Tour über das Haus der Architektur in Graz an.[35] Für viele der Teilnehmer*innen der Exkursion, wie auch für mich selbst, bedeutete diese Tour die Rückkehr an eine vertraute Urlaubsdestination – eine melancholische Erinnerung an eine vermeintlich heile Welt. Ich versuchte die Exkursion so zu strukturieren, dass wir alle Kategorien an Unterkünften und Bautypologien sowie Graduierungen der Renovierung und/oder des Verfalls besichtigen konnten. Daran sollte sich die chronologische Entwicklung der Tourismusarchitektur an der kroatischen Adriaküste ablesen lassen.

Daher fuhren wir zuerst direkt zu einer sehr früh und einfach gestalteten Anlage in Poreč – die ich selbst als Kind noch besucht hatte –, um dort in einem zeitlos unmodischen Strandcafé im Schatten des Pinienwalds den ersten Meerblick nach der langen Busfahrt zu genießen. Die Eifrigsten hatten ihre Badekleidung schon an und sprangen sofort ins Meer. Bei Café, Wein oder Bier studierten wir dann auf alten Fotos, die uns der Manager mitgebracht hatte, den Originalzustand der 1956 eröffneten Anlage. Als eines der ersten kommerziellen Resorts unterschied sich dieses noch nicht von den Anlagen für den Sozialtourismus. Es bestand aus einfachen Campingplätzen mit Zelten oder kleinen vorgefertigten Bungalows bescheidenster Ausstattung, kargen Kabinen mit Schlafmöglichkeit, die um ein vergleichsweise großes zentrales Gebäude angeordnet waren, das als Frühstückraum, Kantine, vor allem aber als Raum für soziale Interaktion diente.[36] Bei nachfolgenden Erweiterungen oder später er-

35 Der ersten Bustour für das HDA Graz im Mai 2013 folgte eine Tour für das ArchitekturzentrumWien (Az W) im Mai 2014, für den Bund deutscher Architekten (BDA) Köln im Oktober 2014 und für die TU München im Mai 2016. Ich habe allerdings auch eintägige Bustouren für das kroatische Publikum angeboten: im Rahmen meiner Ausstellungen im Museum of Modern Art (MMSU) Rijeka und Stadtmuseum Trogir 2015.

36 Die ersten kommerziellen Anlagen in Poreč wurden in Kooperation mit dem französischen Unternehmen Club Polynesia entwickelt. Die Forderung nach Einfachheit und die Bevorzugung der öffentlichen Begegnungszonen gegenüber den privaten Rückzugsbereichen wurde beispielsweise auch im 1950 gegründeten französischen Club Med verfolgt, dessen erklärtes Ziel ursprünglich ebenso die Aussöhnung und Gemeinschaftsbildung nach dem Trauma der Kriegserfahrung war. Zu diesem Zweck sollten keinerlei Statussymbole Be-

richteten neuen Anlagen wurden die Bungalows im Pinienwald sukzessive größer dimensioniert und besser ausgestattet, während das Dienstleistungsangebot und die Bauwerke dafür immer vielfältiger und vielgestaltiger wurden.[37]

Während der vier Tage besuchten wir auch frühe Motels, intakte und zur Ruine verkommene, die in den 1950er und 60er Jahren als Orte zur Rast und für die Regenerierung von Fahrzeug und Insassen nach der langen mühevollen Reise aus den Herkunftsregionen entlang der damals neu errichteten kurvenreichen Küstenstraße – in der Regel in Höhenlage mit sensationellem Meerblick – konzipiert wurden. Wir sahen auch das Hotel Ambasador in Opatija von 1966, eines der Beispiele für die wenigen hochhausartigen Hotelbauten im Internationalen Stil aus der Mitte der 1960er Jahre, als Politiker*innen, Architekt*innen und Betreiber*innen Symbole der Erneuerung forderten. Nach dem Vorbild der Hilton International-Kette sollten diese Hotels auch als zivile Institutionen der Kulturvermittlung dienen.[38] Das Hotel Ambasador ist 2001 zum Teil ausgebrannt. Ein Großteil der modernen Kunstausstattung gilt seitdem als verschollen, das moderne Interieur wurde vernichtet und durch Möbel im Stil des 19. Jahrhunderts ersetzt, um das Flair der k. k. Monarchie wiederzubeleben.

Wir besuchten beeindruckende strukturalistische Anlagen, die Ende der 1960er Jahre entwickelt wurden, um die Forderung nach immer größeren Bettenkapazitäten zu befriedigen. Um allzu große dominante Einzelvolumen zu vermeiden, wurde der traditionelle Bettenblock der Hotels aufgelöst und die einzelnen Zimmer terrassiert gestaffelt und auf mehrere Bauteile aufgeteilt, die wie Arme in den Pinienwald ausgriffen und so eigene Landschaften aus Sichtbeton, Naturstein, dunklem Holz und Glas bildeten. Diese Bauten wurden von den meisten der Teilnehmer*innen als „kaputt saniert" empfunden, weil sie dem zeitgenössischen Mehrheitsgeschmack entsprechend renoviert und ästhetisch entschärft wurden. Auf Begeisterung stießen hingegen eine riesige Diskothek und ein noch gar nicht renoviertes Großhotel mit dem aus den Jahren 1969 bis 1972 stammenden Originalinterieur.

Während der Tour genossen wir auch die zum Teil noch erhaltene Dienstleistungskultur aus sozialistischer Zeit, die den Aufenthalt als ein für uns inszeniertes Theaterstück erscheinen ließen. Es gab sehr, sehr viel Personal in den

---

rücksichtigung finden. Bald wurden jedoch Urlaubsflirts in den Mittelpunkt gerückt. Der Club Med eröffnete bereits 1953 eine Anlage in Jugoslawien: in Bečići in Montenegro, die jedoch nur einen Sommer lang bestand. Erst 1960 wurde ein weiterer Club in Pakoštane südlich von Zadar eröffnet, der bis heute existiert. 1962 wurde ein Club Med auf der Insel Sveti Marko bei Kotor in Montenegro eröffnet.

37 So entstanden zusätzliche Cafés, Grills, Restaurants, Diskotheken, Open Air Dancefloors sowie allerlei Einrichtungen für den Bootsverleih und Sportarten wie Tennis, Tischtennis, Minigolf, Aquagymnastik.

38 Wharton, Annabel Jane: Building the Cold War: Hilton International Hotels and Modern Architecture. Chicago 2001.

immer gleichen Uniformen mit vergleichsweise wenig Einsatzbereitschaft, dafür keine störenden Zusatzangebote im Hotel: bescheidene Livemusik auf der Terrasse, Minigolf und Open Air Kino im Park – Urlaub am Meer alter Schule! Dazwischen besuchten wir auch bezaubernde venezianische Altstädte, spazierten jeden Abend zum Essen in einem Fischerhafen und genossen einen Absackerdrink irgendwo auf halbem Weg.

Als Kontrast setzen wir uns als Meta-Touristen bisweilen auch über die Touristenklassen hinweg und nächtigten einmal ganz bewusst in einem der neu gebauten Fünf-Sterne-Designhotels – dem Hotel Lone bei Rovinj, einer der coolsten Adressen an der gesamten Adriaküste: 2011 eröffnet, stellt es das unbestrittene Leitprojekt der gewünschten Modernisierung, Aufwertung und Neuorientierung der Region zu einer exklusiven hochpreisigen ganzjährig genutzten Top-Destination dar. Die Neuheit, der Style und der Luxus sollen die sozialistische Phase als Teilrepublik Jugoslawiens vergessen machen und über das beeindruckende Angebot und den Preis die Einschränkung auf die kurze Sommersaison und das angestammte Klientel – Mittelstandsfamilien – hinter sich lassen. Nichtsdestotrotz orientierten sich die Architekt*innen in der Gestaltung an den Vorbildern der Moderne und bezogen sich auch in der Innenausstattung eindeutig auf die in den 1960er und 70er Jahren geforderte Synergie von Kunst und Architektur. Dies wird hier allerdings offensiv als Vorzeigeprojekt der kroatischen Kreativindustrie vermarktet. Wir wunderten uns gemeinsam, wer denn angesichts der landschaftlichen Schönheit und der nahegelegenen pittoresken Altstadt noch die Zeit habe, all das zusätzliche Fünf-Sterne-Angebot zu genießen, und wer den hohen Preis zu bezahlen bereit sei.[39]

Aber keines der auf der Tour besichtigten Objekte konnte bezüglich der landschaftlichen Schönheit des Standorts, der räumlichen Wirkung aufgrund des Verfallsgrads und der dadurch ausgelösten melancholischen Affekte mit der Ruine von Haludovo mithalten. Daher stand Haludovo immer als allerletzte Attraktion auf dem Reiseplan – bevor die Teilnehmer*innen von der Dichte der Eindrücke völlig erschöpft, aber von der Intensität dieses Erlebnisses beglückt die lange Heimreise mit dem Bus antraten.

Die Teilnehmer*innen näherten sich unter meiner Anleitung der Ruine vom Parkplatz aus in Richtung des Haupteingangs, so als wäre das Hotel immer noch in Betrieb, wanderten dann an der Rezeption entlang in die große Halle und anschließend in die unterschiedlichen Funktionszonen. Wir besuchten auch den Outdoorpool, der eine bedeutende Rolle in der Eröffnungssequenz von Eves Video und in der Bewerbung meiner eigenen Projekte spielte. Die eine Gruppe verließ das Hotel dann Richtung Strand, durch die amerikanische Bowling-

39 Wir zahlten als Gruppe nur ca. 75 Euro pro Person. Der Listenpreis schwankt je nach Nachfrage: <https://www.designhotels.com/hotels/croatia/rovinj/hotel-lone> [29.05.2016].

Anlage im Tiefgeschoß, die andere folgte mir in den Pinienwald durch ein Dickicht, in dem sich völlig zugewucherte Bungalows verbargen, zu einer verfallenen Strandbar. Danach spazierten wir entlang der wunderschön gestalteten Uferanlage zu einer Gebäudegruppe mit Bootsanlegestelle im Stile eines mediterranen Fischerdorfs, hinter der der Autobus auf uns wartete. Während besonders eifrige Nachzügler*innen weiter nach Fotomotiven jagten, nutzten andere die Möglichkeit, ein letztes Mal ins Meer zu springen.

Obwohl das zentrale Hotelgebäude heute straßenseitig aus Sicherheitsgründen durch einen Maschendrahtzaun und meerseitig sogar durch hochgezogene Ziegelwände abgesperrt ist, müssen die Besucher*innen nur den Trampelpfaden folgen, um die Lücken im Zaun oder zu die leicht überwindbaren Stellen der Mauer zu finden. Im Inneren sind alle beweglichen Möbel längst gestohlen worden, die Einrichtung weitgehend zerstört, die Wände mit Graffiti überzogen, die Handläufe und Geländer der Treppen und die Beläge von den Böden abmontiert. Weil Türen und Fenster heute zur Gänze fehlen und alle Glasscheiben zersplittert sind, erscheint auf dem Erdgeschossniveau die Trennung zwischen innen und außen völlig aufgelöst. Trotzdem lassen sich die verschiedenen Funktionsbereiche nach wie vor identifizieren: Rezeption, Lobby, Speiseräume, Bar, Nachtclub, Bowlingbahnen, Indoor- und Outdoorpool usf. Während das Interieur und die Gebäudestruktur schwer unter Leerstand und Vandalismus zu leiden hatten, werden die Hotelterrassen und die vielen Freizeiteinrichtungen im umgebenden Pinienwald (z. B. Tennisplätze, Tischtennisplätze, Boccia- oder Minigolfbahnen) sukzessive von der Vegetation überwuchert.

Dem Imaginationspotential eröffnet sich ein weites Spektrum: Jeder devastierte Raum, jede renaturierte Freizeitanlage ist für die Besucher*innen mit Erinnerungen an eigene Erlebnisse in anderen Hotels aufgeladen. Das Wandern durch die dornigen Sträucher, die die großzügigen spektakulären Raumformationen umwuchern, kann Bilder eines verwunschenen, dornenumrankten Märchenschlosses evozieren. Andere mögen sich während ihres kontemplativen Herumstreunens durch die abgesperrte Hotelanlage an die evakuierte verbotene Zone aus Andrej Tarkovskijs Film *Stalker* von 1979 erinnern, dessen Held von Kulturwissenschafter*innen[40] und vielen Stadtforscher*innen meiner Generation zum Vorbild für zeitgenössische Ruinensafaris erhoben wurde.[41] Liebha-

40 Insbes. Böhme, Hartmut: Ruinen – Landschaften. Zum Verhältnis von Naturgeschichte und Allegorie in den späten Filmen von Andrej Tarkowskij, in: Ders.: *Natur und Subjekt.* Frankfurt/Main 1988, S. 343–379.

41 Pyzik, Agata: Toxic Ruins: the Political & Economic Cost of ‚Ruin Porn', in: *Australian Design Review* 2014/128, New Civic Design Realms, verfügbar unter: <http://www.australiandesignreview.com/features/29607-toxic-ruins-the-political-economic-cost-of-ruin> [29.05.2016]. Interessanterweise haben sich sowohl ein Architekten- und Stadtforscherkollektiv, das Mitte der 1990er Jahre in Rom gegründet wurde und Stadtwanderungen als ästhetische Praxis betrieb, als

Abb. 4: Ruine des Hotel Palace, Haludovo, Ansicht innen, Foto: Daniele Ansidei, 2011.

ber*innen moderner bildender Kunst und Architektur werden die grandiosen skulpturalen Bauelemente als gelungene Synthese von Kunst und Architektur bewundern oder den ganzen Komplex als monumentale Land-Art-Installation interpretieren. Jene, die über die Geschichte des Hotels Bescheid wissen, über den einst frivolen Hotelalltag, als das Penthouse Adriatic mit Spielcasino, Penthouse Pets und Jazzbands den internationalen Jetset ansprechen sollte, werden Szenen wie aus einem James Bond-Film imaginieren. Alle diese Beobachtungen und Erfahrungen, insbesondere die kinematographischen Assoziationen, sind nicht nur meine eigenen, sondern wurden während und nach der Exkursion von den Teilnehmer*innen bestätigt und auch Dritten gegenüber geäußert.[42]

Die meisten der Teilnehmer*innen waren intensiv mit dem Fotografieren der Attraktionen beschäftigt. Aber sie sammelten nicht nur bildhafte Beweise ihrer Anwesenheit vor Ort. Obwohl eigentlich alles Greifbare verschwunden scheint, finden sich noch genügend kleine Bauteile, die sich einfach mit nach Hause nehmen lassen: In den Umkleidekabinen des Hotelpools ist auf den ersten Blick sichtbar, wie nach und nach einzelne intakte Fliesen von der Wand gelöst wurden. Sie sind ökonomisch betrachtet wertlos, und angesichts dessen, was andere zuvor entwendet haben, müssen sich die Hobbyarchäolog*innen nicht besonders schämen, sie gestohlen zu haben. Ihr exaltiertes Design als abgerundete Pyramidenstümpfe und ihre Farbgebung in sanitärgrün und beige macht sie typisch für die spätmodernen Hotelanlagen der späten 1960er und frühen 1970er Jahre. Sie weisen den/die Souvenirjäger_in als Kenner_in von „authentischem“ Design aus.

Mehrere Personen, die zwar eine meiner Ausstellungen besucht, aber die Exkursionen versäumt hatten, fragten mich, wie sie diese Orte auf eigene Faust finden könnten. Ich habe ihnen also eine Google Map angeboten, in der die Standorte exakt eingetragen waren, sowie ein Dokument mit grundlegenden Informationen und ein paar Adressen lokaler Kontaktpersonen. Andere wiederum organisierten selbstgeführte Touren entlang dieser inzwischen ausgetretenen Pfade.[43] Einige der Teilnehmer*innen meiner Exkursionen fühlten sich

auch ein künstlerisch inspiriertes Stadtforschungsprojekt in Detroit nach Tarkowskijs *Stalker* benannt. Careri, Francesco: Walkscapes: Walking as an Aesthetic Practice. Barcelona 2003. Daskalakis, Georgia / Waldheim, Charles / Young, Jason: Stalking Detroit. Barcelona 2001.

42 Z. B. in einer öffentlichen Diskussion mit der Wiener Filmemacherin Andrea Seidling mit dem Autor aus Anlass der Uraufführung ihres neuesten Filmes *Frontstage/Backspace* im Forum Stadtpark Graz am 17. März 2016.

43 Z. B. organisierte Antonia Dika, eine in Kroatien geborene Architektin, die in Wien lebt und mich während meiner Recherchen unterstützt hatte, 2015 für die Kunstuniversität Linz eine Reise entlang der gesamten kroatischen Adriaküste. Dabei besuchte sie auch Hotels und Resorts, aber vor allem leerstehende Militäranlagen, die für ihr eigenes Forschungsprojekt relevant waren. Dika, Antonia: Von Soldaten und Touristen. Verlassene Militäranlagen auf

Abb. 5: Moni K. Huber, Haludovo, Gemälde, 2015.

zu kleinen wissenschaftlichen Arbeiten inspiriert, wie eine junge amerikanische Austauschstudentin in Rijeka.[44] Andere begannen professionelle künstlerische Arbeiten zu produzieren. Moni K. Huber fertigte beispielsweise eine Serie kleiner Aquarelle und großformatiger Gemälde von Hotelruinen an, die auf Collagen von Fotos basieren, die sie während der Exkursion geschossen hatte.[45] Andrea Seidlings durchquerte die Ruinen mit der Videokamera.[46] Beide Arbeiten habe ich 2016 in eine weitere Ausstellung integriert, die auf moderne Kunst, Design und Lifestyle in diesen Hotels konzentriert war.[47] 2016 wurde die Ruine

den adriatischen Inseln. Diplomarbeit an der TU Wien 2008. Dika, Antonia / Ansidei, Daniele: Pearls of the Adriatic, in: Neue Gesellschaft für Bildende Kunst (Hg.): *Desertmed: A Project about the Deserted Islands of the Mediterranean.* Ausstellungskatalog, Berlin 2012. Auch Motel Trogir, ein Aktivist*innen-Kollektiv aus dem Kunstbetrieb in Trogir und Split, begann die Exkursionen, die ich 2015 für sie organisiert hatte, ein Jahr später eigenständig anzubieten.

44 Artibee, Madeline: Abandoned Resorts and Foreign Investors: Croatia's Leisure and Tourist Industry Remembering Yugoslavia. Senior honors thesis in the anthropology department of Sweet Briar College, Sweet Briar, Virginia 2015.

45 Huber, Moni K.: Arcadia in Decay. Vienna 2015.

46 Seidling, Andrea: Frontstage/Backspace, HD-Video 15 min., Kroatien/Österreich, 2015–16.

47 Enjoying the Fruits of Yugoslavia's Third Way. Spurensuche in den Hotel-Ruinen der Spätmoderne, Ausstellung in der Galerie Gebhart Blazek. Berber-Arts, Graz März 2016, nähere Informationen verfügbar unter: <http://tracingspaces.net/823-2/> [10.06.2016].

Abb. 6: Moni K. Huber, Aquarelle, 2015.

von Haludovo auch in der aufwändigen vierteiligen TV-Produktion für das kroatische Staatsfernsehen *Betonski spavači* (Schlummernder Beton) unter der Regie von Saša Ban vorgestellt.[48] Dadurch wurde die öffentliche Aufmerksamkeit für das Thema auch in Kroatien auf eine neue Stufe gehoben.

Die Kraft der Differenz – Zwischen Jugo-Nostalgie und Ruinophilia

Mein eigenes Interesse an dem Forschungsprojekt basierte auch auf der idealisierten Vorstellung, Titos Jugoslawien sei ein „besseres“ politisches System gewesen: ein neutraler Staat (wie Österreich), der sich durch den Kampf gegen den Faschismus und die Opposition gegen den Stalinismus definierte und der Konzepte aus dem Sozialismus und der Marktwirtschaft in sich vereinte. Diese Vorstellung teilte ich mit vielen Österreicher*innen, die in einem sozialdemokratischen und antifaschistischen Milieu aufgewachsen sind.

Diese österreichische Spielart der Jugo-Nostalgie wurde aber durch die Erinnerungen an eigene Urlaubserfahrungen in den selbstverwalteten Betrieben an der Adria noch verstärkt. Das Wiederbereisen im Rahmen der Exkursionen bedeutete demnach für die meisten der Teilnehmer*innen eine verdichtete vergleichende Studie von Sehnsuchtsorten im Stadium ihrer Transformation: An einem dieser Orte – oder an einem ähnlichen Ort – hatten sie früher im Sommer ein, zwei Wochen verbracht und daran durchweg positive Erinnerungen geknüpft. Während der Reise ließ sich daher auch der Verlust einer vom Verschwinden bedrohten Feriengeographie betrauern, die in einer Welt mit zunehmend prekären Arbeitsverhältnissen und ortlosen Tourismuskonzepten immer weniger Platz findet. Für die Touristifizierung „authentischer“ sozialistischer Hotels und Resorts erscheint mir insbesondere bei der spezifischen Zielgruppe aus Architekt*innen, Künster*innen, Kurator*innen die geradezu exotistische Attraktivität der spätmodernen Synthese von Kunst, Architektur und Landschaft von Bedeutung. Sie stellt sich in den künstlerisch inspirierten Hotelanlagen beispielhaft dar, viel mehr aber noch in deren Ruinen. Denn in den Ruinen halten sich – so Georg Simmel – Geist und Natur in einer eigentümlichen Balance: Die Natur setzt einen Rechtsanspruch gegen die Baukunst, „dem sublimsten Sieg des Geistes über die Natur“ durch, sie rächt sich für ihre Unterwerfung durch den Geist.[49]

48 Das Drehbuch für die TV-Produktion wurde vom Architekturkritiker Maroje Mrduljaš mitverfasst, der als Koautor unserer eigenen Publikation Holidays after the Fall (2013) fungierte. Ban, Saša: Betonski spavači [Schlummernder Beton], produziert von Hulahop für HRT Zagreb 2016, nähere Informationen verfügbar unter: <http://www.hulahop.hr/en/project/betonski-spavaci/> [15.10.2018].

49 Simmel, Georg: Die Ruine, in: Ders.: *Philosophische Kultur.* Potsdam 1923, S. 135–143.

Der Höhepunkt und Abschluss der Reise, Haludovo, bot dabei sogar eine multiple Differenzerfahrung. Als Stranddestination selbstverständlich eine Gegenwelt zum strandlosen Zuhause, aber auch eine mondäne, luxuriös erscheinende Gegenwelt zum Bild des preisgünstigen klassenlosen Strandurlaubs in einem kommunistischen Land, anders als die gewohnten Urlaubserfahrungen typischer Mittelstandsfamilien – eine Gegenwelt, die womöglich doch nicht überall allen gleichermaßen offenstand. Und nicht zuletzt stellt die menschenleere Hotel-Ruine in einer normalerweise durchorganisierten Tourismuslandschaft die Gegenwelt par excellence dar.

Die Anziehungskraft von Ruinen ist nicht neu. In der Tradition der Grand Tour zählten sie auf Bildungsreisen junger Aristokraten oder Künstler zu den verpflichtenden Reisezielen.[50] Selbst in der Hochphase des Massentourismus kam kaum eine durchschnittliche Pauschalreise für den sommerlichen Erholungsurlaub am Meer ohne einen Tagesausflug zu einer historisch wertvollen Ruine aus. Und wie die Ruinen anderer längst vergangener Hochkulturen inspirieren nun auch diese Denkmäler eines vor Kurzem verschiedenen politischen Systems und ihrer mitunter vermessenen und schließlich gebrochenen Visionen das Imaginationspotential ihrer Besucher und Besucherinnen.

Ruinensafaris wie meine Exkursionen werden im akademischen Kontext sehr kontrovers diskutiert. Die Bewertungen reichen dabei vom Vorwurf des „Ruin Porn" bis zum verklärenden Konzept einer für Utopien offenen „Ruinophilia". Mit dem ersten Begriff kritisierten beispielsweise John Patrick Leary und Peter Mullins den ihrer Meinung nach extrem selbstzentrierten Blickwinkel von Forschungsreisenden aus der urbanen Mittelschicht. Den beiden Autoren zufolge werden jene von einer Sehnsucht nach ästhetischen Sensationen und emotionalen Affekten angetrieben, die sie in ihrem eigenen Alltag vermissen.[51] Dieser hyperkritische Diskurs über „Ruin Porn" und „Ruin Safaris" entwickelte sich interessanterweise um 2010 in Bezug auf die Wiederentdeckung der Autostadt Detroit durch das Kreativmilieu.[52] Der Begriff „Ruinopohilia" wurde im Kontext der postsozialistischen Transformation ins Spiel gebracht. Mit Bezug auf Walter

50 Vgl. Trnek, Renate: Traum vom Süden. Die Niederländer malen Italien. Wien 2007.

51 Das einstige Symbol der US-amerikanischen Massenmodernisierung und -mobilisierung litt nach der schweren ökonomischen Krise unter Entvölkerung und dem Verfall ganzer Stadtteile, viele der Häuser fielen Vandalismus und Brandstiftungen zum Opfer. Aber gerade durch den Verfall wurde Detroit zu einer Sehnsuchtsdestination für Kunst-, Foto- und Filmprojekte, für Popmusikevents und psychogeografische Stadtwanderungen. Leary, John Patrick: Detroitism, in: *Guernica Magazine of Arts & Politics* 2011, verfügbar unter: <http://www.guernicamag.com/features/leary_1_15_11/> [08.08.2016]; Mullins, Peter: The Politics and Archaeology of ‚Ruin Porn', in: *Archaeology and Material Culture* 2012, verfügbar unter: <http://paulmullins.wordpress.com/2012/08/19/the-politics-and-archaeology-of-ruin-porn/> [08.08.2016].

52 Daskalakis, Stalking Detroit, 2001; Leary, Detroitism, 2016.

Benjamin bezeichnet Svetlana Boym Ruinen als „Allegorien des Denkens" auf eine Vergangenheit, die ganz anders hätte verlaufen können, und eine Zukunft, die nie stattgefunden hat. Die Ruinen der Moderne weisen ihr zufolge nicht nur eine restaurative, sondern immer auch eine reflexive oder sogar projektive Dimension der Nostalgie auf. Diese Nostalgie ermöglicht nicht nur Träume einer imaginären Vergangenheit, sondern auch Träume einer potentiellen Zukunft. Im Gegensatz zur Nostalgie bezieht Boym ihren Begriff der „Ruinophilia" nicht so sehr auf die persönliche Erfahrung oder Erinnerung. „Ruinophilia" ist nicht notwendigerweise narzisstisch, dafür aber umso melancholischer.[53]

Auch in unseren Exkursionen wechselten wir zwischen narzisstischen Selbstspiegelungen und Diskussionen über die Zukunft der Resort-Ruinen sowie des fordistischen Urlaubsmodells generell. Meine eigenen geführten Touren erscheinen auf den ersten Blick eindeutig als kulturhistorisches Erwachsenenbildungsprogramm. Aber das schließt natürlich nicht aus, dass ich es genieße, selbst im Zentrum der touristischen Erfahrung der anderen zu stehen, bewusst meinen austrozentristischen Blickwinkel ins Spiel zu bringen, die Urlaubsorte und -erfahrungen meiner Kindheit in Erinnerung zu rufen, meine Gäste an verbotene Orte zu führen und mich selbst als ausgewiesener Experte vor und in den leeren Ruinen zu inszenieren, wo ich performativ Wissensformen unterschiedlichster Quellen abrufe. Und natürlich genieße ich es auch, die Gäste durch die wiederholten Übungen in „seducation",[54] der sorgfältig geplanten und durch visuelle und materielle Beweise meiner Expertise unterstützten Choreographie, zu überzeugen und ihr Vertrauen zu gewinnen.

Ungeachtet der Kampfbegriffe „Ruin Porn" und „Ruinophilia" verstehe ich mich als Teil einer transnationalen Erbengemeinschaft aus mehreren Generationen von Gastgeber*innen und Gästen, die die touristische Erlebnislandschaft an der kroatischen Adria zu gleichen Teilen konstituiert haben. Mit dem Buch, den Ausstellungen und den Exkursionen wollte ich den dominierenden Bildern eines heilen postsozialistischen wirtschaftsliberalen Kroatien, das die Regierung und die Tourismusbehörden produzieren und verbreiten, Bilder meiner Erinnerung und Erfahrung entgegenstellen.

Die Branding-Strategie des unabhängigen Kroatien für seine Küstendestinationen setzt auf die völlige Ausblendung der Epoche des sozialistischen Jugoslawien, obwohl fast die gesamte Infrastruktur, auf der die Tourismuswirtschaft basiert, in genau dieser Zeit geplant und errichtet worden ist. Der 2007 eingeführte Slogan der kroatischen Tourismus-Werbung, „The Mediterranean as

53 Boym, Svetlana: Ruinophilia: Appreciation of Ruins, in: Havránek, Vit / Baladrán, Zbyněk (Hg.): *Atlas of Transformation*. Zürich 2010, verfügbar unter: <http://monumenttotransformation.org/atlas-of-transformation/html/r/ruinophilia/ruinophilia-appreciation-of-ruins-svetlana-boym.html> [30.01.2017].

54 Salazar, Envisioning Eden, 2012, S. 74.

it once was",[55] weist weit in die Vergangenheit, auf Fernand Braudels Beschreibung des Mittelmeerraums als multiethnischen, kosmopolitischen Kulturraum, was die Erinnerung an den Krieg und den Zerfall des Vielvölkerstaats in den 1990er Jahren für Tourist*innen überdecken soll. Stattdessen wird die Küste Kroatiens vom offiziellen nationalen Ausschuss für Tourismus heute in wunderschönen Architektur- und Landschaftsaufnahmen vorrangig ohne jegliche Menschen und Spuren der Modernisierung als genuin „europäisch" propagiert. Statt des byzantinischen, slawischen und sozialistischen Erbes werden nun das römische, venezianische und vor allem das österreichisch-ungarische Erbe hervorgehoben.[56] Das Tourismus-Marketing wurde zum wichtigen Werkzeug einer weitreichenden politischen Neupositionierung, die auf eine klare Abgrenzung von den anderen Nachfolgestaaten Jugoslawiens setzt. Allerdings erschwert diese „Entbalkanisierung"[57] und Geschichtsrevision die Versöhnung und Völkerverständigung mit den Nachbarn.[58]

Ich bin keineswegs der einzige, der alternative Bilder von monumentalen spätmodernen Architekturdenkmälern in vormals sozialistischen Ländern produziert. Fotobücher und Ausstellungen von Künstler*innen zum Thema sind seit einigen Jahren regelrecht en vogue.[59] Auch in der Architekturgeschichte nehmen die Projekte zu.[60] Ebenso sind bekannte Kulturinstitutionen wie das

55 Ab 2015 lautet der Slogan jedoch „Croatia, Full of Life" bzw. „Kroatien, Voller Leben", vgl.: Croatian National Tourist Board.

56 Vgl. Rivera, Lauren: Managing ‚Spoiled' National Identity: War, Tourism and Memory in Croatia, in: *American Sociological Review* 73. Jg. 2008, S. 613–634.

57 Im Gegensatz zum Begriff der „Balkanisierung", mit dem die tradierten negativ konnotierten stereotypen Zuschreibungen der kulturell so komplexen Halbinsel kritisiert werden. Vgl. Todorova, Maria: Die Erfindung des Balkans. Europas bequemes Vorurteil. Darmstadt, 1999 [engl. Originalausgabe: 1997].

58 Arnaud, Fanny: Memorial Policies and Restoration of Croatian Tourism Two Decades after the War in Former Yugoslavia, in: *Journal of Tourism and Cultural Change* 14. Jg. 2016/3, verfügbar unter: <http://dx.doi.org/10.1080/14766825.2016.1169348> [30.01.2017].

59 Z. B. Hurnaus, Hertha u. a.: Eastmodern: Architecture and Design of the 1960s and 1970s in Slovakia. Wien u. a. 2007; Kempenaers, Jan: Spomenik: The End of History. Amsterdam 2010; Bezjak, Roman: Socialist Modernism. Ostfildern 2011; Chaubin, Frédéric: CCCP – Cosmic Communist Constructions Photographed. Berlin 2011; Linke, Armin / Jovanovic Weiss, Srdjan: Socialist Architecture: The Vanishing Act. Zürich 2012, und den Ausstellungskatalog mit dem sprechenden Titel „Ostalgia": Rota, Simona: Ostalgia. La Coruña 2013.

60 Butter, Andreas: Neues Leben, Neues Bauen. Die Moderne in der Architektur der SBZ/DDR 1945–1951. Berlin 2006; Crowley, David / Pavitt, Jane (Hg.): Cold War Modern: Design 1945–1970. London 2008; Kulić, Vladimir u. a. (Hg.): Modernism In-Between: The Mediatory Architectures of Socialist Yugoslavia. Berlin 2012; Architekturzentrum Wien (Hg.): Soviet Modernism 1955–1991. Unknown Stories. Zürich 2012; zuletzt auch ein Buch über modernistische Ferienanlagen an der rumänischen Schwarzmeerküste: Șerban, Alina u. a. (Hg.): Vederi încântătoare: Urbanism și arhitectură în turismul românesc de la Marea Neagră în anii '60–'70 / Enchanting Views: Romanian Black Sea Tourism Planning and Architecture of the 1960s and 70s. Bucharest 2015.

New Yorker Museum of Modern Art (MoMA) an der sozialen Umwertung des sozialistischen Kulturerbes beteiligt. Im Sommer 2016 reiste Martino Stierli, ein in der Schweiz ausgebildeter Kunsthistoriker und der neue Direktor der Architekturabteilung des MoMA, zu Monumenten der Spätmoderne im ehemaligen Jugoslawien, um eine Ausstellung für das MoMA vorzubereiten. Ihre Vermittlung wird auch einem konservativeren, sozial distinguierten Teil des Bildungsbürgertums Regierungsgebäude, Massenwohnungsbau und Monumente aus der kommunistischen Zeit als Reiseziele erschließen.[61]

Der unkritische Konsum von Bildern, wie sie von der Tourismuswirtschaft in Umlauf gebracht werden, kann mit solchen Interventionen tatsächlich gestört, verweigert und unterlaufen werden. Sollten diese Gegenbilder auf Akzeptanz stoßen, können sie ebenso in den Kreislauf integriert werden und ihn dadurch verändern.[62] Noch aber scheint ihre Verbreitung auf eine Reise-Subkultur beschränkt. Entstehen dabei wie in diesem Fall auf den Reisen abseits der ausgetreten Pfade starke Texte, eindringliche Metaphern und attraktive Bilder, dann können sie als Reiseführer dienen. Sie können wiederum andere ermutigen, zu Forschungsreisen aufzubrechen und die ästhetischen Trophäen in ihrer Peergroup, im Kunstbetrieb und darüber hinaus zur Diskussion zu stellen, insbesondere wenn sie über das Internet weite Verbreitung finden.

Interessanterweise werden in Selbstdarstellungen auf Blogs und in den Kommentaren die Forschungsreisen zu den Ruinen häufig als „road trips" an unbekannte Orte bezeichnet, wo man in verbotene Zonen eindringt, Spuren fremder Kulturen ausgraben kann und verdrängte Mythen freilegt. In diesem Zusammenhang fällt häufig der Begriff „kosmisch", womit Ruinentourist*innen einen direkten Vergleich zwischen ihrer Erfahrung vor Ort und der Erkundung eines anderen Planeten ziehen. Möglicherweise ist diese Lesart kein Zufall, sondern das Ergebnis kultureller Imaginationen: Noch lange vor der ersten Expedition ins All, in den 1920er Jahren, spielten spirituelle und formalistische Vorstellungen eine wichtige Rolle in der sowjetischen Avantgardekunst und -architektur, die prägend für folgende Generationen werden sollte. Im Zuge der allgemeinen Begeisterung für die sowjetische Raumfahrt inspirierte die Vorstellung eines kommunistischen Lebens im Weltraum ab den 1950er Jahren viele Architekt*innen. Diese Assoziation wurde beispielsweise auch vom französischen Fotografen Frédéric Chaubin prominent im Untertitel eines der popu-

61 Die Ausstellung „Toward a Concrete Utopia. Architecture in Yugoslavia 1948–1980" war vom 15.07.2018 bis zum 13.01.2019 im MOMA zu sehen. Stierli, Martino / Kulić, Vladimir: Toward a Concrete Utopia: Architecture in Yugoslavia 1948–1980. New York 2018 (siehe: <https://www.moma.org/calendar/exhibitions/3931> [15.10.2018]).

62 Salazar, Noel B.: Tourism Imaginaries: A Conceptual Approach, in: *Annals of Tourism Research* 39. Jg. 2012/2, S. 863–882.

lärsten Fotobücher der letzten Jahre postuliert: CCCP – Cosmic Communist Constructions Photographed.[63]

Heutzutage erfahren Ruinentourist*innen und -künstler*innen den Aspekt des Kosmischen nicht mehr primär als in eine ideale Zukunft weisend, sondern eher aufgeladen mit der starken melancholischen Sehnsucht nach einer verlorenen Utopie: Wer auch immer diese so außergewöhnlich erscheinenden Ruinen einstiger Hotelanlagen gebaut haben mag, viele Besucher*innen interpretieren sie als Hinterlassenschaft einer außerirdischen Spezies, die lange vor unserer Zeit auf dem Planeten Erde gelandet ist. Die Bauwerke werden als Beweise eines anderen Lebens gelesen, eines dritten Weges, für dessen Entschlüsselung und Verständnis unserer Spezies leider immer noch die Mittel fehlen – eines dritten Weges, der zwar erst wenige Jahrzehnte zurückliegt, der uns aber trotzdem erscheint wie von einem anderen Stern.

63 Chaubin, CCCP, 2011.

Sabine Stach

Urbanität und Nostalgie? Auf der Suche nach Entschleunigung in der städtetouristischen Vermarktung des „kommunistischen Erbes"

Der Städtetourismus gehört innerhalb der Tourismusindustrie zu jenen Marktsegmenten, die einem ungebrochenen Aufwärtstrend folgen.[1] Besonders beliebt sind Kurzreisen in europäische Großstädte – sogenannte „city breaks", wie sie in der Sprache des Marketing genannt werden. Entsprechende Angebote werben mit der Vielfalt von Attraktionen in einer Stadt – mit kulturellen Veranstaltungen und Freizeiteinrichtungen ebenso wie mit der besonderen Atmosphäre oder der historischen Bedeutung eines Ortes. Es ist häufig die „historische Altstadt", die als Erstes auf dem Programm der Reisenden steht. Hier, so das Versprechen von Werbung und Reiseführern, könne man Zeugen einer vergangenen Epoche bestaunen und gleichsam durch die gebaute Geschichte der Stadt spazieren.

Doch was als „ursprünglich" und deshalb „typisch" für einen Ort präsentiert und besichtigt wird, hängt nicht zuletzt von der Zielgruppe der Reise ab. So zeigt ein Blick auf die Sightseeing-Vorschläge unterschiedlichster privater aber auch kommunaler Anbieter, dass das Spektrum an Sehenswürdigkeiten durchaus variiert: Beschränken sich einige Reiseleiter[2] auf repräsentative Gebäude und Denkmale vergangener Jahrhunderte, integrieren andere auch jüngeres Bauerbe in ihre Besichtigungstouren. Neben architektonischen Highlights des 21. Jahrhunderts sind etwa ehemalige Fabrik- und Industriegelände in den Rang des Sehenswerten aufgestiegen. Zudem werden seit einigen Jahren auch Relikte des Staatssozialismus bzw. des Kalten Krieges zu touristischen Destinationen erklärt. Ob der Checkpoint Charlie in Berlin, das Wohngebiet Nowa Huta in Krakau, der Kulturpalast in Warschau, das sowjetische Ehrenmal in Bratislava oder ein ehemaliger Luftschutzbunker in Prag – auch solche im 20. Jahrhundert entstandenen urbanen Innen- und Außenräume werden als „authentische" Relikte der Vergangenheit markiert und explizit als kulturelles Erbe vermarktet.

1 Für den deutschsprachigen Markt vgl. etwa Lohmann, Martin u. a.: Urlaubsreisetrends 2025. Entwicklung der touristischen Nachfrage im Quellmarkt Deutschland. Kiel 2014.

2 Aus Gründen der besseren Lesbarkeit wird im Folgenden das generische Maskulinum verwendet. Es sind immer alle Geschlechter gemeint.

Insbesondere Reisende aus Westeuropa, Australien und den USA scheinen angezogen von diesen Relikten einer untergegangenen Epoche.[3]

Dieses Geschäft mit den Überresten der Zeitgeschichte hat sich mittlerweile als eigene Nische innerhalb des komplexen städtetouristischen Marktes etabliert. Ausgehend von Berlin, wo das Angebot mit „Trabi-Safaris“ und „Berlin Wall Tours“ besonders breit ist, haben sich seit den 2000er Jahren in fast allen Hauptstädten Ostmitteleuropas touristische Angebote entwickelt, die sich explizit der Zeit zwischen 1945 und 1989 widmen.[4] In „Communism Tours“ oder „Communist Walking Tours“, die in der Regel auf Englisch angeboten werden,[5] haben die Gäste die Möglichkeit, sich an Orte führen zu lassen, die mit dem Kalten Krieg, dem Eisernen Vorhang oder der Herrschaft der Kommunisten in diesem Teil von Europa verbunden sind. Bei den Anbietern handelt es sich durchweg um private Unternehmen. Nur sehr vereinzelt bieten kommunale Tourismusorganisationen oder zivilgesellschaftliche Gruppen Programme an, die diesen Teil lokaler Geschichte fokussieren. In solchen Fällen handelt es sich meist um thematisch sehr spezielle Rundgänge in der Landessprache.[6] Die hier

3 Leider gibt es hierzu kaum statistisches Material, da die Touranbieter selbst in der Regel keine Statistiken führen. Alle Reiseführer, mit denen ich in Warschau, Prag und Bratislava sprach, gaben aber an, dass nur sehr wenig Reisende aus Ost(mittel)europa unter den Gästen seien. Dasselbe Bild zeigt ein Blick auf die Bewertungen im Online-Portal „TripAdvisor“, und auch Fanny Raab kam 2010 in ihrer Studie zu Berlin zu entsprechenden Ergebnissen: Raab, Fanny: The Significance of Socialist Heritage for Tourism in Berlin: Neglectable Niche or Important Part of the Tourist Offer?, in: Dies. / Kagermeier, Andreas (Hg.): *Wettbewerbsvorteil Kulturtourismus. Innovative Strategien und Produkte.* Berlin 2010, S. 125–140, hier 134.

4 Zumeist unter dem Begriff „communist heritage“ finden sich seit 2000 erste wissenschaftliche Auseinandersetzungen mit der Einspeisung des staatssozialistischen Erbes in die internationale Tourismusindustrie. Hier zu nennen sind insbesondere Light, Duncan: Gazing on Communism. Heritage Tourism and Post-Communist Identities in Germany, Hungary and Romania, in: *Tourism Geographies* 2. Jg. 2000/2, S. 157–176; Ders.: An Unwanted Past. Contemporary Tourism and the Heritage of Communism in Romania, in: *International Journal of Heritage Studies* 6. Jg. 2000/2, S. 145–160; Caraba, Cosmin Ciprian: Communist Heritage Tourism and Red Tourism. Concepts, Developments and Problems, in: *Cinq Continents* 1. Jg. 2011/1, S. 29–39; Young, Craig / Light, Duncan: „Communist Heritage Tourism“ Between Economic Development and European Integration, in: Hassenpflug, Dieter u. a. (Hg.): *Heritage and Media in Europe – Contributing towards Integration and Regional Development.* Weimar 2006, S. 249–261; Frank, Sybille: Der Mauer um die Wette gedenken. Die Formation einer Heritage-Industrie am Berliner Checkpoint Charlie, Frankfurt/Main 2009; Raab, Significance, 2010.

5 Teilweise gibt es auch Angebote auf Spanisch und Deutsch.

6 Das städtische Tourismusbüro Prague City Tourism / Pražská Informační Služba etwa bietet regelmäßig Touren an, die sich Prag auf den Spuren von Václav Havel oder Jan Palach widmen. Auch in Warschau gibt es zunehmend Angebote, die sich an die Einwohner selbst richten und ihnen die Stadt unter neuen, ungewöhnlichen Gesichtspunkten näherbringen wollen. Eine erste Annäherung an dieses Phänomen haben die Ethnologen Karolina J. Dudek und Sławomir Sikora vorgenommen: Dudek, Karolina J. / Sikora, Sławomir: Miasto kroków. Spacer miejski jako narzędzie w działaniach oddolnych i instytucjonalnych [Stadt der Schritte. Der Stadt-

untersuchten Stadttouren finden in der Regel als „private Touren" für kleine Reisegruppen statt oder es handelt sich um sogenannte „Free Walking Tours", also regelmäßige Spaziergänge, denen sich die Touristen ganz spontan, gegen die Zahlung eines Trinkgeldes anschließen können. Ergänzt wird das Angebot um – ebenfalls meist privat betriebene[7] – „Kommunismusmuseen", um Themenbars, Souvenirstände oder besondere Attraktionen wie den Szoborpark[8] bei Budapest.

In diesem Beitrag wird die These ausgeführt, dass auch Stadtführungen auf den Spuren „des Kommunismus" an Sehnsuchtsorte führen. Welche Vorstellungen und Wünsche, welche Utopien und Projektionen in jenen kommerziellen Angeboten berührt werden, die die staatssozialistische Vergangenheit in den Fokus nehmen, steht im Zentrum dieses Artikels. Ausgehend von der Annahme, dass im Tourismus, wie kaum anderswo, physischer, kommodifizierter und imaginierter Raum ein Amalgam eingehen, frage ich danach, welche Sehnsüchte in den privaten Kommunismustouren des 21. Jahrhunderts eine Rolle spielen und auf welchen Präsentationsebenen sie aufgegriffen werden. Die hier vorgestellten Ergebnisse basieren auf der teilnehmenden Beobachtung von Stadtführungen in Prag, Warschau, Krakau und Bratislava, die ich im Sommer 2015 und 2016 durchgeführt habe. Die Interpretation soll in drei Schritten erfolgen: Zunächst gehe ich in allgemeiner Hinsicht auf die enge – und durchaus komplexe – Verquickung von Tourismus und Vergangenheit ein. Die Vorstellung multidimensionaler „Zeitreisen" weiterdenkend, betrachte ich danach die spezifische Qualität der staatssozialistischen Epoche hinsichtlich ihrer Temporalität näher und schäle das sozialistische Zeitregime als temporalen Sehnsuchtsort heraus, der auf verschiedene Weise imaginiert wird. Im letzten Teil schließlich werden konkrete Orte und Objekte vorgestellt, die als in die Stadtführungen integrierte „Zeitkapseln" fungieren. Die Aneignung der Geschichte durch die Erzeugung von anachronistischen Räumen und die spielerische Vermischung von erzählter Zeit und Erzählzeit wird hier aus ästhetischer und performativer Perspektive näher beleuchtet.

---

spaziergang als Instrument im Wirken von Zivilgesellschaft und Institutionen], in: Kultura oddolna [Kultur von unten], 13.04.2015, verfügbar unter: <http://kulturaoddolna.pl/miasto-krokow-spacer-miejski/> [01.09.2016].

7 Ausnahmen stellen freilich die staatlichen Gedenkstätten wie das „Haus des Terrors" in Budapest, das „Museum des Genozids" (auch „KGB-Museum") in Vilnius und verschiedene Gedenkstätten in Berlin dar. Zu den wenigen staatlichen Ausstellungen, die sich explizit dem Alltag widmen, gehört die Präsentation „Alltag in der DDR" der Stiftung Haus der Geschichte in Berlin.

8 Zum 1993 eingerichteten Statuenpark siehe: Springer, Peter: Stalins Stiefel. Politische Ikonographie und künstlerische Aneignung. Bonn 2012.

Reisen als Zeitreisen: Tourismus und Vergangenheit

Das Versprechen der Reiseanbieter an ihre Kunden, sich durch den Besuch bestimmter Destinationen nicht nur räumlich, sondern auch zeitlich fortzubewegen, stellt im Tourismus einen gängigen Werbeslogan dar. Als „Zeitreise" wird etwa der Besuch von Restaurants mit originalem Interieur, von Freilichtmuseen, alten Hotelanlagen oder besonderen Bauwerken – von monumentalen ebenso wie pittoresken – beworben. Auch ganze Stadtviertel können zum Ziel solcher Zeitreisen erklärt werden. In Warschau etwa gilt ein Spaziergang durch den Stadtteil Praga als Geheimtipp, der allein noch das Flair der Vorkriegsstadt zu vermitteln imstande sei,[9] in Krakau verspricht Kazimierz einen Eindruck vom jüdischen Leben vor 100 Jahren. Und das bereits genannte Krakauer Viertel Nowa Huta, das als eigenständige sozialistische Musterstadt errichtet worden war, versetze den Reisenden zurück in die Volksrepublik.[10]

Der Wunsch, eine Reise in die Vergangenheit zu unternehmen, spielt im Tourismus jedoch eine weitaus komplexere Rolle, als es diese Beispiele andeuten.[11] Die temporalen Besonderheiten touristischer Räume lassen sich in ganz verschiedenen Dimensionen von Zeit verorten. Das Vergangene steht auf unterschiedlichen Ebenen im Mittelpunkt der touristischen Suche nach dem Ursprünglichen. Egal, ob es sich um einen kulturtouristischen Städtetrip, eine Reise in die Berge oder einen Wellnessurlaub handelt – nicht selten hat die Urlaubsmotivation mit der Sehnsucht nach einem vermeintlich verschwundenen Vorher zu tun. Diese kann sich auf das bauliche Erbe einer vergangenen Epoche ebenso beziehen wie auf unberührte Natur, den eigenen Körper oder Reisen, die man in der Kindheit mit den Eltern unternahm. Die Urlaubsreise sei daher, so Valentin Groebner, vom Wunsch des „Wieder-Holens"[12] geprägt. Hinsichtlich

9 Ein deutschsprachiger Online-Reiseführer etwa stellt Praga als den „ursprünglichsten der Warschauer Stadtteile" vor und empfiehlt, dort „historische Momentaufnahmen" zu genießen: Praga, in: *Warschau.info – Der Online Reiseführer für Warschau*, verfügbar unter: <http://www.warschau.info/praga/> [01.09.2016].

10 „You will travel back in time" heißt es in der Beschreibung der „Communism Tour", angeboten durch die „Crazy Guides" in Krakau: Communism Tour, verfügbar unter: <http://www.crazyguides.com/krakow_tours/communism_tour_of_nowa_huta_district> [01.09.2016].

11 Die folgenden Absätze sind in leicht überarbeiteter Form folgendem auf Polnisch veröffentlichten Aufsatz entnommen: Stach, Sabine: Czas podróży w czasie. O turystyfikacji historii najnowszej w XXI wieku w Warszawie [Zeitreisezeit. Über die Touristifizierung der Zeitgeschichte im 21. Jahrhundert in Warschau], in: Řezník, Miloš u. a. (Hg.): *Historia w kulturze ponowoczesnej. Koncepcje – Metody – Perspektywy badawcze [Geschichte in der Kultur der Postmoderne. Konzepte – Methoden – Forschungsperspektiven]*. Kraków 2017, S. 105–123.

12 Groebner, Valentin: Endlich einmal alles richtig. Was macht der Tourismus mit der Ver-

der Erwartung der Reisenden sei der Tourismus also eine „Zeitwiederbeschaffungsmaschine".[13]

Die verlorene Zeit, die der Tourist dabei wiederzuerlangen versucht, ist auf allen drei Zeithorizonten angesiedelt, in der Menschen Zeit erfahren – im Alltag, in der Biografie und in der Historie.[14] Bezogen auf die Alltagszeit umfasst die touristische Reise den Versuch, jene Zeit wiederzugewinnen, die man im täglichen Arbeitsleben verloren zu haben meint. Touristisches Sein ist, so hat es Karlheinz Wöhler formuliert, „temporäre[s] Sein in alltagsabgewandten Räumen",[15] das seine Faszination aus dem Versprechen zieht, im Urlaub könne man Stress und Hektik entfliehen und eine besonders intensive Zeit erleben. Urlaubszeit gleicht in dieser Sehnsucht der „nostalgischen Zeit", wie sie Svetlana Boym beschreibt: „Nostalgic time is that time-out-of-time of daydreaming and longing that jeopardizes one's timetables and work ethic"[16]. Dass es jedoch auch im Urlaub – und vielleicht besonders bei Städtereisen – keineswegs ohne ein gewisses Zeitmanagement geht, gehört zu den Grundparadoxa des Tourismus. Wirft man nämlich einen Blick in die Reiseführer mit ihren „Don't miss"-Listen und minutengenauen Spaziervorschlägen, wird schnell klar, dass auch hier Effizienz und Disziplin vonnöten sind. Die Routine des Alltags scheint letztlich gegen ein touristisches Leistungsgebot eingetauscht.

Auch in Bezug auf die eigene Lebenszeit spielt die Urlaubsreise in zweifacher Hinsicht eine wichtige Rolle: Zum einen verdeutlichen die klassische Urlaubsfotografie für das heimische Album ebenso wie das Selfie, das sofort in den sozialen Medien gepostet wird, dass ein wichtiges Element touristischer Praxis die Selbsthistorisierung ist. „Man fährt buchstäblich in künftige Erinnerungen",[17] fasst Groebner dieses Prinzip der geplanten Rückblende zusammen und ergänzt zugleich die Vermutung, dass im Tourismus zum anderen immer idealisierte Kindheitslandschaften nachgebaut werden, zu denen anheimelnder „Touristenkitsch" ebenso gehört wie die beliebten Retro-Einrichtungen von Hotels und Bars.[18] Bei zeitgeschichtlich orientierten Ausflügen wie den hier beschriebenen erhält diese Sehnsucht nach der eigenen Jugend freilich eine ganz

gangenheit?, in: Steinfeld, Thomas (Hg.): *Die Zukunft des Reisens.* Frankfurt/Main 2012, S. 125–143, hier 128.

13 Ebd.

14 Zur Unterscheidung der verschiedenen Zeithorizonte Alltagszeit – Lebenszeit – Historische Zeit vgl. Rosa, Hartmut: Beschleunigung. Die Veränderung der Zeitstrukturen in der Moderne. Frankfurt/Main 2005, S. 30–33.

15 Wöhler, Karlheinz: Touristsein als temporäres Sein in alltagsabgewandten Räumen, in: Lauterbach, Burkhart (Hg.): *Auf den Spuren der Touristen. Perspektiven auf ein bedeutsames Handlungsfeld.* Würzburg 2010, S. 175–198, hier 179.

16 Boym, Svetlana: The Future of Nostalgia. New York 2001, S. XIX.

17 Groebner, Endlich einmal, S. 138.

18 Ebd., S. 139f.

besondere Ausformung: Hier können das Ziel der touristischen „Zeitreise“ und der reale Zeitraum der eigenen Kindheit (oder derjenigen der Eltern oder Großeltern) identisch sein.

Doch auch über die individuellen Zeithorizonte hinaus lässt sich die Suche nach dem unwiederbringlich Verlorenen als ein Grundcharakteristikum der Urlaubsreise beschreiben. Diesen Zusammenhang hat Hasso Spode aus der Entstehung des modernen Tourismus hergeleitet: Dem Tourismushistoriker zufolge sei die Herausbildung des zweckfreien Reisens in der Mitte des 18. Jahrhunderts nicht zufällig mit der Verzeitlichung des Denkens zusammengefallen. Die sich wandelnden Vorstellungen von Fortschritt und Zurückgebliebenheit wurden zunehmend auf den Raum projiziert: Einerseits bewunderten die Menschen die Modernität fremder Metropolen, andererseits war die touristische Suche von Beginn an auch eine Suche nach vormodernen, ursprünglichen Orten. Insbesondere die Bäder- und Bergtouristen reisten mit einem nostalgischen, ja zivilisationskritischen Blick durch die Welt.[19]

Das oben skizzierte Phänomen der Kommunismustouren legt die Vermutung nahe, dass die Suche nach Orten des „Früher“, oder vielmehr der Rückständigkeit, nach wie vor eine zentrale Rolle im touristischen Erleben spielt. Das vage „Damals“ zieht an, weil es aus Sicht der beschleunigten Welt von heute als Insel des Einfachen und sinnlich Fassbaren erscheint. Auch – und gerade – die überkommene Epoche des Kalten Krieges, in der die Welt in ihrer Bipolarität klare Unterscheidungen zwischen Ost und West, zwischen Gut und Böse vorgab, scheint solch ein Refugium jenseits der Spätmoderne zu sein, wie sie Hartmut Rosa in seiner Beschleunigungstheorie konzeptualisiert hat. Den Umschlagpunkt zwischen Moderne und Spätmoderne datiert er nicht zufällig um das Jahr 1989, also am Ende des Systemgegensatzes, in dem politische, digitale und ökonomische Revolution zusammengetroffen seien.[20] Seither habe sich die Krisenerfahrung, die vor allem in einem neuen Beschleunigungsdiskurs zum Ausdruck kommt, verschärft. Diesem „Akzelerationszirkel“[21] zu entfliehen ist, so Rosa, kaum mehr möglich.

An einigen Orten in Ostmittel- und Osteuropa scheint die langsamere Welt jedoch noch zugänglich. So hat etwa Joanna Dybiec in ihrer Analyse von Polen-Reiseführern aufgezeigt, wie stark das Motiv einer wirtschaftlichen und technischen Zurückgebliebenheit in den 1990er Jahren als Magnet für amerikanische Touristen diente. In der Vorstellung, hier ein noch „jungfräuliches“ – also vom Massentourismus unverdorbenes – und billiges Reiseland vorzufinden, wurde

19 Spode, Hasso: Homogenisierung und Differenzierung. Zur Ambivalenz touristischer Chronotopie-Konstruktionen, in: Girke, Felix u. a. (Hg.): *Kultur all inclusive.* Bielefeld 2014, S. 93–115, hier 98ff.

20 Rosa, Beschleunigung, 2005, S. 335f.

21 Ebd., Kap. VII.

die postsozialistische Gesellschaft als räumlich *und* zeitlich weit entfernt beworben. Schnell müsse man sie jedoch besuchen, solange der „Geist des Wandels" noch spürbar sei.[22] Als solch exotisches junges Transformationsland kann Polen – ebenso wie die anderen Länder Ostmitteleuropas – heute freilich kaum noch überzeugend in Szene gesetzt werden. Vielmehr zeigt sich rückblickend, wie intensiv die „Beschleunigungswelle"[23] der 1990er Jahre die gesamte Region verändert hat. Einzelne Orte locken jedoch weiterhin mit ihrer „Ost-Tristesse". Scheinbar unberührt von kapitalistischer Überformung bergen sie das Potential konkreter anachronistischer Räume, wie ich nach einem Blick auf den Kommunismus als temporalem Sehnsuchtsraum näher erläutern werde.

Die Zeit des Kommunismus als temporaler Sehnsuchtsraum

1. Anbieter und Angebot

Angeboten werden Touren, die sich explizit der Zeit des Staatssozialismus widmen, in erster Linie von jungen Einheimischen, die in den 1980er Jahren geboren wurden. Abgesehen von verschiedenen Free Walking Tour-Unternehmen handelt es sich in der Regel um Anbieter, die sich auf ein Produkt – nämlich Kommunismustouren und damit verbundene Erlebnisangebote – spezialisiert haben. Die Gründer der touristischen Kleinunternehmen sind häufig Tourguides, die sich nach anfänglichen Jobs für andere Reiseanbieter selbstständig gemacht haben. Die von ihnen beschäftigten Stadtführer stammen aus derselben Generation. Ihre Tätigkeit beschreiben die Betreiber durchweg als eine Art „Passion"[24]: In den von mir geführten Interviews erscheint immer wieder die Faszination für besondere Orte der eigenen Stadt als Hauptmotivation, die Beruf und Berufung in eins fließen lässt. Nicht selten erklären die jungen Reiseveranstalter ihre Sensibilisierung für den Stadtraum (oder einzelne Objekte daraus) dabei mit eher zufälligen biografischen Ereignissen, die zur intensiven Beschäftigung mit dessen jüngster Vergangenheit und später zur Geschäftsidee führten. „It's the story of my life",[25] umschreibt etwa Kamil von *CREATours* sein Interesse für den Warschauer Kulturpalast, dessen Innenräume er als Erster für Touristen erschloss. Was als Studentenjob an der Kasse zur Aussichtsplattform begann, ist heute die Basis eines erfolgreichen Unternehmens. Ähnliches gilt für

22 Dybiec, Joanna: Guidebook Gazes. Poland in American and German Travel Guides 1945–2002. Münster 2004, S. 167–172.
23 Rosa, Beschleunigung, 2005, S. 216.
24 Interview mit Rafał P. (Adventure Warsaw), Warschau 21.03.2016.
25 Interview mit Tomek O. und Kamil N. (CREATours), Warschau 19.03.2016.

die Gründer von *Adventure Warsaw*,[26] *Authentic Slovakia* in Bratislava, die *Crazy Guides* in Krakau oder *Prague Extravaganza* in Prag. In allen Fällen stammen die Hauptakteure in diesem Tourismussegment aus der Generation, die das Leben im Staatssozialismus kaum noch aus eigener Erfahrung kennt. Aufgewachsen mit den Erzählungen der Eltern und Großeltern und den Widersprüchen der Transformationszeit zeigen die reiseerfahrenen und in der Regel akademisch gebildeten[27] Stadtführer ihr Land Reisenden, für die das Leben östlich des Eisernen Vorhangs ebenfalls nur durch Vermittlung präsent ist. Die Suche nach der eigenen Geschichte, könnte man überspitzt formulieren, scheint hier in ihrer Präsentation für diejenigen zu resultieren, die noch weniger wissen.

Kompositorisch legen die Stadtführer, die die Geschichte des Staatssozialismus während einer Rundfahrt oder eines Spaziergangs präsentieren, ihren Schwerpunkt zumeist auf die Ereignis- und Politikgeschichte zwischen dem Zweiten Weltkrieg und 1989.[28] Nur selten strikt chronologisch angeordnet, wird die Erzählung entlang solcher Orte im Stadtraum strukturiert, an denen wichtige Themen verankert werden können. Mit Blick auf den Kulturpalast in Warschau oder den Letná-Hügel in Prag, auf dem einst ein riesiges Stalin-Denkmal stand, erfahren die Reisenden etwa über Josef Stalin, die Schauprozesse und Verhaftungen in dieser Zeit und die nach seinem Tod einsetzende Entstalinisierung. Bilder von 1968 in Prag und 1981 in Warschau einrollenden Panzern werden an solchen Orten präsentiert, an denen ihre damalige Präsenz plausibel gemacht werden kann. Vor Gebäuden, in denen Partei oder Staatssicherheit untergebracht waren, erfahren die Touristen über deren Machtmechanismen, indem diese ex- oder implizit mit jenen in demokratischen Systemen kontrastiert werden.

Ist die Route der Guided Tours also meist entlang politikgeschichtlich relevanter Orte komponiert, werden alltags- und mentalitätsgeschichtliche Aspekte eher an anderer Stelle – und teils auch auf einer anderen Ebene der Präsentation – in die Kommunikationssituation eingebracht. Wie die Menschen damals lebten, was sie aßen und tranken, wo sie arbeiteten und wohnten, worüber sie sich freuten und worunter sie litten, scheint für viele Besucher von zentralem Interesse zu sein. Nicht selten treten die Touristen zwischen den einzelnen Stopps

26 Rafał P., Gründer von *Adventure Warsaw*, studierte Stadtplanung in Warschau und beschäftigte sich in seiner Abschlussarbeit intensiv mit dem Bauerbe des Kommunismus (bzw. der kontrafaktischen Frage, wie Warschau heute aussähe, hätte es den Kommunismus nicht gegeben). Interview mit Rafał P. (Adventure Warsaw), Warschau 21.03.2016.

27 Die meisten der von mir befragten Tourguides haben ein geisteswissenschaftliches Studium abgeschlossen.

28 Die folgenden Beschreibungen von Elementen und Strukturen einzelner Touren entstammen teilnehmenden Beobachtungen, die ich im Sommer 2015 und 2016 in Prag, Warschau und Bratislava durchgeführt habe.

an den Stadtführer heran und richten Fragen aus diesem Themenspektrum an ihn. Häufig wird der Alltag auch innerhalb speziell dafür eingerichteter Räume thematisiert, indem etwa der Besuch privater Kommunismusmuseen in die Tour integriert wird.[29]

Typisch für kleine „Privattouren" ist außerdem die Einbindung eines kulinarischen Erlebnisses, indem etwa eine polnische Milchbar (bar mleczny), eine slowakische Kneipe oder eine tschechische Kantine (jídelna) besucht wird. Hier, so das Versprechen, lasse sich die sozialistische Vergangenheit mittels des eigenen Geschmacks- und Geruchssinns nachvollziehen. Hier werde körperlich erfahrbar, was bislang auf einer kognitiv-visuellen Ebene vermittelt worden sei. Darüber hinaus finden sich Aspekte des Alltagslebens vor allem in einer für touristisches Erzählen sehr typischen Form wieder – der Anekdote. Als Kommentar zu Bildern, Orten am Wegesrand, und häufig als Reaktion auf Nachfragen aus der Reisegruppe erzählt der Tourguide Begebenheiten aus seiner Familie,[30] die pointiert auf den Punkt bringen sollen, wie es damals „wirklich" war.

2. Eine graue Zeit

Doch welches Bild der „kommunistischen Zeit" wird auf der narrativ-visuellen Ebene in den thematischen Touren gezeichnet? Es ist die Vorstellung einer grauen Ära, einer monotonen und trostlosen Epoche, in der es an allem mangelte – außer an Zeit. Bereits in der Werbebeschreibung einiger Touren findet sich die Metapher der grauen Farbe, die nicht allein ästhetische und ökologische, sondern auch psychosoziale und temporale Assoziationen weckt. *Prague Extravaganza* etwa bewirbt seine „Communism & Bunker Tour" als Möglichkeit, der „grey period of Cold War history"[31] auf die Spur zu kommen. Die *FREE Walking TOUR foundation* schreibt über die Tour „Communist Warsaw" auf ihrer Webseite:

29 Das Warschauer Unternehmen *Adventure Warsaw* betreibt selbst das kleine Museum „Czar PRL" [Der Zauber der Volksrepublik], das zunächst nur im Rahmen der eigenen Stadtführungen zugänglich war. Heute kann es auch separat besucht werden. Ganz ähnlich hat der Gründer von *Prague Special Tours* ein „Nuclear Bunker Museum" eingerichtet, das in der „Communism & Nuclear Bunker Tour" besucht wird. Darüber hinaus existieren in Prag zwei weitere private Museen, die von anderen Anbietern in ihre Kommunismustouren integriert werden – Museum of Communism (*Prague Extravaganza, Gray Lines*); Muzeum studené války (Museum des Kalten Krieges) (*Prague Extravaganza, Explore Prague*).

30 Authentizität ihrer Erzählungen beanspruchen die meist erst in den 1980er Jahren geboren Guides in erster Linie über das Familiengedächtnis, an dem sie die Gäste teilhaben lassen. Ältere Zeitzeugen sind mir allein in Prag begegnet („Communist Tour" von *Prague Walks*, 17.07.2015; „Communist Walking Tour" von *Gray Lines*, 09.08.2016).

31 „Communism & Bunker Tour", verfügbar unter: <http://extravaganzafreetour.com/communism-bunker-tour/> [15.10.2018].

> „The streets, even in summer, looked grey; there were no people in restaurants in the evenings, they served rather awful food in bars; there were big queues in front of every shop […]. These were not very fun times. Well, that is not entirely true. Laughing was one of the ways to make this grey life into bit more bearable [sic].“[32]

Die hier evozierten Bilder vom grauen Alltag, von Gleichförmigkeit und Monotonie knüpfen an einen Topos über die andere Seite des Eisernen Vorhangs an, den westliche Journalisten bereits seit den 1950er Jahren in den internationalen Diskurs einspeisten.[33] Er gehört zu jenen Motiven, die als bekannt vorausgesetzt werden, wie etwa die Erzählung eines Guides von *Prague Extravaganza* illustriert:

> „Angekommen beim Thema Wohnungsbau schildert D. nun die Errichtung großer Plattenbausiedlungen, ohne das Bild der Grauheit explizit zu aktivieren. Erst auf die Nachfrage, wie es sei, heute in einer solchen Siedlung zu wohnen, antwortet er: ‚Nowadays it's not so grey, so sad.' “[34]

In erster Linie spielen die Erzähler mit der Farbe Grau auf die Folgen der staatlichen Planwirtschaft an, die in einem ständigen Mangel an materiellen Gütern resultiert habe und in vielerlei Unzulänglichkeiten zum Ausdruck gekommen sei.[35] Dabei wird suggeriert, die omnipräsente Tristesse habe sich zugleich auf die Mentalität und die Psyche der Menschen ausgewirkt. Es seien schwere Zeiten gewesen, die man allein durch Humor, List und privaten Zusammenhalt habe überstehen können. Trotz des durchaus breiten Bedeutungs-

---

32 Free Walking Tour „Communist Warsaw“, verfügbar unter: <http://freewalkingtour.com/warsaw/tours/free/communist-warsaw/> [15.10.2018].

33 Brzostek, Błażej: „Ketman“ und „urbanitate“. Äußere Zeichen gesellschaftlicher Unterschiede in Bukarest und Warschau in den 1950er und 1960er Jahren, in: Borodziej, Włodzimierz u. a. (Hg.): *„Schleichwege“. Inoffizielle Begegnungen sozialistischer Staatsbürger zwischen 1956 und 1989*. Köln u. a. 2010, S. 25–54, hier 25. Dass die Metaphorik des Grauen auch in zeitgenössischen literarischen Reflexionen polnischer Schriftsteller und Künstler über das Leben in der PRL zu finden ist, hat Andrzej Delorme herausgearbeitet: Delorme, Andrzej: Szarość komunistycznej codzienności. Percepcja jakości życia w PRL-u [Das Grau des kommunistischen Alltags. Die Wahrnehmung der Lebensqualität in der Volksrepublik], in: Robotycki, Czesław (Hg.): *PRL z pamięci [Die Volksrepublik aus dem Gedächtnis]*. Kraków 2001, S. 13–57.

34 Feldnotiz Prague Extravaganza: Communism and Bunker Tour, 10.08.2016.

35 In ähnlicher Funktion zieht auch Markus Krzoska in seiner jüngst erschienenen Kulturgeschichte Polens die Farbe Grau als Metapher für den Alltag in der PRL heran: Grau sei einerseits die omnipräsente „Leitfarbe“ (S. 149) in den Straßen gewesen, sie charakterisiere andererseits die „schweren Arbeitsbedingungen“ (S. 181) damals. Weit über diesen Interpretationsrahmen hinaus geht die differenzierte Analyse der Farbe Grau als Ausdruck eines durchaus bewussten Uniformismus im staatssozialistischen Alltag in Warschau und Bukarest durch Błażej Brzostek. Nicht zuletzt habe die äußere Vernachlässigung des Körpers den Passanten der Großstadt bis in die 1960er Jahre als Schutzmaskerade gedient. Krzoska, Markus: Ein Land unterwegs. Kulturgeschichte Polens seit 1945. Paderborn 2015; Brzostek, „Ketman“, 2010.

spektrums, das das Grau prinzipiell abdecken kann, fungiert die Farbmetapher in erster Linie als Indiz für ein Defizit: Es ist die Absenz einer bunten, kontrastreichen Warenwelt, über die das Leben hinter dem Eisernen Vorhang mit der Erfahrungswelt der Gäste verknüpft wird.[36] Auf diese Weise wird das Präsentierte zum Komplementär des eigenen Lebens im heutigen – ungebremsten – Kapitalismus.

Die antagonistische Erzählweise, in der permanent auf den großen Unterschied zwischen Ost und West, vor allem aber zwischen Damals und Heute verwiesen wird, lässt die Periode des Staatssozialismus einerseits zu einer absurden und bizarren Zeit gerinnen, die kaum mehr nachvollziehbar sei. Andererseits handelt es sich hierbei um eine höchst ambivalente Erzählung, denn auch von den Folgen der postsozialistischen Transformation und des „Turbokapitalismus" distanzieren sich die Tourguides in der Regel sehr deutlich. Im Rahmen der Free Walking Tour „Communist Warsaw" erklärt eine Stadtführerin etwa:

> „I don't remember the communist, but I remember the transition [time]. And those who think that from one day to another, we became a happy country, democratic country, they are totally wrong, yeah? 90s were Mafias, 90s were pollution, everything grey, everything dark [...]."[37]

Dieses Statement, das zugleich als Authentisierungsstrategie einer Erzählerin fungiert, die selbst keinen Zeitzeugenstatus für den eigentlichen Gegenstand der Tour beanspruchen kann, verweist auf die hohe Bedeutung, die sowohl Transformationszeit als auch Gegenwart in den untersuchten Touren einnehmen. Auch in Krakau dient die lange Auto- oder Straßenbahnfahrt aus dem Stadtzentrum in das Stadtviertel Nowa Huta den Stadtführern von Kommunismustouren dazu, die wilde Baupolitik der 1990er zu thematisieren und zu kritisieren.[38] In Bratislava schließlich spiegelt sich der Anspruch, nicht zuletzt den heutigen Zustand des Stadtraumes kritisch zu kommentieren, bereits im Namen der von *Authentic Slovakia* angebotenen „Post Socialist Tour" wider. Beginn und Ende der Tour sind hier jenen verlassenen Industriestandorten (der ehemaligen Brauerei Stein, Gelände der Reifenfabrik Matador) gewidmet, die nach dem Systemwechsel langsam zugrunde gingen bzw. rasch privatisiert und von Investoren abgewickelt wurden.[39]

---

36 Zur Bedeutung der Vermarktung des Eigenen (der Touristen) in der Darstellung des Fremden (des Lokalen) vgl. etwa Ashworth, G. J. /. Larkham, P. J.: Building a New Heritage. Tourism, Culture, and Identity in the New Europe. London, New York 1994, S. 24.

37 FREE Walking TOUR: Communist Warsaw, 14.09.2016.

38 Crazy Guides: Communism Tour, 07.07.2015; Free Walking Tours Krakau: Communism Tour, 08.07.2015.

39 Im Interview schildert Peter C., Mitbegründer von *Authentic Slovakia*, das Zeigen von verlassenen Orten und Industrie- bzw. Baubrachen gar als Ausgangsidee für ein eigenes, „al-

Wird in den genannten Beispielen sehr explizit Kritik an den Auswirkungen des kapitalistischen Wirtschaftssystems geübt, wird sie in anderen Touren eher implizit über den Topos einer „Ironie der Geschichte" transportiert. So schließt fast jede Warschauer Tour, die die ehemalige Parteizentrale (Dom Partii) in ihre Route integriert, den Verweis darauf ein, dass sich heute nicht nur das Banken- und Finanzzentrum der Stadt, sondern auch eine Ferrari-Filiale darin befinde: „[T]hat is a funny story", erklärt etwa die bereits erwähnte Stadtführerin der *Free Walking Tours* in Warschau,

> „[...] you know, that's very strange sense of humor [sic]. Because this building in 1991 became a stock exchange [LACHEN] and now it is a financial and banking center [...] [LACHEN]. So, yeah, from communism we became capitalist, like literally, yeah? And also: the only Ferrari salon in Poland is located in this building [...]."[40]

Hier bleibt es – ebenso wie im Falle des Prager Museum of Communism, das selbstironisch damit spielt, dass sich im selben Haus auch ein McDonald's befindet – den Gästen selbst überlassen, eine Brücke zwischen Damals und Heute zu schlagen und über die Kontinuität ideologisch-symbolischer Orte zu reflektieren.[41]

Indem die ständige Kontrastierung zwischen Kommunismus und Kapitalismus durch Ironisierungen (inklusive Anspielungen auf die Tourismusindustrie) eine ambivalente Bewertung erfährt, verliert die in narrativer Hinsicht ansonsten sehr deutliche Abgrenzung von der Zeit vor 1989 hier ihre Klarheit. Mit Blick auf die visuellen und performativen Eigenschaften der „Communism Tours" lässt sich gar eine zweite Bedeutungsebene des Grauen erkennen, die weniger negativ konnotiert ist als diejenige von Tristesse und Mangel: Es ist die Vorstellung einer spezifischen Langsamkeit und Einfachheit, die das Leben vor 1989 bestimmt habe. So werden die Touristen etwa mithilfe von zusätzlichem visuellem Material in vielen der Stadtführungen (bzw. den integrierten Museumsbesuchen) mit Menschen konfrontiert, die stundenlang in einer Schlange stehen mussten, um ihren Bedarf an grundlegenden Konsumgütern zu decken. Hier

---

ternatives" touristisches Angebot in Bratislava, das nicht die schönen, allzu touristischen Orte zum Inhalt haben sollte. Die urbane Entwicklung während des Staatssozialismus sei im ursprünglichen Angebot eher als Vorgeschichte präsent gewesen. Als jedoch die Kunden immer wieder Fragen über verschiedene Aspekte zur Geschichte vor 1989 stellten, sei das Thema „Kommunismus" schrittweise in die Tour integriert worden und später zum Hauptthema avanciert. Interview mit Peter C. (Authentic Slovakia), 17.10.2016.

40 FREE Walking TOURs: Communist Warsaw, 14.09.2016.

41 Ähnliches ließe sich über den in Prag präsentierten Letná-Hügel sagen. Hier fungiert der ehemalige Standort eines riesigen Stalin-Denkmals, auf dem Anfang der 1990er eine ebenfalls riesige Michael-Jackson-Figur als Marketing seiner ersten Osteuropa-Tour aufgestellt wurde, als solches Kuriosum. Prague Extravaganza: Communism and Bunker Tour, 15.07.2016. Prague Special Tours: Communism and Nuclear Bunker Tour, 16.07.2015 und 11.08.2016.

eröffnet sich eine Bedeutungsebene, die im Kontext der touristischen Sehnsucht nach einer Auszeit durchaus nicht ohne Reiz ist. Als Gegenteil von materiellem Überfluss kommen hier Zeitüberfluss und Langeweile[42] zum Vorschein – Erfahrungen, die in der nostalgischen Suche nach Zeit ihren Schrecken verlieren. Das Elementare, das dem damaligen stundenlangen Warten vor einem Ladengeschäft innewohnt, hat eine grundlegend andere Qualität als die Hektik an der Supermarktkasse oder auch das Warten auf digitale Downloads und Updates, die unser Leben heute prägen.

Gleichzeitig transportieren Anekdoten über das omnipräsente, erzwungene Warten häufig ein Bild der Geselligkeit, das ebenfalls in Einklang mit Urlaubsutopien steht, wie folgendes Beispiel aus der „Communism Tour" der Krakauer *Crazy Guides* illustriert: Während wir in einem – aus der Volksrepublik stammenden – Restaurant in Nowa Huta sitzen und ein Bier trinken, erzählt die Stadtführerin mir und den Kunden aus den USA von einem Freund ihres Vaters, der angeblich einmal drei Tage vor einem Laden auf einen Fernseher gewartet habe. Sie schließt den Bericht mit dem Urteil ihrer Mutter, dass das Schlangestehen letztlich nicht so schlimm gewesen sei. Vielmehr sei es eine Gelegenheit gewesen, bei der man Freunde und Bekannte getroffen habe, bei der man ins Gespräch gekommen sei und sich ausgetauscht habe.[43]

Indem hier die sozialen Beziehungen in den Blick geraten, die nicht zuletzt nötig waren, um auf informellen Wegen an Waren zu kommen, entsteht das Bild einer Schicksalsgemeinschaft von Menschen, zwischen denen es – im Gegensatz zu heute – noch Solidarität gegeben habe. Der omnipräsente Mangel habe etwa die Bewohner eines Wohnblocks einander nähergebracht, wie ein Guide in Warschau im Museum „Czar PRL" [Der Zauber der Volksrepublik] erläutert:

> „[I]n a tenement house, in which you have like 200 different flats, there were three phones and one TV. So every single person from the tenement house knew exactly in which flat the phone is and in which flat the TV is, because for every Olympic games, football games, people were gathering in those small rooms, watching everything together. So, that was another thing, that was uniting them. Today you would get very suspicious if somebody would knock at your door and ask: Can I join you to watch the football game tonight?"[44]

42 Den Verlust von Langeweile-Erfahrungen zugunsten entsinnlichter Erlebnisse mit geringem Erinnerungsgehalt beschreibt Hartmut Rosa in seiner Gesellschaftsanalyse als ein Merkmal unserer akzelerierten Gegenwart. Rosa, Beschleunigung, 2005, S. 229f.

43 Feldnotiz Crazy Guides: Communism Tour, 07.07.2015.

44 Adventure Warsaw: Communism Tour, 14.09.2016.

3. Zeit zum Rauchen

Auch im Motiv des Zigarettenkonsums verbirgt sich ein solcher Subtext, der zwischen Ablehnung und Wunschbild changiert. In der touristischen Inszenierung des Kulturpalastes in Warschau etwa avanciert der omnipräsente, graue (!) Tabakrauch zu einem prominenten Erzählstrang: Das Innere des 1955 im Stil des Sozialistischen Klassizismus fertiggestellten Gebäudes ist ausschließlich im Rahmen von geführten Besichtigungen zugänglich. Als Hauptakteur fungiert das private Unternehmen *CREATours*, das seinen Sitz direkt im Kulturpalast hat und tägliche mehrere Rundgänge auf Englisch, Spanisch und Polnisch durch die prunkvollen Säle anbietet. Die Tourguides präsentieren das Gebäude als „Geschenk" Stalins, das in Wirklichkeit eine monumentale Machtpräsentation der Sowjetunion gewesen sei, und porträtieren den Bau vor allem als exklusives Areal einer kleinen Elite. Während des Rundgangs werden Fotos von Tanzveranstaltungen und teuren Restaurants im „Kultur- und Wissenschaftspalast" (wie die offizielle Bezeichnung bis heute lautet) gezeigt, die allein den hohen Parteifunktionären zur Unterhaltung gedient hätten. Die Erläuterung architektonischer Details dient der Herausarbeitung des Widerspruchs zwischen Propaganda und Realität, zwischen dem Luxus, den sich die kommunistischen Machthaber gönnten, und dem Elend der noch an den Kriegsfolgen leidenden Bevölkerung.

Als ein Detail, das diese Dekadenz der Parteielite auf subtile Weise illustriere, hebt der Guide das im Stuck verborgene Ventilationssystem heraus. Er stellt es als „first aircondition in Poland" vor, das sich unauffällig in das – in mühevoller Handarbeit von den Frauen der sowjetischen Bauarbeiter modellierte – Dekor an der Decke einpasse. Die Existenz der in ihrer Zeit sehr modernen Anlage wird im Folgenden allein auf die Tatsache zurückgeführt, dass im Kulturpalast sehr viel geraucht worden sei. Diese Betonung des hohen Nikotin- sowie Alkoholgenusses durch die Parteielite wiederholt sich auch in den folgenden Räumen: Im Sitzungssaal habe man debattiert und dabei geraucht und Wodka getrunken, im so genannten „Breznev-Raum" für vertrauliche Gespräche sei der Parteichef der KPdSU einst nach einem alkohol- und rauchintensiven Abend auf dem Sessel eingeschlafen und selbst die Dolmetscherkabinen im ehemaligen Vorlesungs- und Konferenzsaal der Akademie der Wissenschaften weisen Löcher im Dach auf, durch die der Zigarettenqualm abziehen konnte. „It still smells", behauptet der Führer und lässt alle, die wollen, einen Schritt in die Kabinen machen.[45]

Solche Geschichten über Alkohol, Drogen und Ausschweifungen gehören zwar zum Grundrepertoire touristischer Unterhaltung. Hier jedoch bilden sie ein wiederkehrendes Erzählmoment, das an unterschiedlichen Stellen in der

45 CREATours: Palace Complex Tour, 19.05.2015; 27.06.2015.

Materialität des Gebäudes verankert wird, um dessen suggestive Wirkung moralisch zu entlarven.[46] Die scheinbar nebensächlichen Episoden über das omnipräsente Rauchen im Gebäude verdichten sich zu einer Erzählung von ungebührlichem Luxus, von Scheinheiligkeit und Machtmissbrauch. Aus der Perspektive der Reisenden – insbesondere der Zeitzeugen der Systemkonfrontation vor 1989 – bleibt die performative Aneignung des Ortes jedoch doppelbödig, wie das vorsichtige Berühren der Innenausstattung und das wiederkehrende Lachen deutlich machen. Einerseits ermöglicht ihnen die explizite Erlaubnis, Dinge anzufassen und sich etwa auf dem originalen Sitzmobiliar niederzulassen, auf dem bereits Edward Gierek, Władysław Gomułka oder eben Leonid Il'ič Breżnev saßen, die PRL-Zeit in besonderer Weise körperlich anzueignen und sie auf diese Weise gewissermaßen zu entideologisieren.[47] Andererseits wecken die Rauch- und Trink-Anekdoten, nicht nur bei den westlichen Touristen, die mit dem Marlboro-Cowboy als Sinnbild für Abenteuer und Freiheit aufgewachsen sind, vermutlich auch Assoziationen an jene Zeiten, als in öffentlichen Gebäude noch geraucht werden durfte, als sie selbst noch jung waren.

Das in solchen Erzählarrangements gezeichnete nostalgische Zeitregime unterscheidet sich grundlegend von der omnipräsenten Beschleunigungsdynamik unserer heutigen Gesellschaft. Indem die Besucher des Kulturpalastes, aber auch anderer Touren zum Thema Staatssozialismus, das analoge, haptische Damals mit dem digitalen, entsinnlichten Heute konfrontieren können, erhält das negative Porträt diktatorischer Systeme ein unausgesprochenes utopisches Element. Nicht in politischer, nicht in wirtschaftlicher, durchaus aber in temporaler und haptischer Hinsicht wird das Objekt der Präsentation so zum Sehnsuchtsort für Menschen aus Ost und West.

46 Mit den verschiedenen Strategien des „façade peeling", also der Entlarvung suggestiver Wirkungen von Monumentalarchitektur durch Reiseführer, hat sich Sharon MacDonald in ihrer Studie über das Nürnberger Reichsparteitagsgelände beschäftigt: Macdonald, Sharon: Difficult Heritage. Negotiating the Nazi Past in Nuremberg and Beyond. Milton Park u. a. 2009, S. 152f.

47 Diesen Aspekt, der insbesondere polnische Besucher betrifft, beschreibt der Gründer von *CREATours* Kamil N. wie folgt: „Sie gehen auf dem Fußboden, auf dem schon einmal Gierek gegangen ist, sie sitzen auf einem Stuhl, auf dem einst Gomułka saß […]. Das macht Eindruck auf sie, dass sie kommen und diesen Palast anfassen können, dass sie sich auf diesen Stuhl setzen können, dass sie praktisch alles berühren dürfen." – Interview mit Tomek O. und Kamil N. (CREATours), 19.03.2016 [Übersetzung aus dem Polnischen durch die Autorin].

Zeitkapseln: Performative Aneignungen anachronistischer Räume

Wie am Beispiel des Kulturpalastes bereits angedeutet, kann das performative Erlebnis einer Guided Tour durchaus deren erzählerischer Semantik zuwiderlaufen. Zwar wird der Diktaturcharakter des Regimes von den Guides rhetorisch unmissverständlich in den Vordergrund gerückt, auf einer performativ-körperlichen Ebene jedoch erscheint „der Kommunismus" als nostalgischer, aus der Zeit gefallener Ort. Möglich ist dies, weil es das Innere des Kulturpalastes, ebenso wie das eines ehemaligen Luftschutzbunkers, durch ihre suggestive Raumwirkung erlauben, in die Zeit der 1950er Jahre „einzutreten". Es ist die Vorstellung eines über Jahrzehnte unangetasteten Raumes,[48] der die jungen, von mir befragten Tourismusunternehmer fasziniert und sie zu ihren Geschäftsideen inspirierte. Indem sie das bislang museal Unerschlossene mit ihren Führungen erschließen, eröffnet sich ihnen ein Marktsegment, auf dem sie gegen etablierte Anbieter selbst so touristifizierter Räume wie Prag konkurrieren können.[49] Gegenstand dieser Faszination – und ihrer Vermarktung – können nicht nur Innenräume, sondern ebenso baulich geschlossene urbane Ensembles wie Nowa Huta sein, wie die Ethnologin Monika Golonka-Czajkowska in ihrer Analyse der Krakauer „Communism Tours" durch die *Crazy Guides* herausgearbeitet hat.[50] Überall dort, wo eine nicht oder nur minimal veränderte Ausstattung des Raumes vorliegt, kann dieser als eine Art „Zeitkapsel" inszeniert werden, die es, so das Versprechen, ermögliche, stehen gebliebene Zeit körperlich zu erfahren.

Orte, an denen die Atmosphäre der Zeit der 1950er, 1960er, 1970er oder wenigstens der 1980er Jahre noch greifbar erscheint, sind heute allerdings rar. Vor allem in den touristisch erschlossenen Innenstädten gibt es kaum noch Areale, die das erwartete Grau und die Tristesse der staatssozialistischen Vergangenheit zu transportieren imstande sind. Selbst an den Gebäuden der sozialistischen Moderne prangen heute große, bunte Werbeplakate; Fassaden wurden restauriert und umgestaltet; Autos parken in den Straßen; die Passanten sind völlig anders gekleidet als damals. Zudem wurden viele Baukomplexe seit

48 Tatsächlich waren die Innenräume des Kulturpalastes, die *CREATours* heute präsentieren, der Öffentlichkeit bis 2014 verschlossen und sind mit Originalmobiliar ausgestattet.

49 Diese Motivation geben sowohl die Gründer von *CREATours* im Warschauer Kulturpalast als auch diverse Anbieter von Bunkerbesichtigungen in Prag an. Mehr zu den Betreibern der privaten Museen in Schutzbunkern des Kalten Krieges – siehe unten. Interviews mit Tomek Okleja, Kamil Nowatkiewicz (CREATours), Warschau 19.03.2016; Ivan Galík (Prague Special Tours), Prag 11.08.2016; Klára Hajková, Prag 19.10.2016.

50 Golonka-Czajkowska, Monika: Podróż do krainy zwanej Nową Hutą, czyli o komunizmie jako atrakcji turystycznej [Reise in ein Land namens Nowa Huta, oder: Über den Kommunismus als Touristenattraktion], in: Bogusławska, Magdalena / Grębecka, Zuzanna (Hg.): *Popkomunizm. Doświadczenie komunizmu a kultura popularna [Popkommunismus. Die Erfahrung des Kommunismus und die Populärkultur].* Kraków 2010, S. 287–302, hier 293.

den 1990er Jahren abgerissen, bis heute werden Denkmale aus politischen Gründen abgebaut oder müssen wegen ihres baulichen Zustands demontiert werden. Die Denkmal- und Bauanlagen, die noch weitestgehend im Originalzustand erhalten sind, befinden sich meist außerhalb der Innenstädte oder an versteckten Orten, die sonst kaum touristische Infrastruktur bieten.

Der zunehmende Schwund der Bausubstanz aus dem Staatssozialismus führt dazu, dass jene Orte, die ihn noch in „Reinform" repräsentieren, heute zum Teil als rares und schützenswertes Erbe angesehen werden. Schon seit etlichen Jahren machen sich Denkmalpfleger und Architekten verstärkt für die Erhaltung und Aufwertung besonderer Bauten stark.[51] Im massentouristischen Kontext freilich bleiben Plattenbausiedlungen, kommunistische Denkmale oder sowjetische Soldatenfriedhöfe marginal. Die hier besprochenen Kommunismustouren, die sie in ihre Routen einbinden, stellen eine sehr spezielle Nische dar. Dieses Nischendasein muss jedoch gerade als integraler Bestandteil des Angebotes selbst interpretiert werden. So findet die Vermarktung des Staatssozialismus fast ausschließlich unter dem Label „Alternative Stadttouren" statt. Diese richten sich an ein Publikum, das das Besondere, „Nicht-Touristische"[52] sucht. Der Kommunismus wird als Attraktion jenseits ausgetretener Wege („off the beaten path"[53]) vermarktet. Die ersten Anbieter von privaten Touren zu diesem Thema in Polen, die *Crazy Guides* in Krakau, bezeichnen sich auf ihrer Webseite selbst als „Europe's most famous alternative tours company".[54] Das Brüderpaar, das *Authentic Slovakia* in Bratislava gründete, startete gar mit der Grundidee, eine alternative Stadttour zu entwickeln, in der die Touristen zusammen mit Einheimischen „verlassene Orte" erkunden sollten. Erst später kam der Kommunismus als rahmendes Thema hinzu.[55]

Selbst in der Präsentation des Kulturpalastes, der seit 2007 unter Denkmalschutz steht und zu den größten Touristenattraktionen Warschaus gehört, spielt das Versprechen eines besonderen Erlebnisses jenseits des Massentourismus eine wichtige Rolle. Denn während jeder, der Eintritt zahlt, die Aussichtsplatt-

51 Vgl. Bartetzky, Arnold u. a. (Hg.): Von der Ablehnung zur Aneignung? Das architektonische Erbe des Sozialismus in Mittel- und Osteuropa / From Rejection to Appropriation? The Architectural Heritage of Socialism in Central and Eastern Europe. Köln 2014.

52 Vgl. auch zahlreiche Internet-Reiseführer und -berichte, die „nicht-touristische" Orte zusammentragen – häufig handelt es dabei um Erbe des Staatssozialismus. Von den folgenden sieben „Geheimtipps" in Prag beziehen sich drei auf „den Kommunismus". Margherita and Nick: 7 Alternative Prague Insider Tips (with no Tourists). 04.09.2015, verfügbar unter <http://www.thecrowdedplanet.com/7-alternative-prague-insider-tips-with-no-tourists/> [15.10.2018].

53 Siehe etwa die „Off the Beaten Path Tour" des Unternehmens *Adventure Warsaw.* Diese Tour ist nicht nur, aber zu größten Teilen der Geschichte der Volksrepublik gewidmet.

54 Website der „Crazy Guides", verfügbar unter: <http://www.crazyguides.com/> [15.10.2018].

55 Interview mit Peter C. (Authentic Slovakia), Bratislava, 17.10.2016.

form ohne Voranmeldung betreten kann, kann das Innere des Palastes nur im Rahmen einer Führung besichtigt werden. In den erwähnten Rundgängen durch das Gebäude wird ein Punkt stark herausgehoben: die Debatten um seine Schleifung, die in den 1990er Jahren ausbrachen.[56] Auch wenn diese Diskussionen längst abgeschlossen sind und keine Gefahr mehr besteht, dass das gewaltige Gebäude abgerissen wird, zeugt das von *CREATours* ausgelegte Gästebuch davon, dass viele Besucher es nach der Besichtigung als noch immer bedrohtes Bauerbe wahrnehmen. Einige polnische Gäste forderten am Ende der Besichtigung: „Pałac niech stoi!" („Der Palast soll stehen bleiben!").[57]

Der Reiz, den die baulichen Überreste des Staatssozialismus auf Touristen ausüben – und mit dem die verschiedenen „Communism Tours" beworben werden –, liegt offenbar nicht zuletzt in ihrer Ablehnung durch andere. Hier verschmelzen die Logik des Alternativtouristen, der die nicht-touristisch erschlossenen Orte sucht, mit der politisch bedingten Ablehnung bzw. Marginalisierung des sozialistischen Bauerbes nach 1989.

Im Verlangen, nicht das überall Gleichförmige der Tourismusindustrie zu konsumieren, sondern das wirklich Ortstypische eines postsozialistischen Landes zu sehen, wird der Staatssozialismus im heutigen Städtetourismus zu einer „Hinterbühne". Folgt man Dean MacCannells Weiterentwicklung der Goffman'schen „front and back regions", haben Touristen fast immer den Wunsch, das „echte Leben" der Menschen am Ort der Destination zu sehen und mit den Einheimischen in Kontakt zu treten.[58] Gerade das Nicht-Repräsentative, ja das Hässliche und die „Schmuddelecken" können so als echter, authentischer Einblick in das Leben vor Ort empfunden werden. Eine solche Zugangsmöglichkeit zu den intimen Orten der lokalen Bevölkerung bietet die Guided Tour: Der lokale Führer kann den Fremden Orte eröffnen, die ihnen sonst verschlossen bleiben würden. Diese Öffnung, so MacCannell, gebe freilich nur vermeintlich den Blick auf das Private der hier ansässigen Menschen frei. Vielmehr beherberge der Tourismus eine ganze Abfolge von „Hinterbühnen", die – für den Touristen hergerichtet – allenfalls „staged authenticity" zu bieten haben: „What is being shown to tourists is not the institutional ‚backstage', as Goffmann de-

56 Sawicki, Jakub: Der Warschauer Kultur- und Wissenschaftspalast in der polnischen Öffentlichkeit. Eine historisierende Verortung des größten Hauses Polens vor und nach 1989, in: Bartetzky u. a. (Hg.), *Von der Ablehnung*, 2014, S. 127–140, hier 132f.

57 Das durch *CREATours* anlässlich des 60. Jahrestags der Eröffnung im Kulturpalast ausgelegte Gästebuch enthält inhaltlich ähnliche Aussagen mehrfach. Der ebenfalls mehrmalige, den Palast personifizierende, Eintrag „Niech żyje PKiN!" [Es lebe der Palast für Kultur und Wissenschaft!] kann sowohl als Aufruf zur Bewahrung als auch als Geburtstagsgratulation gelesen werden. Für die Zugänglichmachung des Gästebuches danke ich Tomasz O. und Kamil N.

58 MacCannell, Dean: Staged Authenticity. Arrangements of Social Space in Tourist Settings, in: *American Journal of Sociology* 19. Jg. 1973/3, S. 589–603.

fined this term. Rather, it is a staged back region, a kind of living museum for which we have no analytical term."[59] Orte des wahren sozialen Miteinander, so MacCannell, seien dem Touristen hingegen kaum zugänglich.

Tatsächlich versprechen die Kommunismustouren Einblicke in die Alltagspraktiken der Einheimischen. Dieses Versprechen bezieht sich jedoch nicht auf die Gegenwart, sondern auf die Vergangenheit. Die Anbieter müssen also Orte finden, die von der postsozialistischen Transformation möglichst wenig berührt wurden und daher nicht nur als „Hinterbühnen", sondern auch als „anachronistische Räume"[60] präsentiert werden können. Voraussetzung für eine solche Verzeitlichung der Wahrnehmung ist die Absenz von Zeichen der Gegenwart im Raum. Diese Absenz schließt ein, dass die Orte bislang keinerlei breite touristische Erschließung erfahren haben. Im Folgenden sollen drei solche Orte vorgestellt werden, die die Funktion anachronistischer Hinterbühnen in den „Communism Tours" übernehmen: ehemalige Luftschutzbunker, Orte der Gastronomie bzw. des Handels sowie Oldtimer-Fahrzeuge, in denen solche Touren häufig stattfinden. Sie alle dienen als „Zeitkapseln", die hinsichtlich ihrer speziellen Ästhetik und Haptik, bestimmter sozialer Praktiken oder ihrer performativen Nutzung Qualitäten einer räumlichen wie zeitlichen Hinterbühne tragen.

1. Atomschutzbunker

Bereits im Zusammenhang mit dem Kulturpalast in Warschau wurde die besondere suggestive Wirkung von geschlossenen Räumen angesprochen, die noch den unverfälschten „Charme" der Volksrepublik-Zeit trügen. Im monumentalen Warschauer Palast können in den Führungen aber nicht nur die repräsentativen Säle besucht werden, sondern in den Touren „Podziemny Pałac" / „Underground Palace" bzw. „Od Piwnic po Dach" / „Basement to Roof" auch das Kellergeschoss, in dem u. a. die Belüftungs- und Heizungszentralen untergebracht sind. Solche Rundgänge durch unterirdische Anlagen und Räumlichkeiten sind keine Seltenheit im Städtetourismus. Vielerorts sind Krypten, Ka-

59 Ebd., S. 596.

60 Diesen Begriff verwendet Hagen Schulz-Forberg für den urbanen Raum von Metropolen, der immer eine „Ansammlung von Zeit, von Vergangenheit und von möglicher Zukunft" darstelle, in seiner Analyse der Wahrnehmung Londons in Reiseberichten. Er bezieht sich dabei wiederum auf Anne MacClintocks Arbeiten zum Kolonialismus. Schulz-Forberg, Hagen: Zeitreisen nach London. Deutungen englischer Vergangenheit in Berichten deutscher und französischer Reisender, 1851–1939, in: Bauerkämper, Arnd u. a. (Hg.): *Die Welt erfahren. Reisen als kulturelle Begegnung von 1780 bis heute.* Frankfurt/Main 2004, S. 133–160, hier 141f.

nalisationssysteme, U-Bahn-Tunnel und Ähnliches als „geheimnisvolle“ oder „gruselige“ Attraktionen zugänglich. Hier werde zwar nicht der Alltag der Durchschnittsbevölkerung präsentiert, jedoch dessen geheimnisvolles, bislang unbekanntes Gegenstück – verborgene Orte der Logistik, der Herrschaftslenkung oder des Zivilschutzes.

Ein beliebtes Besuchsobjekt in den Kommunismustouren stellen Atomschutzbunker dar.[61] In Prag etwa sind es zwei solche Bunkeranlagen, die in unterschiedliche Touren eingebunden sind und jeweils als deren Höhepunkt beworben und erlebt werden.[62] In der „Communism and Bunker Tour“ von *Prague Extravaganza* ebenso wie in der „World War II and Communism Tour“ von *Explore Prague* führen die Tourguides ihre Gäste in den relativ kleinen Bunker unter dem Hotel Jalta am Wenzelsplatz. *Prague Special Tours* fährt mit den Besuchern seiner „Communism and Nuclear Bunker Tour“ zu einem im Stadtteil Žižkov gelegenen, größeren Bunker unter dem Park Parukářka. In beiden Schutzanlagen sind heute kleine Amateurmuseen eingerichtet, in denen die Betreiber verschiedenste Objekte zusammengetragen haben. Während die Hotel-Jalta-Ausstellung des Vereins *Československé ozbrojené složky* (Tschechoslowakische bewaffnete Elemente) die Polizei und Sicherheitsdienste, ihre technische und militärische Ausrüstung fokussiert,[63] hat Ivan, zugleich Gründer von *Prague Special Tours*, im Žižkover Bunker ein breiteres Spektrum an Militaria, aber auch an Gegenständen des öffentlichen Lebens sowie des betrieblichen und privaten Alltags gesammelt. In beiden Fällen sind die Objekte in assoziativen, teils bizarren Arrangements – z. T. als szenische Situationen mit Schaufensterpuppen – zusammengestellt.

Dass die Museumsobjekte, so erfahren wir bei *Prague Extravaganza*, lediglich

---

61 Zu musealisierten Bunkeranlagen siehe Bühl-Gramer, Charlotte: Back to the Cold War. Museumised Bunker Installations, in: *Public History Weekly* 3. Jg. 2015/22, verfügbar unter: <https://public-history-weekly.degruyter.com/3-2015-22/back-to-the-cold-war-museumised-bunker-installations/> [15.10.2018].

62 Dass die Bunkerbesuche als Hauptattraktion in der Komposition der Touren angelegt sind, wird durch ihre Platzierung als Highlight am Ende deutlich. Auch die Anbieter selbst gaben in den Interviews an, dass das Erlebnis Bunker für die Touristen maßgeblich bei der Entscheidung sei, diese Touren zu buchen. Interview mit Klára H. (Prague Extravaganza), Prag 19.10.2016 sowie mit Ivan G. (Prague Special Tours), Prag 11.08.2016 und Ľubica O. (LUKA Tours), Bratislava 17.10.2016.

63 Die Gruppe besteht seit 2013 um Jiří Paldus. Zusammen mit einem Freund betreibt er das kleine Museum unter dem Namen „Muzeum studené války“ [Museum des Kalten Krieges]. Der Fokus der Laienhistoriker liegt auf der detailgetreuen Rekonstruktion technischer Apparate (alle Ausstellungsstücke sind funktionstüchtig). Mehr Informationen zu Verein und Museum finden sich unter <http://www.muzeum-studene-valky.cz/> [15.10.2018]. Ähnliche Amateurgruppen bzw. Militariafans haben Ausstellungen in zwei Bunkern entlang der österreichisch-slowakischen Grenze nahe Bratislava eingerichtet, die auf Anfrage oder im Rahmen von „Iron Curtain Cycle Trails“ (LUKA-Tours) zugänglich sind.

„authentic to the time, but not to the place“[64] seien, wird deutlich kommuniziert. Dies scheint der Aura der Orte als begehbare Zeitdokumente aber keinen Abbruch zu tun. Teilweise dürfen die Gegenstände auch – anders als in klassischen Museen – berührt und getestet werden.[65] Die von der Außenwelt isolierten, aber materiell sehr reichen Inszenierungen zielen auf ein Eintauchen in die vergangene Zeit. Im Falle des Jalta-Bunkers wird der Eingang gar explizit als Zeitschleuse in Szene gesetzt: Dort befindet sich ein eigens angebrachter Apparat, in dem die Besucher am Anfang und Ende des Aufenthalts ein Ticket abstempeln können. Diese Karte, so der Tourguide, diene dazu, später die Dauer der „Zeitreise“ zu bestimmen.[66]

Die andersartige Qualität dieser unterirdischen Museen und ihr besonderer Reiz werden deutlich, wenn man einen ihrer potentiellen Konkurrenten in die Analyse einbezieht – das „Museum of Communism“, das zu den großen Touristenattraktionen der Stadt zählt. Anders als dieses zentral gelegene und intensiv beworbene Museum sind die Bunker-Museen nur im Rahmen der gebuchten Besichtigungstouren zugänglich. Diese Exklusivität wird durch die besondere Erlebnisqualität der unterirdischen Lage verstärkt: In allen erwähnten Touren wird der Abstieg als Aktivität inszeniert, die gewisse Gefahren berge. Der Tourguide begleitet die Bewegung nach unten durch erzählerische Hinweise auf die körperlichen Eindrücke: Die Temperatur sinkt, die Luft wird stickiger und die schweren Eisentüren können nur mit großer Körperkraft auf- und zugeschoben werden, wie die Gäste testen dürfen. Er beziffert die genaue Tiefe unter der Erde und die geringe Fläche, die laut Zivilschutz hier pro Person zur Verfügung gestanden hätte. Von besonderer Bedeutung ist der Moment des Ein- und Aufschlusses, der in der Regel von Anspielungen darauf begleitet ist, dass die Besucher sich mit ihrem Eintritt dem Personal ausliefern. Die nötigen Sicherheitsmaßnahmen verstärken das Einschlusserlebnis zusätzlich.[67] Im Weiteren werden Informationen über die antiquiert wirkende Technik mit Geheimnis und Bedrohlichkeit ausgestattet: Als „scary place“ kündigt der Guide unter dem Hotel Jalta den „spy room“ an, in dem eine originale Abhöranlage in dämmrigem

64 Prague Extravaganza: Communism and Bunker Tour, 15.07.2016. Im anderen Prager Bunker nimmt der Guide eine Differenzierung hinsichtlich der Authentizität der Dinge vor: Er unterscheidet zwischen jenen Objekten, die zur Ausstattung eines Bunkers gehören (und nie das Tageslicht sahen!), und jenen, die erst später für die Ausstellung in den Bunker gebracht wurden. Prague Special Tour: Communism and Nuclear Bunker Tours, 16.07.2015.

65 Zumindest in bestimmten, dafür vorgesehenen Teilen der Ausstellung, wo auch Uniformen angezogen und Waffen in die Hand genommen werden dürfen.

66 Prague Extravaganza: Communism and Bunker Tour, 10.08.2016.

67 Etwa wenn der Tourguide die Gäste zuerst die Treppe hinaufsteigen lässt, um sicherzugehen, dass niemand zurückbleibt. Auf diese Weise müssen die Touristen vor der verschlossenen Bunkertür ausharren, bis sich der Guide als letzter durch die Menge zwängt und die Tür aufschließt. Prague Special Tour: Communism and Nuclear Bunker Tour, 11.08.2016.

Licht präsentiert wird.[68] Die Funktion der dem Laien heute unbekannten Geräte bleibt in den meisten Fällen unkommentiert und damit unklar. Auf diese Weise wird die ursprüngliche Zivilschutz-Imagination eines sicheren Ortes angesichts der atomaren Katastrophe letztlich in ihr Gegenteil verkehrt: Die apokalyptische Welt draußen wird in den Bunker selbst eingeschrieben.[69]

Neben dem Gruseleffekt, der Bunkerbesuche laut Charlotte Bühl-Gramer zu einer „Art ‚dark tourism light' "[70] mache, ist es die besondere ästhetische Qualität der Bunkerausstellungen, die den Besuch mit der touristischen Sehnsucht nach dem Anderen verbindet. Schon die Haptik des Raumes selbst – dicke, weiße, fensterlose und kalte Wände und offen sichtbare Belüftungstechnik – unterscheidet das Raumerlebnis grundlegend von den Museen, Hotels, Schlössern und Souvenirshops, die den Raum des „Mainstream"-Tourismus prägen. Diese besondere ästhetische Qualität findet ihre Entsprechung in der Art der Ausstellung. Ganz anders als in professionellen Museen handelt es sich bei beiden Bunkermuseen eher um Kuriositätenkabinette, eingerichtet von lokalen Sammlern und Bastlern. Mit der speziellen Wirkungsweise solcher Amateurmuseen hat sich Angela Janelli in ihrer Untersuchung „Wilde Museen" auseinandergesetzt. Als Spezifik der durch Laien eingerichteten Ausstellungen arbeitet sie das besondere „performative Potential"[71] der Dinge heraus: Diese werden nicht als typische Exemplare einer bestimmten Erzählung präsentiert, sondern dürfen „ihr ästhetisches Potential" gänzlich „ausspielen"[72]. Indem die „Anmutungsqualität"[73] der Dinge in den Mittelpunkt gestellt wird, und diese an einigen Stellen sogar berührt und getestet werden dürfen, wird auch die Wahrnehmung der Besucher aufgewertet. Das Streben nach intensiven körperlichen Erfahrungen kann auf diese Weise – ganz anders als im klassischen Museum – befriedigt werden.

68 Prague Extravaganza: Communism and Bunker Tour, 10.08.2016.

69 Diese phänomenologische Wandlung des Bunkers hat Silvia Berger Ziauddin in ihrer Analyse der Imaginationen von Schweizer Atombunkern herausgearbeitet: Berger Ziauddin, Silvia: Überlebensinsel und Bordell. Zur Ambivalenz des Bunkers im atomaren Zeitalter, in: Eugster, David (Hg.): *Das Imaginäre des Kalten Krieges. Beiträge zu einer Wissens- und Kulturgeschichte des Ost-West-Konfliktes in Europa*. Essen 2015, S. 69–93.

70 Bühl-Gramer, Back to the Cold War, 2015.

71 Janelli, Angela: Wilde Museen. Zur Museologie des Amateurmuseums. Bielefeld 2012, S. 294–298.

72 Ebd., S. 325.

73 Ebd., S. 326.

2. Gastronomie

Eine andere Art des Authentischen verspricht die Einbindung von kulinarischen Erlebnissen in einigen der privaten Touren. Im Sinne des MacCannell'schen Konzepts der „staged authenticity" handelt es sich bei den besuchten gastronomischen Stätten, in denen Einheimische essen, trinken und einkaufen, um „Hinterbühnen", die einen eher geringen Grad an Inszenierung aufweisen. In Bratislava besuchen die Gäste der von *Authentic Slovakia* angebotenen „Post Socialist City Tour" sowohl eine Markthalle als auch eine abseits der touristischen Routen gelegene Bar. In Warschau kehren die Besucher der „Off the Beaten Path"-Tour in eine sogenannte Milchbar ein und auch in Prag isst und trinkt die Gruppe der „Communism and Bunker Tour" gemeinsam in einer Kantine, die schon seit Jahrzehnten in Betrieb ist. Hier etwa stellt der Tourguide den Ort als „very original, very old school" vor und belegt dies mit der Tatsache, dass hier – im touristischen Prag eine Besonderheit – nur die Landessprache gesprochen werde: „They don't speak English here".[74]

Mehr noch als im öffentlichen Raum fungiert der Tourguide hier als kultureller und sprachlicher Mittler.[75] Allen besuchten Orten ist gemeinsam, dass es weder gedruckte Speisekarten noch fremdsprachige Beschriftungen gibt. Da die Reisenden in der Regel keine (west)slawische Sprache beherrschen, stellt schon die Bestellung ein Hindernis für sie dar. Der Reiseführer muss daher einerseits die Kommunikation mit dem Personal übernehmen, andererseits obliegt es ihm, die kulinarischen Besonderheiten des Landes zu erklären und Empfehlungen zu geben. Auf diese Weise ziehen die Reisegruppen in der Regel relativ viel Aufmerksamkeit auf sich. Der Tourguide hat daher auch die Aufgabe, das Eindringen in die Sphäre der Bereisten möglichst geräusch- und konfliktlos zu gestalten, was in einigen Fällen – etwa dem Besuch einer stark frequentierten Milchbar in Praga – vorherige Absprachen zwischen dem touristischen Unternehmen und dem gastronomischen Betrieb erfordert.[76]

Hier wird bereits das Problematische an der Inszenierung der gastronomischen Einrichtungen als anachronistischen Orten offenbar: Die bislang nicht personifizierte Erzählung über Ereignis- und Konsumgeschichte der Volksrepubliken wird nun einerseits mit konkreten materiellen Gütern, andererseits mit realen Personen verbunden. Sowohl die Einfachheit der Küche als auch die Lebenssituation der einheimischen Gäste werden hier zu Repräsentanten postso-

74 Prague Extravaganza: Communism and Bunker Tour, 10.08.2016.

75 Zur Rolle des Tourguides siehe Cohen, Erik: The Tourist Guide. The Origins, Structure and Dynamics of a Role, in: *Annals of Tourism Research* 12. Jg. 1985/1, S. 5–29.

76 Adventure Warsaw: Off the Beaten Track Tour, 29.03.2015. Bei unserer Ankunft war bereits ein Tisch für uns reserviert, zwischen Tourguide und Personal war eine gewisse Routine im Umgang mit der Situation spürbar.

zialistischer Ungleichzeitigkeit stilisiert. Der Fokus auf die Mangelwirtschaft und Tristesse im Staatssozialismus macht nun vor allem jene zum Gegenstand der touristischen Neugier, die nicht von der Transformation profitiert haben und auf preiswerte Konsumangebote angewiesen sind. Weil sie das Einfache, ja Provinzielle, konsumieren, werden die Bereisten zu lebendigen „Ausstellungsobjekten", deren soziale Praktiken durch die Rahmung der Kommunismustouren als rückständig markiert werden. Insbesondere der morgendliche Besuch in einer slowakischen Markthalle macht aufmerksam darauf, wie problematisch diese Exotisierung ist und wie nahe das Angebot an der Grenze zum „Elendstourismus" liegt: So genehmigt sich die Reisegruppe dort am Vormittag ein Gläschen slowakischen Wein. Während dieser Alkoholkonsum im Urlaub durchaus gesellschaftliche Anerkennung genießt, können die einheimischen Trinkenden am Nachbartisch diesen Status der Reisenden nicht für sich in Anspruch nehmen. Sie bleiben stigmatisiert zurück, wenn die Fahrt der Touristen weitergeht.

3. Fahrzeuge

Um den Besuch besonderer Orte in die Routen ihrer Kommunismustouren zu integrieren, ist in der Regel die Nutzung von Fahrzeugen nötig. Sowohl in Warschau als auch in Krakau und Bratislava finden die hier fokussierten Privattouren (im Gegensatz zu den Walking Tours) mittels Oldtimern statt, die selbst dem Staatssozialismus entstammen: In Warschau betreibt *Adventure Warsaw* einen ganzen Fuhrpark von alten „Nysa"-Bussen, *Authentic Slovakia* bietet seine Touren in Autos der Marke Škoda an und die Krakauer *Crazy Guides* nutzen Trabants für ihre Fahrten. In Prag finden zwar keine Kommunismustouren im Trabant statt, allgemeinere Stadtrundfahrten aber durchaus. Häufig vermieten die Unternehmer ihre auffälligen Fahrzeuge auch für andere Anlässe.

In der Einbindung der Orginalfahrzeuge als reale Mittel der Fortbewegung werden die Übergänge der Stadtführungen zum Re-Enactment bzw. der „Living History"[77] deutlich. Ebenso wie für die Nachstellung vergangener Ereignisse oder früherer Lebensweisen bestimmte Werkzeuge, Gegenstände und Verkleidungen herangezogen werden, lassen sich auch der Nysa-Bus, der Trabant oder der alte Škoda als Hilfsmittel interpretieren, die für das „Eintauchen" in die

77 Die Begrifflichkeiten werden sehr unterschiedlich verwendet. Ich folge hier dem Vorschlag Stefanie Samidas, „Living History" als Oberbegriff wie folgt zu verstehen: „als Versuch der aktiven Aneignung von Vergangenheit und somit als praktisches/emotionales/körperliches Erleben von Vergangenheit". Samida, Stefanie: Moderne Zeitreisen oder Die performative Aneignung vergangener Lebenswelten, in: *Forum Kritische Archäologie* 2014/3, S. 136–150, hier 139.

Vergangenheit von großer Bedeutung sind.[78] Anders als bei einer individuellen Kostümierung des Tourguides oder gar der ganzen Gruppe wird damit das Fahrzeug zur kollektiven Verkleidung,[79] die einerseits die Aufmerksamkeit der Passanten weckt, andererseits die Reisegruppe von ihnen abschottet.

Ähnlich dem oben beschriebenen Abstieg in den Bunker besitzt auch das Einsteigen in den Oldtimer die Funktion einer Zeitschleuse. Wurde im Falle der unterirdischen Schutzanlage die Abtrennung von der Außenwelt suggestiv verstärkt und zur latenten Gefahr stilisiert, ist es hier die technische Unzulänglichkeit der Fahrzeuge, die narrativ verstärkt wird, um das Erlebnis performativ aufzuwerten. Seine Erzählungen über Planwirtschaft und Mangel ergänzt der Guide bereits beim Fahrtantritt um die technischen Details des Autos. Er berichtet auch über häufige Pannen im Staatsozialismus und fehlende Ersatzteile damals wie heute. Das latente Szenario, es könnte auch während der Tour zu einer Autopanne kommen, wird in der Regel mehrfach durch Witze, Anspielungen und Anekdoten aktualisiert.[80] Im Falle der Krakauer *Crazy Guides* wird es sogar in der Tourbeschreibung im Internet evoziert: „Vintage Trabbies sometimes break and it's part of your adventure :) In such a case we continue the tour in another Commie car or a taxi."[81] Indem die potentielle Panne hier zum integralen Teil des Tour-Erlebnisses stilisiert wird, werden – wie in anderer Form in den Milchbars und Kantinen – erzählte Zeit (der Staatssozialismus) und Erzählzeit (Gegenwart) in eins gesetzt. Dass in der Bratislavaer „Post Socialist City Tour" schließlich tatsächlich eines der alten Autos am Donauufer liegen bleibt,[82] kann somit als besondere, willkommene Art der anachronistischen Authentifizierung des über Ineffizienz, Mangel und Rückschrittlichkeit im Sozialismus Gesagten interpretiert werden.

Abschließende Bemerkungen

Unter den immer populäreren thematischen Stadtführungen stellen Kommunismustouren ein Angebot dar, das regelmäßig nachgefragt wird. In erster Linie sind es ausländische Gäste, die englischsprachige Touren zu diesem Thema besuchen. Der „Communist Heritage Tourism" kann daher als eine kleine, aber fest etablierte Nische im Städtetourismus Ostmitteleuropas gelten. Dieses Ni-

78 Ebd., S. 141.

79 Golonka-Czajkowska, Podróż, 2010, S. 301.

80 Besonders auffällig ist dies in den Touren von *Authentic Slovakia*. Authentic Slovakia: Bratislava Post Socialist City Tour, 14.07.2015 und 17.10.2016.

81 Communism Tour, verfügbar unter: <http://www.crazyguides.com/krakow_tours/communism_deluxe_tour> [15.10.2018].

82 Authentic Slovakia: Bratislava Post Socialist City Tour, Bratislava, 14.07.2015.

schendasein ist, wie hier gezeigt wurde, Teil des Selbstverständnisses auf Angebots- wie auf Nachfrageseite: Kleine Reiseunternehmen haben mit den „Communism Tours" eine Lücke gefunden, in der sie sich in ihrer Stadt gegen die vielfältige Konkurrenz durchsetzen können. Die Besucher verstehen sich als Alternativtouristen, die – zumindest für einen halben Tag – den üblichen touristischen Sehenswürdigkeiten und Infrastrukturen entfliehen wollen. Dass dieser Wunsch mit einem kommerziellen Produkt des Tourismusmarktes befriedigt werden soll, stellt eine der Paradoxien dar, die schon Hans Magnus Enzensberger in seinem berühmten Essay über die Tourismusindustrie herausgestellt hat.[83]

Die prototypische nostalgische Sehnsucht des Touristen nach dem Vergangenen und Unberührten spielt somit auch in der städtetouristischen Vermarktung des staatsozialistischen Erbes eine wichtige Rolle. Auf der Suche nach dem Ortstypischen müssen die westlichen Touristen in Prag, Warschau oder Bratislava feststellen, dass sich die Zentren dieser Städte kaum mehr von anderen urbanen Destinationen in Europa unterscheiden. Der Charme eines jungfräulichen, exotischen Reiseziels, der Anfang der 1990er Jahre die Faszination der westeuropäischen Touristen genährt hatte, ist längst verflogen. Es dennoch als alternatives Abenteuer zu erleben, indem man die Zeit zurückdreht und „den Kommunismus" kennenlernt, stellt das Versprechen der hier vorgestellten Angebote dar.

Als touristische Ressource basiert die Darstellung des Staatssozialismus auf Nostalgie. Verstanden als Sehnsucht nach einem Ort, der nicht mehr existiert, ist diese Nostalgie den kommerziellen Angeboten immer wieder zum Vorwurf gemacht worden. Mit unterhaltsamen Präsentationen werde die Diktaturvergangenheit verharmlost. Wie hier aufgezeigt werden konnte, greift diese – häufig geschichtspolitisch motivierte – Kritik jedoch zu kurz: Weder resultiert die kommerzielle Popularisierung von Vergangenheit per se in Geschichtsklitterung und Verklärung, noch lässt sich die Auswirkung einer Stadtführung auf die Geschichtsbilder der Gäste allein mit einer semantischen Analyse untersuchen. Es ist vielmehr das komplexe Zusammenspiel von narrativen, visuellen, körperlichen und performativen Aspekten, das hier von Bedeutung ist.

So stimmt die Erzählung der Tourguides – zumindest während der Bewegung durch den öffentlichen Raum – im Wesentlichen mit dem geschichtspolitischen Konsens in Ostmitteleuropa überein, nach dem es sich beim Staatssozialismus um eine negativ zu bewertende historische Epoche handelt. Auf ästhetischer wie performativer Ebene führt die Tour durch ihre Erlebnisorientierung jedoch auch an verschiedene überraschende Sehnsuchtsorte – an Orte des Unberührten, an

83 Enzensberger, Hans Magnus: Vergebliche Brandung der Ferne. Eine Theorie des Tourismus, in: *Merkur* 12. Jg. 1958/8, S. 701–720.

Orte des Einfachen und der Entschleunigung. Diese positiven Referenzpunkte einer Flucht aus der Gegenwart, die meist jenseits der sprachlichen Vermittlung entstehen, bleiben allerdings zutiefst ambivalent. Einerseits wird 1989 als Befreiung und Neuanfang dargestellt, andererseits wird immer wieder auf negative Auswüchse der Transformation zum Kapitalismus und der Unterhaltungsindustrie hingewiesen. Beide Aspekte – kritische Distanz und spielerische Aneignung – zu vereinen, stellt die Herausforderung der Kommunismustouren dar. Den Widerspruch auszuhalten, ermöglicht die Selbstreflexivität der Angebote: Durch permanente Ironisierungen wird sowohl der Anspruch einer seriösen Geschichtslektion negiert als auch der Eindruck, man könne wirklich in die Vergangenheit reisen. Bei der touristischen Suche nach „dem Kommunismus" handelt es sich wohl vielmehr um ein postmodernes Spiel, dessen Regeln die Teilnehmer kennen.

Agata Bachórz

Polish Tourists in Russia: Longing for the Past, for the Place, or for an Alternative Version of Identity?

Introduction: Can Poles long for Russia?

Polish-Russian relations have been traditionally and rather immutably described in terms of hostility and competing interests, with Russia bearing the notions of an "enemy" or a barbaric, dangerous, overpowering neighbour.[1] Such perspective has a basis in historical experience: the Russian Empire was a political power that participated in the partition of Poland at the end of 18th century, becoming an emblematic threat for the Polish nation in the 19th century. In the 20th century the shared history was marked by the Polish-Soviet war (1919–1921), the Soviet invasion (1939) and subsequent occupation, as well as imposing Poland's belonging to the Soviet sphere of influence (1945–1989). After the fall of communism, Polish politicians of different factions have tended to expose negative images of Russia[2] and to make claims concerning Russian interpretations of the past. For example, the presence of Soviet army cemeteries and memorials in Poland is still in dispute. Similarly, the popular Polish perception of Russia is dominated by a state-oriented and political perspective, despite a well-grounded distinction between the perception of the state (clearly negative and seen as hostile) and so-called "ordinary people" living in Russia (who might be perceived in a more nuanced way).[3]

1 Bohun, Michał: Oblicza obsesji – negatywny obraz Rosji w myśli polskiej [Faces of an Obsession – the Negative Image of Russia in Polish Thought], in: de Lazari, Andrzej (ed.): *Katalog wzajemnych uprzedzeń Polaków i Rosjan [The Catalogue of Mutual Prejudices of Poles and Russians]*. Warszawa 2006, p. 203–302.

2 Zarycki, Tomasz: Uses of Russia: The Role of Russia in the Modern Polish National Identity, in: *East European Politics and Societies* Vol. 17 2004/4, p. 595–627, here 598.

3 Poland-Russia. Social Diagnosis 2013. How Poles See Russia, Russians and Polish-Russian Relations? How Russians See Poland, Poles and Russian-Polish Relations? Warsaw 2013, available at: <http://www.cprdip.pl/assets/media/Wydawnictwa/Raporty/POLANDRUSSIA._Social_Diagnosis_2013.pdf> [15.10.2018], p. 7–12; Poland-Russia. Social Diagnosis 2015. How Poles See Russia, Russians and Polish-Russian Relations? How Russians See Poland, Poles and Russian-Polish Relations? Warsaw 2015, available at: <http://www.cprdip.pl/assets/media/Wydawnictwa/Raporty/Poland_Russia._Social_Diagnosis_2015.pdf> [22.02.2018], p. 7–21.

At the same time, Russia and Russian society seem to be presented in public as very different from Poland, exotic, located "far away" in terms of both geography and culture. This imagined distance is usually linked to negative connotations, which commonly include a picture of Russia as a backward and uncivilized society. It is thus not surprising that there is also a tendency to marginalize or hide those historical links and interdependences between Poland and Russia which diverge from Polish suffering under imperial or Soviet regimes. For example, although historical accounts on Poles voluntarily migrating to or making successful professional careers in the Russian Empire do exist, they are rather marginalized as atypical, since they contradict the idea of national martyrdom. Similarly, any traces of Russian positive impact on formerly Russian regions of Poland are consistently silenced in public discourse.[4]

Scholars have found two main explanations for this particular Polish perspective on Russia. One of them understands the Polish attitude towards Russia as an attitude towards a former politically strong but culturally rejected hegemony.[5] The second explanation views it as a strategy of "nesting orientalism"[6]: a well-described Eastern European practice of reproducing the West-East dichotomy by finding and marking own "others" (often neighbouring countries) as "more Eastern" than oneself.[7] Polish society, by comparing itself to an imagined Russian other, aims to occidentalize its own cultural and political location in the world.[8] Following these common desires, the Slavic East, including Russia, became a reliable area for Poland that was eagerly infused with orientalist clichés and constructed as a place to distinguish oneself from.[9]

4 Zarycki, Uses, 2004, p. 604ff.

5 Cf. Thompson, Ewa: Trubadurzy Imperium. Literatura rosyjska i kolonializm. Kraków 2000 [original edition: Imperial Knowledge: Russian Literature and Colonialism. Westport, CT, London 2000], p. 28–32.

6 Bakic-Hayden, Milica: Nesting Orientalisms: The Case of Former Yugoslavia, in: *Slavic Review* Vol. 54 1995/4, p. 917–931, here 918, 922.

7 Kuus, Merje: Europe's Eastern Expansion and the Reinscription of Otherness in East-Central Europe, in: *Progress in Human Geography* Vol. 28 2004/4, p. 472–489, here 479–481.

8 Waldstein, Maxim: Observing *Imperium:* A Postcolonial Reading of Ryszard Kapuscinski's Account of Soviet and Post-Soviet Russia, in: *Social Identities* Vol. 8 2002/3, p. 481–499, here 484–490, 492–495; Kuus, Expansion, 2004, p. 481; Zarycki, Uses, 2004, p. 602; Czapliński, Przemysław: Poruszona mapa. Wyobraźnia geograficzno-kulturowa polskiej literatury przełomu XX i XXI wieku [Moved map. Geo-cultural Imagery of Polish Literature at the Turn of the 21st Century]. Kraków 2016, p. 16–38.

9 For example, the figure of "shifting Poland towards the East" is used by politicians as a negative assessment assigned to the political opponents' actions. Today it is used mainly against the ruling party "Law and Justice" ("Prawo i Sprawiedliwość"), also during the demonstrations in July 2017 against the reform of the higher court, which were widely considered as undemocratic threat to judicial independence in Poland. This spatial metaphor of an Eastwards shift was supposed to link to the lack of freedom and authoritarianism in "Eastern states". The same image, however, might have been used by "Law and Justice" itself before the

Both of the above-mentioned explanations confirm the significance of Russia for Polish national identity constructions. The importance of Russia for understanding and speaking about Poland was pointed out by Tomasz Zarycki and Przemysław Czapliński. Zarycki focused on "using Russia" in Polish public discourse: at the time of Poland's accession to the European Union, he became interested in particular repeatable functions of negative images of Russia from the standpoint of Polish national identity.[10] A rescaling and compensation of the feeling of national inferiority towards the European West is thus achieved in Poland by noting Russia's backwardness, and by pursuing a perception of Russia as a threat to the European value system, on the guard of which Poland stands.[11] Czapliński,[12] in turn, analysed the ways of picturing Russia in Polish contemporary fiction as ways of speaking about Poland and establishing imagined geographies of Polish society. He notices:

> "Describing Russia in Polish culture is a way to take part in the historical game. The game is played on the East-West axis, which has crystalized in the 18th century and was frozen in the 20th century. Conventional ends of the axis are marked by Moscow in the East and Paris in the West. However, here these two opposite poles hold more than mere geographical information. They imply imaginations about the possibilities of development for Poland."[13]

In the recent three decades, after 1989, similarly to other post-socialist societies,[14] the dominant cultural points of orientation for Poles lay in the European West: aspirations for lifestyles coming from the European core led to a continuing trend of imitating them in Poland.[15] This shows in common consumption patterns including recreation and leisure,[16] and in popular choices of tourist

party won the elections: "We cannot allow the authorities to move Poland towards the East and its standards" – said one of the "Law and Justice" leaders in 2014, claiming unjustified detention of journalists that took place in Warsaw (<http://niezalezna.pl/62340-marsz-w-obronie-demokracji-i-wolnosci-mediow-nasza-relacja-z-manifestacji>, [1.08.2017]). Therefore, the East seems to be a universal discursive tool that is used to emphasize actions, visions, or solutions that are pejoratively perceived as "non-European".

10 Zarycki, Uses, 2004, p. 595.

11 Zarycki, Uses, 2004, p. 597, 599–614.

12 Czapliński, Poruszona, 2016, p. 12–180.

13 Ibid., p. 12.

14 Lagerspetz, Mikko: Postsocialism as a Return: Notes on a Discursive Strategy, in: *East European Politics and Societies* Vol. 13 1999/2, p. 377–390, here 378, 388.

15 Ziółkowski, Marek: Przemiany interesów i wartości społeczeństwa polskiego. Teorie, tendencje, interpretacje [Transformation of Interests and Values of Polish society. Theories, Tendencies, Interpretations]. Poznań 2000, p. 37–42.

16 Horolets, Anna: Konformizm, bunt, nostalgia. Turystyka niszowa z Polski do krajów byłego ZSRR [Conformity, Rebellion, Nostalgia. Tourism from Poland to the Former Soviet Union]. Kraków 2013, p. 75–125.

destinations: Russia together with Ukraine and Belarus have become more than unpopular destinations.[17]

Therefore, speaking about Russia as a place of longing in contemporary Poland may be perceived as both strange and risky. However, when looking at the practices and discourses beyond the mainstream, the picture turns out to be much more nuanced and ambiguous: it includes overshadowed memories and cast away desires. An analysis of tourism mobility from Poland to Russia, even if statistically almost insignificant, as attraction driven activity, contributes to an alternative perspective on the Polish-Russian imaginary post-1989: it is one that includes the factor of desire and longing.

This chapter is based on a research project conducted between 2008 and 2011. A key research activity was interviewing Polish tourists who were travelling to Russia or, in some cases, through Russia. I conducted 28 individual in-depth interviews that form the basis of this chapter. The group of interviewees was diverse, although with a predominance of self-organized tourists in their twenties and thirties. Included in the sample for this chapter are also members of the less well represented group of tourists between forty and fifty and some individuals who were using the services of a student travel agency. The majority of interviewees travelled to non-European and non-urban parts of the Russian Federation: mostly to the Siberian mountains like the Altai or to the Baikal region, but also to the Onega Lake and the Solovetsky Islands, to Yakutia, Vorkuta, Kamchatka, the Jamal Peninsula and the Russian Far East (along with Vladivostok and other sites on the Trans-Siberian railway). While I also interviewed a few tourists to Moscow, to the City of Kaliningrad and to St. Petersburg, tourism to these well-known tourist attractions and cultural heritage sites of Russia was not the field I obtained the strongest empirical insights from.

Most participants interviewed for this study undertook low cost trips that demanded active contact with local inhabitants: all interviewees travelled by local means of transport and used budget or free accommodation. Some of them had travelled to Russia more than once, beginning even in the late nineties, while others had just experienced their first journey before I arranged to meet them. During the interviews the research participants narrated the course of their journey, often along with presenting photographs they had taken in Russia. I then asked them to share their feelings and opinions on Russia: How did they perceive particular places? What was their experience of different travel situations and of connecting to people? The purpose of the study was therefore not only to reconstruct the image tourists held about Russia, but also to understand

17 Bachórz, Agata: Rosja w tekście i w doświadczeniu: Analiza współczesnych polskich relacji z podróży [Russia in Text and Experience: An Analysis of Contemporary Polish Travel Narratives]. Kraków 2013, p. 10–12; Horolets, Konformizm, 2013, p. 9–36, 79–83.

in how far the journey contributed to people's constructions of identity on an individual and on a collective level. My hypothesis was that people's individual travel choices and their perceptions of spaces or people while travelling were be mediated by pre-existing national discourses and that by becoming tourists to Russia, Polish citizens participated in the constant (re-)production of these Polish discourses on Russia.[18]

Therefore, I was interested in finding out why my research participants had chosen Russia for their holidays. What was it they found intriguing there and how did they describe their discoveries and experiences after the trip? I found that for my interviewees, choosing a holiday destination in Russia required them to challenge clearly negative, pre-existing views on Russia – both their own views and those held by others. At the same time, the ambivalence linked to the negative perception of the country did not simply disappear during their journeys – tourists often experienced different proportions of negative and positive opinions and emotions related to their chosen travel destination. Among the popular motivations, which made people decide to travel to Russia were different forms of longing, that appeared relevant for the interviewees, like longing for adventure, for civilizational complacency at the "wild East" or also for simplicity. In general, the Polish tourists I interviewed perceived Russia as a post-socialist natural or rural Eden. They described it as a purely natural or provincial space with some civilizational shortages, which makes it interesting enough to become an exotic and unconventional destination for them. Radek,[19] a male respondent in his early forties with significant international travel experiences described his experiences of Russian exoticism as follows:

> "I will say it frankly: Brazil is not as exotic as Russia. **Why?** Everyone is asking why. [In Brazil] I saw the preparations for the carnival, so there was something going on, they [the people] were very joyous, but I had a sense of Europeanity there, even though there are quite many dark people. And Russia, with those golden teeth, girls in heels, make-

18 In my monograph (see: Bachórz, Rosja, 2013), I give a detailed analysis of the interviews with Polish tourists travelling to Russia. These are compared to the discourse analysis of selected travel writings published in Poland after the collapse of the Soviet Union. I adapted a multidimensional and multidirectional postcolonial framework for the analysis of tourism in Eastern Europe. This allowed me to include both the Polish relations to the Russian Federation as a former colonizing power and the Polish quasi-colonial relations towards the new cultural influence coming from Western Europe. By taking this theoretical approach to the Polish perception of Russia, my work contributes to a better understanding of the complex and equivocal Polish attitude towards modernization. This chapter summarizes some of the book's findings while at the same time reinterpreting the research material: it shifts the focuses on the positive emotions associated to Russia rather than on the negative ones and broadens the analysis by implementing the category of nostalgia.

19 I decided to change the names of the interviewees in order to protect confidentiality.

> up... very nice..., and ... their officials – so hopeless, and with this dirt on the trains, chaos on the street, running cross the streets. It is mega exotic."

While, like the previous quote, many oral and written travel accounts featured an orientalist perspective on Russia, this perspective was regularly complemented by another noteworthy way of looking at Russia. I am talking about the perception of a deeper connection with and longing for the country that emerged from the conversations with Polish tourists. The following response from Barbara, a young Polish woman travelling to Siberia, is exemplary for this sentiment:

> "I had been thinking about visiting Lake Baikal and doing sightseeing in Russia in general, well, I had been thinking about it as far back as when I was learning Russian. I liked it very much and well... Based on the textbooks, where I saw drawings of Lake Baikal – I was dreaming about it."

The co-existence of the two perspectives of orientalism and connection suggests that people's individual choices to travel to Russia map onto a wider ambivalent stance towards Russia within Polish culture which simultaneously entails elements of distance and of familiarity. Polish tourists to Russia sometimes see the country as an area of cultural intimacy and closeness; during their trips they discover (intentionally or not) cultural links that they may perceive as mysterious. In my previous work, I have suggested interpreting such spatial imaginaries as a tool of cultural resistance against certain aspects of Western influence in contemporary Poland.[20] I further argue that to Poles travelling to Russia, the "European core" seems to be not the only important source of Polish identity – Russia offers an alternative or, more probably, a complementary source for nurturing the self. Moreover, while what I have called the "European core" bears characteristics of uprooting power and promotes a sense of inferiority to some Polish citizens, my observation from interviews with Polish tourists to Russia is that their historical as well as cultural citizenship are affirmed positively through the encounter with peripheral regions, including the Slavic East. This Polish tourism encounter with Russia has many nuances reaching from senses of similarity or brotherhood to a sense of martyrdom, and even to a feeling of quasi-colonial superiority.

In this chapter, the category of nostalgia is central for the analysis: I understand it as an emotional relationship to a previously owned home. In several accounts of Polish tourists travelling to Russia I identified the motif of loss that nostalgia speaks about. Nostalgia – as Svetlana Boym explains it – should be linked to the dimensions of both time and space.[21] The structure of my analysis

20 Bachórz, Rosja, 2013, p. 275–282.

21 Boym, Svetlana: Nostalgia and Its Discontents, in: *Hedgehog Review* Vol. 9 2007/2, p. 7–18, here 7f.

follows this division: first I examine in what sense Russia as a place may be an object of Polish longing, and then I offer a way of interpreting the longing for the past as Polish tourists experienced it in Russia. My concluding argument of this chapter follows these understandings of some forms of nostalgia as productive and future-oriented: I suggest that the nostalgic feelings held by my interviewees, Polish tourists to Russia, carry meanings for them as critical commentaries on the contemporary social order of their country in Europe.

Place: imaginative map to rethink

While the spatial dimensions bear relevance for the nostalgic encounter of Polish tourists with Russia, they should not be taken too literally as longing for certain, defined or named places. Comparable experiences of displacement and longing for specific, physical lost homes – houses, estates, and farmsteads – as we know them from other cases (such as Germans expulsed from Eastern Europe after World War II) cannot be found amongst the participants of the study. Nevertheless, some tourists recall the stories of their ancestors' living in Russia, even though it could be forced presence that resulted from difficult and unequal Polish-Russian historical relations. For instance, a woman in her fifties, Aleksandra, travelled to the area with the intention to "see Russia with her grandfather's eyes". From the turmoil of World War One in the Russian part of Poland, where her granddad had lived, he had fled to Russia. Being caught up in the middle of the Bolshevik revolution, he ended up spending a significant part of his life there. Another interviewee, Magdalena, declared that, referring to members of her family, she "just wanted to see what they saw". One of her ancestors had emigrated to work in Russia in the nineteenth century, other relatives were deported to different parts of the Soviet Union during the Second World War. Both women who took part in the trip to Siberia (Altai and the Baikal Lake region) declared that they were searching for their ancestors' traces in Russia, however they understood their search in a very general way, without visiting particular sites of former family residency (the second person did not even know them). As already shown elsewhere, in such cases tourists may be more interested in the general atmosphere of Russia, Siberia or "the East".[22]

A related, typical experience are encounters with ethnic Polish minorities while travelling through Siberia, which often unintendedly evoke a sense of return to a national past. They occur on beaten tracks of the Polish tourism

22 Bachórz, Agata / Horolets, Anna: Historical Blueprints of Tourist Paths from Poland to the Former USSR, in: *Journal of Tourism and Cultural Change* Vol. 15 2017/2, p. 152–166, here 158.

community, in common Russian destinations, eagerly chosen by succeeding waves of tourists: they hold the promise of cheap or even free accommodation and often also of Polish-speaking inhabitants.[23] Chosen for their cultural and economic convenience stopovers are places with catholic parishes or Polish minority associations and as such undeniably linked to Polish-Russian histories of exile and (forced or voluntary) migration. Only upon arrival some tourists experience the complex historical dimension of their movements and are surprised by national sentiments and feelings of nostalgic belonging. In that sense, it is not primarily a nostalgic longing that causes the paths' repetition and secures people's return to these places, but the pragmatic needs and calculations of tourists.[24]

Since Polish emotions are not addressed to any "lost places" in Russia, I suggest that longing is directed towards a reconstructed imagined geography where distances between Poland and Russia are perceived shorter than when they are measured in kilometers. Travelling to Russia, in general, includes a strong tension between feelings of closeness and of distance on the spatial, psychological, and cultural levels.[25] The descriptions of closeness and cultural familiarity may be found, for instance, in an account of Dominika, a Polish university graduate with residential experiences both in Russia and Germany, who states that she "certainly feel[s] less foreign there [in Russia] than in Germany". Another interviewee, Jolanta, with the experience of traveling not only to the former Soviet Union but also to Western Europe and the United States, declared she was more attracted by post-socialist countries and their "Eastern mentality". She also referred to an ambiguous feeling between difference and familiarity in Russia:

> "I do not go there [to Russia] as if I travelled across Poland. It is not my country – that's for sure. It is something different there. But I feel more familiar there than if I went, I do not know, to France for instance."

What seems to be especially important in these statements is building comparisons to Western European countries to which some of the interviewees feel a bigger distance than to Russia. I would suggest that they reflect the existence of emotional, private geographies, which differ from the tendency of Polish distancing from Russia and even go against them. Barbara related her desire to

23 Ibid., p. 161.

24 Ibid.

25 Bachórz, Agata: Podróżowanie jako obszar negocjacji między swojskością i obcością. Przypadek polskich wyjazdów do Rosji [Travel as a Site of Negotiations Between the Familiar and the Foreign. The Case of Polish Visits to Russia], in: Kostaszuk-Romanowska, M. / Wieczorkiewicz, A. (ed.): *Wizje kultury własnej, obcej i wspólnej w sytuacjach kontaktu [Envisioning Own, Foreign and Shared Culture in Moments of Encounter]*. Białystok 2009, p. 124–136, here 129–134.

travel to Russia back to a childhood experience. She recounts how her mother instilled the love for Russia in her: "She [my mother] liked the Russian language very much, she learned Russian and yes... I don't know how to put it... She sang me songs in Russian for example."

The earlier cited informant Dominika, who travelled to the region of Lake Baikal and further to the Russian Far East by the Trans-Siberian railway, claims that Russia is located somehow close to Poland, which goes against the well-known geographical understanding of distance. This paradox, which she analyses reflexively, is explained by the complex entanglement of family links to Russia and to her prior educational experience:

> "I mean, it [Russia] is distant. I have a feeling that, for example, for me... I was at the end of the world, this is the fact – I was at the end of the world. And this end of the world happens to be in Russia, so it is one hundred thousand times closer than any other end of the world. Whether it be a silly North which is geographically closer, or anything else. Russia is ... I do not know if it is the result of these two trips and my academic title in addition, or maybe of something else, but Russia is a second home to me."

In this quotation, the interviewee is deliberately playing with different meanings of closeness and distance, showing the strength of individualized imagined geography and the importance of symbolical explanations in comparison to physical, "objective" measures.

While most tourists treat Russia as a temporary adventure or as a transgressive place, which they experience for a limited period, descriptions of Russia as a "second home" do reappear in other, similar accounts to the above cited one. During the interviews I conducted, I also heard tourists declare straightaway that in Russia they felt "just like at home". In three cases, people mentioned they would consider moving to Russia for good or for a longer period, meaning they considered the real possibility of building a new home there. First of them, Barbara, admitted:

> "I would definitely like to return there, because what I have seen was just a piece (...). I would like to work out some internship or something, but it is not that simple. Our university has not signed any special contract with a Russian one, that's a pity, isn't it? Everyone is heading towards the West, but, here we are, we have such neighbours..."

Another interviewee, Andrzej, told me about his personal search for a second home in Russia (Moscow and in the Baikal region): "I went there to check if something I think might be there, and that I am currently **missing**, is really there [...] I went there to see, if, by chance, I could settle there...". Aleksandra who got interested in Russia through her grandfather felt very homely there, despite an unpleasant adventure of theft. She confessed: "I will tell you. Generally speaking, when I returned [from Russia], I wanted to find a job there. **Really?** I would most like to move there. Just stay there...". If such declarations surely do not always imply actual intentions of moving, they should however be treated as very important challenges to people's actual life centers as understood in spatial terms.

In a broader and more collective sense, spatial longing for Russia may be an attempt to restore an alternative version of Poland's location in Europe by drawing upon an unpopular version of an imagined geography from after the fall of communism.[26] John Urry notes that tourism in general is based on anticipations of desired futures.[27] In the context of Polish tourism to Russia this argument gains tangibility through the reveries of some Polish tourists for an alternative European contour, a re-centered map, which draws on feelings of cultural familiarity rather than on geographical proximity. Getting closer to Russia in a metaphorical sense stands in opposition to Polish widespread symbolic operations of constructing distances: it may be seen as an appreciation of unofficial, illegitimate spatial grids. An answer to the question "where is Poland's contemporary location?",[28] which does not necessarily fit the official, West-oriented answers, obtains the opportunity to be articulated through spatial tourism practices and narratives about these practices. Moreover, these individual travel choices and allocations of imaginary second or future homes challenge well-established definitions of center and periphery on a grassroots level.

Time: the imagined past when we used to understand each other

Following the argument by Svetlana Boym, it is not only the spatial axis, but above all the temporal dimensions that should be taken into consideration when talking about nostalgia.[29] Polish tourists often perceive destinations in Russia to be located in different spots on an imaginary timeline – and most crucially – to be outside the contemporary times. I have consistently found that travelling to the Russian Federation (or to some parts of it, e.g. Siberia) is seen by the interviewees as a journey through time. As one of the interviewed tourists, a young man after a short visit in Moscow, noticed: "In fact, it seemed to me as if I was transported more than twenty years back in time, and able to experience how things were in Poland back then."

The age of the quoted interviewee – twenty-four – is not without significance here. It shows that tourists are eager to compare visited places to what they associate not only with remembered, but also imagined pasts. Similar compar-

26 Cf. Hagen, Josh: Redrawing the Imagined Map of Europe: the Rise and Fall of the "Center", in: *Political Geography* Vol. 22 2003/5, p. 489–517, here 492–494, 508–510.
27 Urry, John: The Tourist Gaze. 2nd edition. London 2002, p. 3.
28 Czapliński, Poruszona, 2016, p. 5.
29 Boym, Nostalgia, 2007, p. 7f.

isons are accompanied by the assumption of the tourists that travelling from their homes in Poland, they have come from a place of the "present".[30] They express the temporal disjuncture by using figures of backwardness, negligence, or by mentioning a failure to catch up "standards". In other cases, positive narratives on the persistence of traditional – unspoiled – ways of life are introduced. This "denial of coevalness"[31] is also strongly visible in the contemporary Polish travel writing on Russia. Russia is presented as slow, immutable or unable to develop and to become modern. There are numerous examples of describing destinations in Russia as preserved past that could not or should not change. The following quotation is paradigmatic for them:[32]

> "I am more and more interested in Siberia and what I will find there. And although I am looking at the places along the road with interest, in my thoughts I am already far away, in the east. What interest's me most are the people and their fates because I am aware that this may be the last chance to encounter, to see with my own eyes this episode of history while it is still alive."[33]

Using time distance to describe relations between "us" and "the other" is a repeatable motif in the tourism imagery in search of authenticity,[34] but also an inherent feature of the orientalist discourse, which uses the figure of an unchanging "timeless present".[35] In the Polish-Russian case, in addition, the sense of temporal distance seems to be a tool for upgrading the status of the homeland Poland. Compared with a perceived "underdeveloped" version of Russia and its incapability to keep up with the post-socialist race for Western standards, Poland comes out as a winner. And yet – while this is on the one hand a clear critique of Russia, there is also another layer of emotional meaning to the perceived different temporal location of the country: This is the layer of regret and longing for the an imprecise past embodied by Russia. I am going to reflect on these different layers below.[36]

The shared Polish-Russian national histories do not make nostalgia the first

30 Horolets, Anna: Doświadczanie przestrzeni i czasu w narracjach Polaków podróżujących do Rosji [Experiencing space and time in the narratives of Poles travelling to Russia], in: Rancew-Sikora, Dorota (ed.): *Podróż i miejsce w perspektywie antropologicznej [Travel and place from an anthropological perspective]*. Gdańsk 2009, p. 73–86, here 83ff.; Bachórz, Rosja, 2013, p. 252–255.

31 Fabian, Johannes: Time and the Other. How Anthropology Makes its Object. New York 1983, p. 25–35.

32 For details see Bachórz, Rosja, 2013, p. 126–133.

33 Koperski, Romuald: Pojedynek z Syberią [Duel with Siberia]. Gdańsk 2008, p. 21.

34 MacCannell, Dean: *Empty Meeting Grounds. The Tourist Papers.* London 1992, p. 20–25.

35 Said, Edward: Orientalizm. Warszawa 1991 [original edition: Orientalism. New York 1978], p. 117.

36 On the obvious and unobvious role of history inscribed in tourist accounts in Russia and other post-Soviet destinations see: Bachórz / Horolets, Historical, 2017.

notion, which comes to mind to express the emotional links between past and present. The historical parts of the tourist accounts sometimes refer to the dark memories between the countries, including Polish forced mobility to Russia (deportations which resulted from nineteenth-century national uprisings, Second World War occupation and the policy of the Stalinist state). Contemporary Siberia is perceived as a place of the Polish nation's martyrdom; however, while some interviewees are searching for more nuanced family histories there, others go on to admit that they are learning only during their trip that descendants of Polish exiles or settlers still live there.[37] Travel literature, on the other hand, exposes the Polish traces in Russia, particularly in Siberia, focusing not only on the martyrdom, but also on the cultural achievements of Polish settlers, who often began a new life in Siberia, became well-known academics or established settler communities. Even though forced mobility, as described in old memoirs of 19th century exiles, is known to have be translated into a more positive picture stained with a bit of nostalgia by emphasizing the Poles' cultural mission or the spirit of community, with local people supporting exiles,[38] it is difficult to speak about a direct longing for such uneasy experiences.

This is different for the sentiments directed towards the period of socialism. In this case, nostalgia is something to be expected in the Polish-Russian context since we have been able to observe its appearance in many post-communist societies. Polish tourists travelling to contemporary Russia, indeed, recognize some elements of the cultural landscape there (e. g. monuments, street names) as coming from socialist times, especially since it became a rule in Poland to remove similar objects from the scenery of Polish cities. Following the question about what surprised her in Russia, Jolanta, who visited this country a few times from the late nineties on, states the following:

> "I was certainly surprised by such relics, such communist things. I knew, in a way, what to expect and that it is going to be like this, and I actually knew it from our country. However, the amount of these symbols completely unremoved, with hammers and sickles, especially in Moscow… The number of Lenin monuments… For example there is a big monument in Irkutsk. It is, though, somehow surprising."

Pictures delivered by some tourists as an additional visual material also indicate that symbols and monuments coming from communist times remain attractions. Despite the fact that tourists might evaluate them as symptoms of backwardness and be astonished by their presence or perceive them as symbols of a degraded totalitarian Empire, they also find them interesting or treat them with irony, for example when photographing them. I interpret these perceptions as to

37 Ibid., p. 158–162.

38 Burkot, Stanisław: Polskie podróżopisarstwo romantyczne [Polish romantic travel writing]. Warszawa 1988, p. 141 ff.

some extent similar to the phenomenon of "Ostalgia tourists"[39] who do not desire a return to the socialist past as Marschall[40] has shown, but who despite that may express a sense of nostalgia for the familiar everyday life embodied in signs of socialism. I argue that, although Poles travelling to Russia usually do not miss communist times and do not want to restore them, they may still read the cultural landscape in Russia as a part of common historical experience of this part of the world.

I suggest, however, that it is difficult to indicate particular periods in the past as objects of Polish nostalgia towards Russia. On the contrary, this is rather a mixture of different – both positive and negative – historical experiences causing or even forcing Eastern Slavic contacts, which took part in forming Polish identity but then become suppressed in the official discourses. Maria Janion,[41] a Polish literary scholar, believes that the Slavic East (i. e. Ukraine, Belarus, Russia) in Polish culture became suppressed and forgotten, leading to what she calls "national amnesia". According to her, shaping Polish consciousness throughout history was based on an ambiguous process of suppressing relations with the Slavic community and denying the own Slavic roots.[42] The process started as early as with the establishment of the Western version of Christianity over today-Polish territory.[43] A contemporary example could be the enlargement of the European Union, which was accompanied by attempts to get rid of unwanted elements of the Polish national identity, that is, of those associated with the "East", by distancing oneself from the Slavic neighbours and "nesting orientalism" over other post-socialist countries.[44] At the same time, blurred forms of longings could be the other side of the coin.

The biographical experience of individuals adds another emotional layer to a complex structure of the national post-socialist European self, in which "wanted" and "unwanted" elements intertwine. Although the category of "personal memory tourism"[45] has limited use here and the ancestral family memories also

39 Ostalgia – as a combination of words "Ost" (in German: East) and "nostalgia" – should be linked to the phenomenon of longing for life in socialist East Germany. This longing concerns memories on everyday life and includes an emotional attitude towards material culture coming from the past more than political claims. Ostalgia finds its reflection in popular culture and can be easily commodified.

40 Marschall, Sabine: 'Personal Memory Tourism' and a Wider Exploration of the Tourism-Memory Nexus, in: *Journal of Tourism and Cultural Change* Vol. 10 2012/4, p. 321–335, here 328; Marschall, Sabine: Tourism and Remembrance: the Journey into the Self and its Past, in: *Journal of Tourism and Cultural Change* Vol. 12 2014/4, p. 335–348, here 339.

41 Janion, Maria: Niesamowita Słowiańszczyzna. Fantazmaty literatury [This amazing Slavdom: The phantasms of literature]. Kraków: 2006, p. 28.

42 Ibid., p. 13–18.

43 Ibid.

44 Cf. Kuus, Expansion, 2005, p. 479–481.

45 Marschall, Personal, 2012, p. 321–335; Marschall, Tourism, 2014, p. 335–348.

did not appear as hugely relevant in the interview material gathered by me, I already showed in the previous section that among my informants were tourists who had initially chosen Russia as a travel destination because they found it somehow familiar. This was often connected to people's own experiences of previous visits or childhood vacations in the Soviet Union, to their language competence, or to a presence of Russian culture in their family lives (like the mother singing Russian songs or the grandfather recalling his life in Russia). However, these well-remembered biographical entanglements, endued with positive emotions of love and care, were inevitably linked to the ambivalent history of Polish-Russian neighbourhood or to political relations tinged with power inequality. Learning Russian language, for example, was obligatory during the communist times for all the pupils. Some places in the Soviet Union served as partly accessible tourist destinations at a time when travelling to Western countries was desired, but restricted.[46] In other words, the same links with the East Polish contemporary culture do not respect and tends to deny, remain – on individual level – a source of familiarity in today's Russia. Although it is not stated by the participants of the research, I risk the hypothesis that the temporal dimension of Polish nostalgia with regards to Russia is directed towards a mixture of partly imagined and partly historical past when the generalized Slavic East was an important part of Polish identity.

Conclusion: constructive nostalgia and longing for an alternative self

According to Przemysław Czapliński, "speaking about Russia means searching for a Polish form." He also believes that the "function of describing Russia is designing Poland".[47] As I showed in this chapter, the importance of Russia for Polish identity should be assigned not only to strategies of distancing from Russia, but also to attempts to getting closer to it. Travelling to Russia – and telling stories about it – may be understood in terms of metaphorical and small scale "curing" of historical amnesia and recreating broken ties, rewinding the clock of "universal time" or deconstructing and reconstructing spatial consciousness. Discovering similarities between Russian destinations and home-Poland, feeling "as if at home", drawing comparisons between East and West

46 Sowiński, Paweł: Wakacje w Polsce Ludowej. Polityka władz i ruch turystyczny [Vacations in the People's Republic of Poland. Regime politics and tourism movement]. Warszawa 2005, p. 51–55, 147–163, 234–247; Banaszkiewicz, Magdalena: Dialog międzykulturowy w turystyce. Przypadek polsko-rosyjski [Intercultural dialogue in tourism. Polish-Russian case]. Kraków 2012, p. 101–109.

47 Czapliński, Poruszona, 2016, p. 174.

made for the benefit of the first one – these, connected to memory work and shifts in the imagined cartography, let us talk about certain forms of longing for Russia or for a generalized Slavic East.

In conclusion, I would like to underline the links between nostalgia and the (collective) self. My proposition is to see imaginative time and space alternations made through the personal narratives on Russia as being more than mere unproductive fantasies or quasi-memories that escape the demands of the present. This claim is based on the suggestion of other scholars regarding the cultural meaning of nostalgia. Svetlana Boym writes: "Nostalgia, in my view, is not only always retrospective; it can be prospective as well. The fantasies of the past, determined by the needs of the present, have a direct impact on the realities of the future".[48] Other authors also emphasize the active, future-oriented or utopian, performative face of it. They claim that recognizing aspects of the past could become the basis for renewal in the future.[49] Referring to ambiguous, complex and polyphonic senses of the past, Jennifer Ladino[50] creates the concept of counter-nostalgia as social critique and a mechanism for social change. Counter-nostalgia is a way of articulating the need for an alternative version of the social order thanks to the exploration of past possibilities.[51] This perspective allows to look at longing for Russia not as a simple past-oriented passive mood, but as a postulate, proposition or demand concerning Polish contemporary identity.

Based on my observations of Polish travel to Russia, I argue that some parts of Polish tourist narratives about Russia exceed individual imagination and go far beyond Russia itself, allowing to speak about a postulated shape of European cultural alliances, neighborhoods and borders.[52] To some extent they are indicative of bottom-up resistance against transformation processes in Polish society, which have proceeded according to the Western-style modernization pattern: this is a voice for not only imitating Western solutions but also acknowledging inner resources. "Longing for Russia" has its constructive components – it is a suggestion to take into account silent and marginalized narratives. Russia may offer an alternative or complementary sense of modern Polish cultural identity beyond the widespread, purely Western cultural model.

48 Boym, Nostalgia, 2007, p. 8.

49 Pickering, Michael/Keightley, Emily: The Modalities of Nostalgia, in: *Current Sociology* Vol. 54 2006/6, p. 919–940, here 921, 937–938.

50 Ladino, Jennifer: Longing for Wonderland: Nostalgia for Nature in Post-Frontier America, in: *Iowa Journal of Cultural Studies* Vol. 5 2004/1, p. 88–109, here 89.

51 Ibid., p. 106.

52 Bachórz, Rosja, 2013, p. 279.

Hannah Wadle

Die alte „Zęza“: Vom masurischen Mekka für Segler zur raubeinigen Ressource für Tourismuskritik

Einleitung

Es gibt Orte der globalen Moderne, die zu universalen Sehnsuchtsorten geworden sind, schreibt der Sozialanthropologe David Picard. Ihre Abbilder thronen auf Billboards von Wolkenkratzern und auf Werbeplakaten in hauptstädtischen U-Bahnen. Diese Orte verfügen für Menschen weltweit über eine besondere, unwiderstehliche Magie, behauptet Picard,[1] der dem Zauber des Paradiesgartens in Gestalt der französischen Insel La Réunion nachspürt. Es sind „places out there of eternal sunshine, of serenity, with white sandy beaches fringed by turquoise water and a bright blue sky“.[2] Und dann gibt es solche Sehnsuchtsorte, die niemals einen so prominenten, gefälligen Platz finden werden. Orte, die gerade, weil sie nicht allen und in jeder Zeit gefallen, sondern für eine bestimmte Personengruppe und zu einem bestimmten Zeitpunkt von Bedeutung sind, zu Sehnsuchtsorten werden. Sie entstehen in selbstmöblierten, lebensdichten, atemschwangeren Nischen, wie Gaston Bachelard[3] sie in seiner Abhandlung über die Poetik des Raumes anklingen lässt. Alexei Yurchak[4] zum Beispiel findet eine solche Nische in den Heizungskellern der Sowjetunion, die von Intellektuellen und Hobbymusikern genutzt wurden. Solche Orte können subversiven Charakter annehmen und als Gegenentwurf zu dominierenden Diskursen der Gegenwart sowie als Gerüst für alternative Zukunftsentwürfe dienen. Sie entstehen im schützenden Raum kleiner Gemeinschaften mit eigener Sprache und Geschichte, Wertediskursen und Traditionen, Vorstellungswelten

1 Picard, David: Tourism, Magic, Modernity: Cultivating the Human Garden. New York, Oxford 2011.

2 Ebd., S. 1.

3 Bachelard, Gaston: Die Poetik des Raumes. München 1960 [französische Originalausgabe: 1957], hier Kapitel 6: „Die Winkel“, S. 165–177.

4 Yurchak, Alexei: Everything Was Forever, Until It Was No More: The Last Soviet Generation. Berkeley 2005, S. 151–154.

und Utopien. Solche Orte entfalten sich nicht nur in touristischen Kontexten, werden aber durch sie gefördert.

Die Seglertaverne „Zęza" in Nordmasuren ist ein Sehnsuchtsort dieser zweiten Kategorie, fest verankert in einer langjährigen Tourismuskultur. Sie besitzt nur für eine kleine kulturelle Gemeinschaft aus polnischen Seglern und lokalen Einwohnern des Dorfes Sztynort eine besondere Magie. „Zęza" heißt übersetzt die Bilge und bezeichnet den tiefsten Teil des Bootes, in dem alles Schmutzwasser zusammenfließt. Der Name verbildlicht den intimen und rebellischen Charakter eines Ortes, der für viele Segler und Ortsansässige zu einem moralischen Maßstab für die Kritik an der touristischen Moderne in Masuren und an der Transformation in Polen geworden ist. Im Sehnsuchtsort Zęza verschmelzen touristische Imaginationen und Ortsmythen mit Erinnerungsprozessen und einer alternativen Geschichtsschreibung der Transformation.

Segelsport und -tourismus haben eine lange Tradition im masurischen Seengebiet in Nordostpolen. Bereits in ostpreußischer Zeit zu Beginn des 20. Jahrhunderts wurden hier erste Regatten durchgeführt und Segelclubs gegründet und die Region wurde zum Anlaufziel für Segelfreunde. Nach dem Zweiten Weltkrieg und der Übertragung der Gebiete an den polnischen Staat und insbesondere ab den späten 1960er Jahren entwickelte sich die Region zum wichtigsten Segelrevier der Volksrepublik Polen.[5] Das lag zum Teil an der reizvollen Natur der Region, hatte aber noch andere Gründe: Segeln auf dem Meer, in Polen insbesondere auf der Ostsee, barg für den Staat das Risiko der Flucht seiner Bürger*innen ins nichtkommunistische Ausland. Daher wurden Törns auf dem offenen Wasser nur ausgewählten, dem Staat vertrauenswürdigen Gruppen und Individuen genehmigt.[6] Das in sich geschlossene masurische Seengebiet war in dieser Hinsicht „ungefährlich" und entwickelte sich mit der Zeit zur Anlaufstelle für Segelabteilungen von Universitäten, Pfadfinderorganisationen, staatlichen Großbetrieben und landwirtschaftlichen Genossenschaften.[7]

Die Segelkultur wurde zu einem festen Bestandteil regionaler Identität und zur zentralen Plattform für transregionale touristische Begegnungen von Segelnden aus ganz Polen (und darüber hinaus) mit der ebenfalls segelfreudigen Bevölkerung vor Ort. Für diese fluide Gemeinschaft ist die Segelkultur auf den masurischen Seen der gemeinsame Anhaltspunkt. Mit der Transformation eines vorwiegend staatlich, nichtkommerziell und national organisierten touristi-

5 Wakar, Andrzej: Cztery Wieki Węgorzewa [400 Jahre Węgorzewo]. Olsztyn 1971, S. 87.
6 Urbańczyk, Andrzej: Ale jednak żeglowaliśmy [Aber wir sind trotzdem gesegelt]. Warszawa 2013.
7 Diese Informationen stammen aus Gesprächen im Juni 2009 mit Mitarbeitern der Tourismusinformation in Giżycko, im Oktober 2010 mit einem Segellehrer und ehemaligen Pfadfinderleiter aus Giżycko sowie im August 2016 mit einem der ehemaligen Direktoren des Segelzentrums in Sztynort.

schen Segelbetriebs in einen überwiegend privaten, kommerziellen und international offenen Tourismusbetrieb seit den 1990er Jahren sind die Verhandlungen über den Charakter der Seglergemeinschaft und ihrer soziokulturellen Bühne ‚Mazury‘[8] besonders notwendig geworden: Ihre Werte, Ästhetik und Zugänglichkeit sind seitdem im Wandel begriffen und bedürfen gemeinschaftlicher Aushandlung. Die ehemalige Seglertaverne Zęza, eine touristische Institution aus der Umbruchszeit, spielte in diesen Verhandlungen über die Identität der masurischen Seglergemeinschaft eine wichtige Rolle. An ihr lassen sich Paradigmen der postsozialistischen Transformation aufzeigen und Mechanismen gegenwärtiger Gemeinschaftsbildung nachvollziehen.

Der Ort stellt somit einen Dialograum zwischen aktuellen Debatten der anthropologischen Tourismusforschung über touristische Vorstellungs- und Bilderwelten[9] und der Diskussion über Kulturen des Erinnerns in Europa,[10] insbesondere in den vormals sozialistischen Staaten, dar. Seit Svetlana Boyms einflussreichem Werk zur Nostalgie[11] hat sich die Forschung besonders denjenigen zeitgenössischen Erinnerungs-, Nostalgie- und Sehnsuchtsdiskursen in mittel- und osteuropäischen Gesellschaften zugewendet, die die sozialistische Vergangenheit betreffen.[12] Aber auch die Mobilisierung verschiedener Erinne-

8 Ähnlich wie im Deutschen der Begriff ‚Masuren‘, trägt auch der polnische Begriff ‚Mazury‘ eine eigene, historisch geprägte touristische Assoziationswelt mit sich, die sich von der des deutschen Begriffes unterscheidet. Über den literarischen Mythos Masuren schreibt u.a. Agnieszka Grochocka: Masuren. Vom Naturparadies zum Atlantis des Nordens. Funktion und Geschichte eines literarischen Mythos. Marburg 2015.

9 Mit diesem Thema beschäftigen sich die Autoren des Sammelbandes: Salazar, Noel / Graburn, Nelson (Hg.): Tourism Imaginaries: Anthropological Approaches. New York, Oxford 2014, der eine wichtige Grundlage für die Überlegungen dieses Beitrags bildet.

10 Die auf zahlreichen ethnographisch arbeitenden Fallstudien basierende Monographie der Sozialanthropologin Sharon Macdonald über Erinnerungskulturen in Europa ist ein wichtiger Ausgangspunkt für diesen Beitrag: Macdonald, Sharon: Memorylands. Heritage and Identity in Europe Today. London, New York 2013.

11 Boym, Svetlana: The Future of Nostalgia. New York 2001. Die Liste der Publikationen zu dem Thema ist inzwischen lang, um nur einige lesenswerte Beispiele zu nennen: Hann, Chris M.: Transition, Tradition, and Nostalgia. Postsocialist Transformations in a Comparative Framework, in: *Collegium Antropologicum* 36. Jg. 2012/4, S. 1119–1128; Heady, P. / Miller, L. L. G.: Nostalgia and the Emotional Economy: A Comparative Look at Rural Russia, in: Svašek, M. (Hg.): Postsocialism: Politics and Emotions in Central and Eastern Europe. New York 2006, S. 35–52; Nadkarnyi, Maya / Shevchenko, Olga: The Politics of Nostalgia in the Aftermath of Socialism's Collaps: A Case for Comparative Analysis, in: Angé, O. / Berliner, D. (Hg.): *Anthropology and Nostalgia.* London, New York 2014, S. 61–96; Todorova, Maria / Gille, Zsuzsa (Hg.): Post-Communist Nostalgia. New York 2010.

12 Der Begriff „Ostalgie“, der Praktiken des Sehnens nach der DDR benannte, ist ein prominentes Beispiel für solche gesellschaftsübergreifenden Sehnsuchtsdiskurse und deren politische Moralisierung. Vgl. dazu: Ahbe, Thomas: Ostalgie: Zum Umgang mit der DDR-Vergangenheit in den 1990er Jahren. Erfurt 2005; Bach, Jonathan: Consuming Communism: Material Cultures of Nostalgia in Former East Germany, in: Angé, O. / Berliner, D. (Hg.): *Anthropology and Nostalgia.* London, New York 2014, S. 123–138; Berdahl, Daphne:

rungen und Sehnsüchte an vorsozialistische Vergangenheiten, insbesondere an ehemalige nationale Territorien, erfuhr wachsendes Interesse in der internationalen Forschungsgemeinde.[13] Im Gegensatz zu Erinnerungen an jene historischen Zeiträume ist die nostalgische Erinnerung an die Übergangsjahre der Transformation und an die frühen Jahre des Postsozialismus bislang wenig thematisiert und auf ihre Bedeutung für die heutigen Gesellschaften Mittel-und Osteuropas untersucht worden. Sie unterscheidet sich auf interessante Weise von den anderen historischen Perioden in ihrer moralischen Rezeption und Mobilisierung:

Denn sowohl bei der Nostalgie nach dem Sozialismus als auch im Fall des „Heimwehs" nach der verlorenen nationalen Heimat im Osten kann Sehnsucht als unangemessen, unheimlich oder gar bedrohlich wahrgenommen werden – insbesondere, wenn sie soziopolitische Diskurse und zwischenstaatliche Abkommen emotional infrage stellen. Insofern haben die beiden erwähnten Formen der Sehnsucht gewisse Gemeinsamkeiten mit einem Gefühl, das Renato Rosaldo „imperialistische Nostalgie"[14] genannt hat. Imperialistische Nostalgie weckt moralisches Unbehagen, denn sie erlaubt sich, mit Wehmut auf Erfahrungen aus einer Vergangenheit zurückzublicken, unter der die Mehrheit der Zeitzeugen litten und leiden und die im gesellschaftlichen Leitdiskurs der Gegenwart daher als negativ und nostalgie-unwürdig gelesen wird.

Das ist anders im Fall von Erinnerung an die postsozialistische Transfor-

„(N)Ostalgie" for the present: memory, longing, and East German things, in: *Ethnos* 64. Jg. 1999/2, S. 192–211.

13 Zwei im deutsch-polnischen Kontext mit besonderem Interesse erforschte Formen der Sehnsucht nach vorsozialistischen (imaginierten) Vergangenheiten stellen das „Heimweh" oder die „tęsknota" nach dem durch Kriege verlorenen nationalen Osten dar. In ersten Fall geht es dabei um die Sehnsucht nach der „verlorenen Heimat" in Deutschlands ehemaligem Osten, im zweiten um die ehemaligen Ostgebiete Polens, die „Kresy Wschodnie". Zu *Heimweh* schreiben z. B.: Burachovič, Stanislav: Gedanken zum sudetendeutschen Heimwehtourismus aus tschechischer Sicht, in: Fendl, Elisabeth (Hg.): *Zur Ikonographie des Heimwehs.* Freiburg 2002, S. 223–244; Fendl, Elisabeth: Reisen in die verlorene Vergangenheit. Überlegungen zum „Heimwehtourismus", in: *Jahrbuch für deutsche und osteuropäische Volkskunde* 41. Jg. 1998/16. Das Gefühl der *Tęsknota* behandeln: Chrzanowski, Tadeusz: Kresy czyli obszary tęsknot [Die Kresy oder Sehnsuchtsräume]. Kraków 2001; Cynarski, Wojciech / Cynarska, Elżbieta: Turystyka Sentymentalna Polaków na Kresy Wschodnie/ Sentimental Tourism of Polish People to the Eastern Borderland, in: *Ido – Ruch dla Kultury/ Movement for Culture* 9. Jg. 2009/8; Zajas, Krzysztof: Kresy skreślone, czyli o polskiej wielokulturowości [Die durchgetrichenen Kresy oder: über polnische Mulitkulturalität], in: *Wielogłos* 1–2 Jg. 2009/5–6, S. 110–122. Diese Formen von Sehnsucht spielen auch in Nordmasuren eine maßgebliche Rolle und werden an anderer Stelle meiner Forschung thematisiert: Wadle, Hannah/ Mathilde, Verschaeve: Tourism and Post-Socialist-Heterotopias: Eastern Europe as an Imagined Rural Past, in: Picard, D. / Di Giovine, M. A. (Hg.): *Tourism and the Power of Otherness.* Bristol 2014, S. 74–94.

14 Rosaldo, Renato: Imperialist Nostalgia, in: *Representations* 26. Jg. 1989 (Special Issue), S. 107–122.

mation. Beim Sehnsuchtsort „Zęza" fällt es weniger schwer, Sympathie für die Akteure aufzubringen und ihre Sehnsucht nach der Vergangenheit als legitim wahrzunehmen. Im Kontext des frühen Postsozialismus erzählt er die Geschichte sozialer Marginalisierungsprozesse und einer subalternen Sehnsuchtsgemeinschaft, die Widerstand gegen Großinvestoren und gesellschaftliche Eliten leistet. Gegenwärtig befinden sich die postsozialistischen Gesellschaften in einer Reflexionsphase, in der die Hoffnungen und ersten Erfahrungen des tiefgreifenden Wandels mit der bisher erreichten Situation abgeglichen und zur Diskussion gestellt werden. In meiner Arbeit begreife ich diese Nachverhandlungsphase als späten Postsozialismus. Auf der empirischen Basis von Verhandlungsprozessen im späten Postsozialismus streben die folgenden Überlegungen eine bessere Kenntnis von Sehnsucht als moralischer und affektiver Ressource von Gesellschaften im Wandel an.

Die vorliegende Fallstudie basiert auf ethnographischen Feldforschungen der Jahre 2010 bis 2016 in Nordmasuren, Archivrecherche und langjährigen Beobachtungen vor Ort.[15] Ich beginne mit einer kurzen Geschichte der Transformation des Tourismus im masurischen Ort Sztynort seit den 1990er Jahren, in der auch die Segeltaverne Opfer der neoliberalen Grundsanierung des Hafens wurde. Daraufhin wende ich mich der moralischen Neuinterpretation der Segeltaverne zu und stelle eine lokale Unternehmerin vor, die anhand der Sehnsucht nach Orten wie der ehemaligen Zeza eine alternative lokale touristische Moderne entwirft. Es folgt eine ethnographische Erörterung der Reize, die diesem lokal verorteten touristischen Neuentwurf für verschiedene Kundengruppen innewohnt. Welche Grenzen die lokale Alternative zur vorherrschenden, bereinigten und leicht konsumierbaren touristischen Moderne Masurens zieht, behandelt der letzte Abschnitt.

15 Zwischen 2010 und 2011 verbrachte ich 13 Monate in Nordmasuren und erforschte als Ethnographin im Rahmen meiner Doktorarbeit den Wandel von touristischen Kulturen und Begegnungen in und um den Ort Sztynort. Im Sommer begleitete ich polnische Segeltörns und deutsche Reisegruppen, im Herbst fand ich Unterkunft bei einer Familie vor Ort und lernte die lokale Dorfgemeinschaft von rund fünfundzwanzig Familien kennen, im Winter lernte ich masurische Suppe kochen und schippte Schnee und im Frühjahr wohnte ich den lokalen Sołtys-Wahlen bei und machte die Bekanntschaft lokaler Reiseführer. Ich führte Interviews, Tagebuch und machte Bilder. Seit dem Ende meiner Doktorarbeit reise ich regelmäßig mehrmals pro Jahr nach Nordmasuren, um meine dortigen Freunde und Bekannten vor Ort zu besuchen, neue Entwicklungen zu beobachten und meine Forschungsergebnisse mit der lokalen Bevölkerung zu diskutieren. Die Entwicklungen, die in diesem Kapitel besprochen werden, konnte ich über die vergangenen Jahre beobachten. Meine ethnographische Forschung umfasst außerdem Archivrecherche in lokalen Zeitungsarchiven, die Methode der Online-Ethnographie, die Untersuchung im Internet publizierter Medien oder online abgehaltener Konversationen und Chats.

Alte Zęza, neue Zęza: Sehnsucht nach einer anderen Transformation in Masuren

Es ist der dritte Tag eines zehntägigen Wandersegelkurses in Nordmasuren für rund zwanzig Erwachsene, die auf fünf Booten verteilt ihren ersten Wind in den Segeln fangen.[16] Der Kurs wird von einer jungen, lokal angesiedelten Firma aus Giżycko organisiert. Mit dabei sind Studierende und Berufstätige aus den urbanen Ballungsgebieten Polens, aber auch aus Großbritannien und Deutschland, alle sind polnischer Nationalität. Die Tagesdestination ist der Hafen von Sztynort –für viele ein Highlight ihrer Segeltörns durch Masuren. Besonders beliebt ist seit jeher die dortige Seglertaverne Zęza, die in den frühen 1980er Jahren eröffnet wurde. „Die Hafenkneipe von Sztynort ist die beste in Masuren! Dort ist immer etwas los, es gibt Livemusik und man kann bis in die Morgenstunden tanzen", verrät der 21-jährige Segellehrer Michał[17] seiner Crew. Er ist Student der prestigeträchtigen schlesischen Wirtschaftsuniversität, segelt seit frühester Jugend Regatten und arbeitet im Sommer im touristischen Segelbetrieb.

In Sztynort werden die Systemtransformation und die Umverteilung im Tourismuswesen greifbar. Nach dem Krieg war Sztynort zunächst Hauptsitz einer großen Landwirtschaftlichen Produktionsgenossenschaft. In den 1970er Jahren beschlossen die Verantwortlichen der Produktionsgenossenschaft, im Rahmen der sozialistischen Modernisierung einen Segelstützpunkt für die Landarbeiterjugend aufzubauen. Damit entwickelte sich das touristische Potenzial: Das Erbe des Dorfes wurde zum Anlaufpunkt für die polnische Seglergemeinschaft. In den 1980er Jahren wurde die Verantwortung für die touristische Weiterentwicklung und das Management des Dorfes an eines der ersten polnischen Joint Ventures[18] übertragen. In dieser Zeit entwickelten sich ein nationales Segelzentrum mit Hotel und landwirtschaftlich genutzten umliegenden Ländereien, wo Scharen von Kindern jedes Jahr segeln lernten.[19]

Seit Beginn der 1990er Jahre haben das Hafengelände, sowie ein Großteil der vormals kommunalen Bauten des Ortes und seine umgebenden Freiflächen mehrfache Eigentümerwechsel[20] erlebt, deren Modernisierungsprojekte eher

16 Ethnographische Aufzeichnungen von Juni 2010 während der forschenden Teilnahme an besagtem Segelkurs.

17 Name geändert: alle Namen in diesem Kapitel wurden zum Schutz der Informanten geändert.

18 Piotrowski, M.: Interster – spółka ludzi aktywnych [Interster – Unternehmensgruppe der aktiven Menschen], in: *Wiadomości Węgorzewskie* 1988/190, ohne Seitenangabe.

19 Diese Informationen stammen aus zahlreichen Gesprächen mit ehemaligen Mitarbeitern und Dorfbewohnern sowie aus einem ausführlichen Interview mit dem ehemaligen Leiter des Segelzentrums. Ich danke insbesondere Maria Zarembska, Marianna Dacko, Jurek Dacko, und Jerzy Litwinienko für ihre Unterstützung bei der Recherche.

20 Redaktionsbeitrag: Sztynort skomunalizowany –papierowa wojna. [Sztynort gehört jetzt der Gemeinde – Papierkrieg], in: *Wiadomości Węgorzewskie* 1991/21(33), S. 1, 3f.; C., J.: Bój

fragmentarisch waren und im Dorf zu Unsicherheit in der Bevölkerung und zum partiellem Verfall der historischen Bausubstanz führten: Die Hafenanlage wurde modernisiert und durch eine elegante Pension ergänzt. Sie wurde so zur damals größten und modernsten Hafenanlage in Masuren. Ungenutzte, „überflüssige“ und der modernen Ästhetik nicht entsprechende Gebäude, die zusätzlicher Erhaltungsarbeit bedurft hätten, wurden abgerissen oder – wie das denkmalgeschützte Schloss – dem Verfall überlassen. Der touristisch nutzbare Bereich des Dorfes wurde somit aufs Nötigste reduziert, die übrigen Gebäude umfunktioniert und kernsaniert.[21]

Dieses Schicksal traf auch die Hafenkneipe Zęza, deren Transformationsgeschichte mir während meiner ethnographischen Feldforschungen in Masuren zwischen 2009 und 2016 immer wieder begegnet ist. In dieser Zeit betreibt eine in Warschau ansässige Aktiengesellschaft die Taverne in den Sommermonaten als Teil des Hafenkomplexes. Die Zęza, wie ich sie während meiner Forschungen kennenlerne, befindet sich in einem Hangar, der im gepflegten Inneren bewusst urig wie der Bauch eines großen Segelschiffs gestaltet ist; die Atmosphäre ist an Kundenwünsche angepasst. Die Bar ist verhältnismäßig teuer und die Bedienungen sind professionelle Saisonkräfte in Uniform, junge Erwachsene und Studierende aus dem Umland. Fast jeden Abend spielen hier polnische *Szanty* (Seemannslieder)-Legenden bis zum letzten Gast auf, das versichert auch die Webseite der Taverne. Für diejenigen, die mit der neuen, „bereinigten“ polnischen Moderne Frieden geschlossen haben und sich in ihr wiederfinden, ist die heutige Zęza ein kultureller Wohlfühlort geworden. Gleich nebenan befinden sich die modernen, großzügigen und kostenfreien Sanitäranlagen des Hafens, ein Alleinstellungsmerkmal in der touristischen Infrastruktur der Region. Mit diesem Arrangement sowie mit dem hafeneigenen Supermarkt, einer Pizzeria, einer Fischrösterei, einem Lädchen mit Segelzubehör und kostenlosem Inter-

Ostatni [Die letzte Schlacht], in: *Wiadomości Węgorzewskie* 1992/6(49), S. 1; C., J.: Sztynort: Brak zakończenia [Sztynort: Kein Ende in Sicht], in: *Wiadomości Węgorzewskie* 1992/7(50), S. 1; Dągowski, I.: Czy Węgorzewo bankrutuje? [Geht Węgorzewo pleite?], in: *Gazeta Giżycka* 1997/20 (310), S. 6; K., B.: Sztynort prawie sprzedane! [Sztynort so gut wie verkauft!], in: *Gazeta Giżycka* 1995/10(200), S. 2; Kwiatkowski, D.: Sztynort pełen marzeń [Sztynort voller Träume], in: *Gazeta Olsztynska* 1996 (27.–29. Sept.), S. 2f.; Tomaszewski, W.: Austriackie gadanie. Sztynort znowu bez właściciela? [Übersetzung], in: *Express Wieczorny* 1997/4, S. 10f.; Łapo, Jerzy M.: Ping-pong po sztynorcku, czyli inwestycja na wulkanie [Sztynorter Ping-Pong, oder eine Investition auf dem Vulkan], in: *Gazeta Giżycka* 1997/7(297), S. 4; Ders.: Nie Sprzedawać? [Nicht verkaufen?], in: *Węgorzewski Tydzień* 1999/44(437), S. 9f.

21 Information aus Gesprächen mit derzeitigen und ehemaligen lokalen Einwohnern von Sztynort sowie aus der Lokalpresse: R., A.: Mieszkancy walczą o przyzagrodowe działki. Protest odrzucony [Die Einwohner kämpfen um Hofgrundstücke. Protest abgelehnt], in: *Gazeta Giżycka* 2000/49(494), S. 9.

netzugang ist der Hafen von Sztynort eine wahrgewordene Vision des modernen Segeltourismus im heutigen Masuren.

Nicht alle, mit denen ich mich unterhalte, sind jedoch so begeistert von der heutigen Zęza wie unser junger Segellehrer Michał, der erst seit wenigen Jahren in Masuren segelt, mit teuren Seglerjacken liebäugelt und sich mit seinem Studium als Wirtschaftsingenieur einen gesicherten Platz im neuen Polen erhofft. Viele sehnen sich hingegen nach einem anderen Ort: nach der ehemaligen Seglertaverne „Zęza“ vor ihrer Neugestaltung und nach ihrem vormaligen soziokulturellen und materiellen Charakter. Jenen gilt die „alte“ Zęza als untergegangener Ort. Während sie sich von der neuen Zęza aus verschiedenen Gründen ausgeschlossen fühlen, lebt die alte Zęza in ihren Erinnerungen und Erzählungen weiter. In Bezug auf die jüdische Exilgemeinschaft in den Vereinigten Staaten schreibt Shelly Hornstein, dass manche Orte, die verschwinden oder die wir verlassen müssen, anderswo und in anderen Formen weiterexistieren können - virtuell oder in neuer Materialität. Solche Orte, schreibt sie, mögen zunächst verloren sein, aber sie sind letztendlich auch (wieder)gefundene Orte.[22]

„Kennst du die Geschichte Sztynorts ein wenig, Hannah?“ fragt mich ein lokaler Reiseleiter im Mai 2011, bei einem Treffen mit einer Gruppe Reiseleiter aus den nahegelegenen Kleinstädten Giżycko und Węgorzewo in der „Zęza“. Ich erwarte einen historischen Abriss der letzten 500 Jahre und bin gespannt auf sein historisches Narrativ. Doch die Geschichte, die ihm in diesem Augenblick wichtig ist, reicht nicht weiter zurück als in die 1980er Jahre. Sharon Macdonald[23] vertritt die These, dass gegenwärtige europäische Gesellschaften sich maßgeblich über ihre Kulturen des Erinnerns definieren, sie nennt dies „past-presencing“ (das Vergegenwärtigen der Vergangenheit). Umso spannender ist die unerwartete Wendung der Geschichte Sztynorts, wie der Reiseleiter sie mir präsentiert:

> „Weißt du, wo wir jetzt sind, das ist nicht die echte Zęza. Die echte Zęza war dort drüben, in einem Gewölbekeller, dort, wo jetzt das Hotel ist. Die Zęza war ein Mekka für Segler, dort kamen alle zusammen, um zu singen, zu trinken, zu tanzen.“

Die anderen Reiseführer stimmen ihrem Kollegen aus vollem Herzen zu. Seine Geschichtslektion an mich ist auch eine Loyalitätsbekundung an ihre gemeinsamen Werte, die Erinnerungen wachruft. Sie erzählen, dass einige von ihnen vormals als Segellehrer oder Skipper auf den Seen arbeiteten. Die Zęza formt für sie eine geradezu idealtypische Alternative zu den Erfahrungen von

22 Hornstein, Shelley: Losing Site. Architecture, Memory, and Place. Farnham, Burlington, 2011, S. 148.
23 Macdonald, Memorylands, 2013, S. 15–17.

Modernisierung, von gesellschaftlichem Auseinanderdriften und kultureller Kommerzialisierung. So erinnert sich einer der Reiseführer an Segeltourismus im ländlichen Masuren vor Internet und Telefon: Damals fungierte die Zęza als verlässlicher Ort, an dem Mitglieder der Seglergemeinschaft sich für ein Wiedersehen im nächsten Jahr zur selben Zeit verabredeten. Spuren des Sehnsuchtsdiskurses über die verlorene Zęza finden sich auch anderswo. Ich begegne ihnen auf virtuellen Diskussionsforen der Seglergemeinschaft im Internet und in ihren Archiven seit den späten 1990er Jahren.[24]

Die Gespräche eines zunehmend marginalisierten Teils der touristischen Seglergemeinschaft Sztynorts im Cyberspace geben fragmentarische Einblicke in die komplexe nostalgische Gefühlslage, die durch die Modernisierung des Segelresorts hervorgerufen wird. Auch dort bietet die Sehnsucht nach der „alten" Zęza einen Gegendiskurs zu den Auswirkungen der Transformation. Sie erscheint in Erzählungen als Ort, an dem man „echte Segler" antreffen konnte, Abenteurer, Geschichtenerzähler, Langbärtige, Trinker. Wer in die Zęza hinabstieg, heißt es, blieb oftmals mehrere Tage am Stück dort unten. Ein rauer Ort, dreckig und schwer auszuhalten.[25] Ein Ort, dessen Sinnlichkeit man sich ergeben musste, mit dem man verschmelzen musste: Rauch, so dick, dass man ihn schneiden konnte, Bier, Schweiß, Alkohol. Gemeinsames Singen von Szanty, mehrstimmig, auf den Tischen tanzen, trinken oft bis zum Umfallen. Serviert worden seien die besten Pierogi der Welt.[26] Solche Beiträge auf Diskussionsforen im Internet, auf denen sich polnische Segler austauschen, verweisen auf die Entwicklung eines translokalen und virtuellen emotionalen Sehnsuchtsdiskurses um die Seglertaverne Zęza. Darin wird die Taverne als Symbol der goldenen Zeiten des Segeltourismus in Sztynort und des Gemeinschaftsgefühls stilisiert.

---

24 Diskussionen wurden geführt auf Diskussionsplattformen der touristischen Webseiten: camperteam.pl; zegluj.net; sailforum.pl; mazury.info.pl; gastronauci.pl (Auswahl); in Google-Gruppen: <http://groups.google.com/group/pl.rec.zeglarstwo>; auf der Video-Plattform youtube.com; oder auf privaten Blogs: blog.fafara.net.

25 Dieses Narrativ finden wir zum Beispiel im Beitrag des Users *Dmofran* vom 5. März 2005 auf der Plattform *zegluj.net*, in dem er schreibt: „Und ich erinnere mich an die 1980er Jahre in Sztynort, als die Zęza so eine krumme Kneipe war, dass wirklich nur die mutigsten Segler dort hineinschauten. Aber was herrschte dort für eine authentische Atmosphäre (pl. *klimat*)! An jedem großen Tisch spielte jemand Gitarre, Zigarettenrauch, soviel, dass man eine Sichel hätte darin aufhängen können, laut, überfüllt, und mit einzigartiger Atmosphäre. Man saß auf Holzstümpfen und die Tische waren aus einfachen Holzplatten. Es gab sogar eine Zeit, in der Bier und Wein durch ein Netz verkauft wurden (die Bar war mit einem Netz geschützt), das war wohl so 1987/88." (Übersetzung aus dem Polnischen von HW). <http://www.zegluj.net/forum_zeglarskie/viewtopic.php?t=489> [Link nicht mehr aktiv, Diskussion gespeichert im Archiv der Autorin].

26 Erinnerung aus einem privaten Blogeintrag vom 10. März 2010 mit dem Titel „Sztynort Reaktywacja": <http://blog.fafara.net/index.php/2010/03/13/sztynort-reaktywacja/> [30.01.2017].

Im folgenden Zitat wird das Gefühl besonders deutlich, aus der touristischen Moderne in Gestalt der neuen Zęza ausgeschlossen zu sein. Eines Stücks ihrer Geschichte und Identität beraubt, werden Segeltouristen im Internet zu Geschichtsschreibern des Wandels: Die unheimliche Verwandlung der Zęza wird so zur Metapher für die unheimliche Erfahrung von Transformation und Ortsverlust, der touristische Sehnsuchtsort Zęza zu einem sozialen Sehnsuchtsort:

> „Mir scheint, als markierte das Ende der Zęza die endgültige Transformation von Sztynort, *wir* haben keinen Platz mehr im neuen Sztynort. Platz ist nur für solche mit Kapitänsmützchen und fetten Yachten".[27]

Die „neue" Zęza ist freundlich, sauber, unkompliziert, lebhaft, *easy to maintain* und *easy to consume.* Die Entwicklung der legendären Seglerkneipe deutet auf die Verletzlichkeit und Endlichkeit einer touristischen Kultur- und Wertegemeinschaft hin. Es entsteht so ein unbestimmtes *wir* derjenigen, die aus der neoliberalen touristischen Seglermoderne des „neuen" Sztynort mit der „neuen" Zęza ausgeschlossen sind: Lokale Bewohner, die es sich weder leisten können, die neue Lokalität zu nutzen, noch die Möglichkeit haben, an der Gestaltung von Gastlichkeit in der Taverne mitzuwirken. Oder Segler der „alten Schule", deren kultureller Beitrag zum Segeltourismus nicht mehr geschätzt wird. Waren die Gesänge und Gitarren der Seglercommunity einst das Zentrum des Lebens und der Interaktion in der Zęza, wird das Szanty-Singen inzwischen vom Management als offizielle Abendunterhaltung durch bezahlte (wenn auch angesehene) Acts geplant. Neben dieser speziellen Marginalisierung steht auch das Gefühl der Herabwürdigung des Segelns per se: Die Zęza wird zugunsten einer Hotel-Jazz Bar in ein baulich minderwertiges Gebäude verlegt. Das kulturelle Selbstverständnis vieler Segler als traditionell privilegierte, „bessere Touristen" wird durch diesen neuen ökonomischen Vorrang untergraben. So formuliert es auch der Segler und Internaut mnowak8 im Abspann seines Filmbeitrags auf Youtube über die Seglertaverne:

> „Die Taverne Zęza war eine Kultkneipe für masurische Segler. Für viele Jahre existierte sie im Gewölbe eines Innungsgebäudes in Sztynort. Sie existierte bis 2005. 2006 wurde die ehemalige Zęza in ein exklusives Weinlokal verwandelt. Die neue Zenza (sic![28]) wurde in einem Hangar im Hafen eröffnet. Leider ist es unmöglich, die Magie eines Ortes mit umzuziehen."

Unter dem Titel „Die Taverne ‚Zęza' in Sztynort. Ein kurzer Film über die Atmosphäre der nicht mehr existierenden Kultkneipe" postete der Verfasser, Mitte

27 Übersetzung aus der Diskussion auf dem Online Segelforum: <http://forum.zegluj.net/viewtopic.php?t=489>, [Link nicht mehr aktiv, Diskussion gespeichert im Archiv der Autorin].

28 Hier mokiert sich mnowack8 über die fehlerhafte Schreibweise der Taverne als „Zenza".

Dreißig und Journalist sowie Lokalpolitiker in Schlesien, das Fragment eines Familienvideos von 1993, das in der alten Zęza gefilmt ist, auf der Videoplattform. Sein Nachruf führt uns das politische, gesellschaftskritische Potenzial touristischer Sehnsucht (in diesem Fall nostalgischer Sehnsucht) vor Augen. Ersetzt durch eine Weinstube und verlegt in ein anderes Gebäude, wird die Zęza mit ihrer Rauheit und Schroffheit, ihrer unausweichlichen Gemeinschaft zum Symbol einer untergegangen polnischen Gesellschaft, zum paradigmatischen Zufluchtsort vor dem Prozess touristischer Umverteilung stilisiert.

Physischer Ortsverlust durch Aufwertung und soziokulturelle Marginalisierung sind brisante Themen im späten Postsozialismus, die sich immer stärker in den Städten, aber auch auf dem Land, gerade in touristisch attraktiven Gegenden bemerkbar machen. In einer Welt, die zunehmend von global handelnden Wirtschaftsakteuren gelenkt wird, sind diese Prozesse von wachsender Bedeutung. In Bezug auf Migration hat das Thema Ortsverlust und die damit verbundene Frage nach Identität breite wissenschaftliche Beachtung gefunden.[29] Auch Umverteilungsprozesse von Ressourcen und Grundeigentum sowie die Sanierung von Orten und damit verbundene Hoffnungen auf Wertsteigerung durch „soziale Aufwertung“ können Erfahrungen des Verlusts und der Heimatlosigkeit mit sich bringen. Dies betrifft besonders jene Menschen, für deren Identitäten, Erinnerungen und Geschichten kein Platz in den „erneuerten“ Orten mehr ist. Im gegenwärtigen touristischen Masuren werden Orte, die einst von einer kulturellen (touristischen) Gemeinschaft geschaffen wurden, durch eine finanzielle Korporation vereinnahmt und als Produkt an eine neu definierte und begrenzte (Tourismus)Gemeinschaft verkauft. Dadurch eingeleitete Prozesse von sozialer Umverteilung, gesellschaftlicher Marginalisierung und kultureller Enteignung lassen sich jedoch nur schwer dokumentieren, da es sich bei den betroffenen Bevölkerungsgruppen um eine flüchtige, multilokale Gemeinschaft von Segeltouristen, Mitarbeitern und Anwohnern handelt, deren langsames Verschwinden fast unbemerkt geschieht.

Als das touristisch nutzbare Terrain von Sztynort ab den frühen 1990er Jahren verkauft werden sollte, änderte sich die Rolle der Lokalbevölkerung radikal. Zu Beginn der Verkaufsphase wurden die Ortsansässigen in der medialen Öffentlichkeit von Politikern und Investoren als tüchtige Arbeiter und fähige Tourismusmanager portraitiert, die zukünftig Anstellung im Tourismusgewerbe finden würden und willkommen seien. In dieser Zeit füllten lokale Unternehmerinnen und Unternehmer aus eigener Initiative die Lücke im Tourismusgewerbe, die durch die Liquidierung des Ferienzentrums und die Verzögerung des Ver-

29 Vgl. dazu z. B.: Glick Schiller, Nina / Fouron, Georges Eugene: Georges Woke Up Laughing: Long-Distance Nationalism and the Search for Home. Durham 2001; Hornstein, Losing Site, 2011.

kaufs entstanden war. Die Situation änderte sich radikal, als die Investoren der Gemeinde auch ein Angebot für die Häuser machten, in denen die Einwohner Sztynorts untergebracht waren. Als Landarbeiter im sozialistischen System besaßen die Einwohner ihren Wohnraum nie privat. Die Gemeinde schlug die Umsiedlung der gesamten Ortsbevölkerung an den Stadtrand vor. Dass provozierte den gemeinsamen Wiederstand der Lokalbevölkerung, denn die Alternative war eine minderwertige enge Unterkunft. In zehn Jahren lokaler Lobbyarbeit erkämpften sich die Bewohner das Anrecht, ihre Wohnungen als Eigentum zu erwerben.

Dies führte jedoch zu extremen Spannungen mit dem neuen einzigen Arbeitgeber im Dorf, der deshalb zeitweise niemanden mehr einstellte und sogar das Hafengelände für die Anwohner sperrte. Außerdem stigmatisierten die Investoren und politischen Funktionsträger die Bevölkerung zunehmend: Sztynort sei ein Ort, an dem „die Bevölkerung vor sich hinvegetiert – Trunkenheit, Diebstahl, Schlägereien, Wilderei, Holzdiebstahl“[30] seien an der Tagesordnung. Diese verzerrte Darstellung orientierte sich an einer von den Investoren und der Gemeinde selbst verantworteten Realität, in der die willkürlich produzierte Arbeitslosigkeit und der durch die Umverteilung entstandene Mangel an Perspektiven und Mitbestimmungsrecht Menschen oft in tiefe Depressionen, in Alkoholabhängigkeit und gegenseitiges Misstrauen trieb.[31]

Solche Fälle lassen sich seit den 1990er Jahren in vielen touristisch attraktiven Gemeinden Masurens beobachten. Viele Kommunalverwaltungen versuchen, durch den Verkauf großer Gelände und historischer Gebäude sowie ehemals staatlicher Ferieninfrastrukturen an internationale Investoren gehobenes Urlauberpublikum anzusprechen und damit Steuereinnahmen zu generieren. Ferienorte konkurrieren miteinander um die größten und exklusivsten Hotels und Wellnesskomplexe. Diese Transaktionen verlaufen allerdings oft nicht wie gewünscht, in zahlreichen Fällen haben sich Investoren kurzfristig aus den Kaufverträgen zurückgezogen oder sich nicht an die Absprachen mit den Gemeinden gehalten. Dort wo Hotels und Ferienkomplexe gebaut wurden, sind die Rechnungen der Kommunen oft auch nicht aufgegangen: Im Ferienort Mikołajki, der sich des einzigen Fünfsternehotels Masurens rühmt, profitieren lokale Händler wenig von den wohlhabenden Gästen, die kaum Grund haben, das Resort mit seinem Rundumpaket zu verlassen.[32] Andernorts leidet die Lebensqualität der

30 Łapo: Nie sprzedawać?, 1999, S. 9f.

31 Dieser Wandel wurde durch Zeitungsberichte der Lokalpresse von Węgorzewo von 1991 bis 2001 und durch Gespräche mit lokalen Anwohnern rekonstruiert.

32 Derek, Marta: Od wioski rybackiej do turystycznej enklawy? Turystyka a rozwój lokalny na przykładzie Mikołajek [von einem Fischerort zur Touristenenklave? Tourismus und lokale Entwicklung am Beispiel von Mikołajki], in: *Studia Regionalne i Lokalne* 28. Jg. 2007/2, S. 112–127.

lokalen und auch weniger wohlhabenden touristischen Bevölkerungen durch die Abgrenzung und Privatisierung von früher zur Naherholung genutztem Gelände: Zäune versperren den Blick auf den See und ehemalige Badestrände wurden zu exklusiven Hafenanlagen umgebaut.

Die Sehnsucht nach einer anderen Transformation, einem anderen Tourismus in Masuren kristallisiert sich an einem Ort wie der Zęza, sie konkretisiert sich in der Sehnsucht nach einem realen Ort der Vergangenheit. Das Wissen um die gemeinschaftliche Vergangenheit der Zęza hält den Ort als Mythos des guten Lebens, der guten Gesellschaft wach. Verinnerlicht und mit anderen in Erzählungen geteilt, eröffnet dieses Wissen auch Handlungsspielräume und setzt Kräfte des moralischen Widerstandes und kulturellen Selbstvertrauens frei. Die Sehnsuchtsdiskurse um die „alte Zęza" kultivieren und erneuern die Wertevorstellungen derjenigen, die sich im neuen Sztynort an den Rand gedrängt fühlen. Daraus können Ressourcen für Wandel und lokale Entwicklung entstehen. Das zeigt das Beispiel der in den 1980er Jahren in Sztynort geborenen Unternehmerin Iwona. Die Entwicklung ihres touristischen Kleinstunternehmens, einer Bar und dann Fischbräterei und deren Kundenstamm, verrät uns viel über die Suche nach Zugehörigkeit und Identität in Masuren und generell in Polen: Iwona und die an ihrem Unternehmen beteiligten touristischen Akteure - lokale Unternehmer, Segellehrer und Segeltouristen - streben vor allem nach kultureller Identität und Selbstbestimmung. Wie im Folgenden deutlich wird, setzen sie dazu sowohl auf kulturelle Intimität als auch auf kulturelle oder soziale Grenzziehungen, die sich in der soziokulturellen Architektur neuer Sehnsuchtsorte widerspiegeln.

Die „Alte Zęza" als moralische und emotionale Ressource für eine alternative lokale Entwicklung

> „Wenn ich nur könnte, würde ich einen Keller ausheben. So wie damals die Zęza. Unter Maria [der ehemaligen lokal ansässigen Pächterin der Taverne, H. W.] war alles familiärer. Ich möchte nicht, dass das Dorf vor die Hunde geht. Das, was die [Hafengesellschaft] hier macht, macht unser Dorf kaputt,"

sagt Iwona mit fester Stimme.[33] Sie trotzt dem kalten Regen des ersten Maiwochenendes in ihrem metallenen Kiosk mit der Aufschrift „Alkohole Świata",

33 Gespräch mit Iwona am 2. Mai 2011 in Sztynort, Quelle: Tagebuchnotiz; Seit der ersten Begegnung mit Iwona im Mai 2011 habe ich sie zwischen 2011 bis 2016 immer wieder gesehen und mit ihr über die lokalen Entwicklungen gesprochen. Iwonas Eltern lernte ich bereits im Dezember 2010 kennen, als ich sie in ihrem Haus in Sztynort besuchte. Auch mit ihnen habe ich seit unserem damaligen, langen Gespräch immer wieder kurze Unterhaltungen geführt. Durch regelmäßige Aufenthalte in Sztynort und Umgebung zwischen 2010 und 2016 konnte

„Alkoholisches aus aller Welt", und wartet auf Kunden aus dem Hafen oder seltener aus dem Dorf. Seit zwei Jahren betätigt sich die Mittdreißigerin als lokale Händlerin in Sztynorts sonst so monopolistischer Tourismuslandschaft. Außer einem Tante-Emma-Laden, untergebracht in einem alten Bauwagen, und einem Segelzubehörgeschäft sind inzwischen alle kommerziellen touristischen Angebote in der Hand einer einflussreichen Warschauer Hafengesellschaft. In Sztynort vom lokalen Tourismus wirtschaftlich zu profitieren ist daher kein leichtes Brot für Iwona. Die alte Zęza hat im Kampf gegen diese Widerstände und für das eigene Unternehmen eine wichtige Bedeutung für die Kleinunternehmerin erlangt.

Iwona wuchs in Polens Übergangszeit in den Kapitalismus auf und hat sich darin ihren Weg gebahnt. Während ihr Bruder nach Großbritannien auswanderte, versuchte sie ihr Glück zunächst im urbanen Polen als Studentin und Angestellte in einem Supermarkt, dann in der nahegelegen Kleinstadt Giżycko als Kleidungshändlerin von Secondhand-Markenwaren auf ihrer eigenen Onlineplattform und zuletzt, um das Jahr 2008, auch in Sztynort als Pächterin der lokalen Fischbräterei. Als es zum Streit zwischen Iwona und der Hafenfirma kommt, wird die Pacht für die Fischbräterei nicht verlängert. In dieser Krise hilft Iwona die Vision der alten Zęza. Sie stellt für Iwona das moralische Konstrukt eines besseren Sztynort dar, bezieht sich auf eine imaginierte Gemeinschaft von Segeltouristen und lokaler Bevölkerung und fungiert somit für sie als kulturelle und soziale Inspiration für ihre neue Unternehmensgründung im Dorf.

Iwona ist mit der Zęza und dann mit der Sehnsucht nach den vergangenen goldenen Zeiten der Taverne aufgewachsen. Ihr Vater arbeitete einst in der Taverne, er erzählt gerne davon. Als Pächterin der Fischbräterei hört sie später auch den Erzählungen ihrer Seglerkunden über die alte Zęza zu. Ihre Idee, an die „alte" Zęza anzuknüpfen, folgt also der Logik eines gemeinschaftlich entwickelten und kultivierten Sehnsuchtsdiskurses, den sie ernst nimmt und verwirklichen möchte. Iwona positioniert sich emotional und strategisch als Anwältin eines guten Lebens in Gestalt der guten Gemeinschaft im touristischen Dorf Sztynort: Für Iwona dient die Zeit der „Alten Zęza" als zentrale, identitätsstiftende Episode in der Geschichte Sztynorts, die auch die Grundlage für ihre eigene Vision des Ortes formt. Unter dem Management der damaligen Pächterin, einer lokalen alleinstehenden Frau mit Unternehmergeist und Mut zum Anpacken, habe eine einmalige Atmosphäre der Gastfreundschaft und Gemeinschaft geherrscht. In

ich die Entwicklung von Iwonas touristischen Unternehmen über die Jahre hinweg verfolgen. Meine ethnographischen Beobachtungen umfassen außerdem Begegnungen und Unterhaltungen mit Segeltouristen, mit Reisegruppen aus Deutschland sowie mit anderen Anwohnern. Die folgenden Abschnitte greifen auf diese Gespräche und Beobachtungen, die in Form von ethnographischen Tagebucheinträgen, Tonaufnahmen und Interviewtranskripten vorliegen, zurück.

dieser Zeit sei es im touristischen Sztynort familiärer, freundlicher, intimer zugegangen. Dieses Narrativ steht im Einklang mit den lokalen Erzählungen und Segler-Mythen. Für Iwona stellt das lokal anerkannte historische Narrative den Maßstab für die Gegenwart dar. Es vermittelt ihr klar das Gefühl, dass ihr Dorf und die translokale touristische Dorfgemeinschaft durch das gegenwärtige touristische Angebot, wie sie sagt, „vor die Hunde gehen“. Das will sie verhindern.

Ich kann vor Ort beobachten, wie sich Iwonas Unternehmen entwickelt. Bei ihr soll es schön werden, aber nicht luxuriös. Der Kiosk ist nur der Anfang. Mittelfristig plant sie einen Imbiss mit frischer Küche und Freisitz. Im Moment sei es noch nicht perfekt, doch es bewege sich etwas, erklärt sie mir: Der Umbau des Elternhauses in Sztynort zu einem Speisesaal mit Küche schreite voran. In der nächsten Saison im Sommer 2011 steht im Vorgarten der Familie dann ein Wohnwagen älteren Baujahrs. Darin frittieren Iwona, ihre Eltern und ihre Tante Fische und Kartoffeln und schneiden hausgemachte Salzgurken in Scheiben. Sonnenschirme und Bierzeltgarnituren laden zum Bleiben ein. Inzwischen gibt es bei Iwona auch eine Toilette – allerdings zunächst nur ein Chemieklo und noch kein modernes Wasserklosett wie im Hafen. Für Iwona und ihre Eltern stehen die Begegnung mit den Seglern, der Service und die Qualität des Essens im Vordergrund. „Bei mir werden die Menschen nicht anonym behandelt und das schätzen meine Gäste an mir“, sagt die Inhaberin und fügt hinzu, dass dies sie von der Gastronomie der Hafengesellschaft unterscheide. Iwona sehnt sich nach einer touristischen Zukunft, die sowohl ihr als auch ihren Gästen einen Platz in Sztynort gewährt. Dazu wird sie sowohl von ihrer Kritik an der touristischen Gegenwart als auch von der Identifikation mit der touristischen Vergangenheit motiviert. Dieses Zusammenwirken weist ihr die Richtung für ihr unternehmerisches und gesellschaftliches Wirken.

Immer wieder betont sie, wieviel Wert sie darauf lege, ihre Kunden wie Menschen und nicht „schablonenhaft“[34] zu bedienen und sich an ihrer Gesellschaft und ihrem wiederholten Kommen zu erfreuen. Sie erzählt, wie im vergangenen Jahr Gäste sogar Bilder mit ihr machen ließen. Solche Bilder finden wir auch online auf ihrer Facebook-Seite, die sie bald eingerichtet hat, denn durch ihre Erfahrungen im Onlineverkauf kennt sie sich mit sozialen Medien und virtuellen Plattformen aus. Auf der Facebook-Seite ihres Unternehmens fordert Iwona Segler auch dazu auf, ihre Gitarren mitzubringen und unter den Sonnenschirmen traditionelle Szanty-Musik und Lagerfeuerhits zu singen. Aus der Sehnsucht nach einer sommerlichen Seglergemeinschaft und dank des Mythos der Zęza entwickelt Iwona ein partizipatives lokales Unternehmenskonzept, das

34 Sie benutzt diesen Begriff in unserem Gespräch am 2. Mai 2011 in Sztynort, Quelle: Tagebucheintrag.

sich über die ökonomischen, politischen und sozialen Widrigkeiten des Ortes hinwegsetzt.

Iwonas Glaube an den Mythos Zęza feit sie zwar nicht vor ernsthaften Hürden, aber er festigt ihre Vision, hält Zweifel im Zaum und verschafft ihr eine moralische Legitimität in Sztynort. Die Eltern reiben sich vor Unglauben über die Leistungen und die Tatkraft ihrer Kinder die Augen: „Wir sind Angsthasen, woher sie den Mut und die Fähigkeiten nur haben!" Die beiden haben lange für die örtliche landwirtschaftliche Produktionsgenossenschaft und dann das Ferienzentrum gearbeitet und sind schließlich vom neuen Investor übernommen worden, sie als Kassiererin im Supermarkt und er als Wachmann. Selbst Initiative zu ergreifen, erklären sie mir, haben sie nie gelernt. Aber sie stehen auf der Seite ihrer Tochter und tun alles, um sie zu unterstützen. Denn die kulturellen Werte, mit denen Iwona argumentiert, passen zu ihrem eigenen moralischen Sehnsuchtsort Zęza und zu ihrer Vorstellung vom richtigen und guten Tourismus in Sztynort. Sie helfen ihr gegen die Ohnmacht gegenüber dem Gefühl eines fortschreitenden Verfalls angemessener touristischer Gastfreundschaft für Segeltouristen in Sztynort.

> „Was die [die Hafengesellschaft in der neuen Zęza, H. W.] hier als Frühstück servieren, das ist doch total ungeeignet für Segler. Und eine Tütensuppe verkaufen sie für zehn Złoty – verrückt. Damals in der Zęza, da gab es gutes, hausgemachtes Essen, das passend für Segler war: Ei, Pierogi, Bigos. Jeder konnte sich das leisten",

sagen Iwonas Eltern[35] und bestätigen ihre Tochter in ihrem unternehmerischen Unterfangen. Der beschriebene Wandel zum Negativen beschneidet letztlich ihre lokale Identität als gastfreundliche Dorfgemeinschaft und schreckt „echte" Segeltouristen, deren Gesellschaft sie schätzen, durch hohe Preise und kulturell unpassende Speisen ab. Als Spielart der Sehnsucht misst Nostalgie die Gegenwart an den Maßstäben der Vergangenheit. Dass sie dabei eine wichtige Ressource und ein Vorstellungs-Werkzeug für die Entwicklung alternativer Zukunftsvisionen sein kann, argumentiert auch Monika Palmberger in ihrer Untersuchung von Nostalgie in Gesellschaften des ehemaligen Jugoslawien: Nostalgie „can also be seen as criticism of the present post-socialist reality and may be reflected in visions of a better future."[36] Auch für Iwonas Eltern ist der Sehnsuchtsort Zęza ein moralisches Werkzeug; er ist ein geprüftes Gestern, das eine Anleitung für den guten, richtigen Segeltourismus im Heute gibt. Somit funktioniert die Zęza auch als generationenübergreifender moralischer Sehnsuchtsort, in einer Transformationsgesellschaft, in der sich Kinder in ihren Wertevorstellungen und Träumen von ihren Eltern sonst oft merklich vonein-

35 Im Gespräch vom 9. Dezember 2010 in Sztynort, Quelle: Tonaufnahme.

36 Palmberger, Monika: Nostalgia Matters: Nostalgia for Yugoslavia as Potential Vision for a Better Future, in: *Sociologija* L 2008/4, S. 355–370, hier 358.

ander entfremdet haben. Die Unterstützung der Eltern für Iwonas unternehmerisches Projekt ist nicht selbstverständlich, denn sie birgt reale Risiken für die prekäre Lebenswelt der Familie. Sozialer Neid und nachbarschaftliches Misstrauen richten sich auf die Familie. Ganz besonders deshalb, weil die Hafengesellschaft als einziger Arbeitgeber im Dorf und Betreiber der „neuen Zęza" enormen moralischen und wirtschaftlichen Druck auf die lokale Bevölkerung ausübt.

Als ich Iwonas Eltern im Winter 2010 bei sich zuhause besuche, erfahre ich, dass ihre Mutter wegen Depression in Behandlung ist. Die Hafenfirma hat ihnen kurz vor der Verrentung fristlos gekündigt, als Iwonas neues Projekt für einen Imbiss mit Hausmannskost bekannt wurde. Ich verstehe es als Warnsignal für die Ansässigen, um Konkurrenz und mögliche „Brandherde" der lokalen Entwicklung im Zaum zu halten. Mehr noch: die Hafengesellschaft fühlt sich in ihrer wirtschaftlichen, und höchstwahrscheinlich auch kulturellen und sozialen Deutungshoheit über die Destination Sztynort als touristischer Sehnsuchtsort durch den alternativen Wertekanon von Iwona bedroht. Keir Martin[37] weist auf konkurrierende Konzepte (claims) von kultureller Authentizität oder auch touristischer Qualität in Papua-Neuguinea hin. Er argumentiert, dass kulturelle Authentizität sowohl von marginalisierten als auch von dominanten Gruppen als legitimierendes Argument für ihre Zwecke herangezogen wird. In Sztynort gibt es diese konkurrierenden Konzepte von touristischer Authentizität zum Beispiel zwischen Iwona und der Hafenfirma oder zwischen verschiedenen Generationen von Segeltouristen. Die Wirkungsmöglichkeit von Iwona als historisch Untergeordneter, „Subalterner" besteht darin, dass es ihr gelingt, den scheinbar einstimmigen Diskurs vom modernen kommerziellen touristischen Sztynort der Hafenfirma und von dessen Authentizität durch Sehnsüchte nach einer touristischen Alternative aufzubrechen.

Mit Werbeschildern, sozialem Networking, Flyern und ihrer Homepage auf Facebook macht Iwona auf sich aufmerksam. Sie veröffentlicht selbstgezeichnete Lagepläne ihres Imbisses und berichtet über ihren Kampf gegen die Hafengesellschaft, die durch Gegenbeschilderung und Barrikaden versucht, den Kundenstrom zu ihr ins Innere des Dorfes umzulenken. Zwar erhält sie Unterstützung durch Familienmitglieder und Freunde, doch nicht von allen Dorfbewohnern. Für diejenigen, die bei der Hafengesellschaft arbeiten, ist es zu riskant, sich an Iwonas Bar zu zeigen, geschweige denn sich mit ihr anzufreunden.[38] Manche nehmen die junge Unternehmerin auch als Verräterin wahr, weil sie den

37 Martin, Keir: Living Pasts: Contested Tourism Authenticities, in: *Annals of Tourism Research* 37. Jg. 2009/2, S. 537–554.

38 Dass dies eine realistische Befürchtung ist, zeigt der Bericht eines Wachmanns für die Hafenfirma. Er erzählte mir, dass ihn die anderen Wachmänner bei der Firmenleitung verrieten, als er beim Einkaufen bei Iwona „erwischt" wurde. Er erhielt dafür eine Abmahnung.

einzigen Arbeitgeber im Dorf in Gefahr bringe. Iwona hofft, dass andere Dorfbewohner ihrem Beispiel folgen. Aber sie glaubt nicht ganz daran, denn die Risiken sind hoch und viele haben bereits in den späten 1990er und frühen 2000er Jahren schmerzliche Erfahrungen mit der Erstickung ihres ehemaligen Sztynort durch die Warschauer Hafenfirma gemacht.[39]

Während Iwonas Unternehmergeist sie sicherlich zum Durchhalten und Weiterkämpfen im lokalen David-und Goliath-Spiel um die Zukunft ihres Unternehmens bewegt, legitimieren ihr Wertekanon und der dazugehörige Mythos der Zęza ihre Handlungen. Der Sehnsuchtsort Zęza, dem sie sich verschreibt – selbst wenn sie ihn nicht genau nachahmen kann und will, rahmt ihre Vorstellung von einem besseren Sztynort, für das es sich zu kämpfen lohnt. Er spielt als moralischer, kultureller und sozialer Sehnsuchtsort mit Handlungsaufruf, als Ideal und reale Historie lokaler Selbstbestimmung eine zentrale Rolle. Iwona macht sich den untergegangenen Sehnsuchtsort Zęza zu eigen, um ihr Unternehmen trotz lokalen Widerstands zu gründen. Die Mythen der alten Zęza geben ihr die notwendige kulturelle Vorstellungskraft für ihre eigene Imbissbar „U Córki Rybaka" (Zur Tochter des Fischers). Sie beflügeln ihr Vertrauen in die Zukunft und erlauben kulturellen Wandel an einem Ort, an dem die Bewohner über Sozialneid und gegenseitiges Misstrauen klagen und von Tourismusmagnaten unterdrückt werden. Indem sich Iwona im touristischen Sehnsuchtsdiskurs Sztynorts positioniert und sich die kulturelle Vorlage der Zęza als Widerstand gegen die Hafengesellschaft aneignet, setzt sie sich über die kulturelle Enteignung der Dorfbewohner durch den Verkauf des Geländes an den Investoren hinweg und fordert ihren Anteil am kulturellen und sozialen Kapital und Erbe des touristischen Ortes.

Ein Ort für die neuen Sehnsüchte nach Lokalität, Authentizität und dem Ländlichen

Segler – Novizen, Instruktoren und erfahrene Segler – sind bereit, Iwonas Bar als Teil von Sztynort und Masuren zu konsumieren und sie damit als neuen Sehnsuchtsort mit zu erschaffen. An einem Abend im Juli 2011 begleite ich eine Gruppe von Seglerbekannten in Iwonas Fischbar. Unter ihnen sind Marek, der junge Gründer eines Tourismusunternehmens mit Segelschule aus der Umge-

39 Zunächst war wirtschaftliche Tätigkeit im Bereich des Hafens gestattet und es gab einige lokale Unternehmer, die Waren wie Obst und Gemüse, Fisch oder Souvenirs an Segeltouristen verkauften. Nach einiger Zeit entschloss sich die Hafenfirma im Rahmen von Renovierungsarbeiten, diese meist erfolgreichen Kleinstunternehmer aus dem Hafen zu verbannen, da sie angeblich das Bild des gepflegten Seglerhafens störten.

bung, Michał, mein bereits erwähnter Segellehrer, die Segellehrer Beata und Jarek sowie Magda und Kasia, zwei Segelnovizinnen aus Krakau. Sie sind gemeinsam unterwegs auf einem Segelkurs von Radeks Segelschule. Geschäftig stehen Iwona und ihre Eltern hinter dem Tresen und zwinkern mir stolz zu, als sie mich erkennen. Meine Segel-Begleiter bestellen Fisch mit Pommes und Salzgurken und wählen dazu das als lokal gekennzeichnete Bier in Flaschen. Sie finden es gut, dass hier Produkte einer lokalen Brauerei verkauft werden. Ich selbst bin überrascht, denn nach über einem Jahr Feldforschung höre ich zum ersten Mal von dieser Biermarke, die wenige Sztynorter kennen dürften. Für die Segler, wie für viele Menschen auf Reisen, ist der neuinszenierte lokale Touch Teil der Magie des Ortes.[40] Er lässt sie an einem unverwechselbaren, hiesigen Ort teilnehmen und verspricht dadurch eine besonders „echte", authentische Erfahrung.

„Wir sind inzwischen schon Stammgäste hier", erzählen mir die Segellehrer und Radek. Mit dem Bier unterstützen sie zudem lokale masurische Unternehmer anstelle von nationalen oder globalen Unternehmen und entsprechen damit ihrem moralischen Pflichtgefühl gegenüber der Region. Mit jeder Gruppe von Segelschülern besuchen sie Iwonas Taverne. Sie sind erleichtert, dass es endlich eine Alternative zur Hafengesellschaft gibt, deren Wirken sie zwar einerseits schätzen und in Anspruch nehmen, die sie andererseits auch misstrauisch beobachten. Ihre Idealvorstellung ist nicht der uniforme Tourismus des Hafens, sondern ein heterogener, lebendiger Tourismus, in der sowohl Hafen als auch Iwona ihren Platz haben.

Radek ist als einer von wenigen wie Iwona in seine Geburtsstadt nach Masuren zurückgekehrt, um sich dort eine berufliche Zukunft aufzubauen. Er hat die Entwicklungen in Sztynort seit Jahren beobachtet und kennt den Mythos der Zęza. Er selbst hat mit, wie er immer wieder betont, oftmals unseriöser Tourismus-Konkurrenz aus Warschau zu tun. Es freut ihn, dass es gelungen ist, der Hafenfirma die Stirn zu bieten, und dass sich ein lokales Unternehmertum entwickelt. Für ihn passt sich der Imbiss in seinen persönlichen Sehnsuchtsort eines touristischen Masuren ein, das regional und nicht „von außen" und von „anderen" allein definiert und organisiert wird.

40 Die Frage der (inszenierten) Lokalität beschäftigt die meisten anthropologischen Tourismusforscher, z. B.: Abram, Simone: Performing Tourism in Rural France, in: Abram, S. u. a. (Hg.): *Tourists and Tourism. Identifying People and Places.* Oxford, New York 1997, S. 29–49; Boissevain, Jeremy: Ritual, Tourism and Cultural Commodization in Malta: Culture by the Pound, in: Selwyn, T. (Hg.): *The Tourist Image. Myth and Myth Making in Tourism.* Chichester 1996, S. 105–120; Knudsen, Britta Timm / Waade, Anne Marit (Hg.): *Re-investing authenticity. People, Place, and Emotions.* Clevedon u. a. 2010; MacCannell, Dean: Staged Authenticity: Arrangements of Social Space in Tourist Settings, in: *The American Journal of Sociology* 79. Jg. 1973/3, S. 589–603.

Jarek und Beata genießen es, das touristische „All-inclusive"-Pakets des Yachthafens und die „Masse der Segler" hinter sich zu lassen und bei Iwona einen Blick hinter die Kulissen des Hafens zu werfen. Als Instruktoren möchten sie die erholungsorientierte Einstellung der jungen Segeltouristen verändern. Für sie geht es beim Segeln ums Entdecken und um kulturelle Neugier. Beata spart seit einiger Zeit für eine Weltumseglung. Für sie wird Iwonas Fisch-Imbiss zum Sehnsuchtsort, weil sie ihren Status als „echte", gute Segler in der Menge der Segeltouristen bedroht sehen und ihre touristischen und moralischen Sehnsüchte sich nicht durch das Unternehmenskonzept der Hafenfirma verwirklichen lassen.

Bevor ich Magda und Kasia, die beiden Segelnovizinnen, auf den Imbiss ansprechen kann, unterhalten sie sich über ihren Beruf und ihren Alltag in Krakau. Beide sind Anfang Dreißig und in der Werbebranche tätig. Sie haben bereits längere Arbeitsaufenthalte in den USA absolviert, von denen sie der Seglergruppe berichten. Die beiden kennen sich von zuhause: Ihr wöchentliches gemeinsames Highlight ist der abendliche Besuch einer Wellnessanlage am Rand von Krakau zum Spa-Treatment. Auch beim Segeln möchten sie, diesmal durch Aktivität, vom stressigen Berufsalltag abschalten. Für die zwei weiblichen Mitglieder der neuen polnischen Tourist-Class ist Iwonas Imbiss das i-Tüpfelchen von Sztynort, kein Gegensatz zum Hafenkomplex, sondern die perfekte Ergänzung. Die zwei erzählen mir begeistert von der modernen Hafenanlage und von den großzügigen, gut gepflegten sanitären Anlagen, der exzellenten Versorgungsstruktur und der Ästhetik. All das, haben sie auf ihrem Törn herausgefunden, ist keine Selbstverständlichkeit beim Segeln in Masuren. Bei Iwona finden sie, was zur Verwirklichung ihrer touristischen Sehnsüchte noch fehlt: das Ländliche.

„Hier ist es so richtig dörflich, wie früher bei den Großeltern!", entzückt sich Magda. Hochglanzmagazine, romantische Literatur und Fernsehmedien haben in Polen in den vergangenen Jahren zu einem Wiederaufleben bis hin zu einer Art Exotisierung des Ländlichen geführt, ein Trend, der sich ähnlich auch in anderen Industrienationen beobachten lässt.[41] Zwar ist die Glorifizierung des Landlebens ein kulturelles Kontinuum in Polen, doch im Zeitalter der Beschleunigung und Vernetzung wird das Ländliche, wie andernorts, als Hort des „guten Lebens", urbaner Sehnsuchtsort und Verheißung einer fremdartigen, verlorenen Echtheit neu inszeniert. Oft wird das Landleben auch mit Erinnerungen aus der Kindheit in Zusammenhang gebracht, sodass die Sehnsucht nach dem Lande auch

41 Ausführlicher schreibe ich dazu in: Wadle, Hannah: Domestic tourism encounters in the Masurian lake district: multiple tourism moralities, reversible relationships, and social wellbeing in contemporary Poland, in: *Journal of Tourism and Cultural Change*, 15. Jg. 2017/2, S. 136–151.

Nostalgie beinhaltet. Iwona wird also für Kasia und Madga zur Erfüllung urbaner Sehnsüchte nach einem traditionelleren, weniger perfekten, natürlicheren, einfachen Polen, wie es in der fürs Fernsehen verfilmten Romanserie *Dom nad rozlewiskiem* (Das Haus am Teich) von Małgorzata Kalicińska[42] erzählt wird.

Gleichzeitig wird Iwonas Unternehmen damit aber auch zu einem neuen Ort der Begegnung für Menschen aus dem städtischen und dem ländlichen Polen, aus unterschiedlichen sozialen Milieus und mit unterschiedlichen Bildungswegen, die durch ihr Zusammenkommen eine neue Wertegemeinschaft etablieren und praktizieren. Zu dieser Wertegemeinschaft finden die verschiedenen Akteure dank ihrer beidseitigen Suche nach „Echtheit“ und kultureller „Intimität“ und der Sehnsucht nach einer Ergänzung des touristischen Monopols der Hafengesellschaft. Auch wenn diese Wertegemeinschaft in einem gewissen moralischen Gegensatz zur Hafengesellschaft steht beziehungsweise sich in Kontrast zu diesem positioniert, heißt das jedoch nicht, dass Iwonas Bar als Sehnsuchtsort inkompatibel mit dem Hafen ist. Im Gegenteil, sie wird nicht einmal von allen als separater Ort im touristischen Komplex Sztynort wahrgenommen. In gewisser Weise existiert sie nur durch den Hafen – als Gegen- oder als Ergänzungsort.

Auch wenn die Teilnehmer an dieser touristischen Destination alle aus verschiedenen Lebenswelten stammen, liegt ihnen allen der Wunsch nach einer besseren, gerechteren Gesellschaft am Herzen, nach kultureller Selbst- oder zumindest Mitbestimmung im Tourismus und nach einer gewissen kulturellen Intimität der Begegnung. Diese Elemente scheinen eine Kontinuität zur Zęza herzustellen und ich vermute, dass die zwei touristischen Sehnsuchtsorte – die „alte“ Zęza und Iwonas Fischbar – keine Ausnahme sind, in Polen, aber auch global. Sie spiegeln gesellschaftliche Dilemmata des Postsozialismus wider: enttäuschte Hoffnungen auf eine besseren, gerechteren Gesellschaft und das gute Leben, soziale Differenzierung und kulturellen Wandel im (Segel-)Tourismus. In den Dynamiken um die Zęza lässt sich genauso der Kampf des Einzelnen für kulturelle Mitbestimmung wiedererkennen, die durch die neoliberale Globalisierung und Modernisierung verloren geht. Zentral ist hierbei, dass multiple Sehnsüchte zur Ressource für neue reale Orte werden, die die Welt um soziale Diversität und kulturelle Alternativen bereichern. Sehnsucht kann daher der Kontinuität und Neugestaltung von kulturellen und sozialen Idealen dienen. Sehnsuchtsorte wie die Zęza oder Iwonas Fischbar schaffen positive Erfahrungsräume für die Beteiligten, die sie in ihren Werten bestärken, und geben Menschen die Möglichkeit, sich über Konzepte des guten Lebens und der guten Gesellschaft auszutauschen. Die verschiedenen Rollen der Akteure in Iwonas Fischbar zeigen, dass es irreführend sein kann, kulturelle Gemeinschaft mit einer gerechten Gesellschaft gleichzusetzen. In einem Sehnsuchtsort kann wirt-

42 Kalicińska, Małgorzata: Dom nad rozlewiskiem. Poznań 2006.

schaftliche Ungleichheit herrschen und er mag sogar dank sozialer Hegemonien und paternalistischer Imaginationen funktionieren: Dies funktioniert jedoch nur solange, wie die gegenseitigen Illusionen und Stereotype über den anderen einander nicht im Weg stehen und das Gefühl einer kulturellen Intimität und Imagined Community durch die Kenntnis und den Respekt kultureller Rollenverteilungen erhalten bleibt.

Wo zieht Iwona dann die soziokulturellen Grenzen ihres Sehnsuchtsortes und warum? Im Umgang mit deutschem Tourismus in Sztynort, von den im Folgenden die Rede sein wird, werden die identitätsbildende Qualität von Sehnsuchtsorten und die Grenzen der Ressource Sehnsucht, besonders nostalgischer Sehnsucht, deutlich.

Die Grenzen des Sehnsuchtsortes

Im Sommer 2017 überraschte mich Iwonas Partner mit einer Nachricht, nach der ich den folgenden Abschnitt überarbeiten würde. „Wir haben", sagte er „unsere Speisekarte ins Deutsche übersetzt. Die Deutschen kommen jetzt auch zu uns essen. Moräne, Zander, Aal, Hecht," zählte er mir die Fischsorten aus seinem Angebot auf und nannte dann noch weitere, deren deutsche Bezeichnungen ich noch nie gehört hatte. Damit hatte ich eigentlich nicht gerechnet, denn die Vorgeschichte war wie folgt: Als ich sieben Jahre zuvor von Iwonas Imbissprojekt erfuhr, wollte ich mich gleich nützlich machen. Ich bot ihr an, die Speisekarte ins Deutsche zu übersetzen. So könne sie, dachte ich, auch von den zahlreichen deutschsprachigen Besuchern in Sztynort profitieren, die meist auf Busreisen oder Fahrradtouren Rast machen, um das Schloss Steinort zu besichtigen. Ihr Interesse gilt der Geschichte des imposanten, wenn auch verfallenen ehemaligen ostpreußischen Adelssitzes. Zwar halten Reisebusse oft in der Dorfstraße, um die Parkplatzgebühren des Hotels zu sparen, aber nur einmal konnte ich beobachten, dass Reisende in der Fünfminutenpause erfolglos am Getränkekiosk nach einem Cappuccino fragten. Ohne Sprachbarriere, malte ich mir aus, wäre das vielleicht nicht passiert.

Iwona kam nicht auf mein Angebot zurück. Erst nach und nach begriff ich, dass deutschsprachige Besucher, die Iwonas Unternehmenskonzept nicht verstanden, zunächst gar nicht zu der von ihr imaginierten Touristengemeinschaft der „Alten Zęza" zählten. Sie erwartete nicht, dass sich Touristen aus Deutschland für ihr Angebot gewinnen ließen, gleichzeitig wollte sie ihr Unternehmen unabhängig von den Vorlieben und Erwartungen dieser Touristengruppe entwickeln. Iwona sprach mit ihrem Unternehmen eine andere touristische Kulturgemeinschaft, die polnisch-sprachige Seglerschaft, an, sie richtete sich nicht gleich an eine mehrsprachige, indifferente Touristenmasse. Diese vermutlich eher intuitive Strategie können wir besser verstehen, wenn wir uns mit dem deutschsprachigen und besonders dem deutschen Tourismus in Sztynort befassen.

Während ich den Segeltourismus in der Zęza zuvor als lokal weitgehend akzeptierte Utopie dargestellt habe,[43] ließe sich vom deutschen Tourismus in Sztynort in gewissem Sinne als Dystopie sprechen. Wie viele Bewohner Sztynorts empfanden Iwona und ihre Eltern deutsche Reisende in der touristischen Begegnung als emotional distanziert, misstrauisch der örtlichen Kultur gegenüber und über die Maßen vorsichtig beim Konsum von Lebensmitteln. Diese Aspekte der Begegnung sind sicher auch im Lichte historischer Brüche (Ostpreußen), sozialer Ungleichheiten (Deutschland-Polen), und der politischer Vorprägungen (Ost-West) zu verstehen. Wenn die Besucher der 1990er Jahre, größtenteils Vertriebene aus Ostpreußen, beim Anblick des Schlosses in Tränen ausbrachen, empfanden zwar viele der einheimischen Polen Mitleid, machten sich aber auch Sorgen um ihre eigene Wohnsituation, denn die staatlichen Wohnungen waren noch nicht in ihren Besitz übergegangen. Die Reisenden aus dem Westen kamen zudem oft mit Süßigkeiten und Münzen im Gepäck, die sie unter den drängenden Kinderscharen des Dorfes verteilten. Bald entwickelte sich dieser ritualisierte Austausch weiter und die Kinder boten Postkarten zum Verkauf feil, womit sich manche Kinder aus Großfamilien ihre Schulkleidung verdienten. Dies, so erzählt Iwona, sei ihre Idee gewesen, nachdem sie Postkarten von Sztynort in der nächsten Stadt entdeckt hatte. Als Kind sei für sie der Schritt vom Erbetteln von Süßigkeiten und Kleingeld hin zum Verkauf von lokalen Postkartenmotiven ein sehr wichtiger gewesen. Sie wollte nichts geschenkt bekommen, sondern sich ihr Taschengeld selbst verdienen.

Insbesondere durch das Konsumverhalten der Reisenden fühlten die Einheimischen sich als Gastgeber lange kulturell abgelehnt: Um Kosten und Zeit zu sparen, erhielten Busreisende als Mittagessen gewöhnlich eine Brühwurst im Brötchen durch den Reiseveranstalter. Erst abends aßen sie in ihren Hotels ein vorgegebenes Menü. Radfahrer picknickten mittags „leicht" und aßen ebenfalls abends „richtig". Während polnische Segler in der Zęza dankbar, begeistert und über die Maßen konsumierten, versorgten sich Reisegruppen aus Deutschland also lieber selbst, bestellten nie vollwertige Gerichte in der lokalen Gastronomie und begnügten sich stattdessen mit einem Cappuccino oder Eiscreme. Diese Praxis werteten Iwona und ihre Mutter als systematisch

43 Dazu muss gesagt werden, dass nicht alle Geschichten über die Zęza zur utopischen Narration gehören und Sztynorter auch realistisch über die Probleme der Kneipe als Arbeitsplatz berichten: Diese Probleme betreffen vor allem die gesundheitlichen Risiken der Arbeit in der Taverne, begonnen bei Atembeschwerden und endend bei Alkoholabhängigkeit. Diese Geschichten existieren parallel zum Sehnsuchtsort „Alte Zęza". Sie werden oft sogar von denselben Menschen erzählt, ohne den Sehnsuchtsort dabei zu diskreditieren.

abgelehnte Gastfreundschaft, als kulturelles Misstrauen gegenüber der lokalen Küche und den selbst zubereiteten Gerichten. Auch wenn im Laufe der Zeit vermehrt Einzelreisende bei Iwona einkehrten, dauerte es, bis das Kränkungsgefühl der abgelehnten Gastfreundschaft verblasste.

Der Historiker und Vertreter des Konzepts einer Regionalkultur der „Kleinen Heimat", Robert Traba, wählt für seine historisch-soziologische Reflexion zur Geschichte und Erinnerung im Ermland und Masuren den Titel „Kraina Tysiąca Granic",[44] „Landstrich der tausend Grenzen". In einer Region, die von ethnischer und religiöser Diversität geprägt war, sind Praktiken kultureller Grenzziehungen nichts Neues. Am Transformationsprozess in Sztynort können wir sehen, dass solche Praktiken auch im Tourismus Relevanz haben und gerade für die Konstitution von (touristischen) Sehnsuchtsorten von zentraler Bedeutung sind. Dabei stellt sich die Frage nach den imaginären Grenzen von Sehnsuchtsorten. Wer nimmt diese wahr und welche Folgen hat das für Erfahrung von Nähe und Distanz zwischen Akteuren des Tourismus?

Seit den 1990er Jahren beobachtet Iwona einen langsamen Annäherungsprozess, bei dem Reisende aus dem Ausland, insbesondere aus Deutschland, allmählich Schwellenängste zum lokalen touristischen Angebot überwinden – und erstmals vollwertige Gerichte bei ihr bestellen. Wirtschaftliche Folgen hat dies kaum, denn den Großteil des Kundenstamms machen weiterhin Inlandstouristen aus. Mehr zählt hier das symbolische und soziale Kapital in Form von wachsendem Vertrauen, das die Unternehmerin generiert, und auf das sie besonders stolz ist.

Mein gut gemeintes, doch zunächst nicht angenommenes Übersetzungsangebot macht deutlich, dass bei der Erschaffung und Kultivierung von touristischen Sehnsuchtsorten kulturelle Grenzen zum Tragen kommen, ausgehandelt oder auch reproduziert werden. Die Tatsache, dass sich nach sieben Jahren die Situation gewandelt hat und die frischen Fischgerichte im Dorf nun von Besuchern aus Polen wie aus Deutschland gleichermaßen verzehrt werden, sowie auch von Reisenden aus Tschechien, England, Frankreich, zeigt, dass sich Sehnsuchtsorte nicht nur wandeln, sondern auch öffnen können. Im masurischen Kontext weist diese Entwicklung zudem darauf hin, dass ehemals national geprägte Tourismuskulturen, die zuvor parallel existierten, langsam zusammenwachsen.

44 Traba, Robert: Kraina tysiąca granic. Szkice o historii i pamięci [Landstrich der tausend Grenzen. Versuche über Geschichte und Erinnerung]. Olsztyn 2003.

Sehnsuchtsorte, Identitäts(ge/be)suche, Widerstand

In meinem Beitrag habe ich Sehnsucht als wichtige Motivation im Prozess des Wiederfindens oder gar des Neuerfindens von Orten, die verloren gegangen sind, geschildert. Die Diskussion um die „Alte Zęza“ verdeutlichte dabei, dass Orte nicht jedem gleichermaßen verloren gehen beziehungsweise dass es kein objektives „Ende“ eines Ortes gibt, da dieser auf verschiedene Weise und für verschiedenen Identitäten weiterlebt. Während für viele die „Neue Zęza“ in ihrer modernisierten Form und dem neuen Gebäude eine touristische Bereicherung des Ortes in der Kontinuität der alten Seglertaverne darstellt, habe ich mich intensiver mit denjenigen beschäftigt, die sich mit der neuen touristischen Moderne nicht identifizieren können, wollen oder schlichtweg aus ihr ausgeschlossen sind. Sie finden sich nicht in dem neuen Ort wieder und empfinden Sehnsucht nach dem vergangenen Ort, zu dem sie dazugehörten, sowie nach einem vergangenen Selbst, das sich an diesem Ort entfalten konnte. Diese Sehnsucht bringt Verlustgefühle zum Ausdruck, aber birgt auch das Potenzial für Hoffnung und Handlung. Durch Erzählungen, Filme, Diskussionen erhalten Betroffene den verlorenen Ort als Heterotopie zur Gegenwart am Leben: Der Sehnsuchtsort „Alte Zęza“ gibt Grund dazu, solche Sehnsuchtsobjekte als persönliche wie auch gemeinschaftliche Ressource zu begreifen. Diese Ressource haben sich sowohl die Großinvestoren als auch Mitglieder der touristischen Seglergemeinschaft und lokale Kleinunternehmer zunutze gemacht.

Die ethnographische Auslotung des Sehnsuchtsortes „Alte Zęza“ zeigt, dass neoliberale Transformationsprozesse im Tourismus in Polen keinesfalls unbeachtet stattfinden. Anhand von Sehnsuchtsnarrativen und der Darstellung der Zęza als einzigen „authentischen“ Ort kritisieren Segler und die Lokalbevölkerung diese Umverteilungs- und Neuordnungsprozesse. Das Internet bietet einer solchen Diskussion eine besondere Plattform: Hier können sich mobile Akteure, die als zivilgesellschaftliche Gemeinschaft nicht permanent vor Ort sind, äußern und ihre Positionen diskutieren. Als Sehnsuchtsort bewahrt die „Alte Zęza“ einen Wertekanon und eine Erfahrungskultur, die, wie ich weiterhin gezeigt habe, kulturelle Anstöße und moralische Legitimation für lokale Entwicklungen geben kann.

Die Tatsache, dass eine kleine kulturelle Gemeinschaft ausgerechnet die Bilge, den dreckigsten Teil des Bootes, als langjährigen touristischen Sehnsuchtsort wählt, steht im Gegensatz zu touristischen Sehnsuchtsorten der Gegenwart in Gestalt digital bearbeiteter kommerzieller und universell gültiger Paradiese. Anders als bei jenen transzendenten, meist menschenleeren Abstraktionen des Paradiesischen oder Exotischen, die uns durch ihre endlose Reproduktion in den Medien bekannt sind und eine angeblich der gesamten Menschheit gemeine Sehnsucht suggerieren, ist die „Alte Zęza“ kulturell höchst spezifisch und bietet sich nicht zum Konsum durch die Verbraucher einer global agierenden Tourismusindustrie an.

Der touristische Sehnsuchtsort stellt hier vielmehr einen Gegenentwurf zu solchen universellen Orten dar und dient damit als sicherer Hafen für kulturelle Intimität und Besonderheit für eine touristische Binnengemeinschaft. Wichtig ist hierbei auch, dass es sich bei der Alten Zęza eben auch nicht um einen mit exotisierender Distanz und ironischer Nostalgie betrachteten historischen Ort handelt, wie wir es von anderen Beispielen des postsozialistischen Sehnsuchtstourismus kennen,[45] sondern um einen akzeptierten Maßstab für die Bewertung der Gegenwart und um eine ernst zu nehmende, moralisch legitime Vision für die Zukunft. Dabei spielt es sicherlich eine Rolle, dass der Ort aus einer Zeit stammt, deren historische und moralische Beurteilung noch nicht in Stein gemeißelt ist.

Die Argumentation, mit der Iwona ihre unternehmerische Tätigkeit begleitet und legitimiert, bedient sich der Ressource Sehnsucht und macht sie sich für ihre Zwecke zu eigen. Das Gefühl, dass eine Lücke zwischen dem Ideal der alten Zęza und dem aktuellen touristischen Angebot in Sztynort klafft, gibt ihr die nötige Ausdauer und den Glauben, dass ihr Unternehmen notwendig ist, sie im Interesse des Dorfes handelt und dass es ein Erfolg wird. Während Nostalgieforscher wie Monika Palmberger bereits darauf hingewiesen haben, dass Nostalgie Menschen Zuversicht und Hoffnung geben kann, bieten die Fallbeispiele der „Alten Zęza“ und von Iwonas Fischimbiss sehr konkrete lokale Argumente, die diese These festigen. Und nicht nur das, denn sie zeigen auch die konkreten Zusammenhänge zwischen Sehnsuchtsnarrativen und der Entstehung von neuen Ortsgebilden und Unternehmensmodellen. Für Iwona stellt die durch sozioökonomische Verdrängungsprozesse des Tourismus entstehende Sehnsuchtsgemeinschaft eine konkrete Kundenbasis für die Erschaffung eines neuen Ortes, ihres eigenen Unternehmens, dar. Die Perspektive „Sehnsuchtsort“ zeigt somit, wie eng verwoben ökonomische, politische und soziokulturelle Interessen bei der Entstehung von touristischen Orten sind. Mit der Sehnsucht nach der alten Zęza und allgemeiner nach Authentizität, Lokalität, Ländlichkeit und kultureller Intimität hinterlässt die an kommerziellem (Massen)Tourismus orientierte Modernisierung des Hafens etwas, was aus unternehmerischer Sicht eine Marktlücke und aus anthropologischer Sicht ein kulturelles und soziales Vakuum darstellt. Iwona spürt dieses Vakuum selbst und identifiziert sich mit der darin entstehenden Sehnsuchtsgemeinschaft. Sie ist in der Lage, dieses Bedürfnis mit ihrem Unternehmenskonzept zu stillen. Das weist darauf hin, dass Sehnsüchte, die aus gesellschaftlichen Marginalisierungs- und Modernisierungsprozessen entstehen, nicht für immer auf die Imagination beschränkt sein

45 Siehe dazu die Beiträge von Sabine Stach und Michael Zinganel.

müssen und damit zur nostalgischen „Erkrankung“ führen, sondern dass sie produktive Ausgangspunkte für die Entwicklung neuer Orte darstellen können.

Der neue Ort, den Iwona geschaffen hat, heißt verschiedene Sehnsüchte, Identitätsentwürfe und Visionen vom guten Leben im neuen Polen willkommen, die miteinander kompatibel sind: die „masurische“ Seglerkultur, die „polnische“ Ländlichkeit, die kulturelle Gemeinschaft zwischen lokaler Bevölkerung und Touristen, die Alternative zur glattgebügelten Seglermoderne des Hafens. All dies sind Elemente, wie sie weltweit auch an vielen anderen touristischen Orten begehrt werden. Und doch fällt in Sztynort und generell in Masuren auf, dass verschiedene touristische Traditionen von Lokalität, Authentizität und Intimität dazu führen, dass nicht alle die Sehnsüchte und Traditionen, wie sie in der Zęza stilisiert werden, gleichermaßen teilen können oder a priori in der kulturellen Gemeinschaft miteingeschlossen sind. Dabei entstehen an den Rändern solcher lokaler Sehnsuchtsorte wie Iwonas Fischbräterei kleine Grenzbereiche, in denen Nähe und Distanz zwischen touristischen Akteuren über Jahre ausgehandelt werden.

V. Anhang

Autor*innen

Dr Agata Bachórz holds the position of Assistant Professor at the Department of Social Sciences, University of Gdańsk. She graduated in Sociology and Russian Literature. She is the author of the book "Russia in Text and Experience: An Analysis of Contemporary Polish Travel Narratives" (Kraków: Nomos 2013). In 2014–2016, she managed the project "Leisure practices and perception of nature. Polish tourists and migrants in Iceland" (under the *EEA* and Norway Grants). She also participated in several research projects on cultural participation in contemporary Poland. Her research interests include postcolonialism and postsocialism, tourism and travel, life style and food studies.

Dr Sune Bechmann Pedersen is a researcher at the department of Communication and Media, unit for Media History, Lund University. He earned his PhD in History from Lund University in 2015 with the dissertation "Reel Socialism: Making Sense of History in Czech and German Cinema since 1989". His current project explores western tourism to cold war communist Europe.

Dr. Bianca Hoenig studierte Osteuropäische sowie Neuere und Neueste Geschichte und Politikwissenschaft in Nancy, Freiburg/Breisgau, Poznań und München. Sie wurde 2016 an der Universität Basel mit einer Arbeit zu Nutzungskonflikten und Territorialisierung des Naturraums Tatra von der Mitte des 19. Jahrhunderts bis in die Gegenwart promoviert. Ihre Forschungsschwerpunkte sind Umwelt- und Tourismusgeschichte sowie Sozial- und Kulturgeschichte Ostmitteleuropas.

Dr. Tatjana Hofmann ist wissenschaftliche Mitarbeiterin am Slavischen Seminar der Universität Zürich. Sie hat an der Humboldt-Universität zu Berlin Ethnologie, Slavistik und Germanistik studiert und an der Universität Zürich mit der Arbeit „Literarische Ethnografien der Ukraine. Prosa nach 1991" (2014) promoviert. Ihre Forschungsschwerpunkte liegen auf der russischen und ukrainischen Kultur und Literatur der Moderne und Postmoderne.

Soliman Lawrence is an American artist living in Berlin, Germany.

Erica Lehrer is a sociocultural anthropologist and curator. She is currently Associate Professor in the departments of History and Sociology/ Anthropology at Concordia University, Montreal, where she also founded and directs the Curating and Public Scholarship Lab (CaPSL). She is the author of "Jewish Poland Revisited: Heritage Tourism in Unquiet Places" (Indiana University Press 2013), and co-editor of "Jewish Space in Contemporary Poland" (2015); "Curatorial Dreams: Critics Imagine Exhibitions" (MQUP 2016); and "Curating Difficult Knowledge: Violent Pasts in Public Places" (Palgrave 2010).

Dr. Ralf Meindl studierte Geschichte, Politikwissenschaft, Soziologie und Philosophie an der Albert-Ludwigs-Universität Freiburg. 2006 promovierte er dort mit einer Biographie zum ostpreußischen Gauleiter Erich Koch. 2006 bis 2008 war er Lehrbeauftragter am Historischen Seminar der Universität Freiburg. 2008/2009 arbeitete er als wissenschaftlicher Kurator für die Museen der Stadt Lüdenscheid, wo er auch weiterhin als freier Mitarbeiter tätig ist. 2010 bis 2012 betreute er als wissenschaftlicher Mitarbeiter des Instituts für Geschichte und Biographie der FernUniversität Hagen eine Online-Edition von Zeitzeugenberichten. Von 2012 bis 2013 war er Vorsitzender des Historikerlabors Berlin, seit September 2013 ist er als ifa-Kulturmanager bei der deutschen Minderheit in Olsztyn/Polen tätig. Seine Forschungsschwerpunkte liegen auf der deutschen Geschichte des 20. Jahrhunderts, insbesondere dem Nationalsozialismus, Flucht und Vertreibung, preußischer Geschichte und Biographieforschung.

Dr. Sabine Stach (*1982) studierte Kulturwissenschaften, Bohemistik und Kunstgeschichte in Leipzig und Prag und hat 2015 ihre Promotion an der Universität Leipzig abgeschlossen. Die Dissertation wurde 2016 unter dem Titel „Vermächtnispolitik. Jan Palach und Oskar Brüsewitz als politische Märtyrer" publiziert. Seit 2015 arbeitet sie als wissenschaftliche Mitarbeiterin am Deutschen Historischen Institut in Warschau, wo sie sich im Forschungsbereich „Funktionalität von Geschichte" mit der Popularisierung von Geschichte im Tourismus befasst.

Dr. Benedikt Tondera verfasste zwischen 2012 und 2017 an der Universität Hannover eine Dissertation über sowjetischen Auslandstourismus unter Chruščev und Brežnev, die 2019 im Harrassowitz-Verlag erschienen ist. Derzeit ist er wissenschaftlicher Mitarbeiter am Institut für Geschichte der Carl von Ossietzky Universität Oldenburg.

Dr. Hannah Wadle ist Lehrbeauftragte am Institut für Ethnologie und Kulturanthropologie an der Adam-Mickiewicz-Universität in Poznań, Polen. Sie ist affiliiert mit der University of Manchester und Manchester Metropolitan University. Als angewandte Anthropologin realisiert sie außerdem Projekte unter dem Label *FairerTales*. Sie forscht und publiziert über Tourismus und Mobilität, Transformationsgesellschaften, Wasserkulturen, Moralanthropologie, Kulturerbe und Architektur, Imagination und Virtualität. Ihr Magisterstudium der Osteuropäischen Geschichte und der Europäischen Ethnologie absolvierte sie in Freiburg/Breisgau, Strasbourg und Poznań. Ihre Promotion im Fach Sozialanthropologie, abgeschlossen an der University of Manchester im Jahr 2014, behandelte touristische Wertegemeinschaften im Masurischen Seengebiet, Polen.

Dr. des. Frauke Wetzel studierte nach ihrem Freiwilligendienst in der Gedenkstätte Theresienstadt an der Europa-Universität Viadrina sowie in Brno, Bordeaux und Ludwigsburg Kulturwissenschaften und -management. Frauke Wetzel arbeitete unter anderem für das Goethe-Institut, die Bundeszentrale für politische Bildung, die Universität Passau und die Brücke/Most-Stiftung. Von 2007 bis 2009 war Frauke Wetzel als Robert Bosch Kulturmanagerin beim Collegium Bohemicum in Ústí nad Labem beschäftigt. Sie promovierte an der Universität Siegen und war Stipendiatin des Evangelischen Studienwerkes Villigst e. V. Frauke Wetzel war Mitglied in der Forschungsgruppe „Die Transformation der Erinnerung an die Zwangsmigrationen des Zweiten Weltkrieges im Lokalen“ des Collegium Carolinum. Seit 2013 arbeitet sie in HELLERAU – Europäisches Zentrum der Künste.

Dr. Tobias Wunschik, geboren in Hannover, studierte Politikwissenschaft, Psychologie und Soziologie in München und Berlin. Seit 1993 ist er Mitarbeiter des Bundesbeauftragten für die Unterlagen des Staatssicherheitsdienstes der ehemaligen DDR. Seine Dissertation „Baader-Meinhofs Kinder. Die zweite Generation der RAF“ beschäftigt sich mit dem Linksterrorismus in der Bundesrepublik. Er ist der Autor mehrerer Monographien zum Staatssicherheitsdienst der DDR und veröffentlichte zahlreiche Artikel zu den Themen internationaler Terrorismus sowie Gefängnisse und Polizeikräfte in der DDR.

Dr. Michael Zinganel, Architekturstudium an der TU Graz, Dissertation in Geschichte an der Universität Wien, 2003 Research Fellow am Internationalen Institut für Kulturwissenschaften Wien. Lehraufträge und Gastprofessuren u. a.an der Stiftung Bauhaus Dessau und an der TU Wien. 2012 Mitbegründer der Forschungsplattform „Tracing Spaces“; Kurator und Mitherausgeber von „Holidays after the Fall. Seaside Architecture and Urbanism in Bulgaria and Croatia“ (mit Elke Beyer und Anke Hagemann, Berlin 2013); 2014–16 Projektleiter des

Forschungsprojektes „Stop & Go. Nodes of Transformation and Transition“ an der Akademie der Bildenden Künste Wien. Seit 2016 arbeitet er über die Transformation des letzten innerstädtischen Logistik-Knotens am Wiener Nordwestbahnhof.

Dipl.-Ing. Axel Zutz ist gelernter Landschaftsgärtner und studierte Landschaftsplanung an der Technischen Universität Berlin. Er war Mitarbeiter in mehreren Planungsbüros und Fachkoordinator einer beruflichen Bildungsstätte. Als Doktorand und Stipendiat der Hans-Böckler-Stiftung des Deutschen Gewerkschaftsbundes forschte er am Fachgebiet „Theorie und Geschichte der Landschaftsentwicklung“ des Instituts für Landschaftsarchitektur- und Umweltplanung der TU Berlin. Als wissenschaftlicher Mitarbeiter arbeitete er am Brandenburgischen Landesamt für Denkmalpflege und Archäologisches Landesmuseum sowie zuletzt in einem polnisch-deutschen Forschungsvorhaben zur Geschichte der Kulturlandschaft der Niederlausitz und der südlichen Lubuskie am Lehrstuhl für Technikgeschichte der Brandenburgischen Technischen Universität Cottbus-Senftenberg. Seine Forschungsschwerpunkte sind Garten-, Umwelt- und Planungsgeschichte des 20. Jahrhunderts.

Abbildungsverzeichnis

Soliman Lawrence

Axel Zutz

Sune Bechmann Pedersen

Michael Zinganel

Abkürzungsverzeichnis

AAN	Archiwum Akt Nowych (Archiv der Neuen Akten)
ADMV	Allgemeiner Deutscher Motorsport Verband
AG	Aktiengesellschaft
AM	Archiv Města (Stadtarchiv)
BArch	Bundesarchiv
BdV	Bund der Vertriebenen
BRD	Bundesrepublik Deutschland
BStU	Bundesbeauftragter für die Stasi-Unterlagen
CIAM	Congrès International d'Architecture Moderne
ČSSR	Československá socialistická republika (Tschechoslowakische Sozialistische Republik)
d.	dokument
DDR	Deutsche Demokratische Republik
DNA	Dänische Nationalarchive (Rigsarkivet)
DVP	Deutsche Volkspolizei
ESS	Erholungsgebiet Senftenberger See
f.	fond
FDM	Forenede Danske Motorejere
FIM	Fédération Internationale de Motocyclisme
FKK	Freikörperkultur
FRG	Federal Republic of Germany
GARF	Gosudarstvennyj archiv Rossijskoj Federacii (Staatliches Archiv der Russischen Föderation)
GST	Gesellschaft für Sport und Technik
HDA	Haus der Architektur
HVDVP	Hauptverwaltung der Deutschen Volkspolizei
IBA	Internationale Bauausstellung
ILN	Institut für Landschaftsforschung und Naturschutz Halle/Saale der Deutschen Akademie der Landwirtschaftswissenschaften zu Berlin
KGB	Komitet gosudarstvennoj bezopasnosti (Komitee für Staatssicherheit)
KPdSU	Kommunistische Partei der Sowjetunion
LUB	Lunds universitetsbibliotek (Universitätsbibliothek Lund)

MfS	Ministerium für Staatssicherheit
MOMA	Museum of Modern Art
NATO	North Atlantic Treaty Organization
NS	Nationalsozialismus
NSDAP	Nationalsozialistische Deutsche Arbeiterpartei
op.	opis'
PKiN	Pałac Kultury i Nauki (Palast der Kultur und Wissenschaft)
PRL	Polska Rzeczpospolita Ludowa (Polnische Volksrepublik)
PS	Pferdestärke
RGASPI	Rossijskij gosudarstvennyj archiv social'no-političeskoj istorii (Russisches Staatsarchiv für sozio-politische Geschichte)
ROH	Revoluční odborové hnutí (Revolutionäre Gewerkschaftsbewegung)
RSFSR	Russische Sozialistische Föderative Sowjetrepublik
SBZ	Sowjetische Besatzungszone
SED	Sozialistische Einheitspartei Deutschlands
SNA	Schwedisches Nationalarchiv (Riksarkivet)
Stasi	Ministerium für Staatssicherheit
SSR	Sozialistische Sowjetrepublik
TU	Technische Universität
VEB	Volkseigener Betrieb
UdSSR	Union der Sozialistischen Sowjetrepubliken
ZK	Zentralkommitee

Ortsregister

Personenregister

Sachregister

Bei Fragen zur Produktsicherheit wenden Sie sich bitte an:
If you have any questions regarding product safety, please contact:

Brill Deutschland GmbH
Robert-Bosch-Breite 10
37079 Göttingen
info@v-r.de